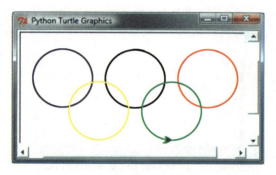

图1-17　绘制奥林匹克环标志

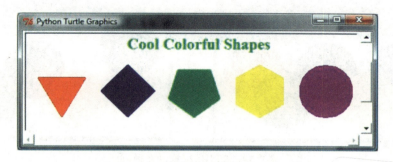

图3-4　程序用不同颜色绘制5个图形

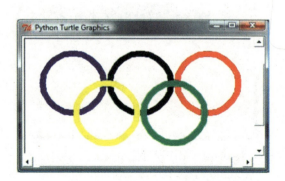

图3-5　绘制一个奥林匹克标志

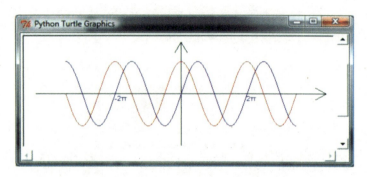

图5-5　程序绘制蓝色的sin函数以及红色的cos函数

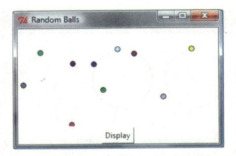

图9-36　10个颜色随机的球显示在随机位置

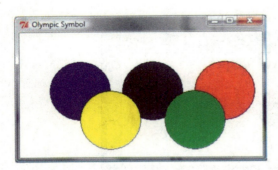

图9-39　使用鼠标拖动蓝色圆

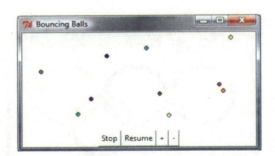

图10-14　程序通过控制按钮显示弹球

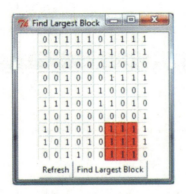

图11-17　单击"Refresh"按钮时程序显示一个随机取0或1的矩阵

图12-25　双人对战的四点相连游戏

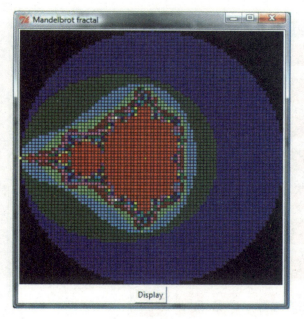

a）曼德布洛特图形

b）茱莉亚集合图形

图　12-26

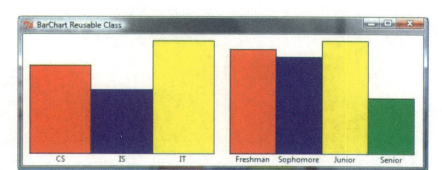

图12-28　程序使用BarChart类来显示条形图

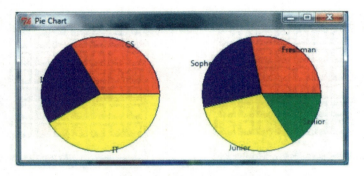

图12-29　程序使用PieChart类来显示饼状图

图15-11　queens[i]表示第i行皇后的位置

计 算 机 科 学 丛 书

Python语言程序设计

[美] 梁勇（Y. Daniel Liang） 著
阿姆斯特朗亚特兰大州立大学

李娜 译
西安电子科技大学

Introduction to Programming Using Python

Introduction to Programming Using Python

► Y. DANIEL LIANG

机械工业出版社
CHINA MACHINE PRESS

图书在版编目（CIP）数据

Python 语言程序设计 / [美] 梁勇（Liang Y. D.）著；李娜译 . —北京：机械工业出版社，
2015.2（2024.8 重印）
（计算机科学丛书）
书名原文：Introduction to Programming Using Python

ISBN 978-7-111-48768-5

I. P⋯　II. ① 梁⋯　② 李⋯　III. 软件工具 – 程序设计　IV. TP311.56

中国版本图书馆 CIP 数据核字（2014）第 287935 号

北京市版权局著作权合同登记　图字：01-2012-5865 号。

Authorized translation from the English language edition, entitled *Introduction to
Programming Using Python*, 9780132747189 by Y. Daniel Liang, published by Pearson
Education, Inc., Copyright © 2013.

All rights reserved. No part of this book may be reproduced or transmitted in any form
or by any means, electronic or mechanical, including photocopying, recording or by any
information storage retrieval system, without permission from Pearson Education, Inc.

Chinese simplified language edition published by China Machine Press Copyright ©
2015.

本书中文简体字版由 Pearson Education（培生教育出版集团）授权机械工业出版社在中国大陆地
区（不包括香港、澳门特别行政区及台湾地区）独家出版发行。未经出版者书面许可，不得以任何方式
抄袭、复制或节录本书中的任何部分。

本书封底贴有 Pearson Education（培生教育出版集团）激光防伪标签，无标签者不得销售。

本书采用"问题驱动"、"基础先行"和"实例和实践相结合"的方式，讲述如何使用 Python 语言
进行程序设计。本书首先介绍 Python 程序设计的基本概念，接着介绍面向对象程序设计方法，最后介
绍算法与数据结构方面的内容。为了帮助学生更好地掌握相关知识，本书每章都包括以下模块：学习目
标，引言，关键点，检查点，问题，本章总结，测试题，编程题，注意、提示和警告。

本书可以作为高等院校计算机及相关专业 Python 程序设计课程的教材，也可以作为 Python 程序
设计的自学参考书。

出版发行：机械工业出版社（北京市西城区百万庄大街 22 号　邮政编码：100037）
责任编辑：李 艺　　　　　　　　　　　　责任校对：董纪丽
印　　刷：北京捷迅佳彩印刷有限公司　　版　　次：2024 年 8 月第 1 版第 13 次印刷
开　　本：185mm×260mm　1/16　　　　印　　张：29.25　插　页：2
书　　号：ISBN 978-7-111-48768-5　　　定　　价：79.00 元

客服电话：（010）88361066　68326294

很荣幸在翻译完 Y. Daniel Liang 的《 Introduction to Java Programming, Comprehensive, Eighth Edition 》[⊖]之后能成为他这本 Python 语言编程书的译者。经过这么长的时间，终于可以交稿了，下面我想结合自己的翻译过程跟大家分享一些感触。

我觉得最值得大家重视的是作者不论在《 Java 语言程序设计》还是在本书中所采用的以问题驱动方式学习程序设计的方法。我们需要明确一点，编写程序是为了解决实际问题，而不是纯粹为了做题。但是，反过来讲，只有做大量的习题才能从做题过程中培养程序设计的能力，从而达到解决问题的目的，因此希望大家在学习过程中明确什么是方式，什么是目标。

当然，本书是讲 Python 的，就不得不说说 Python 的优点。Python 语法简洁、易读、易扩展，具有丰富和强大的类库，一些知名大学已经采用它来教授程序设计课程。例如，麻省理工学院的计算机科学及编程导论课程就用 Python 教授。Python 的设计者在开发时的指导思想就是对于一个特定问题有一种最好的方法来解决就好，所以希望大家在学习过程中能不断体会到这门语言之美。

在整个翻译工作结束时，非常感谢一直负责和我联系的王春华编辑。我一直都不是个按时交稿的译者，教学工作经常会干扰到翻译进度，但她总是耐心等待。翻译接近尾声时，我因为眼睛充血，有些收尾的工作一直在拖延，感谢王老师的理解和支持。我也要感谢做过一些初期协助工作的同学，他们是段超伟、赵欣秋、陈峰、湛孝丰、郝一鸣、吴裕峰、薛二中、王昕伟、陈帅、栾锦泰，特别是段超伟同学，在本书出版时他应该已经在清华大学攻读硕士学位了，祝福他在新的学校取得更大的成绩。当然，也要感谢家人、朋友和同事在翻译过程中对我的生活以及工作的支持，没有他们的支持，我可能没有时间和精力来完成这本书的翻译工作。

由于时间仓促，译者水平有限，译文中难免存在欠妥和纰漏之处，恳请广大读者不吝赐教。

译者
2014 年 10 月

⊖ 本书已由机械工业出版社引进并出版，书名为《Java 语言程序设计（原书第 8 版）》（分基础篇和进阶篇，ISBN：978-7-111-34081-2，978-7-111-34236-6）。——编辑注

本书假设你是一位先前没有任何程序设计经验的程序员新手。那么，什么是程序设计呢？程序设计是指使用程序设计语言编写程序以解决问题。不论你使用的是哪种程序设计语言，解决问题和程序设计的根本都是一致的。你可以使用任何一种像 Python、Java、C++ 或 C# 这样的高级程序设计语言来学习程序设计。一旦知道如何使用其中一门语言编写程序，那么如何使用其他语言编写程序就很容易，因为编写程序的基本技能都是一样的。

那么，使用 Python 学习程序设计的优势在哪里呢？Python 易于学习，且编程有趣。Python 代码简单、短小，易读、直观，而且功能强大，这样对初学者而言，用它来介绍计算和解决问题是非常有效的。

鼓励初学者通过创建图形学习程序设计。使用 Python 学习程序设计的一个很大原因在于可以从一开始就使用图形来学习程序设计。我们在第 1~6 章使用 Python 内嵌的 Turtle 图形模块，它是一个介绍程序设计基本概念和技术的很好的教学工具。我们在第 9 章介绍 Python 内嵌的 Tkinter，它是开发复杂图形用户界面以及学习面向对象程序设计的一个重要工具。Turtle 和 Tkinter 都相当简单且易于使用。更重要的是，它们都是教授程序设计和面向对象程序设计基础的非常有价值的教学工具。

为了方便教师更灵活地使用本书，我们在第 1~6 章的末尾会讲到 Turtle，所以，可以将它们作为选讲内容跳过去。

本书以问题驱动的方式讲授如何解决问题，这种方式的重点放在问题的解决而不是语法上。我们使用一些涉及范围很广的有趣例子来激发学生学习程序设计的兴趣。鉴于本书的主线是解决问题，这里会介绍解决问题中用到的 Python 语法和库。为了支持问题驱动方式的程序设计教学，本书提供了大量难易程度各异的问题来激发学生的兴趣。为适用于各个专业的学生，这些问题涉及很多应用领域，例如数学、科学、商业、金融管理、游戏、动画和多媒体等。

Python 中的所有数据都是对象。我们从第 3 章开始介绍和使用对象，但是如何定义类将从第 7 章开始。本书首先将重点放在基础上：在编写自定制类之前介绍像选择、循环和函数这样的基本程序设计概念和技术。

教授程序设计的最佳方式是通过实例，而学习程序设计的唯一方法就是通过实践。本书用实例解释基本概念，同时提供了大量不同难度的习题供学生练习。我们的目标是使用大量有趣的例子和习题来教授学生如何解决问题以及如何进行程序设计。

教学特色

本书使用了下面的模块：

- **学习目标**　列出学生应该学会的内容，这样在学完这章之后，学生能够判断自己是否达到这个目标。
- **引言**　提出一个代表性问题，以便学生对该章内容有一个概括了解。
- **关键点**　强调每节中的重要概念。
- **检查点**　提供复习题帮助学生复习相关内容并评估掌握的程度。

- **问题** 通过精心挑选，以一种容易掌握的形式教授问题求解和程序设计的概念。本书使用许多短小的、简单的以及令人兴奋的例子来演示重要的想法。
- **关键术语** 提供对本章重要术语的快速参考。
- **本章总结** 回顾学生应该理解和记住的重要主题，帮助他们加强对该章所学关键概念的理解。
- **测试题** 测试题是在线的，用于学生自我测试对程序设计概念和技术的掌握程度。
- **编程题** 为学生提供应用新技巧的机会。题目的难度等级分为容易（无星号）、适度（*）、困难（**）或具有挑战性（***）。学习程序设计的秘诀就在于练习，练习，再练习。为了达到这个目标，本书提供了大量的练习题。
- **注意、提示和警告** 穿插在整本书中，提供了有价值的建议以及程序开发要点。

注意： 提供关于主题的附加信息并强化重要概念。

提示： 教授好的程序设计风格和实践。

警告： 帮助学生避免程序设计错误。

灵活的章节顺序

图形是学习程序设计的一个非常有价值的教学工具。本书在第 1～6 章使用 Turtle 图形，而在书中其他部分使用 Tkinter。但是，教师可以根据需要跳过关于图形的章节或者以后再讨论。下图给出章节之间的相互关系。

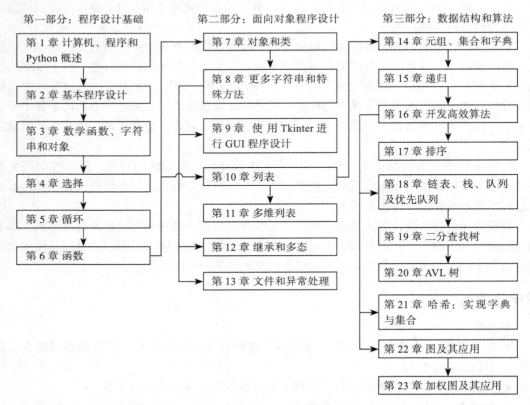

注意：第 16～23 章是配套网站提供的附加章节。

第 10 章可以在第 6 章之后讲解。第 14 章可以在第 10 章之后讲解。

本书的组织结构

全书共分三部分，循序渐进地介绍用 Python 语言进行程序设计的基本知识。前面的章节提供理解程序设计概念的基础知识，并通过简单实例和习题对学生进行指导，随后的章节逐步详细介绍 Python 程序设计，一直到开发复杂的应用程序。

第一部分：程序设计基础（第 1 ～ 6 章）

第一部分是起点，为你学习程序设计做准备。你可以初步了解 Python（第 1 章），并学习基本程序设计技术，包括数据类型、变量、常量、赋值、表达式、运算符、对象以及简单的函数和字符串操作（第 2 ～ 3 章），选择语句（第 4 章），循环（第 5 章），函数（第 6 章）。

第二部分：面向对象程序设计（第 7 ～ 13 章）

这一部分介绍面向对象程序设计。Python 是一种面向对象程序设计语言，它具有抽象、封装、继承和多态等特性，适合编写灵活、模块化和可重用的软件。你将学习面向对象程序设计（第 7 ～ 8 章），使用 Tkinter 进行 GUI 程序设计（第 9 章），列表（第 10 章），多维列表（第 11 章），继承、多态和类设计（第 12 章），以及文件和异常处理（第 13 章）。

第三部分：数据结构和算法（第 14 ～ 15 章和附加章节第 16 ～ 23 章）

本部分介绍典型数据结构课程的主要主题。第 14 章介绍 Python 内嵌的数据结构：元组、集合和字典。第 15 章介绍用递归来编写函数以解决内在递归问题。第 16 ～ 23 章是配套网站的附加章节。第 16 章介绍算法效率以及开发高效算法的常用技术。第 17 章讨论经典的排序算法。第 18 章介绍如何实现链表、队列以及优先队列。第 19 章介绍二分查找树。第 20 章介绍 AVL 树。第 21 章介绍哈希技术。第 22 和 23 章涵盖图算法及其应用。

学生资源网站

学生资源网站（www.cs.armstrong.edu/liang/py）包含下面的资源：

- 复习题的答案。
- 偶数编号编程题的答案。
- 本书例子的源代码。
- 互动的自测题（每章按节组织）。
- 关于 Python IDE、高级主题等补充材料。
- 资源链接。
- 勘误表。

补充材料

本书涵盖了必要的主题，而补充材料则介绍了读者可能感兴趣的主题。本书配套网站中给出下列补充材料：

Part I. General Supplements
  A. Glossary
  B. Installing and Using Python
  C. Python IDLE
  D. Python on Eclipse
  E. Python on Eclipse Debugging
  F. Python Coding Style Guidelines

Part II. Advanced Python Topics
  A. Regular Expressions
  B. Obtaining Date and Time
  C. The `str` Class's `format` Method
  D. Pass Arguments from Command Line
  E. Database Programming

教师资源网站[⊖]

教师资源网站（www.cs.armstrong.edu/liang/py）包括下面的资源：

- 带交互式按钮的微软 PowerPoint 幻灯片，可以查看全彩、语法项高亮显示的源代码，并且可以在幻灯片状态运行程序。
- 所有复习题和练习题的答案。
- 基于 Web 的测试题产生器。（教师可以从一个超过 800 道题的数据库中选择章节创建测试题。）
- 模拟考试卷。通常，每份模拟考试卷都有四部分：
  - ➢ 多选题或简答题
  - ➢ 纠正编程错误
  - ➢ 跟踪程序
  - ➢ 编写程序
- 项目。通常，每个项目都会给出描述，要求学生分析、设计和实现该项目。

致谢

感谢阿姆斯特朗亚特兰大州立大学给我机会讲授 Python 课程，并支持我将授课内容编写成为教材。教学是我写作这本书的源动力。还要感谢使用本书的教师和学生，他们提出了许多宝贵的意见、建议、错误报告和鼓励。

感谢优秀的评阅人，他们是：

Claude Anderson——罗斯霍曼理工学院

Lee Cornell——明尼苏达州立大学曼凯托分校

John Magee——波士顿大学

Shyamal Mitra——得克萨斯大学奥斯汀分校

Yenumula Reddy——关柏林州立大学

David Sullivan——波士顿大学

Hong Wang——托莱多大学

非常荣幸能和 Pearson 一起工作。感谢组织、生产和推动这个项目的 Tracy Dunkelberger、Marcia Horton、Michael Hirsch、Matt Goldstein、Carole Snyder、Tim Huddleston、Yez Alayan、Jeff Holcomb、Gillian Hall、Rebecca Greenberg 以及他们的同事。

一如既往，特别感谢来自我的妻子 Samantha 的爱、支持和鼓励。

⊖ 关于本书教辅资源，仅提供给采用本书作为教材的教师用作课堂教学、布置作业、发布考试等用途，如有需要的教师可与培生教育出版集团北京代表处申请，联系邮箱：Copub.Hed@person.com。——编辑注

---

* 第 16～23 章是附加章节，有需要的读者从 www.personhighered.com/liang 上付费购买。——编辑注

## 第一部分

Introduction to Programming Using Python

程序设计基础

计算机、程序和 Python 概述

学习目标

- 演示对计算机硬件、程序和操作系统的基本理解（第 1.2 ~ 1.4 节）。
- 描述 Python 的历史（第 1.5 节）。
- 解释 Python 程序的基本语法（第 1.6 节）。
- 编写和运行一个简单的 Python 程序（第 1.6 节）。
- 解释恰当的程序设计风格和文档的重要性，并提供相应的实例（第 1.7 节）。
- 解释语法错误、运行时错误和逻辑错误之间的区别（第 1.8 节）。
- 使用 Turtle 创建一个基本的图形程序（第 1.9 节）。

1.1 引言

关键点：本书的中心主题就是学习如何编写程序来解决问题。

本书是关于程序设计的。那么，什么是程序设计呢？程序设计是指创建（或开发）软件，这里的软件又称为程序。使用更基本的术语来讲，软件包含的就是一些指令，这些指令告诉计算机或者计算设备应该做什么。

软件就在你的周围，甚至在一些你可能认为不会需要它的设备中。当然，你期望看到的是在个人计算机里找到软件并且使用它，但其实软件在运行的飞机、汽车、手机甚至烤箱上也发挥着作用。在个人计算机中，你可以使用字处理器来编写文档，使用网页浏览器来探索互联网，也可以使用电子邮件程序来发送消息。这些程序都是软件的实例。软件开发者借助程序设计语言这一强大工具来创建软件。

本书介绍如何使用 Python 程序设计语言创建程序。程序设计语言有很多种，其中一部分已经有几十年的历史。每种语言都是为了实现特定目标而发明的——例如：增强前一种语言，或者提供给程序开发者一个全新的或独特的工具集。了解有这么多可用的程序设计语言，你很自然地就会想知道哪个是最好的。但是，实际情况是，没有"最好的"语言。每个语言都有它自己的长处和短处。有经验的程序设计者知道某种语言可能适用于某些情况，而另一种语言可能更适合其他的情况。因此，老练的程序员会试图尽最大努力掌握尽可能多种类的程序设计语言，以便有能力驾驭一个大型的软件开发工具"军火库"。

如果使用一种语言学习编写程序，那么你应该会发现其实学习其他语言也很容易。关键是学习如何使用程序设计方法解决问题，这是本书的主要主题。

你将开始一段令人兴奋的旅程：学习如何编写程序。开始学习之前，我们回顾一下计算机基础、程序以及操作系统等知识是很有帮助的。如果你已经对 CPU、内存、磁盘、操作系统以及程序设计语言等术语非常熟悉，可以跳过第 1.2 到 1.4 节之间的内容。

1.2　什么是计算机

✎ **关键点**：计算机是存储和处理数据的电子设备。

　　计算机包括软件和硬件。通常，硬件包括计算机上能看到的物理元素，而软件提供控制硬件并让硬件执行特定任务的不可见的指令。学习一种程序设计语言并不一定需要知道计算机的硬件知识，但是它可以帮助你更好地理解程序的指令在计算机和它的组件上所起的效果。本节介绍计算机硬件组件以及它们的功能。

　　一台计算机包括下面的主要硬件组件（如图 1-1 所示）。

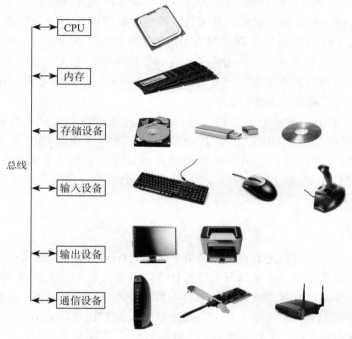

图 1-1　一台计算机包括 CPU、内存、存储设备、输入设备、输出设备和通信设备

- 中央处理器（CPU）
- 内存（主存储器）
- 存储设备（例如：磁盘和光盘）
- 输入设备（例如：鼠标和键盘）
- 输出设备（例如：显示器和打印机）
- 通信设备（例如：调制解调器和网络接口卡）

　　计算机的组件是通过一个被称作总线的子系统互联的。你可以认为总线是一套运行在计算机组件之间的公路系统，数据和电信号沿着总线从计算机中的一个部分传送到另一个部分。在个人计算机中，总线被内嵌在计算机主板上，主板是将计算机的所有部件连接在一起的电路板，如图 1-2 所示。

图 1-2　主板连接计算机的各个部件

1.2.1   中央处理器

中央处理器（Central Processing Unit，CPU）是计算机的大脑。它从内存中获取指令然后执行这些指令。CPU 通常由两个组件组成：控制单元（control unit）和算术逻辑单元（arithmetic/logic unit）。控制单元用来控制和协调除 CPU 之外其他组件的动作。算术逻辑单元用来完成数值运算（加法、减法、乘法、除法）以及逻辑运算（比较）。

现在的 CPU 都是内嵌在一块小小的硅半导体芯片上，这块芯片上有数百万个被称作晶体管的小电子开关来处理信息。

每台计算机都有一个内部时钟，该时钟会以一个稳定的速度发射电子脉冲。这些脉冲用于控制和同步各种操作的步调。时钟速度越快，给定时间段内执行的指令就越多。时钟速度的计量单位是赫兹（hertz，Hz），1 赫兹相当于每秒 1 个脉冲。20 世纪 90 年代计算机的时钟速度是以兆赫（MHz）来表示的（1 兆赫兹就是 100 万赫兹），但是随着 CPU 速度的不断提高，现在计算机的时钟速度通常是以千兆赫（gigaherts，GHz）来表示的。Intel 公司最新的处理器运行速度是 3 千兆赫（GHz）左右。

CPU 最初被开发出来时只有一个核。核（core）是处理器中完成读取指令和执行指令的部分。为了提高 CPU 的处理能力，芯片制造商现在生产出来的 CPU 都有多个核。多核 CPU 是一个单独的组件，它具有两个或多个独立的处理器。现在消费者的计算机通常都有两个、三个甚至四个独立的核。相信不久后，市场上就会提供有几十个甚至几百个核的 CPU。

1.2.2   比特和字节

在讨论内存之前，让我们先看看在计算机中是如何存储信息（数据和程序）的。

实际上，一台计算机除了一系列开关以外什么都没有。每个开关都以两种状态存在：开或关。在计算机中存储信息其实就是简单地将一系列开关设置为开或关。如果这个开关是打开状态，那它的值就是 1。如果这个开关是关闭状态，那它的值就是 0。这些 0 和 1 都被解释为二进制数系统中的数字，并称为比特（二进制数）。

计算机中最小的存储单元是字节。一个字节包含 8 个比特。一个像 3 这样的小数字可以被存储为一个单一的字节。为了存储在单个字节中放不下的某个字节，计算机会使用多个字节存储。

各种各样的数据，例如：数字和字符，都被编码成一个字节序列。作为一个程序员，你无需担心数据的编码和解码过程，它们都是由计算机系统基于编码表来自动完成的。编码表是一套规则，这些规则用于控制计算机如何将字符、数字和符号翻译成计算机真正能够使用的数据。大多数规则会将每个字符翻译成一个预定义的数值字符串。例如：在流行的 ASCII 码中，字符 C 被表示为一个字节 01000011。

计算机的存储容量是以字节为单位的，如下所示：

- 千字节（kilobyte，KB）大约是 1000 字节。
- 兆字节（megabyte，MB）大约是 100 万字节。
- 千兆字节或吉字节（gigabyte，GB）大约是 10 亿字节。
- 太字节（百万兆字节）(terabyte，TB）大约是万亿字节。

一页 Word 文档通常会占 20KB，所以 1MB 可以存储 50 页的文档而 1GB 可以存储 50 000 页文档。一部两小时的高分辨率电影通常会占 8GB，所以存储 20 部电影需要 160GB。

1.2.3　内存

计算机的内存由多个有序的字节序列构成，这些字节序列用来存储程序以及这个程序要处理的数据。你可以将内存看作是计算机执行程序的工作区。程序和数据必须在被 CPU 执行之前放在计算机的内存中。

内存中的每个字节都有一个唯一的地址，如图 1-3 所示。地址用来定位存储和获取数据的字节。因为可以以任意顺序访问内存中的字节，所以内存又被称为随机访问内存（RAM）。

现在的个人计算机通常都有至少 1GB 的 RAM，但是安装时它们通常多达 2 到 4GB。一般来讲，一台计算机拥有的 RAM 越多，它的运行速度越快，但是对这个简单的经验法则是有限制的。

内存字节永远非空，但是它的原始内容可能对程序毫无意义。一旦有新的内容放入内存，那么内存当前的内容就会丢失。

像 CPU 一样，内存是内置在硅半导体芯片上的，这些芯片的表面上嵌有数百万个静态管。和 CPU 芯片比较，内存芯片没那么复杂，更慢也没那么昂贵。

内存地址	内存内容	
.	.	
.	.	
.	.	
2000	01000011	字符 "C" 的编码
2001	01110010	字符 "r" 的编码
2002	01100101	字符 "e" 的编码
2003	01110111	字符 "w" 的编码
2004	00000011	数字 "3" 的编码
.	.	

图 1-3　内存在某个独特的内存位置存储数据和程序指令，每个内存位置可以存储一个字节的数据

1.2.4　存储设备

计算机的内存存储数据并不稳定：一旦断开系统电源，所有存储（也可以称为保存）在内存中的信息都会丢失。程序和数据被永久地保存在存储设备上，当计算机真的要用到它们的时候再被移到内存中，内存的执行速度还是比永久存储设备快得多。

存储设备主要有三种类型：

- 磁盘驱动器
- 光盘驱动器（CD 和 DVD）
- USB 闪存

驱动器是操作像磁盘和 CD 这些介质的设备。存储介质就是存储数据或程序指令的地方。驱动器从这些介质读取数据并且向这些介质写入数据。

1. 磁盘

一台计算机通常至少会有一个硬盘驱动器（如图 1-4 所示）。硬盘驱动器用来永久地存储数据和程序。比较新的计算机会有能存储 200GB 到 800GB 数据的硬盘。硬盘驱动器通常安装在计算机内部，当然也可以使用移动硬盘。

2. CD 和 DVD

CD 的全称是致密的盘片。光盘驱动器的类型有两种：只读光盘（CD-R）和可擦写光盘（CD-RW）。只读光盘只能用于存储那些永久只读的信息：内容一旦被记录到光盘上，用户是不能修改它们的。可擦写光盘可以像硬盘一样使用，也就是说，可以向这类光盘写入数据，还可以用新数据覆盖这些数据。一张光盘的

图 1-4　硬盘是一种能够永久保存程序和数据的设备

容量可以达到 700MB。大多数新型的个人电脑都安装了可擦写光驱，它既支持只读光盘也支持可擦写光盘。

DVD 的全称是数字化多功能碟片或者数字化视频磁盘。DVD 和 CD 看起来很像，可以使用它们来存储数据。一张 DVD 上可以保存的信息要比一张 CD 保存的信息多，一张标准DVD 的存储容量是 4.7GB。像 CD 一样，DVD 也有两种类型：DVD-R（只读）和 DVD-RW（可重写）。

3. USB 闪存驱动器

通用串行总线（USB）连接器允许用户将多种外部设备连接到计算机。可以使用 USB 来将打印机、数字照相机、外接硬盘驱动器，以及其他设备连接到计算机上。

USB 闪存驱动器（flash drive）是用于存储和传输数据的设备。闪存驱动器很小——大约就是一包口香糖的大小，如图 1-5 所示。它就像移动硬盘一样，可以插入计算机的 USB端口。USB 闪存驱动器目前可用的最大存储容量能够达到 256GB。

图 1-5   USB 闪存驱动器是很受欢迎的存储数据的便携设备

1.2.5   输入和输出设备

用户是通过输入和输出设备与计算机进行通信的。最常见的输入设备是键盘（keyboard）和鼠标（mouse）。最常见的输出设备是显示器（monitor）和打印机（printer）。

1. 键盘

计算机键盘是一个用于输入的设备，典型的键盘如图 1-6 所示。精简的键盘没有数字小键盘。

图 1-6   计算机键盘由按键构成，这些按键负责将输入信息发送给计算机

功能键（function key）位于键盘的最上边一排，而且都是以 F 为前缀顺序排列的数字。它们的功能取决于当前使用的软件。

修饰符键（modifier key）是特殊键（例如：Shift、Alt 和 Ctrl 键），当它和另一个键组合在一起同时按下时，就会改变另一个键的常用功能。

数字小键盘（numeric keypad）位于大多数键盘的右边，是为了快速输入数字的一套独立按键集合，形式上很像一个计算器。

方向键（arrow key）位于主键盘和数字小键盘之间，在很多程序中用于上下左右地移动光标。

插入键（Insert）、删除键（Delete）、向上翻页键（Page Up）和向下翻页键（Page Down）都用在字处理和其他程序中，用来在字处理过程中实现插入文本和对象、删除文本和对象以及向上翻页和向下翻页的功能。

2. 鼠标

鼠标（mouse）是定点设备，用来在屏幕上移动被称作光标的图形指针（通常是一个箭头的形状），或者用于单击屏幕上的对象（例如：按钮）来触发它以完成这个动作。

3. 显示器

显示器（monitor）显示信息（文本和图形）。屏幕分辨率和点距决定显示器的质量。

屏幕分辨率（screen resolution）指定显示器设备水平尺寸和垂直尺寸上像素的个数。像素（"图像元素"的简称）就是在屏幕上构成图像的小点。对于一个 17 英寸的屏幕，分辨率一般为 1024 像素宽 768 像素高。分辨率可以手工设置。分辨率越高，图像就越锐化和清晰。

点距（dot pitch）是指像素之间以毫米为单位的距离。点距越小，显示越清晰。

1.2.6　通信设备

计算机可以通过像拨号调制解调器（调制器 / 解调器）、DSL 或光缆调制解调器、有线网络接口卡或无线适配器等这样的通信设备来连接网络。

- 拨号调制解调器使用电话线并且以高达 56 000bps（每秒比特）的速度传送数据。
- 数字用户线（DSL）也是使用标准电话线来进行连接，但是它可以以比标准拨号调制解调器快 20 倍的速度传送数据。
- 光缆调制解调器使用由光缆公司维护的有线电视线，而且它通常比 DSL 快。
- 网络接口卡（NIC）是一个将计算机连接到局域网（LAN）的设备，如图 1-7 所示。LAN 通常用在大学、企业和政府部门。一个高速的 NIC 被称作 1000BaseT，它可以以每秒 10 亿比特的速率传送数据。
- 无线网络现在在家庭、企业和学校异常流行。现在出售的每一台笔记本电脑都安装有无线适配器，它可以将计算机连接到局域网络或互联网。

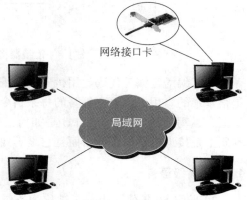

网络接口卡

局域网

图 1-7　局域网连接相互间距离较近的计算机

注意：检查点问题的答案在配套网站上。

检查点

1.1　什么是硬件？什么是软件？

1.2　罗列出计算机的五个主要硬件组件。

1.3　缩写"CPU"表示什么？

1.4　CPU 的速度使用什么单位表示？

1.5　比特是什么？字节是什么？

1.6　内存是干什么的？RAM 表示什么？为什么内存被称为 RAM？

1.7　用于表示内存大小的单位是什么？

1.8　用于表示磁盘大小的单位是什么？

1.9　内存和存储设备最主要的区别是什么？

1.3　程序设计语言

🔑**关键点**：计算机程序，又称为软件，是告诉计算机要做什么的指令集。

计算机并不理解人类的语言，所以程序必须用计算机使用的语言来书写。现在有几百种程序设计语言，开发它们对人们来说可以让程序设计过程更加简单。但是，所有的程序必须被转换成计算机能够理解的语言。

1.3.1　机器语言

计算机自己的语言（会因计算机的种类不同而有所不同）是它的机器语言———一套内嵌在计算机内的原始指令集。这些指令以二进制代码的形式存在，所以如果给计算机一条用它自己的语言编写的程序，必须输入二进制码的指令。例如：要对两个数字做加法，就必须编写一条二进制码的指令，如下所示：

```
1101101010011010
```

1.3.2　汇编语言

用机器语言进行程序设计是一个繁琐的过程。而且，用机器语言编写的程序非常难以读懂，也很难修改。因此，在计算机发展的早期人们就发明了汇编语言作为机器语言的一个替代品。汇编语言使用一种简短的描述性单词（称为助记符）来表示每个机器语言指令。例如：助记符 add 表示数字的加法而 sub 表示数字的减法。要将数字 2 和 3 进行相加并得到结果，可能要编写一条如下所示的汇编代码的指令：

```
add 2, 3, result
```

开发汇编语言是为了让程序设计更加容易。但是，因为计算机不能理解汇编语言，所以要使用另一种程序——称为汇编器——将汇编语言程序翻译成机器代码，如图 1-8 所示。

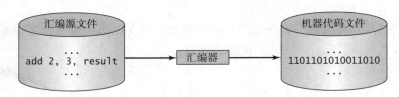

图 1-8　汇编器将汇编语言指令翻译成机器码

用汇编语言编写代码比用机器语言编写代码更加容易。但是，用汇编语言编写代码仍旧是很繁琐的。用汇编语言编写的每条指令本质上讲都对应到机器代码编写的一条指令。用汇编语言编写代码需要知道 CPU 是如何工作的。汇编语言被称为低级语言，因为汇编语言在本质上是接近机器语言的，而且它是不独立于机器的。

1.3.3　高级语言

20 世纪 50 年代，出现了被称为高级语言的新一代的程序设计语言。它们是独立于平台的，也就是说，可以用高级语言编写程序并让它在不同类型的机器上运行。高级语言很像英语，并且易于学习和使用。高级程序设计语言编写的指令称为语句。例如：这里是一条用于计算半径为 5 的圆的面积的高级语言语句：

```
area = 5 * 5 * 3.14159
```

现在有很多种高级程序设计语言，而且每一种语言都是为了特定目的而设计的。表 1-1 罗列出一些流行的高级语言。

表 1-1　流行的高级程序设计语言

语言	描述
Ada	以 Ada Lovelace 命名，她是在机械的通用计算机上工作的。Ada 语言是为国防部开发的，因此它也主要用于国防项目
Basic	初学者的通用符号指令代码。它是为了初学者易学易用而设计的
C	Bell 实验室开发。C 结合了汇编语言的强大功能以及高级语言的易用性和可移植性
C++	C++ 是基于 C 的面向对象语言
COBOL	面向商业的通用语言，用在商业应用上
FORTRAN	公式翻译。在科学和数学应用中很流行
Java	Sun 公司开发，现在是 Oracle 的一部分，广泛应用于开发平台无关的因特网程序
Pascal	以 Blaise Pascal 命名，他是 17 世纪计算机的先驱。它是一种主要用于讲授程序设计的简单、结构化的通用语言
Python	一种编写短小程序的通用脚本语言
Visual Basic	由微软开发，可以用于快速地开发基于窗口的应用程序

使用高级语言编写的程序称为源程序或源代码。因为计算机不能理解源程序，所以源程序必须被翻译成可执行的机器代码。使用另一个称为解释器或编译器的程序设计工具来完成这个翻译过程。

- 解释器从源代码中读取一条语句，将它翻译成为机器代码或者虚拟机代码，然后立即执行它，如图 1-9a 所示。注意：源代码中的一条语句可以被翻译成几条机器指令。
- 编译器将整个源代码翻译成一个机器代码文件，然后执行这个机器代码文件，如图 1-9b 所示。

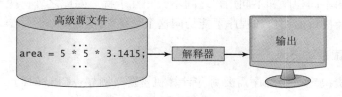

a）解释器翻译和执行程序时，一次一句

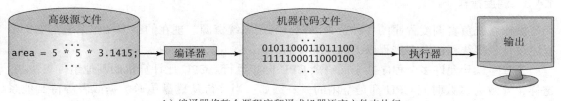

b）编译器将整个源程序翻译成机器语言文件来执行

图　1-9

使用解释器运行 Python 代码。大多数其他程序设计语言使用编译器进行处理。

检查点

1.10 CPU 能够理解的是什么语言?

1.11 什么是汇编语言?

1.12 什么是汇编器?

1.13 什么是高级程序设计语言?

1.14 什么是源程序?

1.15 什么是解释器?

1.16 什么是编译器?

1.17 解释语言和编译语言之间的区别是什么?

1.4 操作系统

关键点:操作系统(OS)是计算机上运行的最重要的程序。操作系统管理和控制计算机的动作。

一般功能的计算机上流行的操作系统有微软 Windows、Mac OS 以及 Linux。如果不在计算机上安装和运行操作系统,那么像网页浏览器或者字处理器这样的应用程序就不能运行。图 1-10 显示了硬件、操作系统、应用软件和用户之间的相互关系。

操作系统的主要任务是:

- 控制和管理系统行为
- 调配和分配系统资源
- 调度操作

图 1-10 用户和应用程序通过操作系统访问计算机硬件

1.4.1 控制和管理系统行为

操作系统执行基本的任务,例如:识别来自键盘的输入,将输出结果发送给监视器,管理存储设备上的文件和文件夹,控制像磁盘驱动器和打印机这样的外部设备。操作系统还必须确保同时工作的不同程序和不同用户之间不会相互干扰。除此之外,操作系统还要负责安全问题,确保未经授权的用户和程序不能访问这个系统。

1.4.2 调度和分配系统资源

操作系统负责决定一个程序需要哪些计算机资源(例如:CPU 时间、内存空间、磁盘、输入和输出设备)以及调度和分配这些资源来运行这个程序。

1.4.3 调度操作

操作系统负责调度程序的各种行为以充分利用系统资源。现在的很多操作系统都支持多程序设计、多线程以及多进程以提高系统性能。

多程序设计允许多个程序共享同一个 CPU 同步运行。CPU 比计算机的其他组件更快些。这样,导致大多数时间 CPU 都是空闲的——例如:当等待从磁盘传送数据或者等待其他系统资源响应时。多程序设计操作系统利用这种情况,允许多个程序使用这个 CPU 的闲置时间。例如:多程序设计允许你使用子处理器来编辑文件的同时,你的网页浏览器也可以下载文件。

多线程允许单个程序同时执行多个任务。例如：字处理程序允许用户编辑文本的同时将它存储到磁盘上。在这个例子中，编辑和存储是同一个应用程序中的两个任务，这两个任务可能是同时运行的。

多进程，或者叫并行处理，使用两个或更多处理器一起完成同时发生的多个子任务，然后将这些子任务的解决方案组合在一起，获取整个任务的解决方案。这就像一个外科手术，几个医生协同工作医治同一个病人。

☞ **检查点**

1.18 什么是操作系统？罗列出一些流行的操作系统。

1.19 操作系统的主要任务是什么？

1.20 什么是多程序设计、多线程和多进程？

1.5 Python 的历史

✎ **关键点**：Python 是一种用途广泛、解释性、面向对象的程序设计语言。

Python 是新西兰的 Guido van Rossum 在 1990 年创建的，它以英国流行喜剧"Monty Python 的飞行马戏团"命名。van Rossum 将 Python 开发作为一个嗜好，Python 因其简单、简洁以及直观的语法和扩展库等优势成为工业界和学术界广泛使用的一个流行的程序设计语言。

Python 是一门用途广泛的程序设计语言。这意味着可以使用 Python 为任何程序设计任务编写代码。Python 现在被用在 Google 搜索引擎、NASA 的任务关键项目以及纽约股票交易所的交易处理中。

Python 是解释性的，这表示 Python 代码是被解释器翻译和执行的，每次一句，就像本章早前描述的那样。

Python 是一门面向对象程序设计语言（OOP）。Python 中的数据都是由类所创建的对象。本质上讲类就是一种类型或者某个种类，它能够定义同种类型的对象，这些对象都具有相同的属性以及相同的操作这些对象的方法。面向对象程序设计是开发可重用软件的强大工具。使用 Python 进行面向对象程序设计将从第 7 章开始详细讲解。

现在，Python 是由一个大型的志愿者团队来开发和维护的，你可以从 Python 软件基金会免费获取。Python 的两个版本现在是共存的：Python 2 和 Python 3。使用 Python 3 编写的程序不能在 Python 2 中执行。Python 3 是比较新的版本，但是它不向后兼容 Python 2。这意味着如果你使用 Python 2 的语法编写了一个程序，那它可能无法在 Python 3 解释器中正常工作。Python 提供了一个工具，它可以将 Python 2 所写的代码自动地转换成 Python 3 可以使用的语法。Python 2 最终还是会被 Python 3 所代替。本书教授如何使用 Python 3 来进行程序设计。

☞ **检查点**

1.21 Python 是解释性的。这是什么意思？

1.22 使用 Python 2 编写的程序可以在 Python 3 中运行吗？

1.23 使用 Python 3 编写的程序可以在 Python 2 中运行吗？

1.6 开始学习 Python

✎ **关键点**：Python 程序是用 Python 解释器执行的。

我们从编写一个简单的 Python 程序开始，这个程序在控制台上显示消息 " Welcome to Python" 和 " Python is fun"。控制台是一个旧的计算机术语，它是指计算机的文本输入域和显示设备。控制台输入是指从键盘获取输入，而控制台输出是指将输出显示到显示器。

☞ **注意**：可以在 Windows、UNIX 和 Mac 操作系统上运行 Python。为了获取安装 Python 的信息，可参见配套网站上的补充材料 I.B。

1.6.1 启动 Python

假设已经将 Python 安装在 Windows 操作系统上，在命令行窗口的命令提示符下输入 Python，就可以启动 Python（如图 1-11 所示），或者使用 IDLE（如图 1-12 所示）。IDLE（交互式开发环境）是 Python 的一个集成开发环境（IDE）。可以在 IDLE 中创建、打开、保存、编辑以及运行 Python 程序。你的机器安装了 Python 之后，命令行 Python 解释器和 IDLE 都是可用的。注意：Python（命令行）和 IDLE 都可以通过在 Windows 7 或 Vista 上搜索 Python（Command Line）或 IDLE（Python GUI）直接利用 Windows 开始按钮访问，如图 1-13 所示。

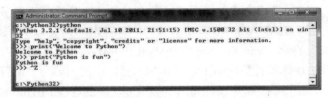

图 1-11   从命令行窗口启动 Python

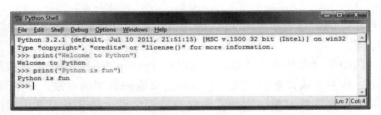

图 1-12   在 IDLE 中使用 Python

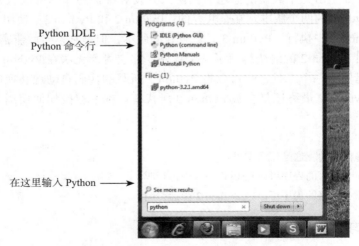

图 1-13   利用开始按钮启动 Python IDLE 和 Python 命令行

启动 Python 之后，你将会看到符号"＞＞＞"。这是 Python 语句提示符，也是你输入 Python 语句的地方。

☛ **注意**：按照本书中所写的准确输入命令。格式以及其他规则将在本章后面讨论。

现在，输入"print("Welcome to Python")"然后按回车键。控制台上会出现字符串"Welcome to Python"，如图 1-11 所示。字符串是一个程序设计术语，它表示一个字符序列。

☛ **注意**：Python 字符串两边需要使用双引号或单引号，将它们和其他代码区分开来。就像你在输出中看到的那样，Python 不显示这些引号。

print 语句是 Python 的固有函数之一，可以用它在控制台上显示字符串。函数用来完成一系列动作。print 函数的动作就是在控制台上显示一条消息。

☛ **注意**：在程序设计专业词汇中，当你使用一个函数时，可以说"调用一个函数"。

接下来，输入"print("Python is fun")"然后按回车键。控制台上会出现字符串"Python is fun"，如图 1-11 所示。可以在语句提示符"＞＞＞"处输入附加语句。

☛ **注意**：要退出 Python，按 Ctrl+Z 组合键然后再按回车键。

1.6.2 创建 Python 源代码文件

在语句提示符"＞＞＞"处输入 Python 语句是很方便的，但是语句并未被保存。为了保存语句以便今后使用，可以创建一个文本文件来存储语句，然后使用下面的命令执行文件中的语句：

```
python filename.py
```

可以使用像记事本这样的文本编辑器来创建文本文件。这里的文本文件 *filename* 称为 Python 源文件或脚本文件。习惯上，Python 文件的扩展名为 .py。

从脚本文件来运行 Python 程序称为以脚本模式运行 Python。在语句提示符"＞＞＞"后键入一条语句，然后执行它，称为以交互模式运行 Python。

☛ **注意**：除了在命令行窗口开发和运行 Python 程序之外，也可以在 IDLE 中创建、保存、修改和运行 Python 脚本。有关使用 IDLE 的消息，参见配套网站上的补充材料 I.C。教师可能会要求你使用 Eclipse。Eclipse 是一个流行的交互式开发环境，用来快速开发程序，编辑、运行、调试和在线帮助都集成在一个图形用户界面中。如果你想使用 Eclipse 开发 Python 程序，参见配套网站上的补充材料 I.D。

程序清单 1-1 给出一个 Python 程序，该程序显示消息"Welcome to Python"和"Python is fun"。

程序清单 1-1 Welcome.py

```
1  # Display two messages
2  print("Welcome to Python")
3  print("Python is fun")
```

在本教材中，显示行号是用于参考的，它们不是程序的一部分。所以，在你的程序中不要输入行号。

假设语句存储在一个名为 Welcome.py 的文件中。为了运行这个程序，在命令提示符后输入 python Welcome.py，如图 1-14 所示。

在程序清单 1-1 中，第 1 行是一条注释，标注这个

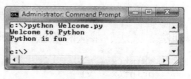

图 1-14 从命令行窗口运行 Python
脚本文件

程序是什么以及这个程序是如何构建的。注释有助于程序员理解程序。它们不是程序设计语句，所以可以被解释器忽略。在 Python 中，每行注释前都会加一个井号（#），称为行注释，也可以通过在一行或多行上使用三个连续的单引号（'''）括起来达到段注释的目的。当 Python 解释器看到 # 时，就会忽略 # 之后和它在同一行的所有文本。当 Python 解释器看到 '''时，就会扫描找到下一个 '''，然后忽略这三个引号之间的任何文本。下面是注释的例子：

```
# This program displays Welcome to Python

''' This program displays Welcome to Python and
    Python is fun
'''
```

下面介绍 Python 中的缩进问题。注意：输入语句是从新行的第一列开始。如果输入的程序如下所示，那么 Python 解释器将会报告错误：

```
# Display two messages
  print("Welcome to Python")
print("Python is fun")
```

不要在语句末尾放置任何标点符号。例如：如果输入下面的代码，那么 Python 解释器将会报错：

```
# Display two messages
print("Welcome to Python").
print("Python is fun"),
```

Python 程序是区分大小写的。例如：在程序中用 Print 替换 print 就会出错。

你已经在程序中看到好几个特殊字符（#、''、()），几乎所有的程序都会用到它们。表 1-2 总结了它们的用途。

程序清单 1-1 中的程序显示两条消息。一旦你理解了这个程序，就可以很容易地将它扩展为显示更多的消息。例如：可以改写这个程序显示三条信息，如程序清单 1-2 所示。

表 1-2 特殊字符

字符	名称	描述
( )	左括号和右括号	和函数一起使用
#	# 号	表示注释行
" "	双引号	将字符串（即字符序列）括起来
''' '''	段注释	将一段注释括起来

程序清单 1-2 WelcomeWithThreeMessages.py

```
1  # Display three messages
2  print("Welcome to Python")
3  print("Python is fun")
4  print("Problem Driven")
```

```
Welcome to Python
Python is fun
Problem Driven
```

1.6.3 使用 Python 完成算术运算

Python 程序可以完成各种类型的算术运算，并且显示结果。为了显示两个数 x 和 y 的加法、减法、乘法和除法，使用下面的代码：

```
print(x + y)
print(x - y)
print(x * y)
print(x / y)
```

程序清单 1-3 显示一个程序实例，它计算 $\dfrac{10.5 + 2 \times 3}{45 - 3.5}$ 然后打印它的结果。

程序清单 1-3 ComputeExpression.py

```
1  # Compute expression
2  print((10.5 + 2 * 3) / (45 - 3.5))
```

```
0.397590361446
```

就像你所看到的，将算术表达式翻译成 Python 表达式是一个简单的过程。我们将在第 2 章进一步讨论 Python 表达式。

检查点

1.24 可以用两种模式运行 Python。解释这两种模式。

1.25 Python 区分大小写吗？

1.26 按照惯例，Python 源文件的扩展名是什么？

1.27 运行 Python 源文件的命令是什么？

1.28 什么是注释？如何表示注释行和注释段？

1.29 在控制台上显示消息"Hello world"的语句是什么？

1.30 找出下面代码中的错误：

```
1  # Display two messages
2      print("Welcome to Python")
3  print("Python is fun").
```

1.31 给出下面代码的输出结果：

```
print("3.5 * 4 / 2 - 2.5 is")
print(3.5 * 4 / 2 - 2.5)
```

1.7 程序设计风格和文档

🖋 **关键点**：好的程序设计风格和正确的文档可以让程序易读并防止出错。

程序设计风格指的是程序的整个样子。当用专业的程序设计风格创建程序时，它们不但会正确执行，而且也会易于阅读、便于理解。这对访问或修改你的程序的其他程序员来说是非常重要的。

文档是属于一个程序的解释性备注和注释的主体。这些备注和注释对程序的不同部分进行解释，帮助其他人更好地理解它的结构和功能。对本章前面的内容，备注和注释都是嵌在程序内部里，当执行程序时 Python 的解释器会直接忽略它们。

程序设计风格和文档与编码一样重要。下面是几个建议规范。

1.7.1 恰当的注释和注释风格

在程序开始的地方要有一个总结性的注释，它解释这个程序是干什么的、其重要特征以及所使用的独特技术。在大程序中，应该有注释介绍每个主要步骤以及任何难以读懂的内容。注释简洁明了是非常重要的，因此，不要让它们密密麻麻，也不要让它们难以阅读。

1.7.2 恰当的空格

一致的空格风格可以让程序更加清晰且易于阅读、调试（找到且解决错误）以及维护。

一个运算符的两边都应该添加一个空格，如下面的语句所示：

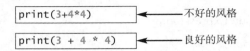

更多的建议规范可以在配套网站的补充材料 I.F 中找到。

1.8 程序设计错误

🖎 **关键点**：程序设计错误可以分为三类：语法错误、运行时错误和逻辑错误。

1.8.1 语法错误

你会遇到的大多数常见错误都是语法错误。就像任何一种程序设计语言一样，Python 也有自己的语法，你需要遵从语法规则编写代码。如果你的程序违反了这些规则——例如：忘写一个引号或者拼错一个单词——Python 将会报告语法错误。

语法错误来自代码构建过程中的错误，例如：敲错了一条语句，不正确的缩进，忽略某些必需的标点符号，或者使用了左括号而忘了右括号。这些错误通常很容易被检测到，因为 Python 会告诉你这些错误在哪里以及是什么原因造成了这些错误。例如：下面的 print 语句有一个语法错误：

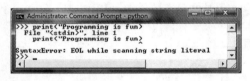

字符串 "Programming is fun" 少了右引号。

🖎 **提示**：如果你不知道如何更正语法错误，将你的程序和课本中的相同例子一个字符一个字符地进行比较。在学习这门课程的前几周里，你可能要花很多时间找出语法错误。过一段时间之后，你将会熟悉 Python 语法并且能够快速地找出语法错误。

1.8.2 运行时错误

运行时错误是导致程序意外终止的错误。在程序运行过程中，如果 Python 解释器检测到一个不可能执行的操作，就会出现运行时错误。输入错误是典型的运行时错误。当用户输入一个程序无法处理的值时，就会出现输入错误。例如：如果程序希望读取一个数字，而用户输入了一个文本字符串，这就导致程序中出现数据类型错误。

另一个常见的运行时错误是被 0 除。当整数除法的除数为零时就会发生运行时错误。例如：下面语句中的表达式 1/0 就会导致一个运行时错误。

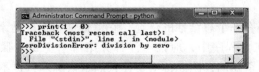

1.8.3 逻辑错误

当程序不能实现它原来打算要完成的任务时就会导致逻辑错误。发生这种类型的错误的原因有很多种。例如：假设你编写程序清单 1-4 中的程序，这个程序将华氏温度（35 度）转换成摄氏温度。

程序清单 1-4 ShowLogicErrors.py

```
1  # Convert Fahrenheit to Celsius
2  print("Fahrenheit 35 is Celsius degree ")
3  print(5 / 9 * 35 - 32)
```

```
Fahrenheit 35 is Celsius degree
-12.555555555555554
```

你可以得到摄氏 −12.55 度，但这是错的，它应该是 1.66。为了获取正确的结果，需要在表达式中使用 5 / 9 * (35 − 32) 而不是 5 / 9 * 35 − 32。也就是说，需要添加圆括号括住 (35 − 32)，这样，Python 会在做除法之前首先计算这个表达式。

在 Python 中，语法错误事实上是被当作运行时错误来处理，因为程序执行时它们会被解释器检测出来。通常，语法错误和运行时错误都很容易找出并且易于更正，因为 Python 给出提示信息以便找出错误来自哪里以及为什么它们是错的，而查找逻辑错误则非常具有挑战性。

检查点

1.32 三种程序错误是什么？

1.33 如果忘记在字符串后面加右引号，将会产生什么错误？

1.34 如果程序需要从文件中读取数据，但是这个文件并不存在，那么当你运行这个程序时就会导致错误。这个错误是哪类错误？

1.35 假设你编写一个程序计算一个矩形的周长，而你写错了程序导致它计算成矩形的面积。这个错误是哪类错误？

1.9 开始学习图形化程序设计

关键点：Turtle 是 Python 内嵌的绘制线、圆以及其他形状（包括文本）的图形模块。它很容易学习并且使用简单。

初学者通常很喜欢通过图形学习程序设计。因此，我们在本书第一部分的很多章的最后都会用一节讲解图形化程序设计。但是，这些素材不是强制性的，可以跳过它们或者以后再涉及这些内容。

在 Python 中有多种编写图形程序的方法。一个简单的启动图形化程序设计的方法是使用 Python 内嵌的 Turtle 模块。本书后面将会介绍 Tkinter 来开发复杂的图形用户界面应用程序。

1.9.1 绘制图形并给图形添加颜色

下面的程序将演示如何使用 Turtle 模块。后续章节会介绍更多的特性。

1）在 Windows"开始"菜单中选择 Python(命令行) 或者在命令提示符下输入"python"来启动 Python。

2）在 Python 语句提示符"＞＞＞"下输入下面的命令来导入 Turtle 模块。这个命令导入 Turtle 模块中定义的所有函数，这样就可以使用所有函数。

```
>>> import turtle # Import turtle module
```

3）输入下面的命令来显示 Turtle 的当前位置和方向，如图 1-15a 所示。

```
>>> turtle.showturtle()
```

使用 Python Turtle 模块进行图形化程序设计很像使用笔进行绘画。箭头表明笔的当前位置和方向。Turtle 的起始位置在窗口的中心。此处，Turtle 是指绘制图像的对象（对象将在第 3 章介绍）。

4）输入下面的命令绘制一个文本字符串：

```
>>> turtle.write("Welcome to Python")
```

你的窗口应该看起来如图 1-15b 所示。

5）输入下面的命令将箭头向前移动 100 像素，向箭头所指的方向绘制一条直线：

```
>>> turtle.forward(100)
```

你的窗口应该看起来如图 1-15c 所示。

为了绘制图 1-15 中的其他部分，继续这些步骤。

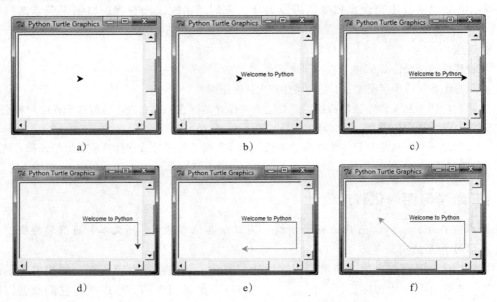

图 1-15　随着每个语句的执行动态地显示图形

6）输入下面的命令将箭头向右转 90 度，将 Turtle 的颜色改为红色，然后将箭头向前移动 50 像素，如图 1-15d 所示。

```
>>> turtle.right(90)
>>> turtle.color("red")
>>> turtle.forward(50)
```

7）现在，输入下面的命令将箭头向右转 90 度，将颜色设置为绿色，然后将箭头向前移动 100 像素来绘制一条直线，如图 1-15e 所示。

```
>>> turtle.right(90)
>>> turtle.color("green")
>>> turtle.forward(100)
```

8）最后，输入下面的命令将箭头向右转 45 度，并将箭头向前移动 80 像素来绘制一条直线，如图 1-15f 所示。

```
>>> turtle.right(45)
>>> turtle.forward(80)
```

9）现在可以关闭 Turtle 图形窗口并退出 Python。

1.9.2 将笔移到任何位置

当 Turtle 程序启动时，箭头在 Python Turtle 图形窗口的中心位置，它的坐标是 (0，0)，如图 1-16a 所示。你也可以使用 goto(x，y) 命令将 turtle 移动到任何一个特定的点 (x，y)。

重启 Python 并敲入下面的命令将笔从 (0，0) 移动到 (0，50)，如图 1-16b 所示。

```
>>> import turtle
>>> turtle.goto(0, 50)
```

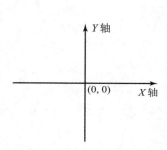

a）Turtle 图形化窗口中心的坐标是 (0, 0)

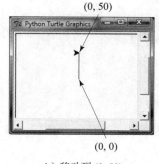

b）移动到 (0, 50)

c）将笔移动到 (50, −50)

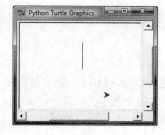

d）将颜色设置为红色

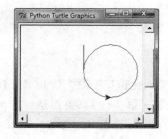

e）使用 circle 命令绘制一个圆

图 1-16

也可以使用 penup() 和 pendown() 命令设置抬起或放下笔以控制移动笔时是否绘制一条线。例如：下面的命令将笔移到 (50，−50)，如图 1-16c 所示。

```
>>> turtle.penup()
>>> turtle.goto(50, -50)
>>> turtle.pendown()
```

可以使用 circle 命令绘制一个圆。例如：下面的命令设置颜色为红色（图 1-16d）并且绘制半径为 50 的圆（图 1-16e）。

```
>>> turtle.color("red")
>>> turtle.circle(50) # Draw a circle with radius 50
```

1.9.3   绘制奥林匹克环标志

程序清单 1-5 给出绘制奥林匹克环标志的程序，如图 1-17 所示。

程序清单 1-5   OlympicSymbol.py

```
1   import turtle
2
3   turtle.color("blue")
4   turtle.penup()
5   turtle.goto(-110, -25)
6   turtle.pendown()
7   turtle.circle(45)
8
9   turtle.color("black")
10  turtle.penup()
11  turtle.goto(0, -25)
12  turtle.pendown()
13  turtle.circle(45)
14
15  turtle.color("red")
16  turtle.penup()
17  turtle.goto(110, -25)
18  turtle.pendown()
19  turtle.circle(45)
20
21  turtle.color("yellow")
22  turtle.penup()
23  turtle.goto(-55, -75)
24  turtle.pendown()
25  turtle.circle(45)
26
27  turtle.color("green")
28  turtle.penup()
29  turtle.goto(55, -75)
30  turtle.pendown()
31  turtle.circle(45)
32
33  turtle.done()
```

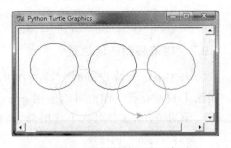

图 1-17   绘制奥林匹克环标志

程序导入 Turtle 模块使用 Turtle 图形化窗口（第 1 行）。它将笔移到（-110，-25）（第 5 行），然后绘制一个半径为 45 的蓝色圆（第 7 行）。类似地，它绘制一个黑色圆（第 9～13 行）、一个红色圆（第 15～19 行）、一个黄色圆（第 21～25 行）以及一个绿色圆（第 27～31 行）。

第 33 行调用 Turtle 的 done() 命令，它可以导致程序暂停直到用户关闭 Python Turtle 图形化窗口。它的目的是给用户时间来查看图形。没有这一行，图形窗口会在程序完成时立即关闭。

检查点

1.36   如何导入 Turtle 模块？

1.37   如何在 Turtle 中显示文本？

1.38   如何向前移动笔？

1.39   如何设置新颜色？

1.40   不绘制任何东西时如何移动笔？

1.41   如何绘制一个圆？

1.42   程序清单 1-5 中第 33 行的 turtle.done() 的目的是什么？

关键术语

.py file（.py 文件）

assembler（汇编器）

assembly language（汇编语言）

bit（比特）

bus（总线）

byte（字节）

cable modem（光缆调制解调器）

calling a function（调用函数）

central processing unit (CPU)（中央处理器 (CPU)）

comment（注释）

compiler（编译器）

console（控制台）

dot pitch（点距）

DSL (digital subscriber line)（DSL（数字用户线））

encoding scheme（编码表）

function（函数）

hardware（硬件）

high-level language（高级语言）

IDLE (Interactive DeveLopment Environment)（IDLE（交互式开发环境））

indentation（缩进）

interactive mode（交互式模式）

interpreter（解释器）

invoking a function（调用函数）

line comment（行注释）

logic error（逻辑错误）

low-level language（低级语言）

machine language（机器语言）

memory（内存）

modem（调制解调器）

module（模块）

motherboard（主板）

network interface card (NIC)（网络接口卡 (NIC)）

operating system (OS)（操作系统 (OS)）

pixel（像素）

program（程序）

runtime errors（运行时错误）

screen resolution（屏幕分辨率）

script file（脚本文件）

script mode（脚本模式）

software（软件）

source code（源代码）

source file（源文件）

source program（源程序）

statement（语句）

storage device（存储设备）

syntax errors（语法错误）

syntax rules（语法规则）

注意：上面的术语都是在当前章节中定义的。补充材料 I.A 按章罗列出本书所有的关键术语以及对它们的描述。

本章总结

1. 计算机是一个存储和处理数据的电子设备。

2. 计算机包括硬件和软件。

3. 硬件是计算机中可以碰触的物理部分。

4. 计算机程序，也称为软件，是控制硬件并让硬件完成任务的不可见的指令集。

5. 计算机程序设计是指编写让计算机来完成的指令（即代码）。

6. 中央处理器（CPU）是计算机的大脑。它从内存获取指令然后执行它们。

7. 计算机使用 0 和 1 是因为数字设备有两个稳定的电子状态：关和开，习惯上将它们表示成 0 和 1。

8. 比特是二进制数 0 或 1。

9. 字节是 8 比特构成的序列。

10. KB 大约是 1000 字节，MB 大约是 100 万字节，GB 大约是 10 亿字节，而 TB 大约是万亿字节。

11. 内存存储的是 CPU 要执行的数据和程序指令。

12. 内存单元是一个有序字节序列。

13. 内存是不稳定的，因为一旦断电，没有保存的信息就会丢失。

14. 程序和数据被永久地保存在存储设备上，当计算机真要用到它们的时候被移到内存。

15. 机器语言是一套嵌入每台计算机的原始指令集。

16. 汇编语言是一种低级程序设计语言，它使用助记符来表示每一条机器语言指令。

17. 高级语言很像英语，易于学习和编程。

18. 高级语言编写的程序称为源代码。

19. 编译器是一个软件程序，它负责将源程序翻译成机器语言程序。

20. 操作系统（OS）是管理和控制计算机动作的程序。

21. 可以在 Windows、UNIX 和 Mac 上运行 Python。

22. Python 是解释性的，这意味着 Python 解释每条语句，同时处理该语句。

23. 可以在 Python 语句提示符 " >>> " 下交互地输入 Python 语句，或者在一个文件中存储所有代码，然后使用一条命令执行它。

24. 要从命令行运行 Python 源文件，使用命令 python *filename*.py。

25. Python 中，在一行前加一个 # 号（#）的注释称为行注释，而用三重引号（''' 和 '''）括住一行或几行称为段注释。

26. Python 源代码是区分大小写的。

27. 程序设计错误可以分为三种类型：语法错误、运行时错误和逻辑错误。语法和运行时错误会导致程序意外终止。当程序没有完成它预期的任务时出现逻辑错误。

测试题

本章的在线测试题位于：www.cs.armstrong.edu/liang/py/test.html。

编程题

注意：本书里的偶数编号编程题答案在配套网站上。所有编程题的答案在教师资源网站上。题目的难度等级分为容易（无星号）、适度（*）、困难（**）或具有挑战性（***）。

第 1.6 节

1.1 （显示三个不同的消息）编写程序显示 " Welcome to Python "、" Welcome to Computer Science " 和 " Programming is fun "。

1.2 （显示同样的消息五次）编写程序显示 " Welcome to Python " 五次。

*1.3 （显示一种模式）编写程序显示下面的模式。

```
FFFFFFF   U    U   NN     NN
FF        U    U   NNN    NN
FFFFFFF   U    U   NN N   NN
FF        U    U   NN  N  NN
FF         UUU     NN   NNN
```

1.4 （打印表格）编写程序显示下面的表格。

```
a      a^2     a^3
1      1       1
2      4       8
3      9       27
4      16      64
```

1.5 （计算表达式）编写程序显示下面表达式的结果。

$$\frac{9.5 \times 4.5 - 2.5 \times 3}{45.5 - 3.5}$$

1.6　（级数求和）编写程序显示 1 + 2 + 3 + 4 + 5 + 6 + 7 + 8 + 9 的和。

1.7　（近似 π）可以使用下面的公式计算 $\pi = 4 \times \left(1 - \dfrac{1}{3} + \dfrac{1}{5} - \dfrac{1}{7} + \dfrac{1}{9} - \dfrac{1}{11} + \cdots\right)$。

　　编写程序显示 $4 \times \left(1 - \dfrac{1}{3} + \dfrac{1}{5} - \dfrac{1}{7} + \dfrac{1}{9} - \dfrac{1}{11}\right)$ 和 $4 \times \left(1 - \dfrac{1}{3} + \dfrac{1}{5} - \dfrac{1}{7} + \dfrac{1}{9} - \dfrac{1}{11} + \dfrac{1}{13} - \dfrac{1}{15}\right)$ 的结果。

1.8　（圆的面积和周长）使用下面的公式编写程序，显示半径是 5.5 的圆的面积和周长。

$$area = radius \times radius \times \pi$$

$$perimeter = 2 \times radius \times \pi$$

1.9　（矩形的面积和周长）使用下面的公式编写程序，显示宽度为 4.5 而高为 7.9 的矩形的面积和周长。

$$area = width \times height$$

1.10　（平均速度）假设一个人在 45 分 30 秒内跑了 14 公里，编写程序显示每小时的平均速度是多少英里。（注意：1 英里是 1.6 公里。）

*1.11　（人口预测）美国人口普查局基于下面的假设来预测人口：

　　每 7 秒 1 人出生；

　　每 13 秒 1 人死亡；

　　每 45 秒 1 个新移民。

　　编写程序显示接下来 5 年每一年的人口。假设当前的人口数是 3 120 324 986，每年有 365 天。提示：在 Python 中，可以使用整数除法运算符 // 来完成除法运算。它的结果是一个整数。例如：5//4 是 1（而不是 1.25），10//4 是 2（而不是 2.5）。

第 1.9 节

1.12　（Turtle：绘制正方形）编写程序在屏幕中心绘制正方形，如图 1-18a 所示。

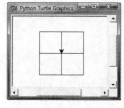   

　　a）绘制正方形　　　　　b）绘制十字　　　　　c）绘制三角形　　　　d）绘制两个三角形

图　1-18

1.13　（Turtle：绘制十字）编写程序绘制如图 1-18b 所示的十字。

1.14　（Turtle：绘制三角形）编写程序绘制如图 1-18c 所示的三角形。

1.15　（Turtle：绘制两个三角形）编写程序绘制如图 1-18d 所示的两个三角形。

1.16　（Turtle：绘制四个圆）编写程序在屏幕中心绘制四个圆，如图 1-19a 所示。

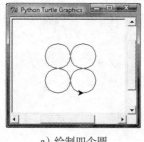 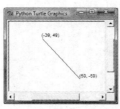 

　　a）绘制四个圆　　　　　　b）绘制直线　　　　　　c）绘制五角星

图　1-19

1.17 （Turtle：绘制直线）编写程序绘制一条连接两个点 (−39，48) 和 (50，−50) 的红线，然后显示这两个点的坐标，如图 1-19b 所示。

**1.18 （Turtle：绘制五角星）编写程序绘制一个五角星，如图 1-19c 所示。（提示：五角星每个点的内角度是 36 度。）

1.19 （Turtle：绘制多边形）编写程序绘制一个依次连接点 (40，−69.28)、(−40，−69.28)、(−80，−9.8)、(−40，69)、(40，69) 和 (80，0) 的多边形，如图 1-20a 所示。

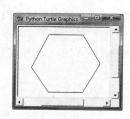 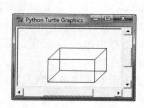 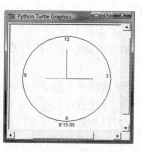

a）绘制多边形　　　　　　b）显示立方体　　　　　　c）显示表示时间的时钟

图 1-20

1.20 （Turtle：显示立方体）编写程序显示一个立方体，如图 1-20b 所示。

1.21 （Turtle：显示时钟）编写程序显示一个时钟表示时间 9：15：00，如图 1-20c 所示。

基本程序设计

学习目标

- 编写程序完成简单的计算（第 2.2 节）。
- 使用 input 函数从程序的用户处获取输入（第 2.3 节）。
- 使用标识符来命名元素，例如：变量和函数等（第 2.4 节）。
- 将数据赋值给变量（第 2.5 节）。
- 实现同时赋值（第 2.6 节）。
- 定义命名常量（第 2.7 节）。
- 使用运算符 +、–、*、/、//、% 和 **（第 2.8 节）。
- 编写和计算数字表达式（第 2.9 节）。
- 利用简捷运算符简化编码（第 2.10 节）。
- 使用 int 和 round 函数进行数据类型转换和四舍五入（第 2.11 节）。
- 使用 time.time() 获取当前系统时间（第 2.12 节）。
- 描述程序开发过程然后应用它开发一个贷款偿还程序（第 2.13 节）。
- 计算并显示图上两点之间的距离（第 2.14 节）。

2.1 引言

✐ **关键点**：本章的重点是学习如何使用基本程序设计技巧来解决问题。

在第 1 章我们已经学习了如何创建和运行最基本的 Python 程序。现在你将学习如何通过编写程序来解决问题。通过这些问题，你将会学习到基本的程序设计技巧，例如：如何使用变量、运算符、表达式以及输入和输出。

例如：假设你需要领取学生贷款。假定给出贷款数目、贷款期限以及年利率，你能不能编写一个程序来计算每月的还款金额和总还款金额呢？本章将介绍怎样编写一个类似的程序。沿着这个思路，你会学习到如何通过创建程序深入分析问题、设计解决方案以及实施这个解决方案等基本步骤。

2.2 编写一个简单的程序

✐ **关键点**：编写一个涉及设计解决问题的策略的程序，然后使用程序设计语言实现这些策略。

首先，让我们来看一个计算圆面积的简单问题。我们该如何编写程序来解决这个问题呢？

编写程序涉及如何设计算法以及如何将算法翻译成程序设计指令或代码。当你编写代码时——即你在编写程序时——你就将一个算法翻译成一段程序。算法描述的是如何通过列出要进行的动作和这些动作的执行顺序来解决一个问题。算法可以帮助程序员在使用程序设计语言编程之前做一个规划。算法可以用自然语言或伪代码（即自然语言与某些程序设计代码的混合应用）描述。这个计算圆面积的程序算法描述如下所示。

1）从用户处获取圆的半径。

2）利用下面的公式计算它的面积：

$$面积 = 半径 * 半径 * \pi$$

3）显示结果。

☞ **提示**：在开始编写代码前，以算法的方式描述你的程序（或它的相关问题）是一个很好的做法。

在这个问题中，程序需要读取用户从键盘输入的半径。这就产生了两个重要的问题：

- 读取这个半径。
- 将半径存储在程序中。

我们首先来解决第二个问题。半径值被存储在计算机的内存中。为了访问它，程序中需要使用一个变量。变量是一个指向存储在内存中某个值的名字。变量应该尽量选择描述性的名字（descriptive name）而不是用像 x 和 y 这样的名字。例如：在这个例子里，使用名字 radius 表示指向半径值的变量，而使用名字 area 表示指向面积值的变量。

第一步是提示用户指定圆的 radius。你很快将学会如何提示用户输入信息。而现在，为了了解变量如何工作，你可以在编写代码时将一个固定值赋给程序中的 radius。

第二步是计算 area，这是通过将表达式 radius*radius*3.141 59 的值赋给 area 来实现的。

在最后一步中，程序将会使用 Python 中的 print 函数在控制台显示 area 的值。

完整的程序如程序清单 2-1 所示。

程序清单 2-1 ComputeArea.py

```
1  # Assign a value to radius
2  radius = 20 # radius is now 20          radius ⟶ [ 20 ]
3
4  # Compute area
5  area = radius * radius * 3.14159          area ⟶ [ 1256.636 ]
6
7  # Display results
8  print("The area for the circle of radius", radius, "is", area)
```

```
The area for the circle of radius 20 is 1256.636
```

像 radius 和 area 这样的变量指向的值存储在内存中。每个变量都有对应到一个值的一个名字。你可以使用如第 2 行所示那样将一个值赋值给一个变量。

```
radius = 20
```

这条语句将 20 赋值给变量 radius。所以，现在 radius 对应的值是 20。第 5 行的语句

```
area = radius * radius * 3.14159
```

使用 radius 的值来计算表达式并将结果赋给变量 area。下面的表格显示的是随着程序的执行，area 和 radius 的值。该表中的每一行显示的是程序中对应的每行语句被执行之后变量的值。这种显示程序如何工作的方法被称为跟踪程序。跟踪程序有助于理解程序是如何工作的，而且这也是在程序中查错的一个有效工具。

line#	radius	area
2	20	
5		1256.636

如果你已经使用过其他程序设计语言进行过编程，例如：Java，你就会知道必须声明变量的数据类型来明确使用的是什么类型的值，例如：整数或文本字符。但是，在 Python 中你不用这么做，因为 Python 会通过赋值给变量来自动判定数据类型。

第 8 行的语句在控制台上显示四项。你可以使用下面的语法在一条 print 语句中显示任意多项：

```
print(item1, item2, ..., itemk)
```

如果某项是一个数字，那么这数字就会被自动转化为显示一个字符串。

🖙 检查点

2.1 显示下面代码的打印输出：

```
width = 5.5
height = 2
print("area is", width * height)
```

2.2 将下面的算法翻译成 Python 代码。
- 第 1 步：使用一个名为 miles 初始值为 100 的变量。
- 第 2 步：将 miles 乘以 1.609 并将它赋值给一个名为 kilometers 的变量。
- 第 3 步：显示 kilometers 的值。

在第三步之后 kilometers 是多少？

2.3 从控制台读取输入

✎ **关键点**：从控制台读取输入可以让程序从用户处接受输入。

在程序清单 2-1 中，一个半径值被设置在源代码中。为了使用另一个半径值，你不得不修改源代码。可以利用 input 函数输入一个半径值。下面的语句提示用户输入一个值，然后将它赋给变量 variable：

```
variable = input("Enter a value: ")
```

输入的值是一个字符串。你可以使用 eval 函数来求值并转换为一个数值。例如："eval("34.5")" 返回的是 34.5，"eval("345")" 返回的是 345，"eval("3+4")" 返回的是 7，而 "eval("51+(54*(3+2))")" 返回 321。

程序清单 2-2 重写了程序清单 2-1 提示用户输入一个半径值。

程序清单 2-2 ComputeAreaWithConsoleInput.py

```
1  # Prompt the user to enter a radius
2  radius = eval(input("Enter a value for radius: "))
3
4  # Compute area
5  area = radius * radius * 3.14159
6
7  # Display results
8  print("The area for the circle of radius", radius, "is", area)
```

```
Enter a value for radius: 2.5  ↵Enter
The area for the circle of radius 2.5 is 19.6349375
```

```
Enter a value for radius: 23  ↵Enter
The area for the circle of radius 23 is 1661.90111
```

第 2 行提示用户输入一个值（以字符串的形式）然后转化为一个数字，这个过程等价于：

```
s = input("Enter a value for radius: ")  # Read input as a string
radius = eval(s) # Convert the string to a number
```

在用户输入一个数字并按下 Enter 键后，这个数字就被读取并赋给 radius。

程序清单 2-2 显示如何提示用户进行一次输入。但是，你也可以提示进行多次输入。程序清单 2-3 给出了一个从键盘读取多组输入的例子。这个程序读取了三个整数并显示它们的平均数。

程序清单 2-3　ComputeAverage.py

```
 1  # Prompt the user to enter three numbers
 2  number1 = eval(input("Enter the first number: "))
 3  number2 = eval(input("Enter the second number: "))
 4  number3 = eval(input("Enter the third number: "))
 5
 6  # Compute average
 7  average = (number1 + number2 + number3) / 3
 8
 9  # Display result
10  print("The average of", number1, number2, number3,
11      "is", average)
```

```
Enter the first number: 1  ↵Enter
Enter the second number: 2  ↵Enter
Enter the third number: 3  ↵Enter
The average of 1  2  3 is 2.0
```

这程序提示用户输入 3 个整数（第 2 ～ 4 行），计算它们的平均数（第 7 行），然后显示结果（第 10 ～ 11 行）。

如果用户输入的不是数字，这个程序将会以一个运行时错误终止。在第 13 章中，你将学会如何处理这个错误以使程序可以继续运行。

通常，一条语句会在一行的末尾处结束。在前面的程序清单中，print 语句被分成了两行（第 10 ～ 11 行）。这没关系，因为 Python 扫描第 10 行的 print 语句，直到发现第 11 行的后括号才结束。我们说这两句隐式会合了。

注意：在某些情况下，Python 的解释器不能确定在多行中哪里是语句的结尾。你可以在一行的结尾处放置一个继续符号（\）来告诉解释器这条语句继续到下一行。例如，下面的语句：

```
sum = 1 + 2 + 3 + 4 + \
    5 + 6
```

等价于：

```
sum = 1 + 2 + 3 + 4 + 5 + 6
```

注意：本书前几章的大多数程序都会实现三个步骤：输入、处理和输出，它们被称为 IPO。输入是从用户获取输入，处理是使用输入产生结果，输出是显示结果。

检查点

2.3　如何编写一条语句提示用户输入一个数值？

2.4　执行下面代码时，如果用户输入 5a 会发生什么？

```
radius = eval(input("Enter a radius: "))
```

2.5 如何将一个长语句拆为多行?

2.4 标识符

关键点：标识符用于命名程序中标识像变量和函数这样的元素。

如程序清单 2-3 中所示，number1、number2、number3、average、input、eval 和 print 是出现在程序中的事物的名称。在程序设计术语表中，这类名字被称为标识符。所有标识符必须遵从以下规则：

- 标识符是由字母、数字和下划线 (_) 构成的字符序列。
- 标识符必须以字母或下划线 (_) 开头，不能以数字开头。
- 标识符不能是关键字。(参见附录 A，它是一个关键字的列表。) 关键字，又被称为保留字，它们在 Python 中有特殊意义。例如：import 是一个关键字，它告诉 Python 解释器将一个模块导入到程序。
- 标识符可以为任意长度。

例如：area、radius 和 number1 都是合法标识符，而 2A 和 d+4 不是，因为它们没有遵从这些规则。当 Python 检测出不合法的标识符时，它就会报告一个语法错误并终止程序。

注意：因为 Python 区分大小写，所以 area、Area 和 AREA 是不同的标识符。

提示：描述性标识符可以使程序更加易于阅读。避免使用简写的标识符。使用完整的单词更具描述性。例如：numberOfStudents 比 numStuds、numOfStuds 或 numOfStudents 更好。我们在书里完整的程序中使用描述性的名字。然而，我们也会偶尔为了简洁起见在代码段中使用像 i、j、k、x 和 y 这样的变量名。这些名字也为代码段提供了一种风格。

提示：变量名使用小写字母，例如：radius 和 area。如果一个名字包含几个单词，将这几个单词连在一起构成一个变量名，第一个单词要小写，而后续的每个单词的第一个字母要大写，例如：numberOfStudents。这种命名方式被称为骆驼拼写法，因为大写的字母好像骆驼的驼峰。

检查点

2.6 下面哪些标识符是有效的? 哪些是 Python 关键字 (参见附录 A)?

```
miles, Test, a+b, b-a, 4#R, $4, #44, apps
if, elif, x, y, radius
```

2.5 变量、赋值语句和赋值表达式

关键点：变量用于引用在程序中可能会变化的值。

正如在前几节的程序中看到的，变量是引用存储在内存中的值的名字。它们被称为"变量"是因为它们可能引用不同的值。例如：在下面的代码中,radius 的初始值为 1.0 (第 2 行)，然后它变为 2.0 (第 7 行)，而 area 被设置为 3.1415926 (第 3 行)，然后被重置为 12.56636 (第 8 行)。

```
1  # Compute the first area              radius ──→ 1.0
2  radius = 1.0
3  area = radius * radius * 3.14159       area ──→ 3.14159
4  print("The area is", area, "for radius", radius)
5
```

```
6   # Compute the second area
7   radius = 2.0                                    radius ——→  2.0
8   area = radius * radius * 3.14159                area   ——→  12.56636
9   print("The area is", area, "for radius", radius)
```

将一个值赋给变量的语句被称为赋值语句。在 Python 中，等号（=）被用作赋值运算符。而赋值语句的语法如下所示：

```
variable = expression
```

一个表达式表示一个涵盖到值、变量和运算符结合到一起并求值的计算。例如：考虑下面的代码：

```
y = 1                      # Assign 1 to variable y
radius = 1.0               # Assign 1.0 to variable radius
x = 5 * (3 / 2) + 3 * 2    # Assign the value of the expression to x
x = y + 1                  # Assign the addition of y and 1 to x
area = radius * radius * 3.14159 # Compute area
```

你可以在表达式中使用变量。一个变量可以在赋值运算符 "=" 的两边同时使用。例如：

```
x = x + 1
```

在这个赋值语句中，x + 1 的结果被赋值给 x。如果在执行这条语句前 x 的值是 1，那执行这句后它就成了 2。

为了将值赋给变量，你必须将变量名放在赋值运算符的左边。这样，下面的语句就是错误的：

```
1 = x    # Wrong
```

注意：在数学中，x=2*x+1 表示一个方程。然而，在 Python 中，x=2*x+1 是对表达式 2*x+1 求值并将结果赋值给 x 的赋值语句。

如果一个值被赋给多个变量，你可以使用类似如下的语法：

```
i = j = k = 1
```

这等价于：

```
k = 1
j = k
i = j
```

每个变量都有它的范围。变量的范围是程序可以引用到变量的部分。定义变量的范围的规则将在本书后面逐步介绍。现在，你所需要知道的是变量在使用前必须被创建。例如，下面的代码是错误的：

```
                            count is not defined yet.

>>> count = count + 1
NameError: count is not defined
>>>
```

count 还没有被定义。

为了改正它，你可以编写如下所示的代码：

```
>>> count = 1  # count is created
>>> count = count + 1  # Now increment count
>>>
```

警告：变量在表达式中使用之前必须被赋值。例如：

```
interestRate = 0.05
interest = interestrate * 45
```

这样的代码是错的。因为 interestRate 被赋值 0.05 而 interestrate 并未被定义。Python 区分大小写，所以 interestRate 和 interestrate 是两个不同的变量。

2.6 同时赋值

Python 也支持如下所示的同时赋值：

```
var1, var2, ..., varn = exp1, exp2, ..., expn
```

它的含义是 Python 计算等号右边的表达式并同时赋值给等号左边相对应的变量。交换变量的值是程序中常见的操作，而同时赋值对完成这一操作十分有用。假设有两个变量 x 和 y，你如何写代码交换它们的值？一个常见的方法是如下引入一个中间变量：

```
>>> x = 1
>>> y = 2
>>> temp = x  # Save x in a temp variable
>>> x = y     # Assign the value in y to x
>>> y = temp  # Assign the value in temp to y
```

但如果你使用下面的语句交换 x 和 y 的值就可以简化这个工作。

```
>>> x, y = y, x # Swap x with y
```

同时赋值也可以用于在一条语句中获取多个输入。程序清单 2-3 给出了一个提示用户输入三个数字然后获取它们平均值的程序。这个程序可以用同时赋值语句来简化，如程序清单 2-4 所示。

程序清单 2-4 ComputeAverageWithSimultaneousAssignment.py

```
1  # Prompt the user to enter three numbers
2  number1, number2, number3 = eval(input(
3      "Enter three numbers separated by commas: "))
4
5  # Compute average
6  average = (number1 + number2 + number3) / 3
7
8  # Display result
9  print("The average of", number1, number2, number3
10     "is", average)
```

```
Enter three numbers separated by commas: 1, 2, 3  ↵Enter
The average of 1  2  3 is 2.0
```

检查点

2.7 变量的命名习惯是什么？

2.8 下面的语句有什么错误？

```
2 = a
```

2.9 在下面语句之后，x、y 和 z 的值是多少？

```
x = y = z = 0
```

2.10   假设 a=1 而 b=2。那么在下面的语句后，a 和 b 的值是多少？

```
a, b = b, a
```

2.7   定名常量

✍ **关键点**：定名常量（named constant）是一种表示定值的标识符。

变量的值在程序执行的过程中可能会被改变，但是定名常量（或简称为常量）代表永远不会变的固定数据。在我们的 ComputeArea 程序中，π 是一个常量。如果你经常使用它，而不想不停地输入 3.141 59；那么你可以使用一个描述性的名字 PI 代表那个值。Python 没有命名常量的特殊语法。你可以简单地创建一个变量来表示常量。然而，为了区分常量和变量，我们全部使用大写字母来命名常量。例如：你可以重写程序清单 2-1 来使用定名常量 π，例如：

```
# Assign a radius
radius = 20 # radius is now 20

# Compute area
PI = 3.14159
area = radius * radius * PI

# Display results
print("The area for the circle of radius", radius, "is", area)
```

使用常量有下面三个好处：

1）你不必为使用一个值多次而重复性输入。

2）如果你需要修改常量的值（例如：将 PI 从 3.14 改为 3.141 59），你只需要在源代码一处进行修改。

3）描述性名字会提高程序的易读性。

2.8   数值数据类型和运算符

✍ **关键点**：Python 中有两种数值类型（整数和浮点数）与 +、-、*、/、//、% 和 ** 一起工作。

储存在计算机中的信息通常被称为数据。这里有两种数值数据类型：整数和实数。整数类型 Integer（简写作 int）用于表示整数。实数型用于表示有小数部分的数字。在计算机中，这两种数据类型的存储方式不同。实数型表示为浮点数。我们怎样告知 Python 一个数字是整数还是浮点数呢？一个拥有小数点的数字即使小数部分为零也是浮点数。例如：1.0 是浮点数，而 1 是整数。这两个数字在计算机里的存储方式不同。在程序设计术语表中，像 1.0 和 1 这样的数字被称为字面量。字面量是直接出现在程序中的常量值。

供数值数据类型使用的运算符包括标准的算术符号，如表 2-1 所示。操作数是被运算符操作的值。

+、- 和 * 运算符都很直接明了，但是注意：运算符 + 和 - 既可以用于一元运算也可用于二元运算符。一元运算符只能有一个操作数，而二元运算符有两个操作数。例如：在 -5 中的 -号是一元的，表示 5 的相反数，而它在 4-5 中是二元的，表示 4 减去 5。

表 2-1   算术运算符

名称	含义	举例	结果
+	Addition	34 + 1	35
-	Subtraction	34.0 - 0.1	33.9
*	Multiplication	300 * 30	9000
/	Float Division	1 / 2	0.5
//	Integer Division	1 // 2	0
**	Exponentiation	4 ** 0.5	2.0
%	Remainder	20 % 3	2

2.8.1 运算符 /、// 和 **

运算符 / 执行浮点除法并产生一个浮点数结果。例如：

```
>>> 4 / 2
2.0
>>> 2 / 4
0.5
>>>
```

运算符 // 执行整数除法并产生一个整数结果，任何小数部分都会被舍掉。例如：

```
>>> 5 // 2
2
>>> 2 // 4
0
>>>
```

为了针对任意数字 a 与 b 计算 a^b（a 的 b 次幂），你可以在 Python 中编写 a**b。例如：

```
>>> 2.3 ** 3.5
18.45216910555504
>>> (-2.5) ** 2
6.25
>>>
```

2.8.2 运算符 %

众所周知，运算符 % 是一个求余或取模运算的运算符，即求出除法后的余数。左侧的操作数是被除数，而右侧的操作数是除数。因此，7%3 结果是 1，3%7 结果是 3，12%4 结果是 0，26%8 结果是 2 而 20%13 结果是 7。

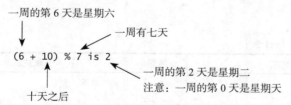

在程序设计中求余运算符非常有用。例如：偶数 %2 总是 0 而奇数 %2 总是 1。这样，你就可以用这个特性判断一个数字是奇数还是偶数。如果今天是星期六，那七天之后又是星期六。假设你和你的朋友十天后要见面。那么十天后是周几？你可以用下面的表达式算出是周二：

（一周的第 6 天是星期六）
（一周有七天）
(6 + 10) % 7 is 2
（一周的第 2 天是星期二）
注意：一周的第 0 天是星期天
（十天之后）

程序清单 2-5 给出将以秒计时的一段时间转换为用分和秒计时的程序。例如：500 秒即是 8 分 20 秒。

程序清单 2-5 DisplayTime.py

```
1  # Prompt the user for input
2  seconds = eval(input("Enter an integer for seconds: "))
3
```

```
4  # Get minutes and remaining seconds
5  minutes = seconds // 60      # Find minutes in seconds
6  remainingSeconds = seconds % 60   # Seconds remaining
7  print(seconds, "seconds is", minutes,
8        "minutes and", remainingSeconds, "seconds")
```

```
Enter an integer for seconds: 500  ↵Enter
500 seconds is 8 minutes and 20 seconds
```

line#	seconds	minutes	remainingSeconds
2	500		
5		8	
6			20

第 2 行读取一个整数 seconds。第 5 行使用 seconds//60 获取分钟数。第 6 行（seconds%60）获得除去分钟后剩余的秒数。

2.8.3　科学记数法

浮点数可以用 $a \times 10^b$ 形式的科学记数法来编写。例如：123.456 的科学记数法表示为 $1.234\ 56 \times 10^2$ 而 0.0 123 456 可以表示为 $1.234\ 56 \times 10^{-2}$。Python 使用特殊的语法来书写科学记数法的数字。例如：$1.234\ 56 \times 10^2$ 被写作 1.234 56E2 或 1.23456E+2，而 $1.234\ 56 \times 10^{-2}$ 被写作 1.234 56E-2。字母 E（或 e）代表指数而且可以大写也可以小写。

注意：浮点型用于表示有小数点的数字。为什么它们叫浮点数呢？这些数字在内存中以科学记数法存储。当一个像 50.534 这样的数字被转换为科学记数法是 5.0534E+1，它的小数点移动（浮动）到一个新位置。

警告：当一个变量被赋值一个太大的值而不能存入内存中。这会导致数据溢出。例如：执行下面的语句会导致溢出。

```
>>> 245.0 ** 1000
OverflowError: 'Result too large'
>>>
```

当一个浮点数太小（即太接近 0）会导致下溢，而 Python 会将它近似为 0。因此，你不需要关注下溢。

检查点

2.11　下面表达式的结果是什么？

表达式	结果	表达式	结果
42 / 5	——	2 % 1	——
42 // 5	——	45 + 4 * 4 - 2	——
42 % 5	——	45 + 43 % 5 * (23 * 3 % 2)	——
40 % 5	——	5 ** 2	——
1 % 2	——	5.1 ** 2	——

2.12　如果今天是星期二，那 100 天后是星期几？

2.13　25/4 的结果是多少？如果你希望结果是整数应该怎么改写？

2.9　计算表达式和运算符优先级

✒️ **关键点**：Python 表达式计算方式与算术表达式一样。

用 Python 编写一个算术表达式是指使用运算符对算术表达式进行直接的翻译。例如，算数表达式：

$$\frac{3+4x}{5} - \frac{10(y-5)(a+b+c)}{x} + 9\left(\frac{4}{x} + \frac{9+x}{y}\right)$$

可以翻译为如下所示的 Python 表达式：

```
(3 + 4 * x) / 5 - 10 * (y - 5) * (a + b + c) / x +
9 * (4 / x + (9 + x) / y)
```

尽管 Python 有它自己在后台计算表达式的方式，但 Python 表达式和与之相对应的算术表达式的结果是相同的。因此，你可以放心地将算术运算规则应用在计算 Python 表达式上。

首先执行括号内的运算符。括号可以叠加，内层括号里的表达式首先被执行。当一个表达式中使用多个运算符时，使用下面的运算符优先级规则决定计算顺序。

- 首先计算指数运算（**）。
- 接下来计算乘法（*）、浮点除法（/）、整数除法（//）和求余运算。如果一个表达式包含多个乘法、除法和求余运算符，它们会从左向右运算。
- 最后计算加法（+）和减法（-）运算符。如果一个表达式包含多个加法和减法运算符，它们会从左向右运算。

这是一个如何计算表达式的例子：

```
3 + 4 * 4 + 5 * (4 + 3) - 1
                   └─────── (1) 首先是括号内
3 + 4 * 4 + 5 * 7 - 1
    └─────────────────── (2) 乘法
3 + 16 + 5 * 7 - 1
         └───────────── (3) 乘法
3 + 16 + 35 - 1
└───────────────────── (4) 加法
19 + 35 - 1
└───────────────────── (5) 加法
54 - 1
    └───────────────── (6) 减法
53
```

✏️ **检查点**

2.14　如何使用 Python 编写下面的算术表达式？

$$\frac{4}{3(r+34)} - 9(a+bc) + \frac{3+d(2+a)}{a+bd}$$

2.15　假设 m 和 r 是整数。请为 mr^2 编写一个 Python 表达式。

2.10　增强型赋值运算符

✒️ **关键点**：运算符 +、-、*、/、//、% 和 ** 可以与赋值运算符（=）组合在一起构成简捷运算符。

经常会出现变量的当前值被使用、修改、然后重新赋值给同一变量的情况。例如，下面的语句就是给变量 count 加 1：

```
count = count + 1
```

Python 允许使用便捷（或合成）运算符将赋值运算符和加法运算符结合在一起。例如，前面的语句可以写作：

```
count += 1
```

运算符 += 被称为加法赋值运算符。所有的简捷运算符都在表 2-2 中给出。

表 2-2 增强型赋值运算符

运算符	名称	举例	等式
+=	Addition assignment	i += 8	i = i + 8
-=	Subtraction assignment	i -= 8	i = i - 8
*=	Multiplication assignment	i *= 8	i = i * 8
/=	Float division assignment	i /= 8	i = i / 8
//=	Integer division assignment	i //= 8	i = i // 8
%=	Remainder assignment	i %= 8	i = i % 8
**=	Exponent assignment	i **= 8	i = i ** 8

警告：在增强型赋值运算符中没有空格。例如：+ = 应该是 +=。

检查点

2.16 假设 a=1，下面的每个表达式都是独立的。那么下面的表达式的结果分别是什么？

```
a += 4
a -= 4
a *= 4
a /= 4
a //= 4
a %= 4
a = 56 * a + 6
```

2.11   类型转换和四舍五入

关键点：如果算术运算符的操作数之一是浮点数，那么结果就是浮点数。

你能否对两个不同类型的数据进行二元运算？答案是肯定的。如果一个整数和一个浮点数同时参与到一个二元运算中，那么 Python 会自动将整数转化为浮点值。这被称为类型转换。所以 3*4.5 和 3.0*4.5 是相同的。

有时候，希望获取小数的整数部分。你可以使用 int(value) 函数来返回一个浮点值的整数部分。例如：

```
>>> value = 5.6
>>> int(value)
5
>>>
```

注意：小数部分被舍掉了而没有进位。

你也可以使用 round 函数对数字进行四舍五入将之转为最近的整数。例如：

```
>>> value = 5.6
>>> round(value)
6
>>>
```

我们将在第 3 章更多地讨论 round 函数。

注意：函数 int 和 round 不会改变要转换的变量。例如：在下面代码中，调用函数后 value 并没有改变。

```
>>> value = 5.6
>>> round(value)
6
>>> value
5.6
>>>
```

注意：函数 int 也可以用于将整数字符串转换为整数。例如：int("34") 返回 34。所以，你可以使用函数 eval 或 int 将字符串转换为整型。哪个会更好些？int 函数完成一个简单的转换。它不能用于非整型字符串。例如：int("3.4") 将导致错误。函数 eval 可以完成比简单转换更多的功能。它可以用于计算表达式。例如：eval ("3+4") 返回 7。然而，使用函数 eval 有一个微妙的 "疑难杂症"。如果数字串前有先导零会使 eval 函数产生错误。相对地，int 函数可以很好地处理这个问题。例如：eval("003") 会导致错误，而 int("003") 会返回 3。

程序清单 2-6 给出一个显示保留小数点后两位的营业税的程序。

程序清单 2-6 SalesTax.py

```
1  # Prompt the user for input
2  purchaseAmount = eval(input("Enter purchase amount: "))
3
4  # Compute sales tax
5  tax = purchaseAmount * 0.06
6
7  # Display tax amount with two digits after decimal point
8  print("Sales tax is", int(tax * 100) / 100.0)
```

```
Enter purchase amount: 197.55  ↵Enter
Sales tax is 11.85
```

行号	销售额	营业税	税款
2	197.55		
5		11.853	
8			11.85

变量 purchaseAmount 的值是 197.55（第 2 行）。营业税是销售额的 6%，所以计算出的 tax 是 11.853（第 5 行）。注意：

```
tax * 100 is 1185.3
int(tax * 100) is 1185
int(tax * 100) / 100.0 is 11.85
```

所以，第 8 行的语句显示保留小数点后两位的税款 11.85。

检查点

2.17 当数据从浮点型转化为整型时，小数点后的部分怎么处理？int(value) 函数会改变变量 value 吗？

2.18 下面的语句都正确么？如果是，给出它们的结果。

```
value = 4.6
print(int(value))
```

```
print(round(value))
print(eval("4 * 5 + 2"))
print(int("04"))
print(int("4.5"))
print(eval("04"))
```

2.12 实例研究：显示当前时间

🖜 **关键点**：可以使用 time 模块中的 time() 函数来获取当前的系统时间。

　　这里的问题是编写一个显示当前 GMT 时间的程序，格式为小时：分钟：秒，例如，13:19:18。time 模块中的 time() 函数返回以毫秒为精度的从 1970 年 1 月 1 日 00:00:00 开始到现在的 GMT 时间，如图 2-1 所示。这个时间被称作 UNIX 时间点。这个时间点是时间的开始。1970 年是 UNIX 操作系统正式发布的年份。例如：time.time（）返回 1285543663.205，它表示 1285543663 秒 205 微秒。

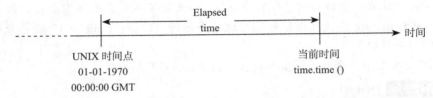

图 2-1　time.time() 函数返回从 UNIX 时间点开始的以毫秒为精度的秒数

你可以利用这个函数获取当前的时间，然后计算出当前秒数、分数和小时数，如下所示：

1）通过调用 time.time() 获取当前时间（自 1970 年 1 月 1 日零时起）(例如，1203183068.328)。

2）使用 int 函数来获取总秒数 totalSeconds(int(1203183068.328)=1203183068)。

3）用 totalSeconds%60 来求现在的秒数（1203183068seconds%60=8，即当前的秒数）。

4）用 totalSeconds 除以 60 求总分钟数 totalMinutes（1203183068seconds//60=20053051 分钟）。

5）用 totalMinutes%60 来求当前分钟数（20053051minutes%60=31，即现在的分钟数）。

6）用 totalMinutes 除以 60 来求总小时数 totalHours（20053051minutes//60=334217 小时）。

7）从总小时数 totalHours%24 来求现在的小时数（334217hours%24=17，即当前小时数）。

程序清单 2-7 给出这个完整的程序。

程序清单 2-7　ShowCurrentTime.py

```
 1  import time
 2
 3  currentTime = time.time() # Get current time
 4
 5  # Obtain the total seconds since midnight, Jan 1, 1970
 6  totalSeconds = int(currentTime)
 7
 8  # Get the current second
 9  currentSecond = totalSeconds % 60
10
11  # Obtain the total minutes
12  totalMinutes = totalSeconds // 60
13
14  # Compute the current minute in the hour
15  currentMinute = totalMinutes % 60
16
```

```
17    # Obtain the total hours
18    totalHours = totalMinutes // 60
19
20    # Compute the current hour
21    currentHour = totalHours % 24
22
23    # Display results
24    print("Current time is", currentHour, ":",
25        currentMinute, ":", currentSecond, "GMT")
```

```
Current time is 17:31:8 GMT
```

variables \ line#	3	6	9	12	15	18	21
currentTime	1203183068.328						
totalSeconds		1203183068					
currentSecond			8				
totalMinutes				20053051			
currentMinute					31		
totalHours						334217	
currentHour							17

第 3 行调用 time.time() 返回以秒为单位的带微秒精度的浮点值表示的当前时间。秒数、分钟数和小时数是通过 // 和 % 运算符从当前时间中计算出的（第 6 ～ 21 行）。

在示例运行中，显示数字 8 为秒数。而希望的输出应该是 08。这可以使用一个在一个数字前加 0 的函数来修正（参见编程题 6.48）。

🖝 检查点

2.19　什么是 UNIX 时间点？

2.20　time.time() 返回的是什么？

2.21　如何从 time.time() 的返回值中获取秒数？

2.13　软件开发流程

🖊 **关键点**：程序开发周期是一个包括明确需求、分析、设计、实现、测试、部署和维护的多步骤过程。

开发软件是一个工程过程。软件产品，无论是大还是小，它们都有相同的周期：明确需求、系统分析、系统设计、实现、测试、部署和维护，如图 2-2 所示。

明确需求是寻求理解软件要解决的问题和建立关于软件系统需要完成任务的详细文档的一个正式流程。这个阶段需要用户和开发者之间的进行紧密的交互。本书中大多数例子都很简单，并且它们的需求陈述很明确。然而，在现实世界中，问题并不总是定义明确。开发者需要保持和用户（会使用软件的个人或团体）紧密的联系，仔细研究问题以期明确到底需要软件做什么。

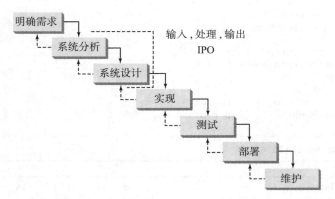

图 2-2   在程序开发周期的任何一步，为了修改错误或解决导致程序
不能完成既定功能的问题，退回前一步是有必要的

系统分析是指分析数据流和识别系统的输入和输出。当你分析时，它帮你确认哪个输入是最早的，然后帮你搞清楚要产生输出需要哪些输入数据。

系统设计是设计从输入获取输出的过程。这一阶段涉及很多层的抽象，将问题分解为可管理的几个组件，然后为每个组件的实现设计策略。你可以将每个组件看作一个完成系统中特定功能的子系统。系统分析和设计的本质是输入、处理和输出（IPO）。

实现过程涉及将系统设计翻译成程序。每个组件被编写成各自的程序，然后将它们集成在一起工作。这一阶段需要使用程序设计语言，例如：Python。实现过程设计到编写代码、自测和调试（就是在代码中找被称为小虫子（bug）的错误）。

测试过程确保代码满足需求规范并且清除程序 bug。一部分不参与产品设计和实现的工程师组成的独立团队通常进行这类测试。

部署过程是使程序可以使用。根据软件类型的不同，有些安装到每个用户的机器上而有些则安装在可以通过互联网访问的服务器上。

维护过程涉及产品的更新和升级。一款软件产品必须持续在一个不断变化的环境中完善和升级。这需要定期更新产品来解决最新发现的 bug 并合并这些改变。

为了更直观地看软件开发过程，我们现在创建一个计算贷款支付额的程序。这笔贷款可以是汽车贷款、学生贷款或房屋抵押贷款。作为一个对程序设计教学的介绍，我们专注于需求分析、分析、设计、实现和测试。

第 1 阶段：需求分析

这个程序必须满足以下需求：

- 必须由用户键入利率、贷款数以及贷款的年限。
- 必须计算出每月还贷数和总还款数。

第 2 阶段：系统分析

输出是月供（monthlyPayment）和总还款数（totalPayment），可以通过下面的公式来获取：

$$月供 = \frac{贷款数 \times 月利率}{1 - \dfrac{1}{(1 + 月利率)^{年限 \times 12}}}$$

$$总还款数 = 月供 \times 年限 \times 12$$

所以，程序需要输入的是年利率、贷款年限和总贷款数目。

注意：需求分析要求用户必须输入利率、贷款数、贷款年限。但在分析过程中，有可能你会发现输入是不充分的或有些输入对于输出而言是不必要的。如果是这样，你可以返回上一步修改需求分析。

注意：在现实世界里，你会为各行各业的用户工作。你可能会为化学家、物理学家、工程师、经济学家和心理学家开发软件。你不一定会有（或需要）这些行业的完备知识。因此，你不需要知道这些数学公式是怎样推导出来的。所以，在给出利率、贷款数、贷款年限的情况下，你可以利用公式来计算月供。然而，你需要和用户进行交流并理解这个数学模型是如何为系统工作的。

第 3 阶段：系统设计

在系统设计过程中，你需要确定程序中以下几个步骤。

第 1 步：提示用户输入年利率、贷款数、贷款年限和贷款额。

第 2 步：输入的年利率是百分比格式的数字，例如：4.5%。程序需要将它除以 100 转换为小数。因为一年有 12 个月，所以将年利率除以 12 即月利率。所以，为了获取月利率，你需要将百分比格式的年利率除以 1200。例如：如果年利率是 4.5%，那月利率就是 4.5/1200=0.003 75。

第 3 步：使用第 2 步中的公式计算月供。

第 4 步：通过将月供乘以 12 再乘以贷款年限求出还款总额。

第 5 步：显示月供和还款总额。

第 4 阶段：实现过程

实现过程又被称为编码（编写代码）。在公式中，你需要计算 $(1 + 月利率)^{年限 \times 12}$。你可以利用指数运算符将它写作：

```
(1 + monthlyInterestRate) ** (numberOfYears * 12)
```

程序清单 2-8 给出了完整的程序。

程序清单 2-8 ComputeLoan.py

```
 1  # Enter annual interest rate as a percentage, e.g., 7.25
 2  annualInterestRate = eval(input(
 3      "Enter annual interest rate, e.g., 7.25: "))
 4  monthlyInterestRate = annualInterestRate / 1200
 5
 6  # Enter number of years
 7  numberOfYears = eval(input(
 8      "Enter number of years as an integer, e.g., 5: "))
 9
10  # Enter loan amount
11  loanAmount = eval(input("Enter loan amount, e.g., 120000.95: "))
12
13  # Calculate payment
14  monthlyPayment = loanAmount * monthlyInterestRate / (1
15      - 1 / (1 + monthlyInterestRate) ** (numberOfYears * 12))
16  totalPayment = monthlyPayment * numberOfYears * 12
17
18  # Display results
19  print("The monthly payment is", int(monthlyPayment * 100) / 100)
20  print("The total payment is", int(totalPayment * 100) /100)
```

```
Enter annual interest rate, e.g., 7.25: 5.75 ↵Enter
Enter number of years as an integer, e.g., 5: 15 ↵Enter
Enter loan amount, e.g., 120000.95: 250000 ↵Enter
The monthly payment is 2076.02
The total payment is 373684.53
```

variables \ line#	2	4	7	11	14	16
annualInterestRate	5.75					
monthlyInterestRate		0.0047916666666				
numberOfYears			15			
loanAmount				250000		
monthlyPayment					2076.0252175	
totalPayment						373684.539

第 2 行读取年利率，该值在第 4 行被转换为月利率。

计算月供的公式在第 14 到 15 行被翻译成 Python 代码。

变量 monthlyPayment（第 14 行）是 2076.0252175。注意：

```
int(monthlyPayment * 100) is 207602.52175
int(monthlyPayment * 100) / 100.0 is 2076.02
```

所以，第 19 行显示的是保留了小数点后两位的税款 2076.02。

第 5 阶段：测试过程

在实现程序之后，测试过程是利用几组样本输入数据来验证输出是否正确来完成的。如你在后面几章会看到的一样，某些问题会牵扯到许多情况。对于这种类型的问题，你需要设计能涵盖所有情况的测试数据。

☞ 提示：这个例子的系统设计阶段确认了几个步骤。一次增加一步来开发和测试这些步骤是一种很好的方法。这个过程可以更容易查明问题也更易于调试。

2.14　实例研究：计算距离

✎ 关键点：本节给出计算和显示两点间距离的程序。

假定有两个点，而计算距离的公式是 $\sqrt{(x_2 - x_1)^2 + (y_2 - y_1)^2}$ 。你可以使用 a**0.5 来计算 $\sqrt{a}$ 。程序清单 2-9 中的程序提示用户键入两个点然后计算它们之间的距离。

程序清单 2-9　ComputeDistance.py

```
1  # Enter the first point with two float values
2  x1, y1 = eval(input("Enter x1 and y1 for Point 1: "))
3
4  # Enter the second point with two float values
5  x2, y2 = eval(input("Enter x2 and y2 for Point 2: "))
6
7  # Compute the distance
```

```
8   distance = ((x1 - x2) * (x1 - x2) + (y1 - y2) * (y1 - y2)) ** 0.5
9
10  print("The distance between the two points is", distance)
```

```
Enter x1 and y1 for Point 1: 1.5, -3.4  ↵Enter
Enter x2 and y2 for Point 2: 4, 5  ↵Enter
The distance between the two points is 8.764131445842194
```

程序提示用户键入第一个点的坐标（第2行）和第二个点的坐标（第5行）。然后计算它们之间的距离（第8行）并显示这个距离（第10行）。

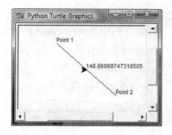 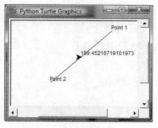

图 2-3 程序显示了一条线和它的长度

图 2-3 解释了程序清单 2-10 中的程序。这个程序：

1）提示用户键入两个点。

2）计算点之间的距离。

3）利用 Turtle 图形显示两点间的连线。

4）在线的中央显示线的长度。

程序清单 2-10 给出这个程序。

程序清单 2-10 ComputeDistanceGraphics.py

```
1   import turtle
2
3   # Prompt the user for inputting two points
4   x1, y1 = eval(input("Enter x1 and y1 for point 1: "))
5   x2, y2 = eval(input("Enter x2 and y2 for point 2: "))
6
7   # Compute the distance
8   distance = ((x1 - x2) ** 2 + (y1 - y2) ** 2) ** 0.5
9
10  # Display two points and the connecting line
11  turtle.penup()
12  turtle.goto(x1, y1) # Move to (x1, y1)
13  turtle.pendown()
14  turtle.write("Point 1")
15  turtle.goto(x2, y2) # Draw a line to (x2, y2)
16  turtle.write("Point 2")
17
18  # Move to the center point of the line
19  turtle.penup()
20  turtle.goto((x1 + x2) / 2, (y1 + y2) / 2)
21  turtle.write(distance)
22
23  turtle.done()
```

```
Enter x1 and y1 for Point 1: -50, 34    ↵Enter
Enter x2 and y2 for Point 2: 49, -85    ↵Enter
```

　　程序提示用户输入两个点的值（x1，y1）和（x2，y2），然后计算它们的距离（第4到8行）。接着它移动到（x1，y1）（第12行），显示文本 Point 1（第14行），绘制从（x1，y1）到（x2，y2）的一条直线（第15行），显示文本 Point2（第16行）。最后，将它移动到线的中间（第20行）并显示距离（第21行）。

关键术语

algorithm（算法）

assignment operator(=)（赋值符（=））

augmented assignment（增强型赋值）

camelCase（驼峰拼写法）

compound assignment（复合赋值）

data type（数据类型）

expression（表达式）

floating-point numbers（浮点数）

identifiers（标识符）

incremental development and testing（递增式开发现与测试）

input, process, output (IPO)（输入、处理、输出（IPO））

keyword（关键字）

line continuation symbol（续行符）

literal（字面量）

operands（操作数）

operators（运算符）

pseudocode（伪代码）

reserved word（保留字）

scope of a variable（变量的范围）

simultaneous assignment（同时赋值）

system analysis（系统分析）

system design（系统设计）

type conversion（类型转换）

variable（变量）

本章总结

1. 可以使用 input 函数来获取输入，使用 eval 函数将字符串转化为数值。

2. 标识符是程序中使用的元素的名字。

3. 标识符是由任意长度的英文字母、数字、下划线 (_) 和星号（*）构成的字符序列。标识符必须以英文字母、下划线 (_) 开头，不能以数字开头。标识符不能是关键字。

4. 在程序中变量用于存储数据。

5. 等号（=）的作用是赋值运算符。

6. 在使用一个变量前必须对它赋值。

7. Python 中有两种数值数据类型：整数和实数。整数型（简写为 int）适用于整数，而实数型（又称浮点型）适用于有小数点的数字。

8. Python 提供执行数值运算的运算符：+（加法）、-（减法）、*（乘法）、/（除法）、//（整数除法）、%（求余）和 **（指数运算）。

9. Python 表达式中数字运算符的运算法则与算术表达式一样。

10. Python 提供增强型赋值运算符：+=(加法赋值)、-=(减法赋值)、*=(乘法赋值)、/=(浮点数除法赋值)、//=(整数除法赋值)和 %=(求余赋值)。这些运算符由 +、-、*、/、//、% 和 ** 与赋值运算符（=）组合在一起构成增强型运算符。

11. 在计算既有整型又有浮点型值的表达式时，Python 会自动将整型转化为浮点型。

12. 你可以使用 int(value) 将浮点型转换为整型。

13. 系统分析是指分析数据流并且确定系统的输入和输出。

14. 系统设计是一个程序员开发从开始输入到获取输出的流程。

15. 系统设计与分析的实质就是输入、处理、输出。这被称为 IPO。

测试题

本章的在线测试题位于 www.cs.armstrong.edu/liang/py/test.html。

编程题

📌 **教学建议**：指导老师可能会要求你写出指定练习题的分析与设计过程，使用自己的语言来分析问题，包括输入、输出以及需要计算什么，并用伪代码描述如何解决这个问题。

📌 **调试提示**：Python 一般都会给出语法错误的原因。如果你不知道如何改正它，就将程序与书中给出的相似例子一个字符一个字符地仔细比较。

第 2.2 ~ 2.10 节

2.1 （将摄氏温度转化为华氏温度）编写一个从控制台读取摄氏温度并将它转变为华氏温度并予以显示的程序。转换公式如下所示。

```
fahrenheit = (9 / 5) * celsius + 32
```

这里是这个程序的示例运行。

```
Enter a degree in Celsius: 43  ↵Enter
43 Celsius is 109.4 Fahrenheit
```

2.2 （计算圆柱体的体积）编写一个读取圆柱的半径和高并利用下面的公式计算圆柱体底面积和体积的程序：

```
area = radius * radius * π
volume = area * length
```

这里是示例运行。

```
Enter the radius and length of a cylinder: 5.5, 12  ↵Enter
The area is 95.0331
The volume is 1140.4
```

2.3 （将英尺数转换为米数）编写一个程序，它读取英尺数然后将它转换成米数并显示结果。一英尺等于 0.305 米。这里是一个示例运行。

```
Enter a value for feet: 16.5  ↵Enter
16.5 feet is 5.0325 meters
```

2.4 （将磅转换为千克）编写一个将磅转换为千克的程序。这个程序提示用户输入磅数，转换为千克数并显示结果。一磅等于 0.454 千克。这里是示例运行。

```
Enter a value in pounds: 55.5  ↵Enter
55.5 pounds is 25.197 kilograms
```

*2.5 （财务应用程序：计算小费）编写一个读取小计和酬金率然后计算小费以及合计金额的程序。例如：如果用户键入的小计是 10，酬金率是 15%，程序就会显示小费是 1.5，合计金额是 11.5。这里是一个示例运行。

```
Enter the subtotal and a gratuity rate: 15.69, 15  ↵Enter
The gratuity is 2.35 and the total is 18.04
```

**2.6 （对一个整数中的各位数字求和）编写一个程序，读取一个 0 到 1000 之间的整数并计算它各位数字之和。例如：如果一个整数是 932，那么它各位数字之和就是 14。（提示：使用 % 来提取数字，使用 // 运算符来去除掉被提取的数字。例如：932%10=2 而 932//10=93。）这里是一个示例运行。

```
Enter a number between 0 and 1000: 999  ⏎ Enter
The sum of the digits is 27
```

**2.7 （计算年数和天数）编写一个程序，提示用户输入分钟数（例如：1 000 000），然后将分钟转换为年数和天数并显示的程序。为了简单起见，假定一年有 365 天。这里是一个示例运行。

```
Enter the number of minutes: 1000000000  ⏎ Enter
1000000000 minutes is approximately 1902 years and 214 days
```

2.8 （科学：计算能量）编写一个程序，计算将水从初始温度加热到最终温度所需的能量。你的程序应该提示用户输入以千克计算的水量以及水的初始温度和最终温度。计算能量的公式是

```
Q = M * (finalTemperature – initialTemperature) * 4184
```

这里的 M 是按千克计的水量，温度为摄氏温度，热量 Q 以焦耳计。这里是一个示例运行。

```
Enter the amount of water in kilograms: 55.5  ⏎ Enter
Enter the initial temperature: 3.5  ⏎ Enter
Enter the final temperature: 10.5  ⏎ Enter
The energy needed is 1625484.0
```

*2.9 （科学：风寒温度）室外有多冷？只有温度值是不足以提供答案的。其他因素，例如：风速、相对湿度和光照都对室外寒冷程度有很大影响。在 2001 年，国家气象局（NWS）实行以新的利用温度和风速来衡量风寒温度。这个公式如下所示。

$$t_{wc} = 35.74 + 0.6215t_a - 35.75v^{0.16} + 0.4275t_a v^{0.16}$$

这里的 ta 是华氏温度表示的室外温度，而 v 是以里 / 每小时计算的风速。t_{wc} 是风寒温度。该公式不适用于风速在每小时 2 里以下或温度在 –58 华氏度以下及 41 华氏度以上。

编写一个程序，提示用户输入一个 –58 华氏度到 41 华氏度之间的温度和一个大于等于每小时 2 里的风速，然后显示风寒温度。这里是一个示例运行。

```
Enter the temperature in Fahrenheit between -58 and 41: 5.3  ⏎ Enter
Enter the wind speed in miles per hour: 6  ⏎ Enter
The wind chill index is -5.56707
```

*2.10 （物理方面：计算跑道长度）假定给出飞机的加速度 a 和起飞速度 v，可以根据以下公式计算出飞机起飞所需要的最短跑道长度。

$$length = \frac{v^2}{2a}$$

编写一个程序，提示用户输入以米 / 秒（m/s）为单位的 v 和以米 / 秒的平方（m/s²）位单位的 a，然后显示最短的跑道长度。这里是一个示例运行。

```
Enter speed and acceleration: 60, 3.5  ⏎ Enter
The minimum runway length for this airplane is 514.286 meters
```

*2.11 （金融应用程序：投资额）假如你想将一笔钱以固定年利率存入账户。如果你希望三年之后账户中有 5000 美元，你现在需要存多少钱？使用下面的公式可以算出初始存款。

$$最初存款额 = \frac{最终金额值}{(1 + 月利率)^{月数}}$$

编写一个程序，提示用户输入最终金额值、百分比表示的年利率以及年数，然后显示最初存款额。这里是一个示例运行。

```
Enter final account value: 1000 ↵Enter
Enter annual interest rate in percent: 4.25 ↵Enter
Enter number of years: 5 ↵Enter
Initial deposit value is 808.8639197424636
```

2.12 （打印表格）编写一个显示下面表格的程序。

```
a        b        a ** b
1        2        1
2        3        8
3        4        81
4        5        1024
5        6        15625
```

*2.13 （分割数字）编写一个程序，提示用户输入四位整数并以反向顺序显示。这里是一个示例运行。

```
Enter an integer: 5213 ↵Enter
3
1
2
5
```

*2.14 （几何方面：三角形的面积）编写一个程序，提示用户输入三角形的三个顶点（x1，y1）、(x2，y2) 和（x3，y3）然后显示它的面积。计算三角形面积的公式如下所示。

$$s = (side1 + side2 + side3)/2$$
$$area = \sqrt{s(s-side1)(s-side2)(s-side3)}$$

这里是一个示例运行。

```
Enter three points for a triangle: 1.5, -3.4, 4.6, 5,
    9.5, -3.4 ↵Enter
The area of the triangle is 33.6
```

2.15 （几何方面：正六边形的面积）编写一个程序，提示用户输入正六边形的边长并显示它的面积。计算正六边形面积的公式是 $\frac{3\sqrt{3}}{2} s^2$，其中 s 是边长。这里一个示例运行。

```
Enter the side: 5.5 ↵Enter
The area of the hexagon is 78.5895
```

2.16 （物理方面：加速度）平均加速度的定义是速度变化量除以变化所占用的时间，如下公式所示。

$$a = \frac{v_1 - v_0}{t}$$

编写一个程序，提示用户输入以米每秒为单位的初始速度 v_0 和末速度 v_1，以秒为单位速度变化所占用的时间 t，然后显示平均加速度。这里是一个示例运行。

```
Enter v0, v1, and t: 5.5, 50.9, 4.5 ↵Enter
The average acceleration is 10.0889
```

*2.17 （健康应用程序：计算 BMI）身体质量指数（BMI）是以体重衡量健康程度的一种指数。以千克为单位的体重除以以米为单位的身高的平方就可以计算它的值。编写一个程序，提示用户输入

以磅为单位的体重和以英尺为单位的身高，然后显示 BMI 的值。注意：1 磅等于 0.453 592 37 千克而 1 英尺等于 0.0254 米。这里是一个示例运行。

```
Enter weight in pounds: 95.5  ↵Enter
Enter height in inches: 50  ↵Enter
BMI is 26.8573
```

第 2.11 ~ 2.13 节

*2.18 （当前时间）程序清单 2-7 给出的程序显示当前的 GMT 时间。修改程序使之提示用户输入时区，这个时区是用距离 GMT 的小时数表示，然后显示指定时区的时间。这里是一个示例运行。

```
Enter the time zone offset to GMT: -5  ↵Enter
The current time is 4:50:34
```

*2.19 （金融应用程序：计算未来投资额）使用下面的公式编写一个读取投资额、年利率和年数然后显示未来投资额的程序：

$$未来投资额 = 投资额 \times （1 + 月投资率）^{月数}$$

例如：如果你输入金额 1000，而年利率为 4.25%，年数为 1，那么未来投资总额就是 1043.33。这里是一个示例运行。

```
Enter investment amount: 1000  ↵Enter
Enter annual interest rate: 4.25  ↵Enter
Enter number of years: 1  ↵Enter
Accumulated value is 1043.33
```

*2.20 （金融应用程序：计算利息）如果你知道差额和百分比的年利率，你可以使用下面的公式计算下个月月供的利息。

$$利息 = 差额 \times （年利率 / 1200）$$

编写一个读取差额和年利率，然后显示下月要付利息的程序。这里是一个示例运行。

```
Enter balance and interest rate (e.g., 3 for 3%): 1000, 3.5  ↵Enter
The interest is 2.91667
```

**2.21 （金融应用程序：复利值）假设你每月存 100 美元到一个年利率为 5% 的储蓄账户。因此，月利率是 0.05/12=0.004 17。第一个月后，账户里的数目变为：

```
100 * (1 + 0.00417) = 100.417
```

第二个月后，账户里的数目变为：

```
(100 + 100.417) * (1 + 0.00417) = 201.252
```

第三个月后，账户里的数目变为：

```
(100 + 201.252) * (1 + 0.00417) = 302.507
```

依次类推。

编写一个程序，提示用户键入每月存款数然后显示六个月后的账户总额。这里是程序的一个示例运行。

```
Enter the monthly saving amount: 100  ↵Enter
After the sixth month, the account value is 608.81
```

2.22 （人口预测）改写练习题 1.11 来提示用户键入年数，然后显示那么多年后的人口数。这里是程序的一个示例运行。

```
Enter the number of years: 5 ↵Enter
The population in 5 years is 325932970
```

第 2.14 节

2.23 （Turtle：绘制四个圆）编写一个如图 2-4a 所示的程序，提示用户输入半径并在屏幕中央画四个圆。

2.24 （Turtle：绘制四个正六边形）编写一个如图 2-4b 所示的程序，在屏幕中央画四个正六边形。

**2.25 （Turtle：绘制一个矩形）编写一个如图 2-4c 所示的程序，提示用户输入矩形中心、长和宽，然后显示这个矩形。

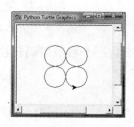 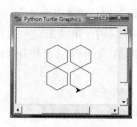 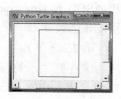

　a）绘制四个圆　　　　　　b）绘制正六边形　　　　　　c）绘制矩形

图　2-4

**2.26 （Turtle：绘制一个圆）编写一个如图 2-5 所示的程序，提示用户输入圆心和半径并在屏幕中央显示圆和它的面积。

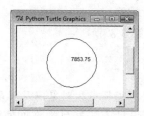

图 2-5　显示圆和它的面积

数学函数、字符串和对象

学习目标

- 使用 math 模块中的函数解决数学问题（第 3.2 节）。
- 表示和处理字符串和字符（第 3.3 ～ 3.4 节）。
- 使用 ASCII 和 Unicode 对字符编码（第 3.3.1 ～ 3.3.2 节）。
- 使用 ord 函数获取一个字符的数值编码以及使用 chr 函数将一个数值编码转换成一个字符（第 3.3.3 节）。
- 使用转义序列表示特殊字符（第 3.3.4 节）。
- 调用带参数 end 的 print 函数（第 3.3.5 节）。
- 使用 str 函数将数字转换成字符串（第 3.3.6 节）。
- 使用运算符 + 来连接字符串（第 3.3.7 节）。
- 从键盘读取字符串（第 3.3.8 节）。
- 介绍对象和方法（第 3.5 节）。
- 使用 format 函数格式化数字和字符串（第 3.6 节）。
- 绘制各种不同的图形（第 3.7 节）。
- 绘制带颜色和字体的图形（第 3.8 节）。

3.1 引言

🎵**关键点**：本章的重点是介绍函数、字符串和对象以及使用它们来开发程序。

前面的章节介绍了基本的程序设计方法并且教你如何编写简单的程序来解决基本问题。本章介绍 Python 函数来执行常见的数学运算。你将在第 6 章学习如何创建自定义的函数。

假如你需要估计被四个城市所包围的面积，而这四个城市的 GPS 位置（经度和纬度）是已知的，如下图所示。你怎样编写一个程序来解决这个问题？在完成本章的学习之后，你就能够写出这样一个程序。

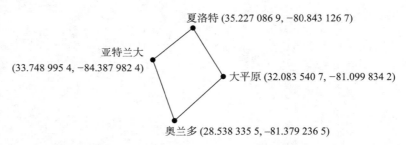

夏洛特 (35.227 086 9, −80.843 126 7)

亚特兰大
(33.748 995 4, −84.387 982 4)

大平原 (32.083 540 7, −81.099 834 2)

奥兰多 (28.538 335 5, −81.379 236 5)

因为 Python 中所有的数据都是对象，所以有必要早点引进对象，这样就可以开始用它们来开发有用的程序。本章只是简单地介绍了对象和字符串；本书将在第 7 章和第 8 章里进一步介绍对象和字符串。

3.2 常见的 Python 函数

关键点：Python 提供了许多有用的用于解决常见程序设计任务的函数。

函数是完成一个特殊任务的一组语句。Python 语言和其他程序设计语言一样，都提供了一个函数库。你已经使用过 eval、input、print 和 int 函数。这些都是内置函数并且在 Python 解释器里均可用。所以使用这些函数你不用导入任何模块。除此之外，你还可以使用 abs、max、min、pow 和 round 等内置函数，如表 3-1 所示。

表 3-1 简单的 Python 内置函数

函数	描述	举例
abs(x)	返回 x 的绝对值	abs(−2)=2
max(x1,x2,⋯)	返回 x1,x2,⋯的最大值	max(1,5,2)=5
min(x1,x2,⋯)	返回 x1,x2,⋯的最小值	min(1,5,2)=1
pow(a,b)	返回 a^b 的值，类似 a ** b	pow(2,3)=8
round(x)	返回与 x 最接近的整数，如果 x 与两个整数接近程度相同，则返回偶数值	round(5.4)=5 round(5.5)=6 round(4.5)=4
round(x,n)	保留小数点后 n 位小数的浮点值	round(5.466,2)=5.47 round(5.463,2)=5.46

例如：

```
>>> abs(-3) # Returns the absolute value
3
>>> abs(-3.5) # Returns the absolute value
3.5
>>> max(2, 3, 4, 6) # Returns the maximum number
6
>>> min(2, 3, 4) # Returns the minimum number
2
>>> pow(2, 3) # Same as 2 ** 3
8
>>> pow(2.5, 3.5) # Same as 2.5 ** 3.5
24.705294220065465
>>> round(3.51) # Rounds to its nearest integer
4
>>> round(3.4) # Rounds to its nearest integer
3
>>> round(3.1456, 3) # Rounds to 3 digits after the decimal point
3.146
>>>
```

我们常常为解决数学问题创建一些程序。Python 的 math 模块提供了许多数学函数，如表 3-2 所示。

表 3-2 数学函数

函数	描述	举例
fabs(x)	将 x 看作一个浮点数，返回它的绝对值	fabs(−2)=2.0
ceil(x)	x 向上取最近的整数，然后返回这个整数	ceil(2.1)=3 ceil(−2.1)=−2
floor(x)	x 向下取最近的整数，然后返回这个整数	floor(2.1)=2 floor(−2.1)=−3
exp(x)	返回幂函数 e^x 的值	exp(1)=2.718 28

（续）

函数	描述	举例
log(x)	返回 x 的自然对数值	log(2.718 28)=1
log(x,base)	返回以某个特殊值为底的 x 的对数值	log(100,10)=2.0
sqrt(x)	返回 x 的平方根值	sqrt(4.0)=2
sin(x)	返回 x 的正弦值，x 是角度的弧度值	sin(3.141 59/2)=1
asin(x)	返回 asin 的弧度值	asin(1.0)=1.57
cos(x)	返回 x 的余弦值，x 是角度的弧度值	cos(3.141 59)=−1
acos(x)	返回 acos 的弧度值	acos(1.0)=0
tan(x)	返回 tan（x）的值，x 是角度的弧度值	tan(0.0)=0
degrees(x)	将 x 从弧度转换成角度	degrees(1.57)=90
radians(x)	将 x 从角度转换为弧度	radians(90)=1.57

两个数学常量 pi 和 e 也定义在 math 模块中。我们可以通过使用 math.pi 和 math.e 来访问它们。程序清单 3-1 是一段测试一些数学函数的程序。由于这段程序使用了定义在 math 模块中的数学函数，所以 math 模块应该在第一行被导入。

程序清单 3-1 MathFunctions.py

```
 1  import math # import math module to use the math functions
 2
 3  # Test algebraic functions
 4  print("exp(1.0) =", math.exp(1))
 5  print("log(2.78) =", math.log(math.e))
 6  print("log10(10, 10) =", math.log(10, 10))
 7  print("sqrt(4.0) =", math.sqrt(4.0))
 8
 9  # Test trigonometric functions
10  print("sin(PI / 2) =", math.sin(math.pi / 2))
11  print("cos(PI / 2) =", math.cos(math.pi / 2))
12  print("tan(PI / 2) =", math.tan(math.pi / 2))
13  print("degrees(1.57) =", math.degrees(1.57))
14  print("radians(90) =", math.radians(90))
```

```
exp(1.0) = 2.71828182846
log(2.78) = 1.0
log10(10, 10) = 1.0
sqrt(4.0) = 2.0
sin(PI / 2) = 1.0
cos(PI / 2) = 6.12323399574e-17
tan(PI / 2) = 1.63312393532e+16
degrees(1.57) = 89.9543738355
radians(90) = 1.57079632679
```

你可以使用数学函数解决许多计算问题。例如：已知三角形的三条边，你可以使用下面的公式计算出三角形的三个角。

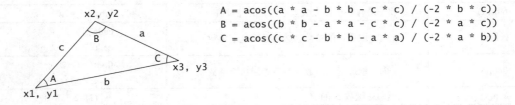

```
A = acos((a * a - b * b - c * c) / (-2 * b * c))
B = acos((b * b - a * a - c * c) / (-2 * a * c))
C = acos((c * c - b * b - a * a) / (-2 * a * b))
```

别被数学公式吓到！就像我们之前在程序清单 2-8 中讨论的那样，为了编写一个计算贷款支付额的程序，我们没必要知道计算公式是如何被推导出来的。上面给出的例子中已知三角形三边的长度，你没必要知道里面的公式是怎么被推导出来的就能写出这样一个计算角度的程序。为了计算三边的长度，我们需要知道三个顶点的坐标并计算两点之间的距离。

程序清单 3-2 是一个示例程序，该程序提示用户输入三角形三个顶点的 x 坐标和 y 坐标，然后显示三个角度。

程序清单 3-2 ComputeAngles.py

```
1  import math
2
3  x1, y1, x2, y2, x3, y3 = eval(input("Enter three points: "))
4
5  a = math.sqrt((x2 - x3) * (x2 - x3) + (y2 - y3) * (y2 - y3))
6  b = math.sqrt((x1 - x3) * (x1 - x3) + (y1 - y3) * (y1 - y3))
7  c = math.sqrt((x1 - x2) * (x1 - x2) + (y1 - y2) * (y1 - y2))
8
9  A = math.degrees(math.acos((a * a - b * b - c * c) / (-2 * b * c)))
10 B = math.degrees(math.acos((b * b - a * a - c * c) / (-2 * a * c)))
11 C = math.degrees(math.acos((c * c - b * b - a * a) / (-2 * a * b)))
12
13 print("The three angles are ", round(A * 100) / 100.0,
14       round(B * 100) / 100.0, round(C * 100) / 100.0)
```

```
Enter three points: 1, 1, 6.5, 1, 6.5, 2.5  ↵Enter
The three angles are 15.26 90.0 74.74
```

本程序提示用户输入三个点（第 3 行）。这条提示信息不是很清楚。所以，应该给用户明确指示如何输入三个点，如下所示。

```
input("Enter six coordinates of three points separated by commas\
like x1, y1, x2, y2, x3, y3: ")
```

这个程序计算两点之间的距离（第 5 ~ 7 行），并且应用公式计算角度（第 9 ~ 11 行）。在第 13 ~ 14 行，以四舍五入保留小数点后两位显示这些角度（第 13 ~ 14 行）。

注意，（x2-x3）*（x2-x3）可以简写成（x2-x3）** 2，round（A*100）/100.0 可以简写成 round（A，2）。

检查点

3.1 计算下面的函数：

(a) math.sqrt(4)　　　　　　　(j) math.floor(-2.5)

(b) math.sin(2 * math.pi)　　　(k) round(3.5)

(c) math.cos(2 * math.pi)　　　(l) round(-2.5)

(d) min(2, 2, 1)　　　　　　　(m) math.fabs(2.5)

(e) math.log(math.e)　　　　　(n) math.ceil(2.5)

(f) math.exp(1)　　　　　　　(o) math.floor(2.5)

(g) max(2, 3, 4)　　　　　　　(p) round(-2.5)

(h) abs(-2.5)　　　　　　　　(q) round(2.6)

(i) math.ceil(-2.5)　　　　　　(r) round(math.fabs(-2.5))

3.2 三角函数的参数代表一个用弧度表示的角度，对不对？

3.3 编写一条语句，将 47 度角转换成弧度，然后将结果赋值给一个变量。

3.4　编写一条语句，将 π/7 转换成角度，然后将结果赋值给一个变量。

3.3　字符串和字符

🔑 **关键点**：字符串（第 1 章讲过）是一连串的字符。Python 处理字符和字符串的方式是一样的。

在 Python 里，你除了可以处理数值，还可以处理字符串。一个字符串就是一串包括文本和数字的字符。字符串必须被括在一对单引号 (') 或者双引号 (") 里。Python 没有字符数据类型。一个字符的字符串代表一个字符。例如：

```
letter = 'A' # Same as letter = "A"
numChar = '4' # Same as numChar = "4"
message = "Good morning" # Same as message = 'Good morning'
```

第一条语句将只有字符 A 的字符串赋值给变量 letter。第二条语句将只有数字字符 4 的字符串赋值给变量 number。第三条语句将字符串 "good morning" 赋值给变量 message。

🖐 **注意**：本书统一使用双引号来括住多个字符构成的字符串，用单引号来括住单个字符的字符串或空字符串。这个习惯与其他程序设计语言是一致的，因此很容易就能让你将一个 Python 程序转换成其他语言程序。

3.3.1　ASCII 码

计算机在内部是使用二进制数的（参见第 1.2.2 节）。在计算机里，一个字符被存储为一连串的 0 和 1。把一个字符映射成它对应的二进制被称为字符编码。对字符编码的方式有很多。编码表定义编码字符的方式。流行的编码标准是 ASCII（美国信息交换标准代码），它是一个比特的编码表，足以表示所有的大小写字母、数字、标点符号以及控制字符。ASCII 码使用 0 到 127 来表示字符。附录 B 中给出 ASCII 码表示的字符。

3.3.2　统一码

Python 也支持统一码。统一码是一种编码表，它能表示国际字符。ASCII 码表是统一码的子集。统一码由统一码协会（Unicode Consortium）建立，支持世界上各种语言所写的文本进行交换、处理和展示。一个统一码以 "\u" 开始，后面紧跟四个十六进制数字，它们从 "\u0000 到 \uFFFF"（有关十六进制数的信息参见附录 C）。例如，"welcome" 被翻译成中文后就是两个字符："欢" 和 "迎"。这两个字符的统一码表示是 "\u6B22\u8FCE"。

程序清单 3-3 中的程序显示两个中文字符和三个希腊字母，如图 3-1 所示。

程序清单 3-3　DisplayUnicode.py

```
1  import turtle
2
3  turtle.write("\u6B22\u8FCE \u03b1 \u03b2 \u03b3")
4
5  turtle.done()
```

图 3-1　使用统一码在 Python
的 GUI 程序中显示国际字符

如果你的系统里没有安装中文字体，你将看不到相应的中文字符。在这种情况下，为了避免错误，就从你的程序里删除 "\u6B22\u8FCE"。希腊字母 α、β、γ 的统一码表示是 "\u03b1"、"\u03b2" 和 "\u03b3"。

3.3.3　函数 ord 和 chr

Python 提供 ord（ch）函数来返回字符 ch 的 ASCII 码，用 chr（code）函数返回 code 所

代表的字符。例如：

```
>>> ch = 'a'
>>> ord(ch)
97
>>> chr(98)
'b'
>>> ord('A')
65
>>>
```

a 的 ASCII 码值是 97，比 A（65）的编码值要大。小写字母的 ASCII 码是从 a 开始，然后是 b、c 依次类推直到 z 的连续整数。大写字母也是一样的。任何小写字母的 ASCII 码与它对应的大写字母的 ASCII 码的差值都一样：32。这是一个很有用的处理字符的特性。例如，任何小写字母的大写字母，如下代码所示：

```
1  >>> ord('a') – ord('A')
2  32
3  >>> ord('d') – ord('D')
4  32
5  >>> offset = ord('a') – ord('A')
6  >>> lowercaseLetter = 'h'
7  >>> uppercaseLetter = chr(ord(lowercaseLetter) – offset)
8  >>> uppercaseLetter
9  'H'
10 >>>
```

第六行将一个小写字母赋值给 lowercaseletter。第七行获取它对应的大写字母。

3.3.4　转义序列

假如你想输出带有引号的字符串。你能编写如下所示的语句吗？

```
print("He said, "John's program is easy to read"")
```

答案是不行！这条语句有一个错误。因为 Python 认为第二个双引号就是这个字符串的结尾，因此，它就不知道该如何处理剩下的字符。

为了解决这个问题，Python 使用一种特殊的符号来表示特殊的字符，如表 3-3 所示。这种由反斜杠“\”和其后紧接着的字母或数字组合构成的特殊符号被称为转义序列。

字符“\n”也被称为换行符或行结束（EOL）字符，它们表示一行的结束。字符“\f”让打印机从下一页打印。字符“\r”被用来把光标移动到同一行的第一个位置。字符“\f”和“\r”在本书中很少被用到。

表 3-3　Python 的转义序列

字符转义序列	名称	数值
\b	退格符	8
\t	制表符	9
\n	换行符	10
\f	换页符	12
\r	回车符	13
\\	反斜线	92
\'	单引号	39
\"	双引号	34

现在，你可以使用下面的语句打印带引号的消息：

```
>>> print("He said, \"John's program is easy to read\"")
He said, "John's program is easy to read"
```

注意：符号 \ 和 " 在一起代表一个字符。

3.3.5 不换行打印

当使用 print 函数时，它会自动打印一个换行符，这会导致输出提前进入下一行。如果你并不想在使用 print 函数后换行，可以使用下面的语法在调用 print 函数时传递一个特殊的参数 end = "anyendingstring"：

```
print(item, end = "anyendingstring")
```

例如，下面的代码：

```
1  print("AAA", end = ' ')
2  print("BBB", end = '')
3  print("CCC", end = '***')
4  print("DDD", end = '***')
```

显示：

```
AAA BBBCCC***DDD***
```

第 1 行打印 AAA 和一个空字符 ' '，第 2 行打印 BBB，第三行打印 CCC 和 ***，第 4 行打印 DDD 和 ***。注意：第 2 行的 '' 表示一个空字符串。所以，'' 不会打印任何内容。

你也可以使用下面的语法使用 end 参数打印各项条目：

```
print(item1, item2, ..., end = "anyendingstring")
```

例如：

```
radius = 3
print("The area is", radius * radius * math.pi, end = ' ')
print("and the perimeter is", 2 * radius * math.pi)
```

显示

```
The area is 28.26 and the perimeter is 6
```

3.3.6 函数 str

str 函数可以将一个数字转换成一个字符串。例如：

```
>>> s = str(3.4) # Convert a float to string
>>> s
'3.4'
>>> s = str(3) # Convert an integer to string
>>> s
'3'
>>>
```

3.3.7 字符串连接操作

你可以使用运算符 + 来对两个数字做加法。你也可以使用 + 运算符来连接两个字符串。下面是一些例子：

```
1  >>> message = "Welcome " + "to " + "Python"
2  >>> message
3  'Welcome to Python'
4  >>> chapterNo = 3
5  >>> s = "Chapter " + str(chapterNo)
6  >>> s
7  'Chapter 3'
8  >>>
```

第 1 行把三个字符串连接成一个。在第 5 行，str 函数将变量 chapterNO 中的数值转换成一个字符串。这个字符串与"Chapter"连接在一起得到一个新字符串"Chapter 3"。

增强型赋值运算符 += 也能用来连接字符串。例如：下面的代码就将字符串"message"与字符串"and Python is fun"连接在一起。

```
>>> message = "Welcome to Python"
>>> message
'Welcome to Python'
>>> message += " and Python is fun"
>>> message
'Welcome to Python and Python is fun'
>>>
```

3.3.8　从控制台读取字符串

为了从控制台读取一个字符串，可以使用 input 函数。例如：下面的代码从键盘读取了三个字符串：

```
s1 = input("Enter a string: ")
s2 = input("Enter a string: ")
s3 = input("Enter a string: ")
print("s1 is " + s1)
print("s2 is " + s2)
print("s3 is " + s3)
```

```
Enter a string: Welcome  ↵Enter
Enter a string: to  ↵Enter
Enter a string: Python  ↵Enter
s1 is Welcome
s2 is to
s3 is Python
```

检查点

3.5　使用 ord 函数找出 1、A、B、a 和 b 的 ASCII 码，使用 chr 函数找出十进制数 40、59、79、85 和 90 所对应的字符。

3.6　如何显示字符 \ 和 " ？

3.7　如何用统一码编写一个字符？

3.8　假如运行下面程序的时候输入 A。那么输出什么？

```
x = input("Enter a character: ")
ch = chr(ord(x) + 3)
print(ch)
```

3.9　假如运行下面的程序的时候输入 A 和 Z。那么输出什么？

```
x = input("Enter a character: ")
y = input("Enter a character: ")
print(ord(y) - ord(x))
```

3.10　下面的代码错在哪里？你能改正吗？

```
title = "Chapter " + 1
```

3.11　显示下面代码的结果。

```
sum = 2 + 3
print(sum)
s = '2' + '3'
print(s)
```

3.4　实例研究：最小数量的硬币

现在，我们来看一个使用本节所讲的特性的示例程序。假如你想开发一个程序将一定数量的钱分类成几个更小货币单元。该程序让用户输入总金额，这是一个用美元和美分表示的浮点值，然后输出一个报告，罗列出等价的货币：美元、两角五分硬币、一角硬币、五分硬币以及美分个数，如示例运行所示。

你的程序应该报告最大数目的美元，然后依次是二角五分硬币、一角硬币、五分硬币以及美分个数，这样就得到最小量的硬币。

下面是编写这个程序的步骤：

1）提示用户输入一个十进制带小数点的数字，例如：11.56。

2）将钱数（11.56）转换成分数（1156）。

3）将分数除以 100 得到美元个数。使用分数 %100 得到余数即是剩余的分数。

4）将剩余的分数除以 25 得到两角五分硬币的个数。使用分数 %25 得到余数即是剩余的分数。

5）将剩余的分数除以 10 得到一角硬币的个数。使用分数 %10 得到余数即是剩余的分数。

6）将剩余的分数除以 5 得到五分硬币的个数。使用分数 %5 得到余数即是剩余的分数。

7）剩余的分数就是一美分硬币数。

8）显示结果。

完整的程序如程序清单 3-4 所示。

程序清单 3-4　ComputeChange.py

```
 1   # Receive the amount
 2   amount = eval(input("Enter an amount, for example, 11.56: "))
 3
 4   # Convert the amount to cents
 5   remainingAmount = int(amount * 100)
 6
 7   # Find the number of one dollars
 8   numberOfOneDollars = remainingAmount // 100
 9   remainingAmount = remainingAmount % 100
10
11   # Find the number of quarters in the remaining amount
12   numberOfQuarters = remainingAmount // 25
13   remainingAmount = remainingAmount % 25
14
15   # Find the number of dimes in the remaining amount
16   numberOfDimes = remainingAmount // 10
17   remainingAmount = remainingAmount % 10
18
19   # Find the number of nickels in the remaining amount
20   numberOfNickels = remainingAmount // 5
21   remainingAmount = remainingAmount % 5
22
23   # Find the number of pennies in the remaining amount
24   numberOfPennies = remainingAmount
25
26   # Display the results
27   print("Your amount", amount, "consists of\n",
28       "\t", numberOfOneDollars, "dollars\n",
29       "\t", numberOfQuarters, "quarters\n",
30       "\t", numberOfDimes,   "dimes\n",
31       "\t", numberOfNickels, "nickels\n",
32       "\t", numberOfPennies, "pennies")
```

```
Enter an amount, for example, 11.56: 11.56  ↵Enter
Your amount 11.56 consists of
     11 dollars
      2 quarters
      0 dimes
      1 nickels
      1 pennies
```

variables \ line#	2	5	8	9	12	13	16	17	20	21	24
amount	11.56										
remainingAmount		1156		56		6		6		1	
numberOfOneDollars			11								
numberOfQuarters					2						
numberOfDimes							0				
numberOfNickels									1		
numberOfPennies											1

变量 amount 存储的是来自控制台的变量（第 2 行）。这个变量保持不变，因为 amount 必须在程序的结尾显示结果。程序引入一个变量 remainingamount（第 5 行）以存储变化的 remainingAmount。

变量 amount 是一个浮点数，代表的是美元和美分。它被转换为一个表示美分的整型变量 remainingamount。例如：如果 amount 为 11.56，那么 remainingamount 的初始值是 1156。1156//100 是 11（第 8 行）。求余运算符得到除法的余数。因此，1156%100=56（第 9 行）。

这个程序是从 remainingamount 中提取出最大数目的两角五分硬币，然后获得一个新的 remainingamount（第 12 ～ 13 行）。持续相同的过程，程序就可以在剩余数目中得到一角硬币、五分硬币和美分的最大数目。

如示例运行所示，结果中显示：0 个一角硬币、1 个五分硬币和 1 个美分。如果不显示 0 个一角硬币而只是显示 1 个五分硬币和 1 个美分的话就更好了。你将在下一章学习如何使用选择语句修改这个程序（参见编程题 4.7）。

☞ **警告**：这个例子涉及的一个严重问题是在将一个浮点数转换成整型 remainingamount 的时候可能会损失精度。这就可能导致一个不准确的结果。如果你试图输入 10.03，10.03*100 可能是 1003.999 999 999 999 9。你就会发现程序最终结果为 10 美元和 2 美分。为了解决这个问题，输入用美分表示的整型数值（参见编程题 3.8）。

3.5 对象和方法简介

✐ **关键点**：在 Python 中，所有的数据（包括数字和字符串）实际都是对象。

在 Python 中，一个数字是一个对象，一个字符串是一个对象，每个数据都是对象。同一类型的对象都有相同的类型。你可以使用 id 函数和 type 函数来获取关于对象的一些信息。例如：

```
1  >>> n = 3  # n is an integer
2  >>> id(n)
```

```
 3   505408904
 4   >>> type(n)
 5   <class 'int'>
 6   >>> f = 3.0  # f is a float
 7   >>> id(f)
 8   26647120
 9   >>> type(f)
10   <class 'float'>
11   >>> s = "Welcome" # s is a string
12   >>> id(s)
13   36201472
14   >>> type(s)
15   <class 'str'>
16   >>>
```

当执行程序的时候，Python 会自动为对象的 id 赋一个独特的整数。在程序的执行过程中，对象的 id 不会改变。然而，每当执行程序时，Python 都可能会赋一个不同的 id。Python 按照对象的值决定对象的类型。第 2 行显示数字对象 n 的 id，第 3 行显示的是 Python 已经被赋值给对象的 id，而第 4 行显示它的类型。

在 Python 中，一个对象的类型由类决定。例如：字符串的类是 str（第 15 行），整数的类是 int（第 5 行），浮点数的类是 float（第 10 行）。术语"class"来自面向对象程序设计，这些都会在第 7 章中讨论。在 Python 中，类（class）和类型（type）是一样的意思。

☞ **注意**：id 和 type 函数在程序设计里很少用到，但是它们是学习更多有关对象的好工具。

Python 中的变量实际上是一个对象的引用。图 3-2 显示前面的代码中变量和对象之间的关系。

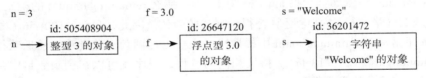

图 3-2   在 Python 中，每个变量实际就是一个指向对象的引用

第 1 行的语句"n=3"是将 3 赋值给了 n，实际上是将 3 赋值给了一个 int 对象，这个对象是由变量 n 引用的。

☞ **注意**：对于 n=3，我们可以说 n 是一个整型变量，其值为 3。严格说来，n 是一个引用了 int 对象的变量，而这个 int 对象的值是 3。简单讲，说 n 是一个值为 3 的整型变量也可以。

你可以在一个对象上执行操作。操作是用函数定义的。Python 中对象所用的函数被称为方法。方法只能从一个特定的对象里调用。例如：字符串类型里有像 lower() 和 upper() 这样的方法，它们返回大写字母或小写字母写成的新字符串。下面是一些如何调用这些方法的例子。

```
1   >>> s = "Welcome"
2   >>> s1 = s.lower() # Invoke the lower method
3   >>> s1
4   'welcome'
5   >>> s2 = s.upper() # Invoke the upper method
6   >>> s2
7   'WELCOME'
8   >>>
```

第 2 行调用对象 s 上的 s.lower() 方法，返回一个小写字母表示的新字符串，然后将它赋值给 s1。第 5 行调用对象 s 上的 s.upper() 函数，返回一个大写字母表示的新字符串，然后将它赋值给 s2。

正如你在之前的例子中所看到的那样，一个对象调用方法的语法就是 object.method()。

另外一个有用的字符串方法是 strip()，它能被用来移除一个字符串两端的空格符。字符 ''、\t、\f、\r 和 \n 都是空格符。

例如：

```
>>> s = "\t Welcome \n"
>>> s1 = s.strip() # Invoke the strip method
>>> s1
'Welcome'
>>>
```

注意：如果你在 Eclipse 上使用 Python，Eclipse 会自动在 input 函数输入的字符串后追加 \r。因此，你应该用 strip() 方法移除字符 \r：

```
s = input("Enter a string").strip()
```

有关处理字符串和面向对象程序设计的更多细节将在第 7 章中讨论。

检查点

3.12 什么是对象？什么是方法？

3.13 如何找到一个对象的 id？如何找到一个对象的类型？

3.14 下面哪种陈述是语句"n=3"最准确的含义？

（a）n 是一个拥有整型值 3 的变量。

（b）n 是一个对象的引用，该对象的值为整数 3。

3.15 假如 s 是 "\tGeorgia\n"，那么 s.lower() 和 s.upper() 是什么？

3.16 假如 s 是 "\tGood\tMorning\n"，那么 s.strip() 是什么？

3.6 格式化数字和字符串

关键点：你可以使用 format 函数返回格式化的字符串。

我们常常希望显示某种格式的数字。例如：已知数额和年利率，下面是计算利息的代码。

```
>>> amount = 12618.98
>>> interestRate = 0.0013
>>> interest = amount * interestRate
>>> print("Interest is", interest)
Interest is 16.404674
>>>
```

因为利息数是货币，因此我们希望只是显示小数点后两位数。为了达到这点要求，我们编写如下代码。

```
>>> amount = 12618.98
>>> interestRate = 0.0013
>>> interest = amount * interestRate
>>> print("Interest is", round(interest, 2))
Interest is 16.4
>>>
```

然而，格式依旧不正确。小数点后应该有两位小数，就像 16.40 而不是 16.4。你可以使用 format 函数来修改它，如下所示。

```
>>> amount = 12618.98
>>> interestRate = 0.0013
>>> interest = amount * interestRate
>>> print("Interest is", format(interest, ".2f"))
Interest is 16.40
>>>
```

调用这个函数的语法是：

```
format(item, format-specifier)
```

上面的 item 是数字或者字符串，而格式说明符（format-specifier）指定条目 item 的格式。此函数返回一个字符串。

3.6.1　格式化浮点数

如果条目 item 是一个浮点值，你可以用标识符以"*width.precisionf*"的形式给出格式的宽度和精确度。这里的宽度 width 指定得到的字符串的宽度，精确度 precision 指定小数点后数字的个数，而 f 被称为转换码，它为浮点数设定格式。例如：

```
print(format(57.467657, "10.2f"))
print(format(12345678.923, "10.2f"))
print(format(57.4, "10.2f"))
print(format(57, "10.2f"))
```

显示

```
|←—— 10 ——→|
□□□□□ 57.47
 12345678.92
□□□□□ 57.40
□□□□□ 57.00
```

这里的方箱子（□）表示一个空格。注意：小数点占一个空格。

函数 format（"10.2f"）将数字格式化成宽度为 10，包括小数点以及小数点后两位小数的字符串。这个数字被四舍五入到两个小数位。这样，在小数点前分配 7 个数字。如果在小数点前的数字小于 7 个，则在数字前插入空格。如果小数点前的数字个数大于 7，则数字的宽度将会自动增加。例如：format(12345678.923，"10.2"）返回的是 12345678.92，它的宽度为 11。

你也可以省略宽度符。如果这样的话，它就被默认为是 0。这样，宽度就会根据格式化这个数所需的宽度自动设置。例如：

```
print(format(57.467657, "10.2f"))
print(format(57.467657, ".2f"))
```

显示：

```
|←—— 10 ——→|
□□□□□ 57.47
57.47
```

3.6.2　用科学记数法格式化

如果你将转换码 f 变成 e，数字将被格式化为科学记数法。例如：

```
print(format(57.467657, "10.2e"))
print(format(0.0033923, "10.2e"))
print(format(57.4, "10.2e"))
print(format(57, "10.2e"))
```

显示：

```
|←—— 10 ——→|
□□ 5.75e+01
□□ 3.39e-03
□□ 5.74e+01
□□ 5.70e+01
```

符号"+"和"-"被算在宽度里。

3.6.3　格式化成百分数

可以使用转换码"%"将一个数字格式化成百分数。例如：

```
print(format(0.53457, "10.2%"))
print(format(0.0033923, "10.2%"))
print(format(7.4, "10.2%"))
print(format(57, "10.2%"))
```

显示：

```
|←—— 10 ——→|
□□□□ 53.46%
□□□□□ 0.34%
□□□ 740.00%
□□ 5700.00%
```

格式"10.2%"将数乘以 100 后加上符号"%"。符号 % 也被算在宽度里面。

3.6.4　调整格式

在默认情况下，一个数的格式是向右对齐的。可以将符号"<"放在格式说明符里指定得到的字符串是以指定的宽度向左对齐的。例如：

```
print(format(57.467657, "10.2f"))
print(format(57.467657, "<10.2f"))
```

显示：

```
|←—— 10 ——→|
□□□□□ 57.47
57.47
```

3.6.5　格式化整数

"d"、"x"、"o"和"b"转换码分别用来格式化十进制整数、十六进制整数、八进制整数和二进制整数。可以指定转换的宽度。例如：

```
print(format(59832, "10d"))
print(format(59832, "<10d"))
print(format(59832, "10x"))
print(format(59832, "<10x"))
```

显示：

```
├── 10 ──┤
▢▢▢▢▢ 59832
59832
▢▢▢▢▢ e9b8
e9b8
```

格式说明符"10d"指定将一个整数格式化为一个宽度为 10 的十进制数。格式说明符"10x"指定将一个整数格式化为一个宽度为 10 的十六进制数。

3.6.6　格式化字符串

可以用转换码 s 将一个字符串格式化为一个指定宽度的字符串。例如：

```
print(format("Welcome to Python", "20s"))
print(format("Welcome to Python", "<20s"))
print(format("Welcome to Python", ">20s"))
print(format("Welcome to Python and Java", ">20s"))
```

显示：

```
├─────── 20 ───────┤
Welcome to Python
Welcome to Python
▢▢▢ Welcome to Python
Welcome to Python and Java
```

格式说明符"20s"指定字符串被格式化为宽度在 20 以内的字符串。在默认情况下，字符串是向左对齐的。为了向右对齐，在格式符里加入">"符号。如果字符串比指定的宽度长，宽度将自动增加到字符串的宽度。

表 3-4 总结了这一小节介绍的格式说明符。

表 3-4　常用的说明符

说明符	格式
"10.2f"	格式化浮点数，宽度为 10 精度为 2
"10.2e"	格式化浮点数（以科学记数法表示），宽度为 10 精度为 2
"5d"	将整数格式化为宽度为 5 的十进制数
"5x"	将整数格式化为宽度为 5 的十六进制数
"5o"	将整数格式化为宽度为 5 的八进制数
"5b"	将整数格式化为宽度为 5 的二进制数
"10.2%"	将数格式化为十进制数
"50s"	将字符串格式化为宽度为 50 的字符串
"<10.2f"	向左对齐格式化项目
">10.2f"	向右对齐格式化项目

🖙 **检查点**

3.17　调用 format 函数，它的返回值是什么？

3.18　如果条目 item 的实际宽度大于格式符里指明的宽度会怎么样？

3.19　显示下面语句的输出：

```
print(format(57.467657, "9.3f"))
print(format(12345678.923, "9.1f"))
print(format(57.4, ".2f"))
print(format(57.4, "10.2f"))
```

3.20　显示下面语句的输出：

```
print(format(57.467657, "9.3e"))
print(format(12345678.923, "9.1e"))
print(format(57.4, ".2e"))
print(format(57.4, "10.2e"))
```

3.21　显示下面语句的输出：

```
print(format(5789.467657, "9.3f"))
print(format(5789.467657, "<9.3f"))
print(format(5789.4, ".2f"))
print(format(5789.4, "<.2f"))
print(format(5789.4, ">9.2f"))
```

3.22　显示下面语句的输出：

```
print(format(0.457467657, "9.3%"))
print(format(0.457467657, "<9.3%"))
```

3.23　显示下面语句的输出：

```
print(format(45, "5d"))
print(format(45, "<5d"))
print(format(45, "5x"))
print(format(45, "<5x"))
```

3.24　显示下面语句的输出：

```
print(format("Programming is fun", "25s"))
print(format("Programming is fun", "<25s"))
print(format("Programming is fun", ">25s"))
```

3.7　绘制各种图形

🖋 **关键点**：Python 的 Turtle 模块里包含移动笔、设置笔的大小、举起和放下笔的方法。

第 1 章介绍如何使用 Turtle 绘画。一个 Turtle 实际上是一个对象，在导入 Turtle 模块时，就创建了对象。然后，可以调用 Turtle 对象的各种方法完成不同的操作。本节将介绍 Turtle 对象更多的方法。

当创建一个 Turtle 对象时，它的位置被设定在（0,0）处——窗口的中心，而且它的方向被设置为向右。Turtle 模块用笔来绘制图形。默认情况下，笔是向下的（就像真实的笔尖触碰着一张纸）。如果笔是向下的，那么当移动 Turtle 的时候，它就会绘制出一条从当前位置到新位置的线。表 3-5 罗列出控制笔的绘制状态的方法，表 3-6 罗列出移动 Turtle 的方法。

表 3-5　Turtle 笔的绘图状态的方法

方法	描述
turtle.pendown()	将笔向下拉——移动的时候绘制
turtle.penup()	将笔向上拉——移动的时候不绘制
turtle.pensize（宽度）	将线的粗细设定为指定宽度

表 3-6　Turtle 运动的方法

方法	描述
turtle.forward(d)	将 Turtle 朝着 Turtle 指向的方向向前移动指定距离
turtle.backward(d)	将 Turtle 朝着 Turtle 指向的反方向向后移动指定距离，Turtle 的方向不改变
turtle.right(angle)	将 Turtle 向右转动指定角度
turtle.left(角度)	将 Turtle 向左转动指定角度
turtle.goto(x,y)	将 Turtle 移动到一个绝对位置

（续）

方法	描述
turtle.setx(x)	将 Turtle 的 x 坐标移动到指定位置
turtle.sety(y)	将 Turtle 的 y 坐标移动到指定位置
turtle.setheading(angle)	将 Turtle 的方向设定为指定角度。0——东、90——北、180——西、270——南
turtle.home()	将 Turtle 移动到起点（0,0）和向东
turtle.circle(r,ext,step)	绘制一个指定半径、范围和阶数的圆
turtle.dot(diameter，color)	绘制一个指定直径和颜色的圆
turtle.undo()	取消（反复）最后一个图操作
turtle.speed(s)	设置 Turtle 的速度为一个在 1 到 10 之间的整数，10 最大

所有的方法都是简单明了的。学习它们的最好方式是写一段测试代码看看每个方法是如何工作的。

circle 方法有三个参数：radius 是必需的，extent 和 step 是可有可无的。extent 是一个角度，它决定绘制圆的哪一部分。step 决定使用的阶数。如果 step 是 3、4、5、6、…，那么 circle 方法将绘制一个里面包含被圆括住的三边、四边、五边、六边或更多边形（即正三角形、正方形、五边形、六边形等）。如果不指定阶数，那么 circle 方法就只画一个圆。

程序清单 3-5 显示了一个绘制三角形、正方形、五边形、六边形以及圆的代码，如图 3-3 所示：

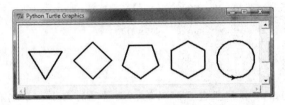

图 3-3   绘制 5 种图形的程序

程序清单 3-5   SimpleShapes.py

```
1   import turtle
2
3   turtle.pensize(3) # Set pen thickness to 3 pixels
4   turtle.penup() # Pull the pen up
5   turtle.goto(-200, -50)
6   turtle.pendown() # Pull the pen down
7   turtle.circle(40, steps = 3) # Draw a triangle
8
9   turtle.penup()
10  turtle.goto(-100, -50)
11  turtle.pendown()
12  turtle.circle(40, steps = 4) # Draw a square
13
14  turtle.penup()
15  turtle.goto(0, -50)
16  turtle.pendown()
17  turtle.circle(40, steps = 5) # Draw a pentagon
18
19  turtle.penup()
20  turtle.goto(100, -50)
21  turtle.pendown()
22  turtle.circle(40, steps = 6) # Draw a hexagon
23
```

```
24   turtle.penup()
25   turtle.goto(200, -50)
26   turtle.pendown()
27   turtle.circle(40) # Draw a circle
28
29   turtle.done()
```

第 1 行导入 Turtle 模块。第 3 行设置笔的粗细为 3 个像素点。第 4 行将笔向上拉，这样就可以在第 5 行将位置改变到（-200，-50）。第 6 行将笔拉下，第 7 行绘制一个三角形。在第 7 行，turtle 对象调用参数 radius 为 40 和阶数为 3 的 circle 方法绘制出一个三角形。类似地，程序的其他部分绘制一个正方形（第 12 行），一个五边形（第 17 行），一个六边形（第 22 行），一个圆（第 27 行）。

检查点

3.25 如何将 turtle 的位置设置在（0,0）？

3.26 如何绘制一个直径为 3 的红点？

3.27 下面的方法将绘制出什么图形？

```
turtle.circle(50, step = 4)
```

3.28 如何使 turtle 快速移动？

3.29 如何取消 turtle 的最后一次操作？

3.8 绘制带颜色和字体的图形

关键点：turtle 对象包含设置颜色和字体的方法。

前一节介绍了如何用 Turtle 模块绘制图形。通过学习掌握如何使用运动方法移动笔以及用笔的方法将笔抬高、降低和控制笔的粗细。本节将介绍更多有关笔的控制方法，如何设置颜色和字体以及编写文本。

表 3-7 罗列出控制绘图、颜色和填充的笔的方法。程序清单 3-6 是一个用不同颜色绘制三角形、正方形、五边形、六边形和圆的简单程序，如图 3-4 所示。程序也为图形添加了文本。

表 3-7 Turtle 笔的颜色、填充和绘制方法

方法	描述
turtle.color(c)	设置笔的颜色
turtle.fillcolor(c)	设置笔填充颜色
turtle.begin_fill()	在填充图形前访问这个方法
turtle.end_fill()	在最后调用 begin_fill 之前填充绘制的图形
turtle.filling()	返回填充状态：True 代表填充，False 代表没有填充
turtle.clear()	清除窗口，turtle 的状态和位置不受影响
turtle.reset()	清除窗口，将状态和位置复位为初始默认值
turtle.screensize(w,h)	设置画布的宽度和高度
turtle.hideturtle()	隐藏 turtle
turtle.showturtle()	显示 turtle
turtle.isvisible()	如果 turtle 可见，返回 True
turtle.write(s,font=("Arial", 8, "normal"))	在 turtle 位置编写字符串 s，字体是由字体名、字体大小和字体类型三部分组成

程序清单 3-6 ColorShapes.py

```
1  import turtle
2
3  turtle.pensize(3) # Set pen thickness to 3 pixels
4  turtle.penup() # Pull the pen up
5  turtle.goto(-200, -50)
6  turtle.pendown() # Pull the pen down
7  turtle.begin_fill() # Begin to fill color in a shape
8  turtle.color("red")
9  turtle.circle(40, steps = 3) # Draw a triangle
10 turtle.end_fill() # Fill the shape
11
12 turtle.penup()
13 turtle.goto(-100, -50)
14 turtle.pendown()
15 turtle.begin_fill() # Begin to fill color in a shape
16 turtle.color("blue")
17 turtle.circle(40, steps = 4) # Draw a square
18 turtle.end_fill() # Fill the shape
19
20 turtle.penup()
21 turtle.goto(0, -50)
22 turtle.pendown()
23 turtle.begin_fill() # Begin to fill color in a shape
24 turtle.color("green")
25 turtle.circle(40, steps = 5) # Draw a pentagon
26 turtle.end_fill() # Fill the shape
27
28 turtle.penup()
29 turtle.goto(100, -50)
30 turtle.pendown()
31 turtle.begin_fill() # Begin to fill color in a shape
32 turtle.color("yellow")
33 turtle.circle(40, steps = 6) # Draw a hexagon
34 turtle.end_fill() # Fill the shape
35
36 turtle.penup()
37 turtle.goto(200, -50)
38 turtle.pendown()
39 turtle.begin_fill() # Begin to fill color in a shape
40 turtle.color("purple")
41 turtle.circle(40) # Draw a circle
42 turtle.end_fill() # Fill the shape
43 turtle.color("green")
44 turtle.penup()
45 turtle.goto(-100, 50)
46 turtle.pendown()
47 turtle.write("Cool Colorful Shapes",
48     font = ("Times", 18, "bold"))
49 turtle.hideturtle()
50
51 turtle.done()
```

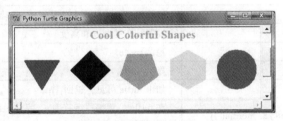

图 3-4   程序用不同颜色绘制 5 个图形

除了给每个图形填充颜色并且写了一个字符串，这个程序和程序清单 3-5 很相似。turtle 对象调用了第 7 行的 begin_fill() 方法来告诉 Python 绘制一个填充颜色的图形。在第 9 行绘制一个三角形。调用 end_fill() 方法（第 10 行）完成了图形颜色的填充。

write 方法是在笔的当前位置绘制一个指定字体的字符串（第 47 ～ 48 行）。注意：如果笔是向下的，只有在笔移动的时候才可以绘制。为了避免绘制，你需要将笔向上拉。调用 hideturtle() 使 turtle 不可见（第 49 行），所以你在窗口里看不到 turtle。

检查点

3.30　如何设置 turtle 的颜色？

3.31　如何给图形填充颜色？

3.32　如何使 turtle 不可见？

关键术语

backslash (\)（反斜杠 (\)）

character encoding（字符编码）

end-of-line（行尾）

escape sequence（转义序列）

line break（换行符）

methods（方法）

newline（换行符）

object（对象）

string（字符串）

whitespace characters（空白字符）

本章总结

1. Python 提供数学函数：解释器里的 abs、max、min、pow 和 round；math 模块里的 fabs、ceil、floor、exp、log、sqrt、sin、cos、acos、asin、tan、degree 和 radians。

2. 一个字符串是一个字符序列。字符串的值可以用一对单引号或双引号括起来。Python 里并没有字符数据类型；单一字符的字符串代表一个字符。

3. 转义序列是一种特殊的语法，它以 "\" 开始，再紧跟一个字母或者数字组合，以此来代表一个特殊的字符。例如 \'、\"、\t 和 \n。

4. 字符 ' '、\t、\f、\r 和 \n 被称为空白字符。

5. Python 里所有的数据，包括数字和字符串都是对象。你可以调用方法实现对象上的操作。

6. 你可以使用 format 函数格式化一个数字或字符串，然后返回一个字符串的结果。

测试题

本章的在线测试题位于 www.cs.armstrong.edu/liang/py/test.html。

编程题

第 3.2 节

3.1　（几何学：一个五边形的面积）编写一个程序，提示用户输入五边形顶点到中心的距离 r，然后算出五边形的面积，如下图所示。

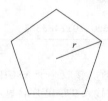

计算五边形面积的公式是 Area $= 5 \times s \times s / (4 \times \tan(\pi/5))$，这里的 s 是边长。边长的计算公式是 $s = 2r\sin\dfrac{\pi}{5}$，这里的 r 是顶点到中心的距离。下面是一个示例运行：

```
Enter the length from the center to a vertex: 5.5 ↵Enter
The area of the pentagon is 71.92
```

*3.2 （几何学：大圆距离）大圆距离是球面上两点之间的距离。假设（x1, y1) 和（x2, y2）是两点的经度和纬度，两点之间的大圆距离可以用下面的公式计算：

$$d = radius \times \arccos(\sin(x_1) \times \sin(x_2) + \cos(x_1) \times \cos(x_2) \times \cos(y_1 - y_2))$$

编写一个程序，提示用户输入地球表面两点经度和纬度的度数然后显示它们的大圆距离。地球的平均半径为 6371.01km。注意：你需要使用 math.radians 函数将度数转换成弧度数，因为 Python 三角函数使用的都是弧度。公式中的经纬度是西经和北纬。用负数表示东经和南纬。下面是一个示例运行。

```
Enter point 1 (latitude and longitude) in degrees:
39.55, -116.25 ↵Enter

Enter point 2 (latitude and longitude) in degrees:
41.5, 87.37 ↵Enter
The distance between the two points is 10691.79183231593 km
```

*3.3 （几何学：估算面积）从网站 www.gps-data-team.com/map/ 上找到佐治亚州亚特兰大、佛罗里达州奥兰多、大草原佐治亚、北卡罗来纳州夏洛特的 GPS 位置，然后计算出这四个城市所围成的区域的大概面积。（提示：可以使用上题 3.2 中的公式计算两个城市之间的距离。将多边形划分成两个三角形，然后用编程题 2.14 中的公式计算三角形的面积。）

3.4 （几何学：五角形的面积）五角形的面积可以使用下面的公式计算（s 是边长）：

$$Area = \frac{5 \times s^2}{4 \times \tan\left(\dfrac{\pi}{5}\right)}$$

编写一个程序，提示用户输入五角形的边长，然后显示面积。下面是一个示例运行。

```
Enter the side: 5.5 ↵Enter
The area of the pentagon is 52.04444136781625
```

*3.5 （几何学：一个正多边形的面积）正多边形是边长相等的多边形，而且所有的角相等。计算正多边形面积的公式是：

$$Area = \frac{n \times s^2}{4 \times \tan\left(\dfrac{\pi}{n}\right)}$$

这里的 s 是边长。编写一个程序，提示用户输入边数以及正多边形的边长，然后显示它的面积。下面是一个示例运行。

```
Enter the number of sides: 5 ↵Enter
Enter the side: 6.5 ↵Enter
The area of the polygon is 72.69017017488385
```

第 3.3 ~ 3.6 节

*3.6 （找出 ASCII 码的字符）编写一个程序，接收一个 ASCII 码值（一个 0 ~ 127 之间的整数），然后显示它对应的字符。例如：如果用户输入 97，程序将显示字符 a。下面一个示例运行：

```
Enter an ASCII code: 69  ↵Enter
The character is E
```

3.7 （随机字符）编写一个程序，使用 time.time() 函数显示一个大写的随机字符。

*3.8 （金融应用程序：货币单元）改写程序清单 3-4，修正将浮点数转换成整数的过程中带来的精度损失。输入一个整数，它的后两位数字代表美分。例如：输入 1156，它代表 11 美元 56 美分。

*3.9 （金融应用程序：工资表）编写一个程序，读取下面的信息，然后打印一个工资报表。

雇员姓名（例如：史密斯）

一周工作时间（例如：10）

每小时报酬（例如：9.75）

联邦预扣税率（例如：20%）

州预扣税率（例如：9%）

一个示例运行如下所示。

```
Enter employee's name: Smith  ↵Enter
Enter number of hours worked in a week: 10  ↵Enter
Enter hourly pay rate: 9.75  ↵Enter
Enter federal tax withholding rate: 0.20  ↵Enter
Enter state tax withholding rate: 0.09  ↵Enter

Employee Name: Smith
Hours Worked: 10.0
Pay Rate: $9.75
Gross Pay: $97.5
Deductions:
    Federal Withholding (20.0%): $19.5
    State Withholding (9.0%): $8.77
    Total Deduction: $28.27
Net Pay: $69.22
```

*3.10 （Turtle：显示统一码）编写一个程序，显示希腊字母 $\alpha\beta\gamma\delta\varepsilon\xi\eta\theta$。这些字符的统一码是：\u03b1 \u03b2 \u03b3 \u03b4 \u03b5 \u03b6 \u03b7 \u03b8。

3.11 （反向数字）编写一个程序，提示用户输入一个四位整数，然后显示颠倒各位数字后的数。下面是一个示例运行。

```
Enter an integer: 3125  ↵Enter
The reversed number is 5213
```

第 3.7 ～ 3.8 节

**3.12 （Turtle：绘制一个五角星）编写一个程序，提示用户输入五角星的边长，然后绘制一个五角星，如图 3-5a 所示（提示：五角星每个点的内角是 36 度）。

a）绘制一个五角星　　　　　b）显示一个 STOP 牌　　　　　c）绘制一个奥林匹克标志

图 3-5

*3.13 （Turtle：显示一个 STOP 牌）编写一个程序，显示一个 STOP 牌，如图 3-5b 所示。六边形是红色的而文字是白色的。

3.14 （Turtle：绘制一个奥运五环标志）编写一个程序，提示用户输入环的半径，然后画出大小相等的五环，颜色依次为：蓝、黑、红、黄、绿，如图 3-5c 所示。

*3.15 （Turtle：绘制一个笑脸）编写一个程序，绘制一个笑脸，如图 3-6a 所示。

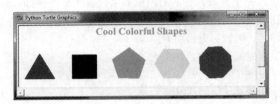

a）程序绘制一个笑脸　　　　　　　b）程序绘制五个图形，它们的底边是平行于 x 轴的

图　3-6

**3.16 （Turtle：绘制图形）编写一个程序，绘制一个三角形、一个正方形、一个五边形、一个六边形和一个八边形，如图 3-6b 所示。注意：这些图形的底边是平行于 x 轴的。（提示：将 turtle 的朝向调整 60 度就可以使三角形的底边平行于 x 轴。）

*3.17 （Turtle：三角形面积）编写一个程序，提示用户输入一个三角形的三点：p1、p2、p3，然后在三角形的下面显示三角形的面积，如图 3-7a 所示。计算三角形面积的公式参见编程题 2.14。

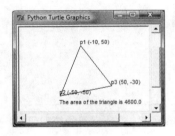
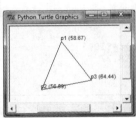
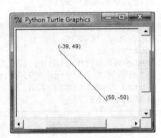

a）三角形的面积　　　　　　b）三角形的角度　　　　　　c）一条线

图　3-7

*3.18 （Turtle：三角形的角）修改程序清单 3-2，编写一个程序，提示用户输入三角形的三点：p1、p2 和 p3，然后显示它的角度，如图 3-7b 所示。

**3.19 （Turtle：绘制一条线）编写一个程序，提示用户输入两点，然后绘制一条连接两点的线并且显示这些点的坐标，如图 3-7c 所示。

选　择

学习目标

- 使用比较运算符编写布尔表达式（第 4.2 节）。
- 使用 random.randint(a，b) 或者 random.random( ) 函数来生成随机数（第 4.3 节）。
- 编写布尔表达式（AdditionQuiz）(第 4.3 节）。
- 使用单向 if 语句实现选择控制（第 4.4 节）。
- 使用单向 if 语句编程（第 4.5 节）。
- 使用双向 if-else 语句实现选择控制（第 4.6 节）。
- 使用嵌套 if 和多向 if-elif-else 语句实现选择控制（第 4.7 节）。
- 避免 if 语句里的常见错误（第 4.8 节）。
- 使用选择语句编程（第 4.9 ～ 4.10 节）。
- 使用逻辑运算符（and、or 和 not）组合各种条件（第 4.11 节）。
- 使用带组合条件的选择语句（LeapYear、Lottery)(第 4.12 ～ 4.13 节）。
- 编写使用条件表达式的表达式（第 4.14 节）。
- 了解控制运算符优先权和结合性的规则（第 4.15 节）。
- 检测出一个对象的位置（第 4.16 节）。

4.1　引言

✎ **关键点**：程序可以根据某个条件决定执行哪条语句。

　　如果在程序清单 2-2 中输入一个负的 radius 值，程序将产生一个无效结果。如果这个半径是负的，程序将无法计算这个区域。你怎么解决这种情况呢？

　　就像所有的高级程序设计语言一样，Python 提供选择语句让你可以在两个或多个不同条件下选择不同的动作。你可以使用下面的选择语句来替换程序清单 2-2 中的第 5 行：

```
if radius < 0:
    print("Incorrect input")
else:
    area = radius * radius * math.pi
    print("Area is", area)
```

　　选择语句使用的条件称为布尔表达式。本章将介绍布尔类型、数值、比较运算符以及表达式。

4.2　布尔类型、数值和表达式

✎ **关键点**：布尔表达式是能计算出一个布尔值 True 或 False 的表达式。

　　怎么比较两个数值呢？例如，半径是大于 0、等于 0 还是小于 0？Python 提供了六种比较运算符（也称为关系运算符），如表 4-1 所示，那么哪个用来比较两个数值呢？（表中假设使用的是半径 5。)

表 4-1 比较运算符

Python 运算符	算术符号	名称	举例（radius 是 5）	结果
<	<	小于	radius < 0	False
<=	≤	小于等于	radius <= 0	False
>	>	大于	radius > 0	True
>=	≥	大于等于	radius >= 0	True
==	=	等于	radius == 0	False
!=	≠	不等于	radius != 0	True

警告：比较运算符的相等是两个等号（==），而不是单个等号（=），后者是用来赋值的。

比较的结果就是一个布尔逻辑值：True 或 False。例如：下面的语句显示结果为 True。

```
radius = 1
print(radius > 0)
```

存储布尔值的变量被称为布尔变量。布尔数据类型被用来代表布尔值，一个布尔变量可以代表 True 或 False 值中的一个。例如：下面的语句将 True 赋值给变量 lightson。

```
lightsOn = True
```

True 和 False 都是字面量，就像数字 10 是字面量一样。它们都是保留字，不能在程序中被当作标识符。

在计算机内部，Python 使用 1 来表示 True 而使用 0 来表示 False。你可以使用 int 数将布尔值转换为一个整数。

例如：

```
print(int(True))
```

显示 1 而

```
print(int(False))
```

显示 0。

你也可以用 bool 函数将一个数字值转换成一个布尔值。如果值为 0，这个函数返回 False；否则，这个函数总是返回 True。

例如：

```
print(bool(0))
```

显示 False 而

```
print(bool(4))
```

显示 True。

检查点

4.1 列举六种比较运算符。

4.2 下面的转换是允许的吗？如果允许，给出转换后的结果。

```
i = int(True)
j = int(False)

b1 = bool(4)
b2 = bool(0)
```

4.3 产生随机数字

🔑 **关键点**：函数 randint（a，b）可以用来产生一个 a 和 b 之间且包括 a 和 b 的随机整数。

设想你要开发一个帮助一年级学生练习加法的程序。这个程序会随机产生两个一位整数：number1 和 number2，然后显示给学生一个问题：What is 1+7(1+7=？)，如程序清单 4-1 所示。在学生输入答案后，程序会显示一条消息表明答案是对还是错。

你可以使用函数 random 模块中的 randint（a，b）函数产生一个随机数字。这个函数返回一个在 a 和 b 之间包括 a 和 b 的随机整数 i。使用 randint（0,9）获取一个在 0 到 9 之间的随机整数。

这个程序会按照如下步骤工作。

第 1 步：产生两个一位整数 number1（例如，4）和 number2（例如，5）。

第 2 步：提示学生回答 What is 4+5。

第 3 步：检测学生的答案是否正确。

程序清单 4-1 AdditionQuiz.py

```python
1  import random
2
3  # Generate random numbers
4  number1 = random.randint(0, 9)
5  number2 = random.randint(0, 9)
6
7  # Prompt the user to enter an answer
8  answer = eval(input("What is " + str(number1) + " + "
9      + str(number2) + "? "))
10
11 # Display result
12 print(number1, "+", number2, "=", answer,
13     "is", number1 + number2 == answer)
```

```
What is 1 + 7? 8 ↵Enter
1 + 7 = 8 is True
```

```
What is 4 + 8? 9 ↵Enter
4 + 8 = 9 is False
```

line#	number1	number2	answer	output
4	4			
5		8		
8			9	
12				4 + 8 = 9 is False

程序使用 random 模块中定义的 randint 函数。import 语句会导入这个模块（第 1 行）。

第 4～5 行产生两个数字：number1 和 number2。第 8 行从用户处获取一个答案，第 13 行使用一个布尔表达式 number1+number2==answer 来判断答案是否正确。

Python 也提供了其他函数：randrange(a, b) 产生一个在 a、b-1 之间的随机整数，它等同于 randint（a,b-1）。例如：randrange(0,10) 和 randint(0,9) 是一样的。因为 randint 更直观，本书例子中更多使用的是 randint。

你也可以使用 random( ) 函数生成一个满足条件 0<=r<=1.0 的随机浮点数 r。例如：

```
 1  >>> import random
 2  >>> random.random()
 3  0.34343
 4  >>> random.random()
 5  0.20119
 6  >>> random.randint(0, 1)
 7  0
 8  >>> random.randint(0, 1)
 9  1
10  >>> random.randrange(0, 1) # This will always be 0
11  0
12  >>>
```

调用 random. random( )（第 2 行和第 4 行）返回一个 0.0 到 1.0 之间（不包括 1.0 ）的随机浮点数。调用函数 random.randint(0,1)（第 6 行和第 8 行）返回 0 或 1。调用 random. randrange(0,1)（第 10 行）总是返回 0。

☛ 检查点

4.3　怎样生成一个满足条件 $0 \leq i < 20$ 的随机整数?

4.4　怎样生成一个满足条件 $10 \leq i < 20$ 的随机整数?

4.5　怎样生成一个满足条件 $10 \leq i \leq 50$ 的随机整数?

4.6　怎样生成一个值为 0 或 1 的随机整数?

4.4　if 语句

✎ 关键点：如果条件正确就执行一个单向 if 语句。

前面的程序显示一条像 "6+2=7 is false" 这样的信息。如果你想将信息改成 "6+2=7 is incorrect"，你必须使用选择语句来做这种微小改变。

Python 有多种选择语句类型：单向 if 语句、双向 if-else 语句、嵌套 if 语句，多向 if-elif-else 语句以及条件表达式。这节介绍单向 if 语句。

当且仅当条件为 true 时，一条单向 if 语句执行一个动作。单向 if 语句的语法如下：

```
if boolean-expression:
    statement(s)  # Note that the statement(s) must be indented
```

这里 statement (s) 必须相对于 if 向右至少缩进一个空白，而每条语句也必须使用同样个数的缩进。为了保持一致性，我们在这本书中缩进四个空白。

图 4-1a 中的流程图解释了 Python 如何执行 if 语句的句法。流程图是描述算法或过程的图表，将步骤显示为不同形状的框图，这些框图之间的顺序是用箭头连接的。框图里面表述过程的操作，而箭头连接它们表示控制流。一个菱形框图用来表示布尔条件，而一个长方形框图用来表示语句。

如果布尔表达式计算的结果为真，那么就会执行 if 块中的语句。if 块里的语句都要在 if 语句之后缩进。例如：

```
if radius >= 0:
    area = radius * radius * math.pi
    print("The area for the circle of radius", radius, "is", area)
```

处理语句的流程图如图 4-1b 所示。如果 radius 的值大于等于 0，那么计算 area，然后显示结果；否则，不执行 if 块中的语句。

在 if 块中的语句必须在 if 行后的一行进行缩进，而且要以相同的空白缩进。例如：下面的代码就是错误的，因为第 3 行的 print 语句并没有和第 2 行计算面积的语句缩进一样的空白。

```
1   if radius >= 0:
2       area = radius * radius * math.pi   # Compute area
3   print("The area for the circle of radius", radius, "is", area)
```

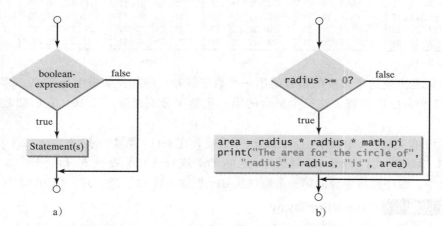

图 4-1　如果 boolean-expression 计算结果是 True，if 语句执行这些语句体

程序清单 4-2 是一个提示用户输入一个整数的程序。如果那个数字是 5 的倍数，程序显示结果 HiFive。如果这个数能被 2 整除，程序显示 HiEven。

程序清单 4-2　SimpleIfDemo.py

```
1   number = eval(input("Enter an integer: "))
2
3   if number % 5 == 0:
4       print("HiFive")
5
6   if number % 2 == 0:
7       print("HiEven")
```

```
Enter an integer: 4  ↵Enter
HiEven
```

```
Enter an integer: 30  ↵Enter
HiFive
HiEven
```

程序提示用户输入一个整数（第 1 行），如果能被 5 整除程序显示 HiFive（第 3 ~ 4 行），如果能被 2 整除程序显式 HiEven（第 6 ~ 7 行）。

☛ 检查点

4.7　编写一条如果 y 大于零，将 1 赋值给 x 的 if 语句。

4.8　编写一个如果 score 大于 90，pay 增长 3% 的 if 语句。

4.5　实例研究：猜生日

关键点：猜生日是一个很有趣的用简单程序解决的问题。

你可以通过询问 5 个问题来找出你朋友的生日在一个月中的哪一天。每个问题都在询问这一天是否在 5 个数字集中。

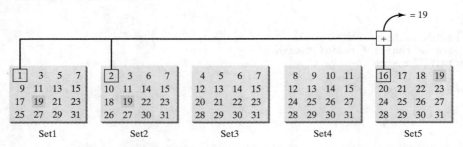

生日就是出现这个数字的集合的第一个数字的和，例如：如果生日是 19，那它就会在 set1、set2 和 set5 中出现。这三个集合的第一个数字分别是 1、2、16。它们加起来的和就是 19。

程序清单 4-3 是一个提示用户回答这一天是否在 set1（第 4 ～ 13 行）、set2（第 16 ～ 25 行）、set3（第 28 ～ 37 行）、set4（第 40 ～ 49 行）或 set5（第 52 ～ 61 行）中。如果这个数字在集合中，程序就将集合的第一个数加到 day 里面（第 13、25、37、49 和 61 行）。

程序清单 4-3   GuessBirthday.py

```
1   day = 0 # birth day to be determined
2
3   # Prompt the user to answer the first question
4   question1 = "Is your birthday in Set1?\n" + \
5       " 1  3  5  7\n" + \
6       " 9 11 13 15\n" + \
7       "17 19 21 23\n" + \
8       "25 27 29 31" + \
9       "\nEnter 0 for No and 1 for Yes: "
10  answer = eval(input(question1))
11
12  if answer == 1:
13      day += 1
14
15  # Prompt the user to answer the second question
16  question2 = "Is your birthday in Set2?\n" + \
17      " 2  3  6  7\n" + \
18      "10 11 14 15\n" + \
19      "18 19 22 23\n" + \
20      "26 27 30 31" + \
21      "\nEnter 0 for No and 1 for Yes: "
22  answer = eval(input(question2))
23
24  if answer == 1:
25      day += 2
26
27  # Prompt the user to answer the third question
28  question3 = "Is your birthday in Set3?\n" + \
29      " 4  5  6  7\n" + \
30      "12 13 14 15\n" + \
31      "20 21 22 23\n" + \
32      "28 29 30 31" + \
33      "\nEnter 0 for No and 1 for Yes: "
34  answer = eval(input(question3))
35
36  if answer == 1:
37      day += 4
38
39  # Prompt the user to answer the fourth question
```

```
40   question4 = "Is your birthday in Set4?\n" + \
41       "  8   9 10 11\n" + \
42       "12 13 14 15\n" + \
43       "24 25 26 27\n" + \
44       "28 29 30 31" + \
45       "\nEnter 0 for No and 1 for Yes: "
46   answer = eval(input(question4))
47
48   if answer == 1:
49       day += 8
50
51   # Prompt the user to answer the fifth question
52   question5 = "Is your birthday in Set5?\n" + \
53       "16 17 18 19\n"+ \
54       "20 21 22 23\n" + \
55       "24 25 26 27\n" + \
56       "28 29 30 31" + \
57       "\nEnter 0 for No and 1 for Yes: "
58   answer = eval(input(question5))
59
60   if answer == 1:
61       day += 16
62
63   print("\nYour birthday is "+ str(day) + "!")
```

```
Is your birthday in Set1?
 1   3   5   7
 9 11 13 15
17 19 21 23
25 27 29 31
Enter 0 for No and 1 for Yes: 1  ↵Enter

Is your birthday in Set2?
 2   3   6   7
10 11 14 15
18 19 22 23
26 27 30 31
Enter 0 for No and 1 for Yes: 1  ↵Enter

Is your birthday in Set3?
 4   5   6   7
12 13 14 15
20 21 22 23
28 29 30 31
Enter 0 for No and 1 for Yes: 0  ↵Enter

Is your birthday in Set4?
 8   9 10 11
12 13 14 15
24 25 26 27
28 29 30 31
Enter 0 for No and 1 for Yes: 0  ↵Enter

Is your birthday in Set5?
16 17 18 19
20 21 22 23
24 25 26 27
28 29 30 31
Enter 0 for No and 1 for Yes: 1  ↵Enter
Your birthday is 19!
```

line#	day	answer	output
1	0		
10		1	
13	1		
22		1	
25	2		
34		0	
46		0	
58		1	
61	19		
63			**Your birthday is 19**

在第 4 ～ 8 行末尾出现的字符 \ 是续行符，它告诉解释器语句在下一行继续执行（参见第 2.3 节）。

这个游戏非常容易编写程序，你可能想知道这个游戏是如何产生的。这个游戏背后的数学思想其实是非常简单的。这些数字不是随意地放在一起，它们如何放置在 5 个集合是精心安排的。这 5 个集合的起始数字分别是 1、2、4、8、16，它们分别对应二进制数 1、10、100、1000、10000。1 到 31 之间的十进制数要用二进制数表示则最多需要 5 个数字，如图 4-2a 所示。假设这个数字为 $b_1b_2b_3b_4b_5$，那么 $b_1b_2b_3b_4b_5 = b_50000 + b_4000 + b_300 + b_20 + b_1$，如图 4-2b 所示。如果某一天的二进制数在 b_k 位置有一个数 1，那么这个数字就应该出现在集合 setk 中。例如：数字 19 的二进制数为 10011，所以它出现在 set1、set2 和 set5 中。它的二进制值是 1 + 10 + 10000 = 10011，而十进制数是 1 + 2 + 16 = 19。数字 31 的二进制数值为 11111，所以它出现在 set1、set2、set3、set4 和 set5 中。它的二进制数是 1 + 10 + 100 + 1000 + 10000 = 11111 而十进制数是 1 + 2 + 4 + 8 + 16 = 31。

Decimal	Binary
1	00001
2	00010
3	00011
...	
19	10011
...	
31	11111

$$
\begin{array}{cc}
b_5\,0\,0\,0\,0 & 10000 \\
b_4\,0\,0\,0 & 1000 \\
b_3\,0\,0 \qquad 10000 & 100 \\
b_2\,0 \qquad 10 & 10 \\
+\ \ b_1 \qquad +\ \ 1 & +\ \ 1 \\
\hline
b_5b_4b_3b_2b_1 \qquad 10011 & 11111 \\
19 & 31
\end{array}
$$

a）1 到 31 之间的数可以用 5 位二进制　　　　b）一个 5 位二进制数可以通过对二进制数
　　数表示　　　　　　　　　　　　　　　　　　1、10、100、1000 或 10000 相加得到

图　4-2

4.6　双向 if-else 语句

🖊**关键点**：双向 if-else 语句根据条件是真还是假来决定执行哪些语句。

如果指定条件是 True，那么一条单向 if 语句会完成一个动作。如果条件是 False，那它什么都不做。但是当条件为 False 时，你想要完成一个或多个动作时应该怎么办？你可以使用一个双向 if-else 语句。双向 if-else 语句根据条件是 True 还是 False 指定不同的动作。

下面是一个双向 if-else 语句的句法：

```
if boolean-expression:
    statement(s)-for-the-true-case
else:
    statement(s)-for-the-false-case
```

语句的流程图如图 4-3 所示。

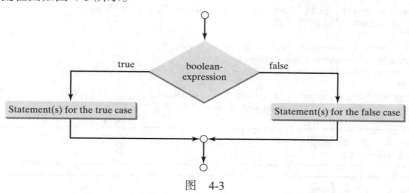

图 4-3

图 4-3 中，如果 boolean-expression 计算结果是 True，那就执行 true 情况下的语句；否则，执行 false 情况下的语句。例如，考虑下面的代码。

```
if radius >= 0:
    area = radius * radius * math.pi
    print("The area for the circle of radius", radius, "is", area)
else:
    print("Negative input")
```

如果 radius>=0 为真，计算 area 并显示它；如果这个条件为 false，就显示消息："negative input"。

这里有一个 if-else 语句的另一个例子。它是用来判断一个数的奇偶性，如下所示：

```
if number % 2 == 0:
    print(number, "is even.")
else:
    print(number, "is odd.")
```

假设你要编写一个训练一年级学生减法的程序。程序随机产生两个一位整数：number1 和 number2，而 number1>=number2，然后向学生提问类似 "9-2=？" 这样的问题。在回答完问题之后，程序会显示一条信息表明答案是否正确。

程序分为以下几个步骤。

第 1 步：产生两个随机的一位整数 number1 和 number2。

第 2 步：如果 number1<number2，将 number2 的值交换给 number1。

第 3 步：提示学生回答 "What is number1-number2?"（number1-number2 的结果是什么）。

第 4 步：检查学生答案是否正确，然后显示输出结果是否正确。

完整的程序如程序清单 4-4 所示。

程序清单 4-4 SubtractionQuiz.py

```
1  import random
2
3  # 1. Generate two random single-digit integers
4  number1 = random.randint(0, 9)
5  number2 = random.randint(0, 9)
```

```
6
7    # 2. If number1 < number2, swap number1 with number2
8    if number1 < number2:
9        number1, number2 = number2, number1   # Simultaneous assignment
10
11   # 3. Prompt the student to answer "What is number1 - number2?"
12   answer = eval(input("What is "+ str(number1) + " - " +
13       str(number2) + "? "))
14
15   # 4. Check the answer and display the result
16   if number1 - number2 == answer:
17       print("You are correct!")
18   else:
19       print("Your answer is wrong.\n", number1, '-',
20           number2, "is", number1 - number2, '.')
```

```
What is 6 - 6? 0  ↵Enter
You are correct!
```

```
What is 9 - 2? 5  ↵Enter
Your answer is wrong.
9 - 2 is 7.
```

line#	number1	number2	answer	output
4	2			
5		9		
9	9	2		
12			5	
19				Your answer is wrong. 9 - 2 is 7.

如果 number1<number2，那么程序将使用同步赋值来交换它们的值。

检查点

4.9 编写一个如果 score 大于 90，pay 上涨 3%，否则上涨 1% 的 if 语句。

4.10 如果 number 分别是 30 和 35，那么 a 中的代码和 b 中的代码的输出结果是什么？

```
if number % 2 == 0:
    print(number, "is even.")

print(number, "is odd.")
```

```
if number % 2 == 0:
    print(number, "is even.")
else
    print(number, "is odd.")
```

a)　　　　　　　　　　　　　　　　b)

4.7 嵌套 if 和多向 if-elif-else 语句

关键点：将一个 if 语句放在另一个 if 语句中就形成了一个嵌套 if 语句。

if 或 if-else 语句中的语句可以是任意一个合法的 Python 语句，甚至可以包括另一个 if 或 if-else 语句。内部 if 语句被称为嵌套在外部 if 语句中。内部 if 语句也可以包含另一个 if 语句；事实上，嵌套的深度是没有限制的。例如，下面的语句是一个嵌套 if 语句：

```
if i > k:
    if j > k:
```

```
        print("i and j are greater than k")
else:
        print("i is less than or equal to k")
```

if j>k 语句是嵌套在 if i>k 语句中的。

嵌套 if 语句可以用来实现多种选择。例如：图 4-4a 通过不同条件，根据分数的大小，给变量 grade 赋值一个字母值。

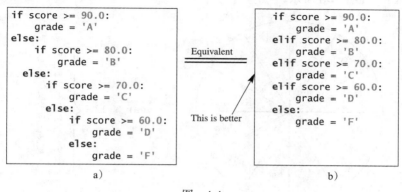

a)   b)

图 4-4

图 4-4 中受推崇使用多向 if-elif-else 语句如图 4-4b 所示。

这个 if 语句如何执行的过程如图 4-5 所示。首先测试第一个条件（score>=90）。如果它为 True，那么成绩为 A。如果条件为 False，就测试第二个条件（score>=80）。如果第二个条件为 True，那么成绩是 B。如果条件为 False，那么测试第三个条件直至所有条件都被测试完，或者所有的条件都被测试过。如果所有的条件都是 False，那么成绩就是 F。注意：一个条件只有这个条件之前的所有条件都变成 False 之后才被测试。

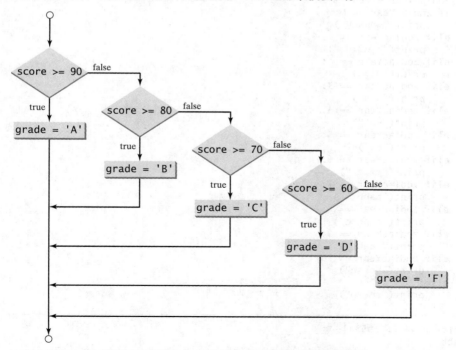

图 4-5　使用一个多向 if-elif-else 语句对成绩赋值

图 4-4a 中的 if 语句等同于图 4-4b 之中的 if 语句。实际上，图 4-4b 是多选 if 语句推崇的编码风格。这种形式的 if 语句被称为多向 if 语句，它避免了缩进深度，使程序更容易阅读。这种多向 if 语句使用 if-elif-else 句法，elif（else if 的缩写）也是一个 Python 关键词。

现在，我们编写一个程序来判断一个给定的年份属于哪一个生肖。中国十二生肖以 12 为循环，这个循环的每一年都分别由一个动物表示——猴、鸡、狗、猪、鼠、牛、虎、兔、龙、蛇、马和羊，如图 4-6 所示。

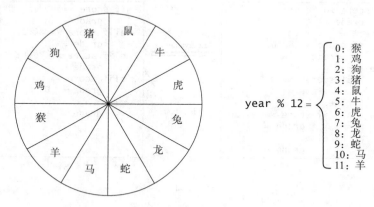

图 4-6   基于 12 年周期的中国十二生肖

year%12 的值决定是什么生肖年。1900 年是兔年，因为 1900%12=4。程序清单 4-5 给出一个程序，提示用户指定一个年份，然后显示表示这一年的动物。

程序清单 4-5   ChineseZodiac.py

```
1   year = eval(input("Enter a year: "))
2   zodiacYear = year % 12
3   if zodiacYear == 0:
4       print("monkey")
5   elif zodiacYear == 1:
6       print("rooster")
7   elif zodiacYear == 2:
8       print("dog")
9   elif zodiacYear == 3:
10      print("pig")
11  elif zodiacYear == 4:
12      print("rat")
13  elif zodiacYear == 5:
14      print("ox")
15  elif zodiacYear == 6:
16      print("tiger")
17  elif zodiacYear == 7:
18      print("rabbit")
19  elif zodiacYear == 8:
20      print("dragon")
21  elif zodiacYear == 9:
22      print("snake")
23  elif zodiacYear == 10:
24      print("horse")
25  else:
26      print("sheep")
```

```
Enter a year: 1963  ↵Enter
rabbit
```

```
Enter a year: 1877 ↵Enter
ox
```

检查点

4.11 如果是下面的代码中，假设 x=3 而且 y=2，显示它的结果。如果 x=3 而且 y=4，那么结果是什么？如果 x=2 而且 y=2，那么结果是什么？请为这段代码绘制一个流程图。

```
if x > 2:
    if y > 2:
        z = x + y
        print("z is", z)
    else:
        print("x is", x)
```

4.12 如果是下面的代码，假设 x=2 而且 y=4，显示它的结果。如果 x=3 而且 y=2，那么结果是什么？如果 x=3 而且 y=3，那么结果是什么？（首先正确缩进语句。）

```
if x > 2:
    if y > 2:
        z = x + y
        print("z is", z)
else:
    print("x is", x)
```

4.13 下面的代码错在哪里？

```
if score >= 60.0:
    grade = 'D'
elif score >= 70.0:
    grade = 'C'
elif score >= 80.0:
    grade = 'B'
elif score >= 90.0:
    grade = 'A'
else:
    grade = 'F'
```

4.8 选择语句中的常见错误

关键点：选择语句中的大多数常见错误都是由不正确的缩进问题导致的。

仔细思考 a 和 b 中的代码。

```
radius = -20

if radius >= 0:
    area = radius * radius * math.pi
print("The area is", area)
```
a) 错误

```
radius = -20

if radius >= 0:
    area = radius * radius * math.pi
    print("The area is", area)
```
b) 正确

在 a 中，print 语句不在 if 语块内。要将它放进 if 块中，你必须像 b 中那样将 print 语句缩进，如图 b 所示。

考虑下面 a 和 b 中代码的另一个例子。a 中的代码有两个 if 子句和一个 else 子句。哪个 if 子句是匹配这个 else 子句的？缩进表明 a 中 else 子句匹配第一个 if 子句而 b 中 else 子句匹配第二个 if 子句。

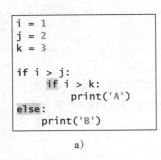

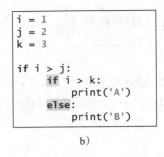

a)　　　　　　　　　　　　b)

因为（i>j）是 false，所以 a 中的代码显示 B，但是 b 中的语句什么也不显示。

☞ 提示：新的程序员经常会这样给一个布尔变量赋值一个测试条件，如 a 中的代码所示：

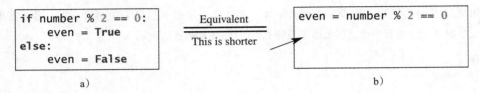

a)　　　　　　　　　　　　　　　　　　b)

代码可以被简化成直接将判断的值赋给变量，如 b 中代码所示。

☞ 检查点

4.14　下面代码哪些是等价的？哪些是正确缩进？

```
if i > 0:
    x = 0
    y = 1
else:
    y = 0
    z = 0
```

```
if i > 0:
    x = 0
    y = 1
else:
    y = 0
    z = 0
```

```
if i > 0:
    x = 0
    y = 1
else:
    y = 0
    z = 0
```

```
if i > 0:
    x = 0
    y = 1
else:
    y = 0
    z = 0
```

a)　　　　　　　　b)　　　　　　　　c)　　　　　　　　d)

4.15　使用一个布尔表达式改写下面的语句：

```
if count % 10 == 0:
    newLine = True
else:
    newLine = False
```

4.16　下面的语句正确吗？哪一个更好？

```
if age < 16:
    print("Cannot get a driver's license")
if age >= 16:
    print("Can get a driver's license")
```

```
if age < 16:
    print("Cannot get a driver's license")
else:
    print("Can get a driver's license")
```

a)　　　　　　　　　　　　　　　　　　b)

4.17　如果 number 分别为 14、15 和 30，那么下面代码的结果是什么？

```
if number % 2 == 0:
    print(number, "is even")
if number % 5 == 0:
    print(number, "is multiple of 5")
```

```
if number % 2 == 0:
    print(number, "is even")
elif number % 5 == 0:
    print(number, "is multiple of 5")
```

a)　　　　　　　　　　　　　　　　　　b)

4.9 实例研究：计算身体质量指数

关键点：使用嵌套 if 语句编写一个说明身体质量指数的程序。

BMI 是根据体重测量健康的方式。通过以千克为单位的体重除以以米为单位的身高的平方计算出 BMI。下面是 16 岁以上人群的 BMI 图表：

编写一个程序，提示用户输入以磅为单位的体重和以英寸为单位的身高，然后显示 BMI 值。注意：1 磅是 0.453 592 37 千克而 1 英寸是 0.0254 米。程序清单 4-6 给出这个程序。

BMI	解释
BMI < 18.5	超轻
18.5 ≤ BMI < 25.0	标准
25.0 ≤ BMI < 30.0	超重
30.0 ≤ BMI	痴肥

程序清单 4-6　ComputeBMI.py

```
1   # Prompt the user to enter weight in pounds
2   weight = eval(input("Enter weight in pounds: "))
3
4   # Prompt the user to enter height in inches
5   height = eval(input("Enter height in inches: "))
6
7   KILOGRAMS_PER_POUND = 0.45359237  # Constant
8   METERS_PER_INCH = 0.0254          # Constant
9
10  # Compute BMI
11  weightInKilograms = weight * KILOGRAMS_PER_POUND
12  heightInMeters = height * METERS_PER_INCH
13  bmi = weightInKilograms / (heightInMeters * heightInMeters)
14
15  # Display result
16  print("BMI is", format(bmi, ".2f"))
17  if bmi < 18.5:
18      print("Underweight")
19  elif bmi < 25:
20      print("Normal")
21  elif bmi < 30:
22      print("Overweight")
23  else:
24      print("Obese")
```

```
Enter weight in pounds: 146  ↵Enter
Enter height in inches: 70  ↵Enter
BMI is 20.95
Normal
```

line#	weight	height	weightInKilograms	heightInMeters	bmi	output
2	146					
5		70				
11			66.22448602			
12				1.778		
13					20.9486	
16						BMI is 20.95
22						Normal

两个定名常量 KILOGRAMS_PER_POUND 和 METERS_PER_INCH 在第 6 行和第 7 行定义。第 2.7 节中介绍了定名常量。这里使用定名常量可以使程序更容易阅读。然而，在

Python 中没有特殊的句法来定义定名常量。在 Python 中对待定名常量是和变量一样的。本书使用大写所有字母并用下划线 (_) 分隔单词的格式将定名常量和变量加以区分。

4.10　实例研究：计算税款

🔑 **关键点**：使用嵌套的 if 语句来编写一个计算税款的程序。

美国联邦个人收入所得税是根据报税身份和可纳税收入来计算的。报税身份有四种：单身报税人、已婚合并申报人、已婚分开申报人以及户主。税率每年都会改变。表 4-2 显示的是 2009 年的税率，如果你是单身且可纳税收入是 10 000 美元，其中 8350 美元的税率是 10%，而另外的 1650 美元的税率是 15%。所以，你的税款是 1082.5 美元。

表 4-2　2009 年美国联邦个人税率 （单位：美元）

边际税率	单身报税人	已婚合并申报人	已婚分开申报人	户主
10%	0 ~ 8 350	0 ~ 16 700	0 ~ 8 350	0 ~ 11 950
15%	8 351 ~ 33 950	16 701 ~ 67 900	8351 ~ 33 950	11 951 ~ 45 500
25%	33 951 ~ 82 250	67 901 ~ 137 050	33 951 ~ 68 525	45 501 ~ 117 450
28%	82 251 ~ 171 550	137 051 ~ 208 850	68 526 ~ 104 425	117 451 ~ 190 200
33%	171 551 ~ 372 950	208 851 ~ 372 950	104 426 ~ 186 475	190 201 ~ 372 950
35%	372 951+	372 951+	186 476+	372 951+

你要编写一个可以计算个人所得税款的程序。你的程序应该提示用户输入他的报税身份和可纳税收入，然后计算出税款。输入 0 代表单身，1 代表已婚合并申报，2 代表已婚分开申报而 3 代表户主。

程序根据报税身份来计算出可纳税收入的税款。报税身份可以用下面的 if 语句来决定：

```python
if status == 0:
    # Compute tax for single filers
elif status == 1:
    # Compute tax for married filing jointly
elif status == 2:
    # Compute tax for married filing separately
elif status == 3:
    # Compute tax for head of household
else:
    # Display wrong status
```

每一种报税身份都有六种税率。每一种税率都可以应用在一定量的可纳税收入上。例如：一个可纳税收入为 400 000 美元的单身报税人，8350 美元之内的税率为 10%，33 950-8350 美元范围的税率为 15%，82 250-33 950 美元范围的税率为 25%，171 550-82 250 美元范围的税率为 28%，372 950-171 550 美元范围的税率为 33%，而 400 000-372 950 美元范围的税率为 35%。

程序清单 4-7 给出了一个计算单身税款的解决方案。更完整的解决方案留在本章最后的编程题 4.13。

程序清单 4-7　ComputeTax.py

```python
1  import sys
2
3  # Prompt the user to enter filing status
4  status = eval(input(
5      "(0-single filer, 1-married jointly,\n" +
6      "2-married separately, 3-head of household)\n" +
```

```
7          "Enter the filing status: "))
8
9   # Prompt the user to enter taxable income
10  income = eval(input("Enter the taxable income: "))
11
12  # Compute tax
13  tax = 0
14
15  if status == 0:   # Compute tax for single filers
16      if income <= 8350:
17          tax = income * 0.10
18      elif income <= 33950:
19          tax = 8350 * 0.10 + (income - 8350) * 0.15
20      elif income <= 82250:
21          tax = 8350 * 0.10 + (33950 - 8350) * 0.15 + \
22              (income - 33950) * 0.25
23      elif income <= 171550:
24          tax = 8350 * 0.10 + (33950 - 8350) * 0.15 + \
25              (82250 - 33950) * 0.25 + (income - 82250) * 0.28
26      elif income <= 372950:
27          tax = 8350 * 0.10 + (33950 - 8350) * 0.15 + \
28              (82250 - 33950) * 0.25 + (171550 - 82250) * 0.28 + \
29              (income - 171550) * 0.33
30      else:
31          tax = 8350 * 0.10 + (33950 - 8350) * 0.15 + \
32              (82250 - 33950) * 0.25 + (171550 - 82250) * 0.28 + \
33              (372950 - 171550) * 0.33 + (income - 372950) * 0.35;
34  elif status == 1:  # Compute tax for married file jointly
35      print("Left as exercise")
36  elif status == 2:  # Compute tax for married separately
37      print("Left as exercise")
38  elif status == 3:  # Compute tax for head of household
39      print("Left as exercise")
40  else:
41      print("Error: invalid status")
42      sys.exit()
43
44  # Display the result
45  print("Tax is", format(tax, ".2f"))
```

```
(0-single filer, 1-married jointly,
2-married separately, 3-head of household)
Enter the filing status: 0 ↵Enter
Enter the taxable income: 400000 ↵Enter
Tax is 117683.50
```

line#	status	income	tax	output
4	0			
10		400000		
13			0	
17			117683.5	
45				Tax is 117683.50

程序接收到报税身份和可纳税收入。多向选择 if 语句（第 15、34、36、38、40 行）检测报税身份，然后根据报税身份计算税款。

sys.exit()（第 42 行）定义在 sys 模块中。调用这个函数终止程序。

为了测试程序，你需要提供能概括所有可能性的输入值。针对这个程序，你的程序应该覆盖所有的身份（0、1、2和3）。针对每一种身份，测试六个范围的每种情况。所以，一共有24种可能。

> 提示：对于所有的程序，你应该编写一小段代码，在加入更多其他代码之前测试它。这被称为增量开发和测试。这种方法使调试更加简单，因为错误很有可能在你新添加的代码中。

> 检查点

4.18 下面两条语句相同吗？

```
if income <= 10000:
    tax = income * 0.1
elif income <= 20000:
    tax = 1000 + \
        (income - 10000) * 0.15
```

```
if income <= 10000:
    tax = income * 0.1
elif income > 10000 and
        income <= 20000:
    tax = 1000 + \
        (income - 10000) * 0.15
```

4.19 下面的代码错在哪里？

```
income = 232323

if income <= 10000:
    tax = income * 0.1
elif income > 10000 and income <= 20000:
    tax = 1000 + (income - 10000) * 0.15

print(tax)
```

4.11 逻辑运算符

> 关键点：逻辑运算符 not、and 和 or 都可以用来创建一个组合条件。

有时候，几个条件组合在一起决定是否执行一条语句。你可以使用逻辑运算符来组合这些条件形成一个组合表达式。逻辑运算符，也被称为布尔运算符，它是在布尔值上的运算并创建出一个新的布尔值。表4-3罗列出所有的布尔运算符。表4-4定义了not运算符。它对 True 取反得 False，对 False 取反得 True。表4-5定义了and运算符。当且仅当两个操作数都为真时，两个操作数的 and 操作结果是真。表4-6定义了or运算符。至少有一个操作数为真，两个操作数的 or 操作结果才为真。

表 4-3 布尔运算符

运算符	描述
not	逻辑否
and	逻辑和
or	逻辑或

表 4-4 运算符 not 的真值表

p	not p	示例（假设 age = 24, gender = 'F'）
True	False	not (age > 18) 是 False，因为 (age > 18) 是 True
False	True	not (gender == 'M') 是 True，因为 (gender == 'M') 是 False

表 4-5 运算符 and 的真值表

p₁	p₂	p₁ and p₂	示例（假设 age = 24, gender = 'F'）
False	False	False	(age > 18) and (gender == 'F') 是 True，因为 (age > 18) 和 (gender == 'F') 都是 True
False	True	False	
True	False	False	(age > 18) and (gender != 'F') 是 False，因为 (gender != 'F') 是 False
True	True	True	

表 4-6 运算符 or 的真值表

p₁	p₂	p₁ and p₂	示例（假设 age = 24, gender = 'F'）
False	False	False	(age > 34) or (gender == 'F') 是 True，因为 (gender == 'F') 是 True
False	True	True	
True	False	True	(age > 34) or (gender == 'M') 是 False，因为 (age > 34) 和 (gender == 'M') 都是 False
True	True	True	

程序清单 4-8 中的程序检测一个数字是否都能被 2 和 3 整除，能被 2 或 3 整除，以及能被 2 或 3 整除但不能被两者同时都整除。

程序清单 4-8 TestBooleanOperators.py

```
1   # Receive an input
2   number = eval(input("Enter an integer: "))
3
4   if number % 2 == 0 and number % 3 == 0:
5       print(number, "is divisible by 2 and 3")
6
7   if number % 2 == 0 or number % 3 == 0:
8       print(number, "is divisible by 2 or 3")
9
10  if (number % 2 == 0 or number % 3 == 0) and  \
11          not (number % 2 == 0 and number % 3 == 0):
12      print(number, "is divisible by 2 or 3, but not both")
```

```
Enter an integer: 18 ↵Enter
18 is divisible by 2 and 3
18 is divisible by 2 or 3
```

```
Enter an integer: 15 ↵Enter
15 is divisible by 2 or 3
15 is divisible by 2 or 3, but not both
```

在第 4 行中，number % 2 ==0 and number % 3 ==0 检查数字是否能被 2 和 3 整除。第 7 行检测数字是否能被 2 或 3 整除。第 10 ～ 11 行的布尔表达式检测是否能被 2 或 3 整除但不被它们同时整除。

注意：德摩根律是以印度裔英国数学家和逻辑学家奥古斯·德摩根（1806—1871）命名的，可以用来简化布尔表达式。定理陈述的是：

not (condition1 **and** condition2) 和 **not** condition1 **or** **not** condition2 一样
not (condition1 **or** condition2) 和 **not** condition1 **and** **not** condition2 一样

所以，前面例子中的线 ||

not (number % 2 == 0 **and** number % 3 == 0)

可以使用等价的表达式简化为

(number % 2 != 0 **or** number % 3 != 0)

作为另一个例子

not (number == 2 **or** number == 3)

最好写作

```
number != 2 and number != 3
```

如果一个 and 运算符中的一个运算数是 False，则该表达式是 False；如果一个 or 运算符中一个操作数是 True，则该表达式是 True。Python 使用这些特性来提高运算符的性能，当计算 p1 和 p2 时，Python 首先计算 p1，然后如果 p1 为 True，再计算 p2；如果 p1 为 False，就不会再计算 p2。当计算 p1 or p2 时，Python 先计算 p1，然后如果 p1 为 False，再计算 p2；如果 p1 为 True，它就不计算 p2 了。因此，add 又被称为条件或短路 AND 运算符，而 or 被称为条件或短路 OR 运算符。

☞ **检查点**

4.20 假设 x=1，显示下面布尔表达式的结果。

```
True and (3 > 4)
not (x > 0) and (x > 0)
(x > 0) or (x < 0)
(x != 0) or (x == 0)
(x >= 0) or (x < 0)
(x != 1) == not (x == 1)
```

4.21 编写一个布尔表达式，如果变量 num 的值在 1 到 100 之间，该表达式计算结果为 True。

4.22 编写一个布尔表达式，如果变量 num 的值在 1 到 100 之间或数字为负，该表达式计算结果为 True。

4.23 假设 x=4，y=5，显示下面的布尔表达式的结果。

```
x >= y >= 0
x <= y >= 0
x != y == 5
(x != 0) or (x == 0)
```

4.24 下面的表达式是否等价？

```
(a) (x >= 1) and (x < 10)
(b) (1 <= x < 10)
```

4.25 如果 ch 是 'A'、'p'、'E' 和 '5'，那表达式 ch >= 'A' and ch <= 'Z' 的值是多少？

4.26 假设当你运行下面的程序，从控制台输入 2、3、6，那么输出结果是什么？

```
x, y, z = eval(input("Enter three numbers: "))

print("(x < y and y < z) is", x < y and y < z)
print("(x < y or y < z) is", x < y or y < z)
print("not (x < y) is", not (x < y))
print("(x < y < z) is", x < y < z)
print("not(x < y < z) is", not (x < y < z))
```

4.27 编写一个如果年龄 age 大于 13 小于 18 的布尔表达式。

4.28 编写一个布尔表达式：如果体重 weight 大于 50 或身高 height 小于 160 则结果为真。

4.29 编写一个布尔表达式：如果体重 weight 大于 50 且身高 height 小于 160 则结果为真。

4.30 编写一个布尔表达式：如果体重 weight 大于 50，或身高 height 大于 160 但是这两个条件并不同时满足时结果为真。

4.12 实例研究：判定闰年

✎ **关键点**：一个年份如果能被 4 整除但不能被 100 整除，或能被 400 整除，那么这个年份就是闰年。

你可以使用下面的布尔表达式来判定某一年是否闰年。

```
# A leap year is divisible by 4
isLeapYear = (year % 4 == 0)
# A leap year is divisible by 4 but not by 100
isLeapYear = isLeapYear and (year % 100 != 0)
# A leap year is divisible by 4 but not by 100 or divisible by 400
isLeapYear = isLeapYear or (year % 400 == 0)
```

你也可以将所有这些表达式组合成一个，如下所示：

```
isLeapYear = (year % 4 == 0 and year % 100 != 0) or (year % 400 == 0)
```

程序清单 4-9 就是一个程序，提示用户输入一个年份，然后判断此年份是否是闰年的。

程序清单 4-9 LeapYear.py

```
1  year = eval(input("Enter a year: "))
2
3  # Check if the year is a leap year
4  isLeapYear = (year % 4 == 0 and year % 100 != 0) or \
5      (year % 400 == 0)
6
7  # Display the result
8  print(year, "is a leap year?", isLeapYear)
```

```
Enter a year: 2008  ⏎Enter
2008 is a leap year? True
```

```
Enter a year: 1900  ⏎Enter
1900 is a leap year? False
```

```
Enter a year: 2002  ⏎Enter
2002 is a leap year? False
```

4.13 实例研究：彩票

关键点：这个实例研究中的彩票程序涉及如何产生随机数、对比数字以及使用布尔表达式。

假设你想开发一个玩彩票的程序。程序随机产生一个两位数的数字，然后提示用户输入一个两位数的数字，并根据以下规则判定用户是否赢得奖金。

1）如果用户输入的数字和随机产生的数字完全相同（包括顺序），则奖金为 10 000 美元。

2）如果用户输入的数字和随机产生的数字相同（不包括顺序），则奖金为 3000 美元。

3）如果用户输入的数字和随机产生的数字有一位数相同，则奖金为 1000 美元。

完整的程序如程序清单 4-10 所示。

程序清单 4-10 Lottery.py

```
1  import random
2
3  # Generate a lottery number
4  lottery = random.randint(0, 99)
5
6  # Prompt the user to enter a guess
7  guess = eval(input("Enter your lottery pick (two digits): "))
8
9  # Get digits from lottery
10 lotteryDigit1 = lottery // 10
```

```
11    lotteryDigit2 = lottery % 10
12
13    # Get digits from guess
14    guessDigit1 = guess // 10
15    guessDigit2 = guess % 10
16
17    print("The lottery number is", lottery)
18
19    # Check the guess
20    if guess == lottery:
21        print("Exact match: you win $10,000")
22    elif (guessDigit2 == lotteryDigit1 and \
23          guessDigit1 == lotteryDigit2):
24        print("Match all digits: you win $3,000")
25    elif (guessDigit1 == lotteryDigit1
26          or guessDigit1 == lotteryDigit2
27          or guessDigit2 == lotteryDigit1
28          or guessDigit2 == lotteryDigit2):
29        print("Match one digit: you win $1,000")
30    else:
31        print("Sorry, no match")
```

```
Enter your lottery pick (two digits): 45 ↵ Enter
The lottery number is 12
Sorry, no match
```

```
Enter your lottery pick (two digits): 23 ↵ Enter
The lottery number is 34
Match one digit: you win $1,000
```

line# variable	4	7	10	11	14	15	29
lottery	34						
guess		23					
lotteryDigit1			3				
lotteryDigit2				4			
guessDigit1					2		
guessDigit2						3	
output							Match one digit: you win $1,000

程序使用函数 random.randint（0,99）（第 4 行）产生一个彩票数字，然后提示用户输入一个猜测的数字（第 7 行）。注意：因为数字 guess 是一个两位数，所以使用 guess%10 获得 guess 个位数，使用 guess//10 获得 guess 十位数（第 14 ~ 15 行）。

程序对照彩票数字来检测 guess 数字，顺序如下。

1）首先检测 guess 数字是否和彩票数字完全匹配（第 20 行）。

2）如果不是，检测 guess 数字的逆序是否和彩票数字完全匹配（第 22 ~ 23 行）。

3）如果不是，检测 guess 数字中的一个数是否和 guess 中的一个数字相同（第 25 ~ 28 行）。

4）如果不是，不匹配任何内容，然后显示"Sorry,no match"（第 30 ~ 31 行）。

4.14 条件表达式

✎ 关键点：条件表达式是根据某个条件计算一个表达式。

你可能想给一个变量赋值，但又受一些条件的限制。例如：下面的语句在 x 大于 0 时将 1 赋值给 y，在 x 小于等于 0 时将 −1 赋予 y。

```
if x > 0:
    y = 1
else:
    y = -1
```

你还可以像下面的例子一样，使用一个条件表达式来获取同样的结果。

```
y = 1 if x > 0 else -1
```

条件表达式完全是另一种不同风格。句法结构如下所示：

```
expression1 if boolean-expression else expression2
```

如果布尔逻辑表达式（boolean-expression）为真，那么这个条件表达式的结果就是 expression1；否则，这个结果就是 expression2。

假设你想将变量 number1 和 number2 中较大的赋值给 max。你可以使用下面的条件表达式简单地编写一条语句。

```
max = number1 if number1 > number2 else number2
```

对于另一个例子，如果 number 是偶数，下面的语句显示消息 "number is even"，否则，显示 "number is odd"。

```
print("number is even" if number % 2 == 0 else "number is odd")
```

检查点

4.31 假设你在运行下列程序时，从控制台输入 2、3、6。结果是什么？

```
x, y, z = eval(input("Enter three numbers: "))
print("sorted" if x < y and y < z else "not sorted")
```

4.32 使用一个条件表达式来改写下面的 if 语句：

```
if ages >= 16:
    ticketPrice = 20
else:
    ticketPrice = 10
```

```
if count % 10 == 0:
    print(count)
else:
    print(count, end = " ")
```

4.33 使用 if/else 语句改写下面的条件表达式。

```
(a) score = 3 * scale if x > 10 else 4 * scale
(b) tax = income * 0.2 if income > 10000 else income * 0.17 + 1000
(c) print(i if number % 3 == 0 else j)
```

4.15 运算符的优先级和结合方向

关键点：运算符的优先级和结合方向决定了运算符的计算顺序。

运算符的优先级和结合方向决定 Python 运算符的计算顺序。假设你有如下的表达式：

```
3 + 4 * 4 > 5 * (4 + 3) - 1
```

它的值是多少？这些运算符的执行顺序又是什么？

算术上，最先计算括号内的表达式。（括号也可以嵌套，最先执行的是最里面括号中的表达式。）当计算没有括号的表达式时，可以根据优先规则和组合规则使用运算符。

优先规则定义了运算符的优先性。表 4-7 包含了你至今已经学习过的所有运算符，以从上到下的顺序罗列出来，其优先级越来越弱。逻辑运算符的优先级低于关系运算符，而关系运算符的优先级小于算术运算符。具有相同的优先级的运算符出现在同一行。

如果相同优先级的运算符紧连在一起，那它们的结合方向决定了计算顺序。所有的二元运算符（除赋值运算符外）都是从左到右的结合顺序。例如：因为 + 和 − 都有相同的优先级，所以表达式：

$$a - b + c - d \quad \underset{相等于}{=\!=\!=\!=\!=} \quad ((a - b) + c) - d$$

📌 **注意**：Python 有自己内部计算表达式的方法。Python 计算的结果和它对应的算术计算是一样的。

📌 **检查点**

4.34 列出布尔运算符的优先级。计算下面的表达式：

```
True or True and False
True and True or False
```

4.35 除了 = 之外的其他所有二元运算符都是从左到右的结合顺序，这种说法是对还是错？

4.36 计算下面的表达式：

```
2 * 2 - 3 > 2 and 4 - 2 > 5
2 * 2 - 3 > 2 or 4 - 2 > 5
```

4.37 (x > 0 and x < 10) 和 ((x > 0) and (x < 10)) 是否一样？(x > 0 or x < 10) 和 ((x > 0) or (x < 10)) 是否一样？(x > 0 or x < 10 and y < 0) 和 (x > 0 or (x < 10 and y < 0)) 是否一样？

表 4-7 运算符优先级图

优先级	运算符
↓	+, − （一元加 / 减运算符）
	＊＊（指数运算符）
	not
	*, /, //, % （乘、除、整除和余数）
	+, − （二元加 / 减运算符）
	<, <=, >, >= （比较运算符）
	==, != （相等运算符）
	and
	or
	=, +=, −=, *=, /=, //=, %= （赋值运算符）

4.16   检测一个对象的位置

🔑 **关键点**：在一个游戏编程中，检测一个对象是否在另一个对象中是一个常见任务。

在游戏编程中，你经常需要决定一个对象是否在另一个对象中。这一节给出测试某个点是否在一个圆中的程序。这个程序提示用户输入一个圆心、半径和一个点。然后程序显示这个圆和点以及一条表明这个点是在圆内还是圆外的消息，如图 4-7a、图 4-7b 所示。

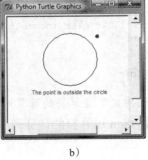
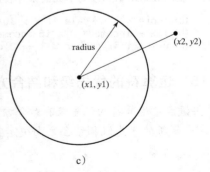

a)   b)   c)

图 4-7   程序显示一个圆、一个点以及一条表明这个点实在圆内还是圆外的消息

如果圆内的点到圆心的距离小于或等于圆的半径，如图 4-7c 所示。计算距离的公式为 $\sqrt{(x_2 - x_1)^2 + (y_2 - y_1)^2}$。程序清单 4-11 给出这个程序。

程序清单 4-11 PointInCircle.py

```
 1  import turtle
 2
 3  x1, y1 = eval(input("Enter the center of a circle x, y: "))
 4  radius = eval(input("Enter the radius of the circle: "))
 5  x2, y2 = eval(input("Enter a point x, y: "))
 6
 7  # Draw the circle
 8  turtle.penup()          # Pull the pen up
 9  turtle.goto(x1, y1 - radius)
10  turtle.pendown()        # Pull the pen down
11  turtle.circle(radius)
12  # Draw the point
13  turtle.penup()          # Pull the pen up
14  turtle.goto(x2, y2)
15  turtle.pendown()        # Pull the pen down
16  turtle.begin_fill()     # Begin to fill color in a shape
17  turtle.color("red")
18  turtle.circle(3)
19  turtle.end_fill()       # Fill the shape
20
21  # Display the status
22  turtle.penup()          # Pull the pen up
23  turtle.goto(x1 - 70, y1 - radius - 20)
24  turtle.pendown()
25
26  d = ((x2 - x1) * (x2 - x1) + (y2 - y1) * (y2 - y1)) ** 0.5
27  if d <= radius:
28      turtle.write("The point is inside the circle")
29  else:
30      turtle.write("The point is outside the circle")
31
32  turtle.hideturtle()
33
34  turtle.done()
```

程序获取圆心的位置和半径（第 3 ～ 4 行）以及某个点的位置。程序显示这个圆（第 8 ～ 11 行）和这个点（第 13 ～ 19 行）。程序计算该点到圆心的距离（第 26 行），然后判断该点是在圆内还是在圆外。

第 16 ～ 19 行的代码绘制一个点，这可以使用 dot 方法简化（如表 3-6 所示）：

```
turtle.dot(6, "red")
```

这个方法画了一个直径为 6 的红点。

关键术语

Boolean expressions（布尔表达式）

Boolean value（布尔值）

operator associativity（运算符结合方向）

operator precedence（运算符优先级）

random module（random 模块）

selection statements（选择语句）

short-circuit evaluation（短路计算）

本章总结

1. 一个布尔类型变量可以储存值 True 或 False。

2. 关系运算符（<、<=、==、! =、>、>=）是数字和字母一起工作的，产生的结果是一个布尔值。

3. 布尔运算符 and、or 和 not 是在布尔值和变量上的操作。

4. 当计算 p1 and p2 时，Python 首先计算 p1，如果 p1 为 True 才计算 p2；如果 p1 为 False，那它就不

再计算 p2。当计算 p1 or p2 时，Python 首先计算 p1，如果 p1 为 False 才计算 p2；如果 p1 为 True，那它就不再计算 p2。因此，and 称为条件或短路 AND 运算符，而 or 称为条件或短路 OR 运算符。

5. 选择语句是用来解决二选一的程序设计问题。Python 有多种类型的选择语句：单向 if 语句、双向 if-else 语句、嵌套 if-elif-else 语句以及条件表达式。

6. 各种 if 选择语句都是根据布尔表达式作出控制决定的。根据表达式计算的结果为 True 还是 False，这些语句会采用两个可能选项中的一种。

7. 算术表达式中的运算符根据括号、运算符优先性以及运算符结合方向等规则决定运算顺序。

8. 括号可以用来强制改变运算顺序。

9. 首先计算优先级高的运算符。对于优先级一样的运算符，它们的结合方向决定了计算顺序。

测试题

本章的在线测试题位于 www.cs.armstrong.edu/liang/py/test.html。

编程题

☞ **教学建议**：对于每道编程题，你应该在编码前仔细分析要解决问题的需求和设计策略。

☞ **调试提示**：在你请求帮助之前，将程序读给自己并向自己解释，然后通过手动输入多个有代表性的输入或者通过使用一个 IDE 调试器来跟踪程序。你可以通过调试你自己的错误来学习如何编程。

第 4.2 节

*4.1 （代数方面：解一元二次方程）例如：$ax^2 + bx + c = 0$ 的平方根可以使用下面的公式获取。

$$r_1 = \frac{-b + \sqrt{b^2 - 4ac}}{2a}, r_2 = \frac{-b - \sqrt{b^2 - 4ac}}{2a}$$

$b^2 - 4ac$ 被称为二次方程的判别式。如果它为正，那么方程有两个实根。如果它为零，那么方程有一个根。如果它为负，那么方程没有实根。

编写程序，提示用户输入 a、b 和 c 的值，然后显示判别式的结果。如果判别式为正，则显示两个根。如果判别式为零，则显示一个根。否则，显示"The equation has no real roots"。下面是一个示例运行。

```
Enter a, b, c: 1.0, 3, 1  ↵Enter
The roots are -0.381966 and -2.61803
```

```
Enter a, b, c: 1, 2.0, 1  ↵Enter
The root is -1
```

```
Enter a, b, c: 1, 2, 3  ↵Enter
The equation has no real roots
```

4.2 （游戏：三个数相加）程序清单 4-1 中的程序产生两个整数，然后提示用户输入这两个整数的和。修改这个程序产生三个一位整数，提示用户输入这三个整数的和。

第 4.3 ～ 4.8 节

*4.3 （代数：解 2×2 线性方程）你可以使用克莱姆法则解下面的线性方程 2×2 系统：

$$ax + by = e \qquad x = \frac{ed - bf}{ad - bc} \qquad y = \frac{af - ec}{ad - bc}$$
$$cx + dy = f$$

编写程序，提示用户输入 a、b、c、d、e 和 f，然后显示结果。如果 $ad-bc$ 为零，呈现"The equation has no solution"。

```
Enter a, b, c, d, e, f: 9.0, 4.0, 3.0, -5.0, -6.0, -21.0 ↵Enter
x is -2.0 and y is 3.0
```

```
Enter a, b, c, d, e, f: 1.0, 2.0, 2.0, 4.0, 4.0, 5.0 ↵Enter
The equation has no solution
```

**4.4 （游戏：学习加法）编写一个程序产生两个 100 以下的整数，然后提示用户输入这两个整数的和。如果答案是正确的，程序报告结果为真，否则为假。这个程序类似于程序清单 4-1。

*4.5 （找未来数据）编写程序提示用户输入表示今天是一周内哪一天的数字（星期天是 0，星期一是 1，…，星期六是 6）。还要提示用户输入今天之后到未来某天的天数，然后显示未来这天是星期几。下面是一个示例运行。

```
Enter today's day: 1 ↵Enter
Enter the number of days elapsed since today: 3 ↵Enter
Today is Monday and the future day is Thursday
```

```
Enter today's day: 0 ↵Enter
Enter the number of days elapsed since today: 31 ↵Enter
Today is Sunday and the future day is Wednesday
```

*4.6 （健康应用程序：BMI）修改程序清单 4-6 让用户输入磅表示的用户体重以及英尺英寸表示的用户身高。例如：如果一个人有 5 英尺 10 英寸，你就可以输入英尺 5 和英寸 10。下面是一个示例运行。

```
Enter weight in pounds: 140 ↵Enter
Enter feet: 5 ↵Enter
Enter inches: 10 ↵Enter
BMI is 20.087702275404553
You are Normal
```

4.7 （财务应用程序：货币单位）修改程序清单 3-4 为只显示非零面值的程序，单一的值用单数表示，例如：1dollar（美元）和 1penny（美分），而大于 1 的值用双数表示，例如：2dollars（美元）和 3pennies（美分）。

*4.8 （对三个整数排序）编写一个程序提示用户输入三个整数，然后以升序显示它们。

*4.9 （金融方面：比较价钱）假设你购买大米时发现它有两种包装。你会想编写一个程序比较这两种包装的价钱。程序提示用户输入每种包装的重量和价钱，然后显示价钱更好的那种包装。下面是一个示例运行。

```
Enter weight and price for package 1: 50, 24.59 ↵Enter
Enter weight and price for package 2: 25, 11.99 ↵Enter
Package 2 has the better price.
```

4.10 （游戏：乘法测验）程序清单 4-4 随机产生一个减法问题。修改程序随机产生两个小于 100 的整数的乘法。

第 4.9 ～ 4.16 节

*4.11 （找出一个月中的天数）编写程序提示用户输入月和年，然后显示这个月的天数。例如：如果用户输入月份 2 而年份为 2000，这个程序应该显示 2000 年二月份有 29 天。如果用户输入月份 3 而年份为 2005，这个程序应该显示 2005 年三月份有 31 天。

4.12 （检测一个数字）编写一个程序提示用户输入一个整数，然后检测该数字是否能被 5 和 6 都整除、能被 5 或 6 整除还是只被它们中的一个整除（但又不能被它们同时整除）。下面是一个示例运行。

```
Enter an integer: 10  ⏎Enter
Is 10 divisible by 5 and 6? False
Is 10 divisible by 5 or 6? True
Is 10 divisible by 5 or 6, but not both? True
```

*4.13 （财务应用程序：计算税款）程序清单 4-7 给出源代码计算单身报税人的税款。完善程序清单 4-7
给出其他纳税状态的源代码。

4.14 （游戏：头或尾）编写程序让用户猜测一个弹起的硬币显示的是正面还是反面。程序提示用户输
入一个猜测值，然后显示这个猜测值是正确的还是错误的。

**4.15 （游戏：彩票）改写程序清单 4-10 产生一个三位彩票数。程序提示用户输入一个三位整数，然后
根据下面的规则判断用户是否赢得奖金。

1）如果用户输入的数和彩票数字完全匹配，包括数字的顺序，那么奖金是 10 000 美元。

2）如果用户输入的数匹配彩票数字中的所有数字，那么奖金是 3000 美元。

3）如果用户输入的数中的一个数匹配彩票数字中的一个数，那么奖金是 1000 美元。

4.16 （随机字符）编写程序显示一个随机大写字母。

*4.17 （游戏：剪刀、石头、布）编写程序来玩流行的剪刀 – 石头 – 布的游戏。（剪刀可以剪纸，石头可
以磕碰剪刀，而布可以包裹石头。）程序随机产生一个数字 0、1 或 2 来表示剪刀、石头和布。程
序提示用户输入数字 0、1 或 2 然后显示一条消息表示用户或计算机是赢、输还是平局。下面是
一个示例运行。

```
scissor (0), rock (1), paper (2): 1  ⏎Enter
The computer is scissor. You are rock. You won.
```

```
scissor (0), rock (1), paper (2): 2  ⏎Enter
The computer is paper. You are paper too. It is a draw.
```

*4.18 （金融问题：货币对换）编写一个程序提示用户输入美元和人民币之间的货币汇率。提示用户输
入 0 表示将美元转换为人民币而 1 表示将人民币转换为美元。提示用户输入美元数或人民币数
将它分别转换为人民币或美元。下面是一些示例运行。

```
Enter the exchange rate from dollars to RMB: 6.81  ⏎Enter
Enter 0 to convert dollars to RMB and 1 vice versa: 0  ⏎Enter
Enter the dollar amount: 100  ⏎Enter
$100.0 is 681.0 yuan
```

```
Enter the exchange rate from dollars to RMB: 6.81  ⏎Enter
Enter 0 to convert dollars to RMB and 1 vice versa: 1  ⏎Enter
Enter the RMB amount: 10000  ⏎Enter
10000.0 yuan is $1468.43
```

```
Enter the exchange rate from dollars to RMB: 6.81  ⏎Enter
Enter 0 to convert dollars to RMB and 1 vice versa: 5  ⏎Enter
Incorrect input
```

**4.19 （计算三角形的周长）编写程序读取三角形的三个边，如果输入都是合法的则计算它的周长。否
则，显示这个输入是非法的。如果两边之和大于第三边则输入都是合法的。下面是一个示例
运行。

```
Enter three edges: 1, 1, 1  ⏎Enter
The perimeter is 3
```

```
Enter three edges: 1, 3, 1  ↵Enter
The input is invalid
```

*4.20 （科学方面：风寒温度）编程题 2.9 给出计算风寒温度的公式。这个公式适用于温度在 −58℉ 和 41℉ 之间且风速大于或等于 2。编写程序提示用户输入一个温度值和风速。如果输入是合法的，程序就显示风寒温度；否则，它显示一条消息表明这个温度或风速是非法的。

综合题

**4.21 （科学问题：一周的星期几）泽勒的一致性是一个由泽勒开发的算法，用于计算一周的星期几。这个公式是

$$h = \left(q + \left\lfloor \frac{26(m+1)}{10} \right\rfloor + k + \left\lfloor \frac{k}{4} \right\rfloor + \left\lfloor \frac{j}{4} \right\rfloor + 5j \right) \% 7$$

- 这里的 h 是指一周的星期几（0：星期六；1：星期天；2：星期一；3：星期二；4：星期三；5：星期四；6：星期五）。
- q 是一个月的哪一天。
- m 是月份（3：三月；4：四月；…；12：十二月）。一月和二月都是按照前一年的 13 月和 14 月来计数的。
- j 是世纪数（即 $\left\lfloor \dfrac{year}{100} \right\rfloor$）。
- k 是一个世纪的某一年（即 $year \% 100$）。

编写程序提示用户输入一个年份、月份以及这个月的某天，然后它会显示它是一周的星期几。下面是一些示例运行。

```
Enter year: (e.g., 2008): 2013  ↵Enter
Enter month: 1-12: 1  ↵Enter
Enter the day of the month: 1-31: 25  ↵Enter
Day of the week is Friday
```

```
Enter year: (e.g., 2008): 2012  ↵Enter
Enter month: 1-12: 5  ↵Enter
Enter the day of the month: 1-31: 12  ↵Enter
Day of the week is Saturday
```

（提示：$\lfloor n \rfloor = n // 1$ 其中 n 是一个正数。一月和二月在公式中是以 13 和 14 来计算的，所以你需要将用户输入的月份 1 转换为 13 和将用户输入的 2 转换为 14，将它们的年份改变为前一年。）

**4.22 （几何问题：点在圆内吗？）编写一个程序提示用户输入一个点 (x,y)，然后检测这个点是否在圆心为 (0,0) 半径为 10 的圆内。例如：点 (4,5) 在圆内而 (9,9) 在圆外，如图 4-8a 所示。

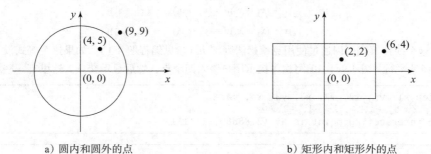

a）圆内和圆外的点   b）矩形内和矩形外的点

图 4-8

（提示：如果一个点到 (0,0) 之间的距离小于或等于 10，那它就在圆内。计算距离的公式是 $\sqrt{(x_2 - x_1)^2 + (y_2 - y_1)^2}$ 。测试你的程序考虑所有的情况）。下面是两个示例运行。

```
Enter a point with two coordinates: 4, 5  ⏎Enter
Point (4.0, 5.0) is in the circle
```

```
Enter a point with two coordinates: 9, 9  ⏎Enter
Point (9.0, 9.0) is not in the circle
```

**4.23 （几何问题：点在矩形内吗？）编写程序提示用户输入点 (x,y)，然后检测这个点是否在以 (0,0) 为中心而宽为 10 高为 5 的矩形内。例如：(2,2) 在矩形内而 (6,4) 在矩形外，如图 4-8b 所示。（提示：如果一个点到 (0,0) 的水平距离小于或等于 10/2 到 (0,0) 的垂直距离小于或等于 5.0/2。测试你的程序覆盖所有的情况。）下面是两个示例运行。

```
Enter a point with two coordinates: 2, 2  ⏎Enter
Point (2.0, 2.0) is in the rectangle
```

```
Enter a point with two coordinates: 6, 4  ⏎Enter
Point (6.0, 4.0) is not in the rectangle
```

**4.24 （游戏：选出一张牌）编写程序模拟从 52 张牌中选出一张。你的程序应该显示这张牌的大小（Ace、2、3、4、5、6、7、8、9、10、Jack、Queen、King）和花色（梅花、红桃、方块、黑桃）。下面是这个程序的示例运行。

```
The card you picked is the Jack of Hearts
```

*4.25 （几何问题：交点）行 1 上的两个点是 $(x1, y1)$ 和 $(x2, y2)$，而行 2 上的点是 $(x3, y3)$ 和 $(x4, y4)$，如图 4-9a、4-9b 所示。

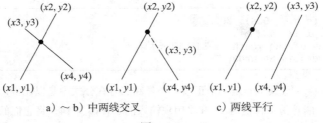

a）～b）中两线交叉   c）两线平行

图   4-9

这两条线的交点可以通过解下面的线性等式找出：

$$(y_1 - y_2)x - (x_1 - x_2)y = (y_1 - y_2)x_1 - (x_1 - x_2)y_1$$
$$(y_3 - y_4)x - (x_3 - x_4)y = (y_3 - y_4)x_3 - (x_3 - x_4)y_3$$

这个线性等式可以通过使用克莱姆法则解决（参见编程题 4.3）。如果这个等式没有解，那么这两条线平行（图 4-9c）。编写程序提示用户输入四个点，然后显示交点。这里有一些示例运行。

```
Enter x1, y1, x2, y2, x3, y3, x4, y4:
  2, 2, 5, -1, 4, 2, -1, -2  ⏎Enter
The intersecting point is at (2.88889, 1.1111)
```

```
Enter x1, y1, x2, y2, x3, y3, x4, y4:
  2, 2, 7, 6, 4, 2, -1, -2  ⏎Enter
The two lines are parallel
```

4.26 （回文数）编写程序提示用户输入一个三位整数，然后决定它是否是一个回文数。如果一个数从
左向右和从右向左读取时是一样的，那么这个数就是回文数。下面是这个程序的示例运行。

```
Enter a three-digit integer: 121 ↵Enter
121 is a palindrome
```

```
Enter a three-digit integer: 123 ↵Enter
123 is not a palindrome
```

**4.27 （几何问题：点在三角形内吗？）假设一个直角三角形被放在一
个水平面上，如下图所示。直角点是在 (0,0) 而另外两个点在
(200,0) 和 (0,100) 处。编写程序提示用户输入一个带 x 坐标和 y
坐标的点，然后决定这个点是否在三角形内。下面是一些示例
运行。

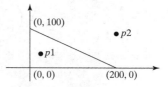

```
Enter a point's x- and y-coordinates: 100.5, 25.5 ↵Enter
The point is in the triangle
```

```
Enter a point's x- and y-coordinates: 100.5, 50.5 ↵Enter
The point is not in the triangle
```

**4.28 （几何问题：两个矩形）编写程序提示用户输入两个矩形中心的 x 坐标和 y 坐标以及它们的宽和
高，然后决定第二个矩形是否在第一个矩形里还是和第一个矩形有重叠部分，如图 4-10 所示。
测试你的程序覆盖所有的情况。

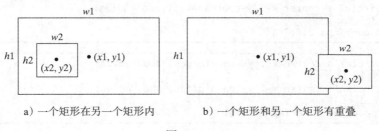

a) 一个矩形在另一个矩形内　　　　b) 一个矩形和另一个矩形有重叠

图 4-10

这里是一些示例运行。

```
Enter r1's center x-, y-coordinates, width, and height:
  2.5, 4, 2.5, 43 ↵Enter
Enter r2's center x-, y-coordinates, width, and height:
  1.5, 5, 0.5, 3 ↵Enter
r2 is inside r1
```

```
Enter r1's center x-, y-coordinates, width, and height:
  1, 2, 3, 5.5 ↵Enter
Enter r2's center x-, y-coordinates, width, and height:
  3, 4, 4.5, 5 ↵Enter
r2 overlaps r1
```

```
Enter r1's center x-, y-coordinates, width, and height:
  1, 2, 3, 3 ↵Enter
Enter r2's center x-, y-coordinates, width, and height:
  40, 45, 3, 2 ↵Enter
r2 does not overlap r1
```

**4.29 （几何问题：两个圆）编写程序提示用户输入两个圆的中心的坐标以及它们的半径，然后判断第二个圆是在第一个圆内还是和第一个圆有重叠部分，如图 4-11 所示。（提示：如果两个中心的距离≤ | r1 − r2| 那么 circle2 在 circle1 内，如果两个中心的距离≤ r1 + r2 那么 circle2 是和 circle1 有重叠的。测试你的程序覆盖所有的情况。）

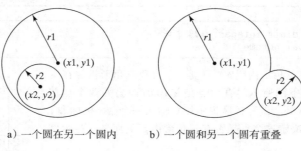

a）一个圆在另一个圆内   b）一个圆和另一个圆有重叠

图   4-11

下面是一些示例运行。

```
Enter circle1's center x-, y-coordinates, and radius:
  0.5, 5.1, 13  ↵Enter
Enter circle2's center x-, y-coordinates, and radius:
  1, 1.7, 4.5  ↵Enter
circle2 is inside circle1
```

```
Enter circle1's center x-, y-coordinates, and radius:
  4.4, 5.7, 5.5  ↵Enter
Enter circle2's center x-, y-coordinates, and radius:
  6.7, 3.5, 3  ↵Enter
circle2 overlaps circle1
```

```
Enter circle1's center x-, y-coordinates, and radius:
  4.4, 5.5, 1  ↵Enter
Enter circle2's center x-, y-coordinates, and radius:
  5.5, 7.2, 1  ↵Enter
circle2 does not overlap circle1
```

*4.30 （当前时间）使用 12 小时的时钟修改编程题 2.18 来显示小时数。下面是一个示例运行。

```
Enter the time zone offset to GMT: -5  ↵Enter
The current time is 4:50:34 AM
```

*4.31 （几何问题：点的位置）假设有一个从点 p0(x0, y0) 到 p1(x1, y1) 的有向直线，你可以使用下面的条件决定点 p2(x2, y2) 是在这条线的右边，还是在这条线的左边，或者是在同一条线上（参见图 4-12）：

$$(x1-x0)*(y2-y0)-(x2-x0)*(y1-y0) \begin{cases} >0 & p2\text{ 在线的左边} \\ =0 & p2\text{ 在线的右边} \\ <0 & p2\text{ 在同一条线上} \end{cases}$$

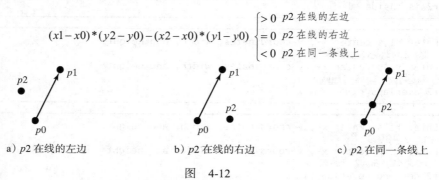

a）p2 在线的左边   b）p2 在线的右边   c）p2 在同一条线上

图   4-12

编写程序提示用户输入这三个点 $p0$、$p1$ 和 $p2$ 的 x 坐标和 y 坐标，然后显示 $p2$ 是在从 $p0$ 到 $p1$ 的线的左边、右边还是在同一线上。下面是一些示例运行。

```
Enter coordinates for the three points p0, p1, and p2:
  3.4, 2, 6.5, 9.5, -5, 4  ↵Enter
p2 is on the left side of the line from p0 to p1
```

```
Enter coordinates for the three points p0, p1, and p2:
  1, 1, 5, 5, 2, 2  ↵Enter
p2 is on the same line from p0 to p1
```

```
Enter coordinates for the three points p0, p1, and p2:
  3.4, 2, 6.5, 9.5, 5, 2.5  ↵Enter
p2 is on the right side of the line from p0 to p1
```

*4.32 （几何问题：线段上的点）编程题 4.31 显示如何测试一个点是否在一个无界的行上。修改编程题 4.31 来测试一个点是否在一个线段上。编写程序提示用户输入这三个点 $p0$、$p1$ 和 $p2$ 的 x 坐标和 y 坐标，然后显示 $p2$ 是否在从 $p0$ 到 $p1$ 的线段。下面是一些示例运行。

```
Enter coordinates for the three points p0, p1, and p2:
  1, 1, 2.5, 2.5, 1.5, 1.5  ↵Enter
(1.5, 1.5) is on the line segment from (1.0, 1.0) to (2.5, 2.5)
```

```
Enter coordinates for the three points p0, p1, and p2:
  1, 1, 2, 2, 3.5, 3.5  ↵Enter
(3.5, 3.5) is not on the line segment from (1.0, 1.0) to
  (2.0, 2.0)
```

*4.33 （十进制转十六进制）编写一个程序提示用户输入一个 0 到 15 之间的整数，然后显示它对应的十六进制数。下面是一些示例运行。

```
Enter a decimal value (0 to 15): 11  ↵Enter
The hex value is B
```

```
Enter a decimal value (0 to 15): 5  ↵Enter
The hex value is 5
```

```
Enter a decimal value (0 to 15): 31  ↵Enter
Invalid input
```

*4.34 （十六进制转十进制）编写一个程序提示用户输入一个十六进制的字符，然后显示它对应的十进制整数。下面是一些示例运行。

```
Enter a hex character: A  ↵Enter
The decimal value is 10
```

```
Enter a hex character: a  ↵Enter
The decimal value is 10
```

```
Enter a hex character: 5  ↵Enter
The decimal value is 5
```

```
Enter a hex character: G ⏎Enter
Invalid input
```

*4.35（Turtle：点的位置）编写一个程序提示用户输入三个点 $p0$、$p1$ 和 $p2$ 的 x 坐标和 y 坐标，然后显示一条消息表明 $p2$ 是在从 $p0$ 到 $p1$ 的线的右边、左边还是线上，如图 4-13 所示。参见编程题 4.31 确定点的位置。

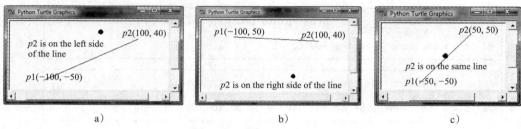

图 4-13　程序显示点的位置

**4.36（Turtle：点在矩形内吗？）编写一个程序提示用户输入点 (x, y)，然后检测该点是否在以 $(0,0)$ 为中心、宽为 100、高为 50 的矩形内。在屏幕上显示这个点、矩形以及表明这个点是否在矩形内的消息，如图 4-14 所示。

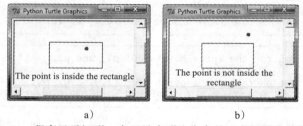

图 4-14　程序显示矩形、点以及表明这个点是否在矩形内的消息

*4.38（几何问题：两个矩形）编写程序提示用户输入两个矩形的中心的 x 坐标、y 坐标、宽度和高度，然后决定第二个矩形是在第一个矩形内还是和第一个矩形有重叠，如图 4-15 所示。

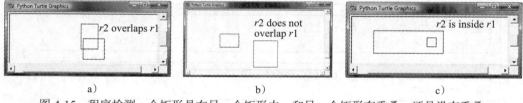

图 4-15　程序检测一个矩形是在另一个矩形内，和另一个矩形有重叠，还是没有重叠

*4.39（Turtle：两个圆）编写程序提示用户输入两个圆的圆心的坐标以及两个半径，然后确定第二个圆是在第一个圆内还是和第一个圆有重叠部分，如图 4-16 所示。

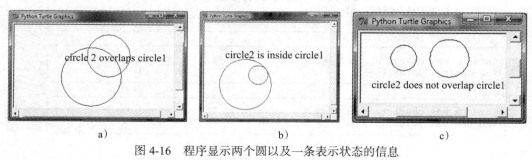

图 4-16　程序显示两个圆以及一条表示状态的信息

循　环

学习目标

- 通过使用 while 循环编写重复执行的语句（第 5.2 节）。
- 遵从循环的设计策略开发循环（第 5.2.1 ～ 5.2.3 节）。
- 利用用户的确认控制循环（第 5.2.4 节）。
- 用哨兵值控制循环（第 5.2.5 节）。
- 通过使用输入重定向从文件获取大量数据而不是从键盘输入来来获取大量数据，并且使用输出重定向将输出存入文件（第 5.2.6 节）。
- 使用 for 循环来实现计数器控制的循环（第 5.3 节）。
- 编写嵌套循环（第 5.4 节）。
- 学习减少数值错误的技术（第 5.5 节）。
- 从大量的例子里学习循环（GCD、FutureTuition、MonteCarloSimulation、PrimeNumber）（第 5.6、5.8 节）。
- 使用 break 和 continue 控制程序（第 5.7 节）。
- 使用一个循环来模拟随机漫步（第 5.9 节）。

5.1　引言

🖋 **关键点**：可以使用循环来告诉程序重复执行某些语句。

假设你需要显示一个字符串 100 次（例如：Programming is fun!）。直接输入这个语句 100 次将是一个非常乏味的过程：

$$100 \text{ times} \begin{cases} \texttt{print("Programming is fun!")} \\ \texttt{print("Programming is fun!")} \\ \texttt{...} \\ \texttt{print("Programming is fun!")} \end{cases}$$

那么，你要如何解决这个问题呢？

脚本语言提供了一个非常强大的被称作循环的概念，它能控制系统连续完成一个操作（或一系列操作）的次数。通过使用循环语句，你就不需要编写这条打印语句 100 次；你只要告诉计算机显示这个字符串 100 次。循环语句可以如下编写：

```
count = 0
while count < 100:
    print("Programming is fun!")
    count = count + 1
```

变量 count 初始值是 0。循环检测 count<100 的条件是否为真。如果是真的，它就执行这个循环体，即循环里包含那些被重复的语句部分，显示一条消息 "Programming is fun!" 同时将 count 增加 1。它将重复执行循环体直到 count<100 变成假（即变量 count 达到 100）。这时，循环将终止然后执行循环体后的下一条语句。

循环是一种控制一个语句块重复执行的结构。循环的概念是程序设计的基础。Python 提供了两种类型的循环语句：while 循环和 for 循环。while 循环是一种条件控制循环，它是根据一个条件的真假来控制的；而 for 循环是一种计数器控制循环，它会重复特定的次数。

5.2　while 循环

✎ **关键点**：当一个条件保持为真时 while 循环重复执行语句。

while 循环的语法是：

```
while loop-continuation-condition:
    # Loop body
    Statement(s)
```

图 5-1a 显示的是 while 循环流程图。一个循环体单次执行被称作循环的一次迭代（或操作）。每个循环都包含一个 loop-continuation-condition（循环继续条件），这是控制循环体执行的布尔表达式。每次都计算它来检测是否应该执行循环体。如果它的计算结果为真，则执行循环体；否则，终止整个循环并且程序控制权转到 while 循环后的语句。

这个显示"programming is fun！"一百次的循环是一个 while 循环的例子。它的流程图如图 5-1b。循环继续条件是 count<100 并且这个循环体包含两条语句：

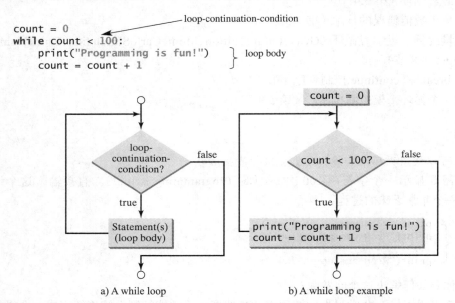

图 5-1　如果 loop-continuation-condition 计算结果为 true，那么 while 循环重复执行循环体里的语句

下面是另一个图解循环是如何执行的例子：

```
sum = 0
i = 1
while i < 10:
    sum = sum + i
    i = i + 1
print("sum is", sum) # sum is 45
```

如果 i<10 为真，程序把 i 加到 sum 上。变量 i 最初被设置为 1，然后被增加到 2、3 等等直到为 10。当 i 是 10 时，i<10 就为假，然后退出这个循环。所以 sum 就是 1 + 2 + 3 + 4 +

$5 + 6 + 7 + 8 + 9 = 45$。

假设循环被错误地写成如下所示：

```
sum = 0
i = 1
while i < 10:
    sum = sum + i
i = i + 1
```

注意整个循环体必须被内缩进到循环内部。这里的语句 i=i+1 不在循环体里。这是一个无限循环，因为 i 一直是 1 而 i<10 总是为真。

☞ **注意**：确保 loop-continuation-condition 最终变成 false 以便结束循环。一个常见的程序设计错误是涉及无限循环（即循环被永远执行）。如果你的程序占用了相当长的一段时间也没有结束，那它可能就是一个无限循环。如果你通过命令行运行这个程序，那么按 Ctrl+c 来停止它。

☞ **警告**：程序员经常会错误地让循环执行比预期多执行一次或少执行一次。这种错误通常被称作偏离 1 的误差。例如：下面的循环显示 Programming is fun101 次而不是 100 次。错误的原因在于条件，它应该是 count<100 而不是 count<=100.

```
count = 0
while count <= 100:
    print("Programming is fun!")
    count = count + 1
```

回顾程序清单 4-4，它给出一个提示用户输入一个数学题答案的程序。现在通过循环，你可以重写这个程序，让用户一直输入答案直到输入正确答案为止，如程序清单 5-1 所示。

程序清单 5-1 RepeatSubtractionQuiz.py

```
1  import random
2
3  # 1. Generate two random single-digit integers
4  number1 = random.randint(0, 9)
5  number2 = random.randint(0, 9)
6
7  # 2. If number1 < number2, swap number1 with number2
8  if number1 < number2:
9      number1, number2 = number2, number1
10
11 # 3. Prompt the student to answer "What is number1 - number2?"
12 answer = eval(input("What is " + str(number1) + " - "
13     + str(number2) + "? "))
14
15 # 4. Repeatedly ask the question until the answer is correct
16 while number1 - number2 != answer:
17     answer = eval(input("Wrong answer. Try again. What is "
18         + str(number1) + " - " + str(number2) + "? "))
19
20 print("You got it!")
```

```
What is 4 - 3? 4  ⏎Enter
Wrong answer. Try again. What is 4 - 3? 5  ⏎Enter
Wrong answer. Try again. What is 4 - 3? 1  ⏎Enter
You got it!
```

第 16 ～ 18 行的循环会在 number1-number2!=answer 为真时，重复提示用户输入一个答案。一旦语句 number1-number2!=answer 为假时，退出循环。

5.2.1 实例研究：猜数字

这里的问题是猜出电脑里存储的数字是什么。你将要编写一个能够随机生成一个 0 到 100 之间且包括 0 和 100 的数字的程序。这个程序提示用户连续地输入数字直到它与那个随机生成的数字相同。对于每个用户输入的数字，程序会提示它是否过高还是过低，所以，用户可以更明智地选择下一个输入的数字。下面是一个简单的运行：

```
Guess a magic number between 0 and 100
Enter your guess: 50  ↵Enter
Your guess is too high
Enter your guess: 25  ↵Enter
Your guess is too low
Enter your guess: 42  ↵Enter
Your guess is too high
Enter your guess: 39  ↵Enter
Yes, the number is 39
```

这个随机生成的数字在 0 到 100 之间。为了缩小猜测数字的范围，首先输入 50。如果你猜得太高，那么随机生成的数字就在 0 到 49 之间。如果你猜得太低，那么随机生成的数字就在 51 到 100 之间。因此，在猜一次之后，你就可以为接下来的猜测缩小一半的范围。

你怎么编写这个程序呢？你要立刻就开始编写代码吗？不。在编写代码之前先思考是非常重要的。想一想在不编写程序的情况下怎样解决这个问题。首先，你需要随机生成一个 0 到 100 之间且包括 0 和 100 的数字，提示用户输入一个数字，然后将这个数字与随机生成的数字进行比较。

递增地编码是非常好的一种方式，即每次完成一步。对于涉及循环的程序，如果你不知道如何一下子编写完这个循环，你可以先编写一个执行一次代码的程序，接下来要搞清楚如何在一个循环里重复执行。对于这个程序，你可以创建一个初稿，如程序清单 5-2 所示。

程序清单 5-2 GuessNumberOneTime.py

```
1  import random
2
3  # Generate a random number to be guessed
4  number = random.randint(0, 100)
5
6  print("Guess a magic number between 0 and 100")
7
8  # Prompt the user to guess the number
9  guess = eval(input("Enter your guess: "))
10
11 if guess == number:
12     print("Yes, the number is", number)
13 elif guess > number:
14     print("Your guess is too high")
15 else:
16     print("Your guess is too low")
```

当这个程序运行时，它将提示用户一次输入一个猜测的数字。为了重复输入数字，你可以修改第 11 ~ 16 行的代码将它们改成一个循环，如下所示。

```
1  while True:
2      # Prompt the user to guess the number
3      guess = eval(input("Enter your guess: "))
4
5      if guess == number:
```

```
6          print("Yes, the number is", number)
7      elif guess > number:
8          print("Your guess is too high")
9      else:
10         print("Your guess is too low")
```

这个循环重复提示用户输入猜测的数字。然而，循环还是需要终止的；当输入的数字 guess 与电脑里的数字 number 相匹配时，循环就结束。所以，如下修改这个循环。

```
1  while guess != number:
2      # Prompt the user to guess the number
3      guess = eval(input("Enter your guess: "))
4
5      if guess == number:
6          print("Yes, the number is", number)
7      elif guess > number:
8          print("Your guess is too high")
9      else:
10         print("Your guess is too low")
```

完整的代码在程序清单 5-3 中。

程序清单 5-3 GuessNumber.py

```
1  import random
2
3  # Generate a random number to be guessed
4  number = random.randint(0, 100)
5
6  print("Guess a magic number between 0 and 100")
7
8  guess = -1
9  while guess != number:
10     # Prompt the user to guess the number
11     guess = eval(input("Enter your guess: "))
12
13     if guess == number:
14         print("Yes, the number is", number)
15     elif guess > number:
16         print("Your guess is too high")
17     else:
18         print("Your guess is too low")
```

	line#	number	guess	output
	4	39		
	8		−1	
iteration 1 {	11		50	
	16			Your guess is too high
iteration 2 {	11		25	
	18			Your guess is too low
iteration 3 {	11		42	
	16			Your guess is too high
iteration 4 {	11		39	
	14			Yes, the number is 39

程序在第 4 行随机生成一个数字，然后提示用户在循环里重复输入一个猜测的数（第 9 ～ 18 行）。针对每次猜测的数，程序判定用户输入的数字是否正确，是太高，还是太低（第 13 ～

18行)。当猜测的数字正确时,程序就会退出这个循环(第9行)。注意:guess被初始化为-1。这是为了避免将它初始化为一个0到100之间的数字,因为那可能就是要猜测的数字。

5.2.2 循环设计策略

对于一个初学编程的人来说,编写一个能够正确工作的循环不是一个容易的任务。编写一个循环时可以考虑以下三步。

第1步:确认需要循环的语句。

第2步:把这些语句包裹在一个循环,如下所示。

```
while True:
    Statements
```

第3步:编写循环继续条件并且添加合适的语句控制循环。

```
while loop-continuation-condition:
    Statements
    Additional statements for controlling the loop
```

5.2.3 实例研究:多道减法题测验

在程序清单4-4的减法测试程序中,它只会在每次运行时生成一个问题。你可以使用一个循环来连续生成问题。那么该怎样编写一个能生成五个问题的程序呢?按照循环设计策略。第一步,确定需要被循环的语句,这些语句包括获取两个随机数,提示用户做减法,然后给这个题打分。第二步,将这些语句放置在一个循环里。第三步,添加循环控制变量和循环继续条件来执行五次循环。

程序清单5-4是一个能生成五个问题的程序,在一个学生回答完所有的问题后,报告正确答案的个数。这个程序还能显示这个测验所用时间。

程序清单 5-4　SubtractionQuizLoop.py

```python
1  import random
2  import time
3
4  correctCount = 0   # Count the number of correct answers
5  count = 0    # Count the number of questions
6  NUMBER_OF_QUESTIONS = 5   # Constant
7
8  startTime = time.time() # Get start time
9
10 while count < NUMBER_OF_QUESTIONS:
11     # Generate two random single-digit integers
12     number1 = random.randint(0, 9)
13     number2 = random.randint(0, 9)
14
15     # If number1 < number2, swap number1 with number2
16     if number1 < number2:
17         number1, number2 = number2, number1
18
19     # Prompt the student to answer "What is number1 - number2?"
20     answer = eval(input("What is " + str(number1) + " - " +
21         str(number2) + "? "))
22
23     # Grade the answer and display the result
24     if number1 - number2 == answer:
25         print("You are correct!")
26         correctCount += 1
```

```
27          else:
28              print("Your answer is wrong.\n", number1, "-",
29                  number2, "is", number1 - number2)
30
31          # Increase the count
32          count += 1
33
34      endTime = time.time() # Get end time
35      testTime = int(endTime - startTime) # Get test time
36      print("Correct count is", correctCount, "out of",
37          NUMBER_OF_QUESTIONS, "\nTest time is", testTime, "seconds")
```

```
What is 1 - 1? 0  ↵Enter
You are correct!

What is 7 - 2? 5  ↵Enter
You are correct!

What is 9 - 3? 4  ↵Enter
Your answer is wrong.
9 - 3 is 6

What is 6 - 6? 0  ↵Enter
You are correct!

What is 9 - 6? 2  ↵Enter
Your answer is wrong.
9 - 6 is 3

Correct count is 3 out of 5
Test time is 10 seconds
```

这个程序使用控制变量 count 的数值来控制循环的执行。count 的初始值为 0（第 5 行）而且每次迭代递增 1（第 32 行）。每次迭代显示一个问题并对它进行处理。程序在第 8 行获取这个测验开始的时间而在第 34 行获取测试结束的时间，在第 35 行计算测验所占用的秒数。程序在所有问题都被问完后会给出正确的个数以及测验所占用时间（第 36 ～ 37 行）。

5.2.4　根据用户确认控制循环

上面的例子执行五次循环。如果你想让用户来决定是否还要提问下一个问题，可以为用户提供一个确认语句。程序的模板可以如下编写代码。

```
continueLoop = 'Y'
while continueLoop == 'Y':
    # Execute the loop body once
    ...

    # Prompt the user for confirmation
    continueLoop = input("Enter Y to continue and N to quit: ")
```

你可以利用用户确认让用户决定是否还要提问下一个问题来改写程序清单 5-4 的程序。

5.2.5　使用哨兵值控制循环

另一个常见的控制循环的技术是指派一个特殊的输入值，这个值被称作哨兵值（sentinel value），它表明输入的结束。使用哨兵值控制循环的这种方式被称作步哨式控制（sentinel-controlled loop）。

程序清单 5-5 里的程序读取并计算一组不确定个数的整数的和。输入 0 表明输入的结束。你不必为每一个输入的值设置一个新变量。而是只需使用一个名为 data 的变量（第 1 行）来存储输入值，使用名为 sum 的变量（第 5 行）来存储这些值的和。只要读入一个值并且它不为 0，那就把它赋给 data 并把 data 添加到 sum 里（第 7 行）。

程序清单 5-5　Sentinelvalue.py

```
1  data = eval(input("Enter an integer (the input ends " +
2      "if it is 0): "))
3
4  # Keep reading data until the input is 0
5  sum = 0
6  while data != 0:
7      sum += data
8
9      data = eval(input("Enter an integer (the input ends " +
10         "if it is 0): "))
11
12 print("The sum is", sum)
```

```
Enter an integer (the input ends if it is 0): 2  ↵Enter
Enter an integer (the input ends if it is 0): 3  ↵Enter
Enter an integer (the input ends if it is 0): 4  ↵Enter
Enter an integer (the input ends if it is 0): 0  ↵Enter
The sum is 9
```

	line#	data	sum	output
	1	2		
	5		0	
iteration 1 {	7		2	
	9	3		
iteration 2 {	7		5	
	9	4		
iteration 3 {	7		9	
	9	0		
	12			The sum is 9

如果 data 不为 0，就把它添加到 sum 里（第 7 行），然后读取下一个输入的条目 data（第 9~10 行）。如果 data 为 0，就不再执行循环体，并且终止 while 循环。输入值 0 就是这个循环的哨兵值。注意：如果第一个输入的读取值为 0，那么循环体将永远都不会执行，这样得到的和为 0。

警告：在循环控制里不要使用浮点值来比较相等。因为这些值都是近似的，所以它们会导致不精确的计数值。这个例子中 data 使用的是 int 值。考虑下面的代码计算 $1+0.9+0.8+\cdots+0.1$。

```
item = 1
sum = 0

while item != 0:  # No guarantee item will be 0
```

```
        sum += item
        item -= 0.1

print(sum)
```

变量 item 的值从 1 开始，每执行一次循环体就减少 0.1。循环应该在 item 变为 0 时终止。然而，这个程序并不能保证最终 item 会变为 0，因为浮点值运算是近似的。这个循环表面看起来正确，但是它实际上是一个无限循环。

5.2.6　输入输出重定向

程序清单 5-5 中，如果你要输入很多数据，那么从键盘输入所有的数将是一件非常麻烦的事。你可以把数据存储在一个文本文件（例如：名为 input.txt）里，并使用下面的命令来运行这个程序：

```
python SentinelValue.py < input.txt
```

这个命令被称作输入重定向。用户不再需要在运行时从键盘敲入数据，而是程序从文件 input.txt 中获取输入数据。假设这个文件包含下面的数字，每行一个：

```
2
3
4
0
```

程序运行结果 sum 等于 9。

同样地，输出重定向是把程序运行结果输出到一个文件里而不是输出到屏幕上。输出重定向的命令为：

```
python Script.py > output.txt
```

同一条命令里可以同时使用输入重定向与输出重定向。例如，下面这个命令从 input.txt 中获取输入数据，然后把输出数据发送到文件 output.txt 中。

```
python SentinelValue.py < input.txt > output.txt
```

运行这个程序然后去看看 output.txt 文件中显示的内容是什么。

检查点

5.1　分析下面的代码。在 PointA、PointB 和 PointC 处 count<100 总为 True，总为 False，还是有时 True 有时 False？

```
count = 0
while count < 100:
    # Point A
    print("Programming is fun!")
    count += 1
    # Point B

# Point C
```

5.2　如果把程序清单 5-3 中第 8 行的 guess 初始化为 0，错在哪里？

5.3　下面的循环体被重复了多少次？每次循环的输出结果是什么？

a)	b)	c)

`i = 1`
`while i < 10:`
`    if i % 2 == 0:`
`        print(i)`
	`i = 1`
	`while i < 10:`
	`    if i % 2 == 0:`
	`        print(i)`
	`    i += 1`
		`i = 1`
		`while i < 10:`
		`    if i % 2 == 0:`
		`        print(i)`
		`        i += 1`

5.4 指出下面代码的错误:

```
count = 0
while count < 100:
    print(count)
```

a)

```
count = 0
while count < 100:
    print(count)
    count -= 1
```

b)

```
count = 0
while count < 100:
count += 1
```

c)

5.5 假设输入值为"2 3 4 5 0"(每行一个数)。下面代码的输出结果是什么?

```
number = eval(input("Enter an integer: "))
max = number

while number != 0:
    number = eval(input("Enter an integer: "))
    if number > max:
        max = number

print("max is", max)
print("number", number)
```

5.3 for 循环

🔑 **关键点**: Python 的 for 循环通过一个序列中的每个值来进行迭代。

我们经常是知道循环体需要被执行多少次,所以,使用一个控制变量统计执行的次数。这种类型的循环被称作计数器控制的循环。大体上,这个循环可以编写成如下形式:

```
i = initialValue  # Initialize loop-control variable
while i < endValue:
    # Loop body
    ...
    i += 1  # Adjust loop-control variable
```

for 循环可以用来简化上面的循环:

```
for i in range(initialValue, endValue):
    # Loop body
```

通常,for 循环的语法是:

```
for var in sequence:
    # Loop body
```

sequence 里保存 data 的多个条目,且这些条目按照一个接一个地方式存储。在后面的内容里,本书还将介绍字符串、列表和数组。Python 里它们都是序列类型的对象。变量 var 表示这个序列里每个连续值,针对每个值,循环体内的语句都执行一次循环体。

Range(a,b) 函数返回一系列连续整数 a、a+1、$\cdots$、b-2 和 b-1。例如:

```
>>> for v in range(4, 8):
...     print(v)
...
4
5
6
7
>>>
```

range 函数有两种或更多形式。你也可以使用 range(a)也可以使用 range(a,b,k)。

range(a) 与 range(0,a) 功能一样。在 range(a,b,k) 中 k 被用作步长值。序列中的第一个数是 a。序列中每一个连续数都会被增加一个步长值 k。b 是界限值。序列中的最后一个数必须小于 b。例如：

```
>>> for v in range(3, 9, 2):
...     print(v)
...
3
5
7
>>>
```

range(3,9,2) 中的步长值为 2，界限值为 9。因此，这个序列就是 3,5,7。

如果函数 range(a,b,k) 中的 k 为负数，则可以反向计数。在这种情况下，序列仍为 a、a+k、a+2k 等等但 k 为负数。最后一个数必须大于 b。例如：

```
>>> for v in range(5, 1, -1):
...     print(v)
...
5
4
3
2
>>>
```

☞ **注意**：range 函数中的数必须为整数。例如：range(1.5,8.5)、range(8.5) 或 range(1.5,8.5,1) 都是错误的。

☞ **检查点**

5.6 假设输入是 2 3 4 5 0（每行一个数）。那么下面代码的输出是什么？

```
number = 0
sum = 0

for count in range(5):
    number = eval(input("Enter an integer: "))
    sum += number

print("sum is", sum)
print("count is", count)
```

5.7 你能把任何一个 for 循环转换为 while 循环吗？列出使用 for 循环的优点。

5.8 将下面的 for 循环语句转换成 while 循环。

```
sum = 0
for i in range(1001):
    sum = sum + i
```

5.9 你能将任意 while 循环转换成 for 循环吗？将下面这个 while 循环转换成 for 循环。

```
i = 1
sum = 0

while sum < 10000:
    sum = sum + i
    i += 1
```

5.10 统计下面循环中的迭代次数：

```
count = 0
while count < n:
    count += 1
```
a)

```
for count in range(n):
    print(count)
```
b)

```
count = 5
while count < n:
    count += 1
```
c)

```
count = 5
while count < n:
    count = count + 3
```
d)

5.4 嵌套循环

✎ **关键点**：一个循环可以嵌套到另一个循环里。

嵌套循环是由一个外层循环和一个或多个内层循环构成。每次重复外层循环时，内层循环都被重新进入并且重新开始。

程序清单 5-6 是一个使用嵌套 for 循环来显示乘法口诀表的程序。

程序清单 5-6 MuliplicationTable.py

```
1  print("          Multiplication Table")
2  # Display the number title
3  print("   ", end = '')
4  for j in range(1, 10):
5      print("  ", j, end = '')
6  print()  # Jump to the new line
7  print("-----------------------------------------")
8
9  # Display table body
10 for i in range(1, 10):
11     print(i, "|", end = '')
12     for j in range(1, 10):
13         # Display the product and align properly
14         print(format(i * j, "4d"), end = '')
15     print()  # Jump to the new line
```

```
              Multiplication Table
        1   2   3   4   5   6   7   8   9
   ------------------------------------------
1 |     1   2   3   4   5   6   7   8   9
2 |     2   4   6   8  10  12  14  16  18
3 |     3   6   9  12  15  18  21  24  27
4 |     4   8  12  16  20  24  28  32  36
5 |     5  10  15  20  25  30  35  40  45
6 |     6  12  18  24  30  36  42  48  54
7 |     7  14  21  28  35  42  49  56  63
8 |     8  16  24  32  40  48  56  64  72
9 |     9  18  27  36  45  54  63  72  81
```

程序在输出的第一行显示标题（第 1 行）。第一个 for 循环（第 4 ~ 5）在第二行显示从数字 1 到 9 这九个数字。第三行显示了一行破折号 (-)(第 7 行)。

下一个循环（第 10 ~ 15 行）是一个外层循环使用控制变量 i 而内层循环使用控制变量 j 的嵌套 for 循环。对于每个 i，都有 j 是 1、2、3、…、9，在内层循环中的一行上显示乘积 i*j。

为了正确对齐这些数字，程序使用 format(i*j," 4d") 规范 i*j 的格式（第 14 行）。"4d" 指定输出的十进制整数宽度为 4。

通常，print 函数会自动跳转到下一行。但是调用 print(item,end='') 函数（第 3、5、11

和 14 行）输出每一项但不会自动跳转到下一行。注意：第 3.3.5 节详细介绍带 end 参数的
print 函数。

注意：注意嵌套循环可能会花费很长的时间来运行。分三层来考虑下面嵌套的循环：

```python
for i in range(1000):
    for j in range(1000):
        for k in range(1000):
            Perform an action
```

动作被执行了 1 000 000 000 次。如果完成这个动作用时 1 毫秒，那么运行这个循环
的总时间将会超过 277 小时。

检查点

5.11 显示下面这个程序的输出（提示：绘制一个表格，列出所有的变量来跟踪这个程序）。

```python
for i in range(1, 5):
    j = 0
    while j < i:
        print(j, end = " ")
        j += 1
```

a)

```python
i = 0
while i < 5:
    for j in range(i, 1, -1):
        print(j, end = " ")
    print("****")
    i += 1
```

b)

```python
i = 5
while i >= 1:
    num = 1
    for j in range(1, i + 1):
        print(num, end = "xxx")
        num *= 2
    print()
    i -= 1
```

c)

```python
i = 1
while i <= 5:
    num = 1
    for j in range(1, i + 1):
        print(num, end = "G")
        num += 2
    print()
    i += 1
```

d)

5.5　最小化数值错误

关键点：在循环继续条件中使用浮点数可能会导致数值错误。

数值错误涉及浮点数是必然的。这节提供一个如何最小化这种错误的例子。

程序清单 5-7 中的程序是对一个从 0.01 开始到 1.0 的数列中的数求和。这个数列里的数
每次递增 0.01，如下所示：0.01+0.02+0.03+…。

程序清单 5-7　TestSum.py

```python
1  # Initialize sum
2  sum = 0
3
4  # Add 0.01, 0.02, ..., 0.99, 1 to sum
5  i = 0.01
6  while i <= 1.0:
7      sum += i
8      i = i + 0.01
9
10 # Display result
11 print("The sum is", sum)
```

```
The sum is 49.5
```

最后结果显示 49.5，但是实际上正确的结果应该为 50.5。哪个地方错了？在循环的每次

迭代中变量 i 都递增 0.01。当循环结束时，i 的值稍稍大于 1（而不是真正为 1）。这导致最后一个 i 值并没有被加到 sum 上。最基本的问题是浮点数被近似表示了。

为了改正这个错误，可以使用一个整数计数器来确保所有的数字都被加到了 sum 上。下面是一个新的循环：

```python
# Initialize sum
sum = 0

# Add 0.01, 0.02, ..., 0.99, 1 to sum
count = 0
i = 0.01
while count < 100:
    sum += i
    i = i + 0.01
    count += 1  # Increase count

# Display result
print("The sum is", sum)
```

或者，如下所示使用一个 for 循环：

```python
# Initialize sum
sum = 0

# Add 0.01, 0.02, ..., 0.99, 1 to sum
i = 0.01
for count in range(100):
    sum += i
    i = i + 0.01

# Display result
print("The sum is", sum)
```

5.6 实例研究

✎ **关键点**：循环是程序设计的基础。编写循环是学习程序设计的基本能力。

如果你可以使用循环编写程序，那么你就知道如何写程序了。所以，本节给出三个用循环来解决问题的经典例子。

5.6.1 问题：找出最大公约数

两个整数 4 和 2 的最大公约数（GCD）是 2。整数 16 和 24 的最大公约数是 8。怎样找出最大公约数呢？假设输入的两个整数是 $n1$ 和 $n2$。你知道数字 1 是它们的公约数，但它并不是最大公约数。所以，你要检测 k（k=2、3、4、…）是否为 $n1$ 和 $n2$ 的公约数，直到 k 大于 $n1$ 或 $n2$。把公约数存储在一个名为 gcd 的变量中。初始状态时，gcd 的值为 1。每找到一个新的公约数就把它赋给 gcd。当你检测完从 2 到 $n1$ 或从 2 到 $n2$ 的所有可能公约数后，存储在 gcd 中的值就是最大公约数。这个想法可以被翻译成下面的循环：

```python
gcd = 1 # Initial gcd is 1
int k = 2 # Possible gcd
while k <= n1 and k <= n2:
    if n1 % k == 0 and n2 % k == 0:
        gcd = k
    k += 1 # Next possible gcd

# After the loop, gcd is the greatest common divisor for n1 and n2
```

程序清单 5-8 给出一个提示用户输入两个正整数，然后求出其最大公约数的程序。

程序清单 5-8 GreatestCommonDivisor.py

```
1   # Prompt the user to enter two integers
2   n1 = eval(input("Enter first integer: "))
3   n2 = eval(input("Enter second integer: "))
4
5   gcd = 1
6   k = 2
7   while k <= n1 and k <= n2:
8       if n1 % k == 0 and n2 % k == 0:
9           gcd = k
10      k += 1
11
12  print("The greatest common divisor for",
13      n1, "and", n2, "is", gcd)
```

```
Enter first integer: 125    ↵Enter
Enter second integer: 2525    ↵Enter
The greatest common divisor for 125 and 2525 is 25
```

你要怎么样编写这个程序呢？你会立即编写代码吗？不，在编代码前先思考是非常重要的。思考可以让你在考虑如何编写代码前产生这个问题的逻辑解决方案。一旦你有一个逻辑上的解决方案，那就把这个解决方案翻译成程序。

一个问题经常有很多种解决方案。这个最大公约数的问题可以用很多方法解决。在本章结尾的编程题 5.16 中建议另一种解决方法。最有效的解决方案就是经典的欧几里得算法。更多信息请参见 www.cut-the-knot.org/blue/euclid.shtml。

检查点

5.12 如果你知道一个数 n1 的公约数不可能大于 n1/2，你就可以试图使用下面的循环来改善你的程序：

```
k = 2
while k <= n1 / 2 and k <= n2 / 2:
    if n1 % k == 0 and n2 % k == 0:
        gcd = k
    k += 1
```

这个程序是错误的。你能找出原因吗？

5.6.2 问题：预测未来学费

假设今年你所在大学的学费为 10 000 美元并且它以每年 7% 的速度增长。那么，多少年之后学费会翻倍？

在你尝试编写程序之前，首先考虑如何手动解决这个问题。第二年的学费是第一年的学费 *1.07。因此，以后每年的学费都是其前一年的学费 *1.07。所以，每年的学费可以被计算为如下所示：

```
year = 0  # Year 0
tuition = 10000

year += 1 # Year 1
tuition = tuition * 1.07

year += 1 # Year 2
tuition = tuition * 1.07
```

```
year += 1 # Year 3
tuition = tuition * 1.07
...
```

持续计算新一年的学费 tuition 直到某一年的学费至少是 20 000 美元为止。这样，你就能知道经过多少年之后学费会翻倍。现在，你可以将这个逻辑翻译成下面的循环：

```
year = 0  # Year 0
tuition = 10000
while tuition < 20000:
    year += 1
    tuition = tuition * 1.07
```

完整的程序如程序清单 5-9 所示。

程序清单 5-9   FutureTuition.py

```
1  year = 0  # Year 0
2  tuition = 10000  # Year 1
3
4  while tuition < 20000:
5      year += 1
6      tuition = tuition * 1.07
7
8  print("Tuition will be doubled in", year, "years")
9  print("Tuition will be $" + format(tuition, ".2f"),
10         "in", year, "years")
```

```
Tuition will be doubled in 11 years
Tuition will be $21048.52 in 11 years
```

while 循环（第 4 ~ 6 行）用来计算新一年的学费。当学费 tuition 大于等于 20 000 时循环终止。

5.6.3   问题：蒙特卡罗模拟

蒙特卡罗模拟使用随机数和概率来解决问题。它在计算机数学、物理、化学和经济方面都有非常广泛的应用。现在，我们看一个使用蒙特卡罗模拟来估计 π 的例子。

首先，绘制一个带外接正方形的圆。

假设这个圆的半径为 1。因此，这个圆的面积就是 π，而矩形的面积为 4。在这个正方形内随机产生一个点。这个点落在圆内的概率为 circleArea/squareArea=π/4。

编写一个程序，在正方形内随机产生 1 000 000 个点，使用 numberOfHits 表示落入圆内点的个数。所以，numberOfHits 大约就是 1 000 000*（π/4）。π 就可以被近似表示为 4*numberOfHits/1 000 000。完整的程序如程序清单 5-10 所示。

程序清单 5-10   MoteCarloSimulation.py

```
1  import random
2
3  NUMBER_OF_TRIALS = 1000000  # Constant
4  numberOfHits = 0
5
6  for i in range(NUMBER_OF_TRIALS):
7      x = random.random() * 2 - 1
```

```
8        y = random.random() * 2 - 1
9
10       if x * x + y * y <= 1:
11           numberOfHits += 1
12
13   pi = 4 * numberOfHits / NUMBER_OF_TRIALS
14
15   print("PI is", pi)
```

```
PI is 3.14124
```

这个程序的第 7 ~ 8 行在正方形内重复产生随机点 (x,y)。

```
x = random.random() * 2 - 1
y = random.random() * 2 - 1
```

函数 random（ ）返回一个随机的浮点数 r，而且 0<=r<1.0。

如果 $x^2+y^2 \leqslant 1$，那么这个点就在圆内，并且 numberOfHits 递增 1。在第 13 行 π 被近似为 4*numberOfHits/NUMBER_OF_TRIALS。

5.7　关键字 break 和 continue

🖋关键点：关键字 break 和 continue 提供了另一种控制循环的方式。

🐾教学建议：两个关键字：break 和 continue 都可以为循环语句提供额外的控制。在某些情况下，使用 break 和 continue 可以简化程序设计。然而，如果过度使用或者使用不恰当则会导致程序很难理解和调试。（读者注意：跳过本节也不影响对本书其余知识的理解。）

我们可以在循环中使用关键字 break 来立即终止循环。程序清单 5-11 给出一个程序，它演示在循环中使用 break 的效果。

程序清单 5-11 TestBreak.py

```
1    sum = 0
2    number = 0
3
4    while number < 20:
5        number += 1
6        sum += number
7        if sum >= 100:
8            break
9
10   print("The number is", number)
11   print("The sum is", sum)
```

```
The number is 14
The sum is 105
```

这个程序将从 1 到 20 的整数依次加到 sum 上直到 sum 大于或等于 100。如果没有第 7 到 8 行，这个程序就会计算从 1 到 20 的所有数的和。但是有了第 7 到 8 行，循环会在 sum 大于或等于 100 时终止。没有第 7 到 8 行，输出将会是：

```
The number is 20
The sum is 210
```

我们也可以在循环中使用关键字 continue。当遇到这个关键字时，它会终止当前的迭代并控制程序转到循环体的最后。换句话说，continue 退出一次迭代而 break 退出整个循环。

程序清单 5-12 中的程序显示在循环中使用 continue 的效果。

程序清单 5-12 TestContinue.py

```
 1   sum = 0
 2   number = 0
 3
 4   while number < 20:
 5       number += 1
 6       if number == 10 or number == 11:
 7           continue
 8       sum += number
 9
10   print("The sum is", sum)
```

```
The sum is 189
```

这个程序把除了 10 和 11 的所有从 1 到 20 的数全都加到 sum 里。当 number 变成 10 或 11 时，就会执行 continue 语句。continue 语句终止当次迭代，这样，就不执行循环体中剩余的语句；所以，10 和 11 就不会被加到 sum 上。

没有第 6 行和第 7 行，输出结果将会如下所示。

```
The sum is 210
```

在这种情况下，所有的数字都会被加到 sum 上，即使 number 为 10 或 11 也都被加到 sum 上。所以，结果是 210。

所有的循环都可以不用 break 和 continue（参见编程题 5.15）。一般地，如果要简化程序或使程序更容易读懂，那么使用 break 和 continue 就是合适的。

假设要编写一个程序，它要找出一个整数 n(假设 n>=2) 除了 1 以外最小的因子。可以用 break 语句编写一个简单易懂的程序，如下所示。

```
n = eval(input("Enter an integer >= 2: "))
factor = 2
while factor <= n:
    if n % factor == 0:
        break
    factor += 1
print("The smallest factor other than 1 for", n, "is", factor)
```

可以不使用 break 如下改写代码。

```
n = eval(input("Enter an integer >= 2: "))
found = False
factor = 2
while factor <= n and not found:
    if n % factor == 0:
        found = True
    else:
        factor += 1
print("The smallest factor other than 1 for", n, "is", factor)
```

很明显，在这个例子中，break 语句可以使这个程序变得更简单且更容易理解。但是，你在使用 break 和 continue 时应该小心。过多的 break 和 continue 会使整个程序有太多的退出点从而导致程序很难读懂。

注意： 一些程序设计语言有 goto 语句。goto 语句会将控制转到程序中的任意一条语句然后执行它。这会使你的程序很容易出错。Python 里的 break 和 continue 语句与 goto 语句是不同的。它们只能在循环里起作用。break 语句跳出整个循环，而 continue 语句只是退出循环的当前迭代。

检查点

5.13 关键字 break 的作用是什么？关键字 continue 的作用是什么？下面这个程序会终止吗？如果会，请给出程序运行的结果。

```
balance = 1000
while True:
    if balance < 9:
        break
    balance = balance - 9

print("Balance is", balance)
```
a)

```
balance = 1000
while True:
    if balance < 9:
        continue
    balance = balance - 9

print("Balance is", balance)
```
b)

5.14 左边的 for 循环被转换成右边的 while 循环。哪里出了错误？请改正。

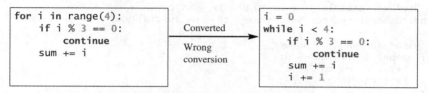

```
for i in range(4):
    if i % 3 == 0:
        continue
    sum += i
```
Converted
Wrong conversion

```
i = 0
while i < 4:
    if i % 3 == 0:
        continue
    sum += i
    i += 1
```

5.15 不使用 break 和 continue 语句改写程序清单 5-11 和 5-12 的程序 TestBreak 和 TestContinue。

5.16 在下面 a 的循环里如果 break 语句执行完后，哪些语句就被终止？显示输出结果。在下面 b 的循环里如果 continue 语句执行完后，哪些语句就被终止？显示输出结果。

```
for i in range(1, 4):
    for j in range(1, 4):
        if i * j > 2:
            break

        print(i * j)

    print(i)
```
a)

```
for i in range(1, 4):
    for j in range(1, 4):
        if i * j > 2:
            continue

        print(i * j)

    print(i)
```
b)

5.8 实例研究：显示素数

关键点：本节涉及的程序是实现在五行里显示前 50 个素数，每行 10 个。

一个大于 1 的整数如果只能被正整数 1 和它本身整除则它就是素数。例如：2、3、5 和 7 都是素数，而 4、6、8、9 则不是。

这个问题可以被分成以下几个任务。

- 决定一个特定的数是否为素数。
- 对于 number=2、3、4、5、6、…，测试这个数字是否为素数。
- 统计所有素数的个数。
- 显示每个素数，每行显示 10 个。

很明显，你要编写一个循环然后重复测试来判断输入的数是否为素数。如果是，count

加 1。count 初值为 1。当它到达 50 时，终止循环。

下面是这个问题的算法。

```
Set the number of prime numbers to be displayed as
    a constant NUMBER_OF_PRIMES
Use count to track the number of prime numbers and
    set an initial count to 0
Set an initial number to 2

while count < NUMBER_OF_PRIMES:
    Test if number is prime

    if number is prime:
        Display the prime number and increase count

    Increment number by 1
```

为了测试这个数是否为素数，那么检测这个数能否被 2、3、4、…，直到 number/2 整除，如果能被整除，那么这个数就不是素数。它的算法可以被描述成如下所示：

```
Use a Boolean variable isPrime to denote whether
    the number is prime; Set isPrime to True initially

for divisor in range(2, number / 2 + 1):
    if number % divisor == 0:
        Set isPrime to False
        Exit the loop
```

完整的程序在程序清单 5-13 中给出。

程序清单 5-13 PrimeNumber.py

```
 1  NUMBER_OF_PRIMES = 50  # Number of primes to display
 2  NUMBER_OF_PRIMES_PER_LINE = 10 # Display 10 per line
 3  count = 0   # Count the number of prime numbers
 4  number = 2   # A number to be tested for primeness
 5
 6  print("The first 50 prime numbers are")
 7
 8  # Repeatedly find prime numbers
 9  while count < NUMBER_OF_PRIMES:
10      # Assume the number is prime
11      isPrime = True   # Is the current number prime?
12
13      # Test if number is prime
14      divisor = 2
15      while divisor <= number / 2:
16          if number % divisor == 0:
17              # If true, the number is not prime
18              isPrime = False  # Set isPrime to false
19              break # Exit the for loop
20          divisor += 1
21
22      # Display the prime number and increase the count
23      if isPrime:
24          count += 1  # Increase the count
25
26          print(format(number, "5d"), end = '')
27          if count % NUMBER_OF_PRIMES_PER_LINE == 0:
28              # Display the number and advance to the new line
29              print()  # Jump to the new line
30
31      # Check if the next number is prime
32      number += 1
```

```
The first 50 prime numbers are
    2    3    5    7   11   13   17   19   23   29
   31   37   41   43   47   53   59   61   67   71
   73   79   83   89   97  101  103  107  109  113
  127  131  137  139  149  151  157  163  167  173
  179  181  191  193  197  199  211  223  227  229
```

这对于初学者来说是一个复杂的例子。开发一个程序来解决某个问题（或很多其他问题）的关键是把它分成几个子问题，然后依次开发每个子问题的解决方案。不要试图一开始就开发一个完整的解决方案。而是，先编写代码判断给定的那个数是否为素数，然后再用一个循环来扩展它判断其他数字是否为素数。

为了确定一个数是否为素数，检查它能否被从 2 到 number/2 的数（包括 2 和 number/2）整除，如果能，那它就不是一个素数；否则它就是一个素数。如果是素数，就显示它。如果 count 可以被 10 整除，就进入下一行。当 count 达到 50 时，程序终止。

当发现输入的数字不是素数时，程序在第 19 行使用 break 语句退出 for 循环。你也可以重新编写一个没有使用 break 语句的循环（第 15 ～ 20 行），如下所示。

```
while divisor <= number / 2 and isPrime:
    if number % divisor == 0:
        # If True, the number is not prime
        isPrime = False # Set isPrime to False
    divisor += 1
```

但是，在这个例子中使用 break 语句能够使整个程序变得更简单和易读懂。

5.9 实例研究：随意行走

关键点：你可以使用 Turtle 图形来模拟随意行走。

本节中，我们要编写一个 Turtle 程序来模仿在格子里随意行走（例如：就像在花园里散步转过去看一朵花），从中心位置开始，然后在边缘处的某点停下来，如图 5-2 所示。程序清单 5.14 给出这个程序。

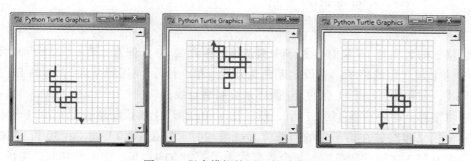

图 5-2　程序模拟格子里的随意行走

程序清单 5-14　RandomWalk.py

```
1  import turtle
2  from random import randint
3
4  turtle.speed(1)  # Set turtle speed to slowest
5
6  # Draw 16-by-16 lattice
7  turtle.color("gray")  # Color for lattice
```

```
 8  x = -80
 9  for y in range(-80, 80 + 1, 10):
10      turtle.penup()
11      turtle.goto(x, y)   # Draw a horizontal line
12      turtle.pendown()
13      turtle.forward(160)
14
15  y = 80
16  turtle.right(90)
17  for x in range(-80, 80 + 1, 10):
18      turtle.penup()
19      turtle.goto(x, y)   # Draw a vertical line
20      turtle.pendown()
21      turtle.forward(160)
22
23  turtle.pensize(3)
24  turtle.color("red")
25
26  turtle.penup()
27  turtle.goto(0, 0)   # Go to the center
28  turtle.pendown()
29
30  x = y = 0 # Current pen location at the center of lattice
31  while abs(x) < 80 and abs(y) < 80:
32      r = randint(0, 3)
33      if r == 0:
34          x += 10 # Walk right
35          turtle.setheading(0)
36          turtle.forward(10)
37      elif r == 1:
38          y -= 10 # Walk down
39          turtle.setheading(270)
40          turtle.forward(10)
41      elif r == 2:
42          x -= 10 # Walk left
43          turtle.setheading(180)
44          turtle.forward(10)
45      elif r == 3:
46          y += 10 # Walk up
47          turtle.setheading(90)
48          turtle.forward(10)
49
50  turtle.done()
```

假设格子的大小是 16 乘 16，格子中两条线的距离为 10 个像素（第 6 ~ 21 行）。程序首先绘制出这个灰颜色的格子。它设定颜色为灰色（第 7 行），使用第 9 到 13 行的 for 循环来绘制水平线，使用第 17 到 21 行的 for 循环来绘制垂直线。

程序将笔移到中心位置（第 27 行），然后在 while 循环中模拟随意行走（第 31 ~ 48 行）。变量 x 和 y 用来跟踪其在格子中的当前位置。最初时，它在（0,0）处（第 30 行）。在第 32 行生成一个 0 到 3 之间的随机数。每个数字代表了一个方向：东、南、西和北。考虑下面四种情况：

- 如果向东走一步，x 增加 10（第 34 行）然后笔向右移动（第 35 ~ 36 行）。
- 如果向南走一步，y 减少 10（第 38 行）然后笔向下移动（第 39 ~ 40 行）。
- 如果向西走一步，x 减少 10（第 42 行）然后笔向左移动（第 43 ~ 44 行）。
- 如果向北走一步，y 增加 10（第 46 行）然后笔向上移动（第 47 ~ 48 行）。

当 abs(x) 或 abs(y) 为 80 的时候停止行走。

一种更有趣的行走被称作自我回避行走。它是指在格子里随意行走时不会两次移向同一个点。在本书的后面将会学习如何编写一个程序来模拟自我回避行走。

关键术语

break keyword（break 关键字）

condition-controlled loop（条件控制循环）

continue keyword（continue 关键字）

count-controlled loop（计数器控制的循环）

infinite loop（无限循环）

input redirection（输入重定向）

iteration（迭代）

loop（循环）

loop body（循环体）

loop-continuationcondition（循环继续条件）

nested loop（嵌套循环）

off-by-one error（偏离 1 的误差）

output redirection（输出重定向）

sentinel value（哨兵值）

本章总结

1. 两种类型的循环语句：while 循环和 for 循环。

2. 循环中需要被重复执行的语句被称为循环体。

3. 循环体的一次执行被叫做循环的一次迭代。

4. 一个无限循环是指循环体的语句无限次被执行。

5. 在设计一个循环时，你不仅仅要考虑循环控制结构还要考虑循环体。

6. while 循环首先检查循环继续条件。如果条件为真，则执行循环体；否则，循环终止。

7. 哨兵值是一个特殊的值，它表明输入值的结束。

8. for 循环是计数器控制的循环，循环体执行可预见次数遍。

9. break 和 continue 两个关键字都可以被用在循环中。

10. break 关键字立即结束包含这个 break 的最内层循环。

11. continue 只终止当前迭代。

测试题

本章的在线测试题位于 www.cs.armstrong.edu/liang/py/test.html。

编程题

🖐 **教学建议**：对每一个问题，都要多读几遍直到你读懂了这个问题。在编写代码之前先想想怎么解决这个问题。将你的逻辑思路转换成代码。

一个问题可以有多种解法。你应该设法想出多种解决方案。

第 5.2 ~ 5.7 节

*5.1 （统计正数和负数的个数然后计算这些数的平均值）编写一个程序来读入不指定个数的整数，然后决定已经读取的整数中有多少个正数和多少个负数并计算这些输入值（不统计 0）的总和，最终得出它们的平均值。这个程序以输入值 0 来结束。使用浮点数显示这个平均值。下面是一个简单的示例运行。

```
Enter an integer, the input ends if it is 0: 1 ↵Enter
Enter an integer, the input ends if it is 0: 2 ↵Enter
Enter an integer, the input ends if it is 0: -1 ↵Enter
Enter an integer, the input ends if it is 0: 3 ↵Enter
```

```
Enter an integer, the input ends if it is 0: 0  [↵Enter]
The number of positives is 3
The number of negatives is 1
The total is 5
The average is 1.25


Enter an integer, the input ends if it is 0: 0  [↵Enter]
You didn't enter any number
```

5.2 （累加）程序清单 5-4 中产生五个随机减法的问题。改写这个程序，产生两个在 1 到 15 之间的随机数的加法问题，显示回答正确的次数和测试所用时间。

5.3 （公斤转换成磅）编写一个程序能显示下面的表格（1 公斤是 2.2 磅）。

公斤	磅
1	2.2
3	6.6
...	
197	433.4
199	437.8

5.4 （英里转换成公里）编写一个程序能显示下面的表格（注意：1 英里是 1.609 公里）。

英里	公里
1	1.609
2	3.218
...	
9	14.481
10	16.090

*5.5 （公斤转换成磅，磅转换成公斤）编写一个程序能显示下面两个相邻的表格（注意：1 公斤等于 2.2 磅）。

公斤	磅	公斤	磅
1	2.2	9.09	20
3	6.6	11.36	25
...		...	
197	433.4	231.82	510
199	437.8	234.09	515

*5.6 （将英里转换成公里，公里转换成英里）编写一个程序能显示下面两个相邻的表格（注意：1 英里等于 1.609 公里）。

英里	公斤	英里	公斤
1	1.609	12.430	20
2	3.218	15.538	25
...		...	
9	14.481	37.290	60
10	16.090	40.398	65

5.7 （使用三角函数）打印下面的表格显示从 0 度到 360 度每隔 10 度的角度的 sin 值和 cos 值。四舍五入这些值，保持小数点后四位。

度	Sin	Cos
0	0.0000	1.0000
10	0.1736	0.9848
...		
350	−0.1736	0.9848
360	0.0000	1.0000

5.8 （使用 math.sqrt 函数）使用 math 模块中的 sqrt 函数来编写程序输出下面的表格。

Number	Square Root
0	0.0000
2	1.4142
...	
18	4.2426
20	4.4721

**5.9 （财务应用程序：计算未来学费）假设大学今年的学费是 10 000 美元，且以每年 5% 增长。编写程序计算十年之后的学费以及从现在开始到十年后大学四年的总学费。

5.10 （找出最高分）编写程序提示用户输入学生个数以及每个学生的分数，然后显示最高分。假设输入是存储在一个名为 score.txt 的文件，程序从这个文件获取输入。

*5.11 （找出两个最高分）编写程序提示用户输入学生个数以及每个学生的分数，然后显示最高分和次高分的分数。

5.12 （找出可被 5 和 6 同时整除的数）编写程序找出在 100 和 1000 之间所有被 5 和 6 同时整除的数，每行显示 10 个数。这些数被一个空格隔开。

5.13 （找出可被 5 或 6 整除但又不能被它俩同时整除的数）编写程序找出在 100 和 200 之间所有被 5 或 6 整除但又不能被它俩同时整除的数，每行显示 10 个数。这些数被一个空格隔开。

5.14 （找出最小的 n 满足 $n^2>12\,000$）使用 while 循环找出最小的整数 n 满足大于 12 000。

5.15 （找出最大的 n 满足 $n^3<12\,000$）使用 while 循环找出最大的整数 n 满足小于 12 000。

*5.16 （计算最大公约数）对于程序清单 5-8，另外一种找出两个整数 n1 和 n2 的最大公约数的解决方案如下所示：首先找出 n1 和 n2 的最小数 d，然后以 d、d−1、d−2、…、2、1 的顺序依次检测它们是否是 n1 和 n2 的公因子。第一个这样的公约数就是 n1 和 n2 的最大公约数。

第 5.8 节

*5.17 （显示 ASCII 字符表）编写程序显示 ASCII 字符表中从 ! 到 ～ 的字符。每行显示十个字符，字符被一个空格隔开。

**5.18 （找出一个整数的所有因子）编写程序读取一个整数，然后显示它所有的最小因子，也称之为素因子。例如：如果输入整数为 120，那么输出应该如下所示。

```
2, 2, 2, 3, 5
```

**5.19 （显示一个金字塔）编写程序提示用户输入一个在 1 到 15 之间的整数，然后显示一个金字塔，示例运行如下所示。

```
Enter the number of lines: 7  ↵Enter
                  1
                2 1 2
              3 2 1 2 3
            4 3 2 1 2 3 4
          5 4 3 2 1 2 3 4 5
        6 5 4 3 2 1 2 3 4 5 6
      7 6 5 4 3 2 1 2 3 4 5 6 7
```

*5.20 （使用循环显示四种模式）使用嵌套循环在四个独立的程序中显示下面四种模式。

```
       模式 A              模式 B                模式C              模式 D
1                  1 2 3 4 5 6                   1          1 2 3 4 5 6
1 2                1 2 3 4 5                   2 1          1 2 3 4 5
1 2 3              1 2 3 4                   3 2 1          1 2 3 4
1 2 3 4            1 2 3                   4 3 2 1          1 2 3
1 2 3 4 5          1 2                   5 4 3 2 1          1 2
1 2 3 4 5 6        1                   6 5 4 3 2 1          1
```

**5.21 （在金字塔模式中显示数字）编写一个嵌套 for 循环来显示下面的输出。

```
                              1
                          1   2   1
                      1   2   4   2   1
                  1   2   4   8   4   2   1
              1   2   4   8  16   8   4   2   1
          1   2   4   8  16  32  16   8   4   2   1
      1   2   4   8  16  32  64  32  16   8   4   2   1
  1   2   4   8  16  32  64 128  64  32  16   8   4   2   1
```

*5.22 （显示在 2 和 1000 之间的素数）修改程序清单 5-13，显示在 2 和 1000 之间且包括 2 和 1000 的素数，每行显示 8 个素数。

综合题

**5.23 （财务应用程序：比较不同利率的贷款）编写程序让用户输入贷款额以及以年为单位的贷款周期，然后显示利率从 5% 开始，每次增加 1/8，直到 8% 的每月还贷额和总的还款额。下面是一个示例运行。

```
Loan Amount: 10000    ↵Enter
Number of Years: 5    ↵Enter
Interest Rate      Monthly Payment      Total Payment
5.000%             188.71               11322.74
5.125%             189.28               11357.13
5.250%             189.85               11391.59
...
7.875%             202.17               12129.97
8.000%             202.76               12165.83
```

计算每月还款额的公式参见程序清单 2-8。

**5.24 （财务应用程序：贷款摊销时间表）一笔给定的贷款每月支付额包括本金和利息。月利息可以通过计算月利率乘以结余（余下的本金）得到。每个月支付的本金就是每月支付额加上每个月利息。编写程序让用户输入贷款额、年数以及利率，然后显示贷款摊销时间表。下面是一个示例运行。

```
Loan Amount: 10000     ↵Enter
Number of Years: 1     ↵Enter
Annual Interest Rate: 7     ↵Enter

Monthly Payment: 865.26
Total Payment: 10383.21

Payment#      Interest      Principal      Balance
1             58.33         806.93         9193.07
2             53.62         811.64         8381.43
...
11            10.00         855.26         860.27
12             5.01         860.25           0.01
```

☞ 注意：最后一次支付之后的结余可能不会为 0。如果是这样，那么最后一次支付额应该是正常每月支付额加最后的结余。

☞ 提示：编写循环显示一个表格。因为每月支付额对每个月而言都是一样的，所以应该在循环之前计算它。结余的初始值是贷款总数。对循环中的每次迭代，计算利息和本金然后更新结余。这个循环看起来如下所示。

```
for i in range(1, numberOfYears * 12 + 1):
    interest = monthlyInterestRate * balance
    principal = monthlyPayment - interest
    balance = balance - principal
    print(i, "\t\t", interest, "\t\t", principal, "\t\t",
        balance)
```

*5.25 （演示消除错误）当你操作一个非常大的数和一个非常小的数时，就会出现消除错误。大数可能会抵消比较小的数。例如：100000000.0+0.000000001 的结果是 100000000.0。为了避免消除错误并获取更精确的结果，应该仔细选择计算的顺序。例如：在计算下面数列的过程中，你可以从右向左而不是从左向右计算，这样将会获取更精确的结果。

$$1 + \frac{1}{2} + \frac{1}{3} + \ldots + \frac{1}{n}$$

编写程序比较从左到右和从右向左计算上面数列和的结果，其中 n=50 000。

*5.26 （数列求和）编写程序对下面的数列求和。

$$\frac{1}{3} + \frac{3}{5} + \frac{5}{7} + \frac{7}{9} + \frac{9}{11} + \frac{11}{13} + \ldots + \frac{95}{97} + \frac{97}{99}$$

**5.27 （计算 π）你可以使用下面的数列近似计算 π。

$$\pi = 4\left(1 - \frac{1}{3} + \frac{1}{5} - \frac{1}{7} + \frac{1}{9} - \frac{1}{11} + \ldots + \frac{(-1)^{i+1}}{2i-1}\right)$$

编写程序显示当 i=10 000、20 000、…、100 000 时 π 的值。

**5.28 （计算 e）你可以使用下面的数列近似计算 e。

$$e = 1 + \frac{1}{1!} + \frac{1}{2!} + \frac{1}{3!} + \frac{1}{4!} + \ldots + \frac{1}{i!}$$

编写程序显示当 i=10 000、20 000、…、100 000 时 e 的值（提示：因为 $i! = i \times (i-1) \times \cdots \times 2 \times 1$，而 $\frac{1}{i!}$ 是 $\frac{1}{i(i-1)}$。初始化 e 和 item 为 1，然后不停将一个新的 item 加到 e 中。新 item 是前一个 item 除以 i，其中 i=2、3、4、…）。

5.29 （显示闰年）编写程序显示 21 世纪（从 2001 年到 2100 年）里所有的闰年，每行显示 10 个闰年。这些年被一个空格隔开。

**5.30 （显示每个月的第一天）编写程序提示用户输入年份以及该年的第一天是星期几，然后在控制台上显示该年每个月的第一天是星期几。例如，如果用户为 2013 年 1 月 1 日输入的年份是 2013 并输入 2 表示星期二，那你的程序应该显示下面的输出。

```
January 1, 2013 is Tuesday
...
December 1, 2013 is Sunday
```

**5.31 （显示日历）编写程序提示用户输入年份以及该年的第一天是星期几，然后在控制台上显示该年的日历表。例如，如果用户为 2005 年 1 月 1 日输入的年份 2005 并输入 6 表示星期六，则程序应该显示该年每个月的日历，如下所示。

			January 2005			
Sun	Mon	Tue	Wed	Thu	Fri	Sat
						1
2	3	4	5	6	7	8
9	10	11	12	13	14	15
16	17	18	19	20	21	22
23	24	25	26	27	28	29
30	31					
...						

			December 2005			
Sun	Mon	Tue	Wed	Thu	Fri	Sat
				1	2	3
4	5	6	7	8	9	10
11	12	13	14	15	16	17
18	19	20	21	22	23	24
25	26	27	28	29	30	31

*5.32 （财务应用程序：复合值）假设你每月给储蓄账户存储 100 美元，且年利率为 5%。所以，每月利率是 0.05/12=0.004 17。第一个月之后，账户的值变成

$$100 * (1 + 0.00417) = 100.417$$

第二个月之后，账户的值变成

$$(100 + 100.417) * (1 + 0.00417) = 201.252$$

第三个月后，账户的值变成

$$(100 + 201.252) * (1 + 0.00417) = 302.507$$

依此类推。

编写程序提示用户输入一个数额（例如：100），年利率（例如：5）和月份数（例如：6），然后显示给定的月份之后储蓄账户上的数额。

*5.33 （财务应用程序：计算 CD 值）假设你将 10 000 投资买 CD，CD 的年收益率为 5.75%。一个月之后，CD 价值

$$10000 + 10000 * 5.75 / 1200 = 10047.91$$

在两个月之后，CD 价值

$$10047.91 + 10047.91 * 5.75 / 1200 = 10096.06$$

在三个月之后，CD 价值

$$10096.06 + 10096.06 * 5.75 / 1200 = 10144.44$$

依此类推。

编写程序提示用户输入一个数额（例如：10 000）、年收益率（例如：5.75）以及月份数（例如：18），然后显示如下所示的示例运行结果。

```
Enter the initial deposit amount: 10000  ↵Enter
Enter annual percentage yield: 5.75  ↵Enter
Enter maturity period (number of months): 18  ↵Enter

Month  CD Value
1      10047.91
2      10096.06
...
17     10846.56
18     10898.54
```

**5.34 （游戏：彩票）改写程序清单 4-10 来随机产生一个两位数的抽奖数。数字中的两位是不同的（提示：随机产生第一位，然后使用循环继续产生第二位直到它和第一位不同为止）。

**5.35 （完全数）如果一个正整数等于除了它本身之外所有正因子的和，那么这个数被称为完全数。例如，6 是第一个完全数，因为 6=3+2+1。下一个完全数是 28=14+7+4+2+1。小于 10 000 的完全数有四个。编写程序找出这四个数。

***5.36 （游戏：石头、剪刀、布）编程题 4.17 给出玩石头、剪刀、布游戏的程序。改写程序让用户不断玩直到用户或计算机中的某一方能够赢得游戏超过两次。

*5.37 （求和）编写程序计算下面的和。

$$\frac{1}{1+\sqrt{2}}+\frac{1}{\sqrt{2}+\sqrt{3}}+\frac{1}{\sqrt{3}+\sqrt{4}}+\ldots+\frac{1}{\sqrt{624}+\sqrt{625}}$$

*5.38 （模拟：时钟倒计时）你可以使用 time 模块中的 time.sleep(seconds) 函数让程序暂停指定的秒数。编写程序提示用户输入秒数，每秒显示一条消息，然后当时间到期时终止。下面是一个示例运行。

```
Enter the number of seconds: 3 ↵Enter
2 seconds remaining
1 second remaining
Stopped
```

*5.39 （财务应用程序：找出销售额）你刚刚在百货商店开始销售工作。你的报酬包括基本工资和佣金。基本工资是 5000 美元。下面的方案给出如何确定佣金率。

销售额	佣金率
$0.01–$5 000	8 percent
$5 000.01–$10 000	10 percent
$10 000.01 and above	12 percent

你的目标是每年挣 30 000 美元。编写程序找出为了挣 30 000 美元，你的最小销售额。

5.40 （模拟：硬币正反面）编写程序模拟将硬币翻一百万次，然后显示硬币出现正面和反面的次数。

**5.41 （最大数的出现）编写程序读取整数，找出它们中的最大值，然后计算它的出现次数。假设输入以数字 0 结束。假设你输入的是"3 5 2 5 5 5 0"；程序找出的最大数是 5，而 5 的出现次数是 4。（提示：维护两个变量 max 和 count。变量 max 存储的是当前最大数，而 count 存储的是它的出现次数。初始状态下，将第一个值赋值给 max，将 1 赋值给 count。将 max 和每个随后的数字进行比较。如果这个数字大于 max，就将它赋值给 max 且将 count 重置为 1。如果这个数等于 max，给 count 自增 1。）

```
Enter a number (0: for end of input): 3 ↵Enter
Enter a number (0: for end of input): 5 ↵Enter
Enter a number (0: for end of input): 2 ↵Enter
Enter a number (0: for end of input): 5 ↵Enter
Enter a number (0: for end of input): 5 ↵Enter
Enter a number (0: for end of input): 5 ↵Enter
Enter a number (0: for end of input): 0 ↵Enter
The largest number is 5
The occurrence count of the largest number is 4
```

**5.42 （蒙特卡罗模拟）一个正方形被分为四个更小的区域，如图 a 所示。如果你投掷一个飞镖到这个正方形一百万次，这个飞镖落在一个奇数区域里的概率是多少？编写程序模拟这个过程然后显式结果。（提示：将这个正方形的中心放在坐标系统的中心位置，如图 b 所示。在正方形中随机产生一个点，然后统计这个点落入奇数区域的次数。）

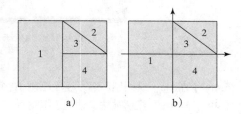

a)　　　b)

*5.43 （数学问题：组合）编写程序显示从 1 到 7 的整数中选取两个数的所有可能组合，同时显示组合的总个数。

```
1 2
1 3
...
...
The total number of all combinations is 21
```

**5.44 （十进制到二进制）编写程序提示用户输入一个十进制整数，然后显示它对应的二进制数。

**5.45 （十进制到十六进制）编写程序提示用户输入一个十进制数，然后显示它对应的十六进制数。

**5.46 （统计方面：计算均值和标准方差）在商业应用程序中，你经常会被问到计算数据的均值和标准方差。均值只是这些数的平均值。标准方差是一个统计值，它告诉你所有各种数据是多么紧密地靠近数据集的均值。例如：一个班学生的平均年龄是多少？他们的年龄的接近程度？如果所有的同学都是相同的年纪，那么方差就是 0。编写一个程序提示用户输入 10 个数字，然后使用下面的公式显示均值和标准方差。

$$mean = \frac{\sum_{i=1}^{n} x_i}{n} = \frac{x_1 + x_2 + ... + x_n}{n} \qquad deviation = \sqrt{\frac{\sum_{i=1}^{n} x_i^2 - (\sum_{i=1}^{n} x_i)^2}{n-1}}$$

下面是一个示例运行。

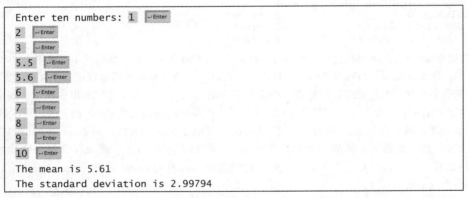

```
Enter ten numbers: 1  ↵Enter
2  ↵Enter
3  ↵Enter
5.5  ↵Enter
5.6  ↵Enter
6  ↵Enter
7  ↵Enter
8  ↵Enter
9  ↵Enter
10  ↵Enter
The mean is 5.61
The standard deviation is 2.99794
```

**5.47 （Turtle：绘制随机球）编写程序显示 10 个随机球，它们在一个宽 120 高 100 的矩形里，这个矩形的中心点在 (0,0)，如图 5-3a 所示。

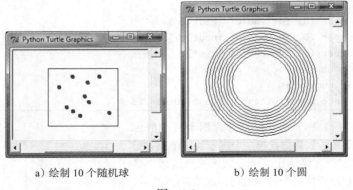

a）绘制 10 个随机球   b）绘制 10 个圆

图　5-3

**5.48 （Turtle：绘制圆）编写程序绘制 10 个圆，中心选在 (0,0)，如图 5-3b 所示。

**5.49 （Turtle：显示乘法口诀表）编写程序显示一个乘法口诀表，如图 5-4a 所示。

**5.50 （Turtle：显示三角形图案的数字）编写程序显示三角形图案的数字，如图 5-4b 所示。

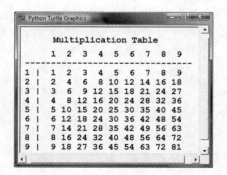

a）程序显示一个乘法口诀表

b）程序显示三角形图案的数字

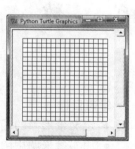

c）程序显示 18×18 的格子

图 5-4

**5.51 （Turtle：显示一个格子）编写程序显示 18×18 的格子，如图 5-4c 所示。

**5.52 （Turtle：绘制 sin 函数）编写程序绘制 sin 函数，如图 5-5a 所示。

> 提示：π 的统一码是 \u03c0。为了显示 −2π，使用 turtle.write("-2\u03c0")。对于像 sin(x) 这样的三角函数，x 是弧度值。使用下面的循环绘制 sin 函数。

```
for x in range(-175, 176):
    turtle.goto(x, 50 * math.sin((x / 100) * 2 * math.pi))
```

在点 (−100,−15) 处显示 −2π，轴的中心位置在 (0,0) 处，而点 (100,−15) 处显示 2π。

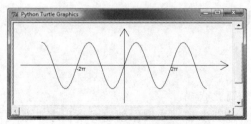

a）程序绘制 sin 函数

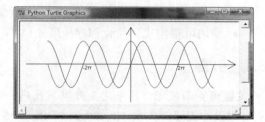

b）程序绘制蓝色的 sin 函数以及红色的 cos 函数

图 5-5

**5.53 （Turtle：绘制 sin 和 cos 函数）编写程序绘制蓝色的 sin 函数和红色的 cos 函数，如图 5-5b 所示。

**5.54 （Turtle：绘制平方函数）编写程序绘制函数 $f(x)=x^2$（参见图 5-6a）。

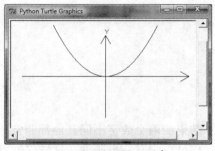

a）程序绘制函数 $f(x)=x^2$

b）程序绘制棋盘

图 5-6

**5.55 （Turtle：棋盘）编写程序绘制一个棋盘，如图 5-6b 所示。

函　数

学习目标

- 定义带形参的函数（第 6.2 节）。
- 用实参来调用函数（第 6.3 节）。
- 区分带返回值和不带返回值的函数（第 6.4 节）。
- 使用位置参数和关键字参数调用函数（第 6.5 节）。
- 通过传参数的引用值来传递参数（第 6.6 节）。
- 开发可重用代码来模块化程序，使程序易读、易调试和易维护（第 6.7 节）。
- 为可重用函数创建模块（第 6.7 ～ 6.8 节）。
- 决定变量的作用域（第 6.9 节）。
- 定义带默认参数的函数（第 6.10 节）。
- 定义一个返回多个值的函数（第 6.11 节）。
- 在软件开发中使用函数抽象的概念（第 6.12 节）。
- 用逐步求精的方法设计和实现函数（第 6.13 节）。
- 使用可重用代码简化程序（第 6.14 节）

6.1　引言

🖋 **关键点**：函数可以用来定义可重用代码、组织和简化代码。

假设你需要对 1 到 10、20 到 37 以及 35 到 49 分别求和。如果你创建一个程序来对这三个集合求和，你的代码可能会像下面这样：

```
sum = 0
for i in range(1, 11):
    sum += i
print("Sum from 1 to 10 is", sum)

sum = 0
for i in range(20, 38):
    sum += i
print("Sum from 20 to 37 is", sum)

sum = 0
for i in range(35, 50):
    sum += i
print("Sum from 35 to 49 is", sum)
```

你可能已经发现这些计算和的代码除了开始和结束的两个数字不同其他都非常相似。一次编写一个通用的代码然后重复使用会不会更好？你可以定义一个函数，这样你就可以创建可重用代码。例如，上面的代码使用函数后可简化成下面的代码：

```
1  def sum(i1, i2):
2      result = 0
```

```
3          for i in range(i1, i2 + 1):
4              result += i
5
6          return result
7
8   def main():
9       print("Sum from 1 to 10 is", sum(1, 10))
10      print("Sum from 20 to 37 is", sum(20, 37))
11      print("Sum from 35 to 49 is", sum(35, 49))
12
13  main() # Call the main function
```

在第 1 到 6 行定义了一个带两个参数 i1 和 i2 的 sum 函数。第 8 到 11 行定义了 main 函数，它通过调用 sum(1,10)、sum(20,37) 和 sum(35,49) 分别计算 1 到 10、20 到 37 以及 35 到 49 的和。

函数是为实现一个操作而集合在一起的语句集。在前面的章节中，我们已经学习了像 eval("numricString") 和 random.randint(a,b) 这样的函数。例如：当调用 random.randint(a,b) 函数时，系统会执行函数里的这些语句，并返回结果。在本章里，我们将学习如何定义和使用函数以及如何应用函数抽象去解决复杂的问题。

6.2　定义一个函数

🔑 **关键点**：函数定义包括函数名称、形参以及函数体。

定义函数的语法如下所示：

```
def functionName(list of parameters)
    # Function body
```

我们来看一个用来找出两个数中哪个比较大的函数。这个函数被命名为 max，它有两个参数：num1 和 num2，函数返回这两个数中较大的那个。图 6-1 解释了这个函数的组件。

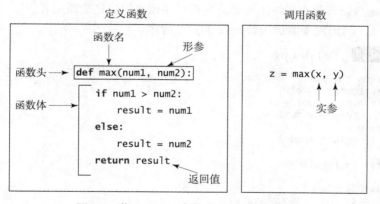

图 6-1　你可以通过参数来定义和调用函数

函数包括函数头和函数体。函数头以一个 def 关键字开始，后面紧接着函数名以及形参并以冒号结束。

函数头中的参数被称为形式参数或简称为形参。参数就像一个占位符：当调用函数时，就将一个值传递给参数。这个值被称为实际参数或实参。参数是可选的；也就是说，函数可以不包含参数。例如：函数 random.random() 就不包含参数。

某些函数有返回值，而一些其他的函数会完成要求的操作而不返回值。如果函数有返回值，则被称为带返回值的函数。

函数体包含一个定义函数做什么的语句集。例如：函数 max 的函数体使用 if 语句来判断哪个数更大然后返回这个数的值。一个带返回值的函数需要一个使用关键字 return 的返回语句来返回一个值。执行 return 语句意味着函数的终止。

6.3　调用一个函数

关键点：调用一个函数来执行函数中的代码。

在函数的定义中，定义函数要做什么。为了使用函数，必须调用它。调用函数的程序被称为调用者。根据函数是否有返回值，调用函数有两种方式。

如果函数带有返回值，对这种函数的调用通常当作一个值处理。例如：

```
larger = max(3, 4)
```

调用 max(3,4) 并将函数的结果赋值给变量 larger。

另外一个把它当作值处理的调用例子是

```
print(max(3, 4))
```

这条语句输出调用函数 max(3,4) 后的返回值。

如果函数没有返回值，那么对函数的调用必须是一条语句。例如：函数 print 没有返回值。下面的调用就是一条语句：

```
print("Programming is fun!")
```

注意：带返回值的函数也可以当作语句被调用。在这种情况下，函数返回值就会被忽略掉。这是很少见的，但如果函数调用者对返回值不感兴趣，这样也是允许的。

当程序调用一个函数时，程序控制权就会转移到被调用的函数上。当执行完函数的返回语句或执行到函数结束时，被调用函数就会将程序控制权交还给调用者。

程序清单 6-1 给出用于测试函数 max 的完整程序。

程序清单 6-1　TestMax.py

```
1   # Return the max of two numbers
2   def max(num1, num2):
3       if num1 > num2:
4           result = num1
5       else:
6           result = num2
7
8       return result
9
10  def main():
11      i = 5
12      j = 2
13      k = max(i, j) # Call the max function
14      print("The larger number of", i, "and", j, "is", k)
15
16  main() # Call the main function
```

```
The larger number of 5 and 2 is 5
```

	Line#	i	j	k	num1	num2	result
	11	5					
	12		2				
Invoke max	2				5	2	
	4						5
	13			5			

这个程序包含 max 函数和 main 函数。程序脚本在第 16 行调用 main 函数。习惯上，程序里通常定义一个包含程序主要功能的名为 main 的函数。

这个程序是怎么执行的？翻译器从文件的第 1 行开始一行一行地读取脚本语言。因为第 1 行是注释，所以它就被忽略掉了。当它读取第 2 行的函数头时，将函数以及函数体（第 2 到 8 行）存储在内存中。尽管函数的定义对函数进行了定义，但它不会让函数执行。然后，翻译器将 main 函数的定义（第 10 ～ 14 行）读取到内存。最后，解释器读取第 16 行时，它会调用 main 函数，即 main 函数被执行。程序的控制转移到 main 函数，如图 6-2 所示。

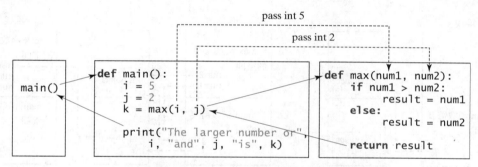

图 6-2   当函数被调用时，程序控制权就转移到这个函数，
当函数结束时程序控制权又转移到函数被调用的地方

main 函数的执行从第 11 行开始。它把 5 赋值给 i，2 赋值给 j（第 11 ～ 12 行），然后调用函数 max(i,j)（第 13 行）。

当 max 函数被调用时（第 13 行），变量 i 的值被传递给 num1，变量 j 的值被传递给 num2。程序控制权转移到 max 函数，然后就开始执行 max 函数。当 max 函数的 return 语句被执行后，max 函数就将程序控制权转移给调用者（在这种情况下，调用者就是 main 函数）。

max 函数结束之后，max 函数的返回值就会赋值给 k（第 13 行）。main 函数打印结果（第 14 行）。main 函数结束，它就将程序控制权返回给调用者（第 16 行）。现在，程序就结束了。

注意：这里的 main 函数是定义在 max 函数之后。但在 Python 中，因为函数在内存中被调用，函数可以定义在脚本文件的任意位置。你也可以在 max 函数之前定义 main 函数。

调用栈

每次调用一个函数时，系统就会创建一个为函数存储它的参数和变量的激活记录，然后将这个激活记录放在一个被称为堆栈的内存区域。调用栈又被称为执行堆栈、运行堆栈或机器堆栈，经常被简称为堆栈。当一个函数调用另一个函数时，调用者的激活记录保持不变，然后为新函数的调用创建一个新的激活记录。当一个函数结束了它的工作之后就将程序控制权转移给它的调用者，同时从堆栈中删除它的激活记录。

堆栈采用后进先出的方式存储激活记录。最后被调用的函数的激活记录将最先从栈里删除。假设函数 m1 调用 m2，然后调用 m3。运行时系统将 m1 的激活记录压入栈中，然后是将 m2 的激活记录压入栈中，最后是将 m3 的激活记录压入栈中。在完成 m3 的工作之后，它的激活记录被弹出栈。在完成 m2 的工作之后，它的激活记录被弹出栈，在完成 m1 的工作之后，它的激活记录被弹出栈。

理解调用堆栈有助于我们理解函数是如何被调用的。当调用 main 函数时，就会创建一个激活记录来存储变量 i 和 j，如图 6-3a 所示。切记：在 Python 中所有的数据都是对象。Python 在一个被称为堆的内存空间里创建和存储对象。变量 i 和 j 实际包含的是 int 对象 5 和 2 的引用值，如图 6-3a 所示。

调用函数 max(i,j) 时，将 i 和 j 的值传递给函数 max 的参数 num1 和 num2。现在 num1 和 num2 指向 int 对象 5 和 2，如图 6-3b 所示。函数 max 找出最大数并将它赋值给 result。所以现在 result 指向 int 对象 5，如图 6-3c 所示。result 返回给 main 函数并赋值给变量 k。现在 k 指向 int 对象 5，如图 6-3d 所示。在 main 函数结束后，栈被清空，如图 6-3e 所示。当堆中的对象不再需要时，Python 会自动将这些对象清空。

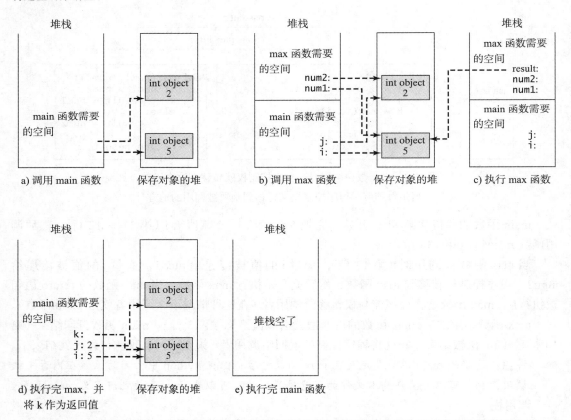

图 6-3   当调用函数时，创建一个激活记录来存储函数中的变量，函数完成后释放激活记录

6.4 带返回值或不带返回值的函数

✐ 关键点：函数不是一定有返回值。

第 6.3 节给出一个带返回值函数的例子。本节将介绍如何定义和调用不带返回值的函

数。通常，这样的函数的程序设计术语是无返回值函数。

程序清单 6-2 定义了一个叫 printGrade 的函数，然后调用它打印给定分数的等级。

程序清单 6-2 PrintGradeFunction.py

```
1   # Print grade for the score
2   def printGrade(score):
3       if score >= 90.0:
4           print('A')
5       elif score >= 80.0:
6           print('B')
7       elif score >= 70.0:
8           print('C')
9       elif score >= 60.0:
10          print('D')
11      else:
12          print('F')
13
14  def main():
15      score = eval(input("Enter a score: "))
16      print("The grade is ", end = " ")
17      printGrade(score)
18
19  main() # Call the main function
```

```
Enter a score: 78.5  ↵Enter
The grade is C
```

printGrade 函数不返回任何值。所以，在 main 函数的第 17 行，它被当作一个语句调用。

为了体现带返回值或无返回值的函数的区别，让我们重新设计 printGrade 函数返回一个值。我们调用一个新函数 getGrade 返回一个等级，如程序清单 6-3 所示。

程序清单 6-3 ReturnGradeFunction.py

```
1   # Return the grade for the score
2   def getGrade(score):
3       if score >= 90.0:
4           return 'A'
5       elif score >= 80.0:
6           return 'B'
7       elif score >= 70.0:
8           return 'C'
9       elif score >= 60.0:
10          return 'D'
11      else:
12          return 'F'
13
14  def main():
15      score = eval(input("Enter a score: "))
16      print("The grade is", getGrade(score))
17
18  main() # Call the main function
```

```
Enter a score: 78.5  ↵Enter
The grade is C
```

第 2～12 行定义的函数 getgrade 返回一个基于数字分值的字符等级。调用者在第 16 行调用这个函数。

函数 getGrade 返回一个字符，它可以像调用一个字符一样使用。函数 printGrade 无返回值，因而只能被当作一条语句被调用。

☞ **注意**：实际上，不管你是否使用 return，所有 Python 的函数都将返回一个值。如果某个函数没有返回值，默认情况下，它返回一个特殊值 None。因此，无返回值函数不会返回值，它也被称作 None 函数。None 函数可以赋值给一个变量来表明这个变量不指向任何对象。例如，如果你运行下面程序：

```python
def sum(number1, number2):
    total = number1 + number2

print(sum(1, 2))
```

你会发现输出为 None，因为 sum 函数没有 return 语句。默认情况下，它返回 None。

☞ **注意**：None 函数不是一定需要 return 语句，但它能用于终止函数并将控制权返回函数调用者。它的语法是

return

或

return None

这种用法很少使用，但对于改变函数的正常流程是很有用的。例如，当分数值是无效值时，下面的代码就用 return 语句结束这个函数。

```python
# Print grade for the score
def printGrade(score):
    if score < 0 or score > 100:
        print("Invalid score")
        return # Same as return None

    if score >= 90.0:
        print('A')
    elif score >= 80.0:
        print('B')
    elif score >= 70.0:
        print('C')
    elif score >= 60.0:
        print('D')
    else:
        print('F')
```

☞ **检查点**

6.1　使用函数的好处是什么？

6.2　如何定义一个函数？如何调用一个函数？

6.3　你能使用传统的表达式简化程序清单 6-1 中的 max 函数吗？

6.4　对 None 函数的调用总是它自己语句本身，但是对带返回值函数的调用总是表达式的一部分。这种说法是对还是错？

6.5　None 函数能不能有 return 语句吗？下面语句中的 return 函数是否会造成语法错误？

```python
def xFunction(x, y):
    print(x + y)
    return
```

6.6　给出术语函数头、形参、实参的定义。

6.7　编写下面函数的函数头（并指出函数是否有返回值）：
- 给定销售额和提成率，然后计算销售提成。

- 给定年份和月份，然后打印该月的日历。
- 计算平方根。
- 判断一个数是不是偶数，如果是则返回 true。
- 按指定次数打印一条消息。
- 给定贷款额、还款年数和年利率，然后计算月支付额。
- 对于给定的小写字母，给出相应的大写字母。

6.8 确定并改正下面程序中的错误：

```
1  def function1(n, m):
2  function2(3.4)
3
4  def function2(n):
5      if n > 0:
6        return 1
7    elif n == 0:
8      return 0
9    elif n < 0:
10     return -1
11
12 function1(2, 3)
```

6.9 显示下面代码的输出：

```
1  def main():
2      print(min(5, 6))
3
4  def min(n1, n2):
5      smallest = n1
6      if n2 < smallest:
7          smallest = n2
8
9  main() # Call the main function
```

6.10 运行下面程序时会出现什么错误？

```
def main():
    print(min(min(5, 6), (51, 6)))

def min(n1, n2):
    smallest = n1
    if n2 < smallest:
        smallest = n2

main() # Call the main function
```

6.5 位置参数和关键字参数

关键点：函数实参是作为位置参数和关键字参数被传递。

函数的作用就在于它处理参数的能力。当调用函数时，需要将实参传递给形参。实参有两种类型：位置参数和关键字参数。使用位置参数要求参数按它们在函数头的顺序进行传递。例如，下面的函数输出消息 n 次：

```
def nPrintln(message, n):
    for i in range(n):
        print(message)
```

你可以使用 nPrintln('a',3) 输出 a 三次。nPrintln('a',3) 语句将 a 传递给 message，将 3 传递给 n，然后输出 a 三次。但是，语句 nPrintln(3，'a') 则有不同的含义。它将 3 传递给

message，将 a 传递给 n。当我们调用这样的函数时，就被称为使用位置参数。实参必须和函数头中定义的形参在顺序、个数和类型上匹配。

你也可以使用关键字参数调用函数，通过 name=value 的形式传递每个参数。例如：nPlintln(n=5,message="good") 将 5 传递给 n，将 "good" 传递给 message。使用关键字参数时，参数可以以任何顺序出现。

位置参数和关键字参数很可能被混在一起，但位置参数不能出现在任何关键字参数之后。假设函数头是：

```
def f(p1, p2, p3):
```

你可以通过使用

```
f(30, p2 = 4, p3 = 10)
```

调用它。

但是，你通过使用

```
f(30, p2 = 4, 10)
```

调用它则会出错。因为位置参数 10 出现在关键字参数 p2=4 之后。

☞ 检查点

6.11   比较位置参数和关键字参数。

6.12   假设函数头如下所示：

```
def f(p1, p2, p3, p4):
```

下面哪些调用是正确的？

```
f(1, p2 = 3, p3 = 4, p4 = 4)
f(1, p2 = 3, 4, p4 = 4)
f(p1 = 1, p2 = 3, 4, p4 = 4)
f(p1 = 1, p2 = 3, p3 = 4, p4 = 4)
f(p4 = 1, p2 = 3, p3 = 4, p1 = 4)
```

6.6   通过传引用来传递参数

🔑 关键点：当你调用带参数的函数时，每个实参的引用值被传递给函数的形参。

因为 Python 中的所有数据都是对象，所以对象的变量通常都是指向对象的引用。当你调用一个带参数的函数时，每个实参的引用值就被传递给形参。这在程序设计术语中被称为通过值传递。简单地说，调用函数时，实参的值就被传递给形参。这个值通常就是对象的引用值。

如果实参是一个数字或者是一个字符串，那么不管函数中的形参有没有变化，这个实参是不受影响的。程序清单 6-4 给出一个例子。

程序清单 6-4   Increment.py

```
1  def main():
2      x = 1
3      print("Before the call, x is", x)
4      increment(x)
5      print("After the call, x is", x)
6
```

```
7  def increment(n):
8      n += 1
9      print("\tn inside the function is", n)
10
11  main() # Call the main function
```

```
Before the call, x is 1
        n inside the function is 2
After the call, x is 1
```

如程序清单 6-4 的输出所示，x(1) 的值被传递给形参 n 来调用 increment 函数（第 4 行）。函数中参数 n 递增 1，但是不论函数做什么 x 都不会改变。

这样的原因是因为数字和字符串被称为不可变对象。不可变对象的内容是不能被改变的。当你将一个新数字赋值给变量时，Python 就会为这个新数字创建新对象，然后将这个新对象的引用赋值给这个变量。

考虑下面的代码：

```
>>> x = 4
>>> y = x
>>> id(x)   # The reference of x
505408920
>>> id(y) # The reference of y is the same as the reference of x
505408920
>>>
```

你把 x 赋值给 y，现在，x 和 y 都指向同一个对象（整数 4），如图 6-4a ～ b 所示。如果你将 1 加到 y，那就会创建一个新对象然后它被赋给 y，如图 6-4c 所示。现在，y 指向一个新对象，如下面代码所示：

```
>>> y = y + 1 # y now points to a new int object with value 5
>>> id(y)
505408936
>>>
```

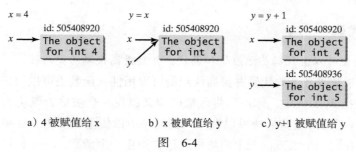

a) 4 被赋值给 x   b) x 被赋值给 y   c) y+1 被赋值给 y

图 6-4

检查点

6.13 什么是值传递？

6.14 形参和实参能同名吗？

6.15 显示下面函数的结果。

```python
def main():
    max = 0
    getMax(1, 2, max)
    print(max)

def getMax(value1, value2, max):
    if value1 > value2:
        max = value1
    else:
        max = value2

main()
```

a)

```python
def main():
    i = 1
    while i <= 6:
        print(function1(i, 2))
        i += 1

def function1(i, num):
    line = ""
    for j in range(1, i):
        line += str(num) + " "
        num *= 2
    return line

main()
```

b)

```python
def main():
    # Initialize times
    times = 3
    print("Before the call, variable",
        "times is", times)

    # Invoke nPrintln and display times
    nPrint("Welcome to CS!", times)
    print("After the call, variable",
        "times is", times)

# Print the message n times
def nPrint(message, n):
    while n > 0:
        print("n = ", n)
        print(message)
        n -= 1

main()
```

c)

```python
def main():
    i = 0
    while i <= 4:
        function1(i)
        i += 1

        print("i is", i)

def function1(i):
    line = " "
    while i >= 1:
        if i % 3 != 0:
            line += str(i) + " "
        i -= 1

    print(line)

main()
```

d)

6.16 在前面问题的 a 中，给出调用函数 max 之前也就是刚刚进入 max 时栈的内容，以及 max 被返回后栈的内容。

6.7 模块化代码

关键点：模块化可以使代码易于维护和调试，并且提高代码的重用性。

函数可以用来减少冗余的代码并提高代码的可重用性。函数也可以用来模块化代码并提高程序的质量。在 Python 中，你可以将函数的定义放在一个被称为模块的文件中，这种文件的后缀名是 .py。之后这些模块可以被导入到程序中以便重复使用。这些模块文件应该和其他程序一起放在同一个地方。一个模块可以包含不止一个函数。一个模块的每个函数都有不同的名字。注意：turtle、random 和 math 是定义在 Python 库里的模块，这样，它们可以被导入到任何一个 Python 程序中。

程序清单 5-8 是一个提示用户输入两个整数然后显示它们最大公约数的程序。你可重写一个使用函数的程序，然后将它放在一个称作 GCDFuntion.py 的模块，如程序清单 6-5 所示。

程序清单 6-5 GCDFunction.py

```
1  # Return the gcd of two integers
2  def gcd(n1, n2):
3      gcd = 1 # Initial gcd is 1
4      k = 2    # Possible gcd
5
6      while k <= n1 and k <= n2:
7          if n1 % k == 0 and n2 % k == 0:
8              gcd = k # Update gcd
9          k += 1
10
11     return gcd # Return gcd
```

现在，我们编写一个独立的程序使用 gcd 函数，如程序清单 6-6 所示。

程序清单 6-6 TestGCDFunction.py

```
1  from GCDFunction import gcd # Import the gcd function
2
3  # Prompt the user to enter two integers
4  n1 = eval(input("Enter the first integer: "))
5  n2 = eval(input("Enter the second integer: "))
6
7  print("The greatest common divisor for", n1,
8      "and", n2, "is", gcd(n1, n2))
```

```
Enter the first integer: 45 ↵Enter
Enter the second integer: 75 ↵Enter
The greatest common divisor for 45 and 75 is 15
```

第 1 行从模块 GCDFuntion 中导入 gcd 函数，这样，你就可以在程序中调用 gcd 函数（第 8 行）。你也可以使用下面的语句导入它：

```
import GCDFunction
```

如果使用这个语句，你必须使用 GCDFuntion.gcd 才能调用函数 gcd。

通过将求最大公约数的代码封装在函数 gcd 中，这个程序具备了以下几个优点。

1）它将计算最大公约数的代码和其他代码分隔开，这样使程序的逻辑更加清晰而且程序的可读性更强。

2）计算最大公约数的任何错误就被限定在函数 gcd 中，这样就缩小了调试的范围。

3）现在，其他程序就可以重用函数 gcd 了。

如果你在一个模块里定义了两个同名函数，那会出现什么情况呢？在这种情况下不会出现语法错误，但后者的优先级高。

程序清单 6-7 应用模块的概念来改进程序清单 5-13。程序定义了两个新函数：isPrime 和 printPrimeNumbers。函数 isPrime 判断一个数是不是素数，函数 printPrimeNumbers 打印素数。

程序清单 6-7 PrimeNumberFunction.py

```
1  # Check whether number is prime
2  def isPrime(number):
3      divisor = 2
4      while divisor <= number / 2:
5          if number % divisor == 0:
6              # If true, number is not prime
```

```
 7                    return False # number is not a prime
 8              divisor += 1
 9
10         return True # number is prime
11
12  def printPrimeNumbers(numberOfPrimes):
13      NUMBER_OF_PRIMES = 50  # Number of primes to display
14      NUMBER_OF_PRIMES_PER_LINE = 10  # Display 10 per line
15      count = 0  # Count the number of prime numbers
16      number = 2  # A number to be tested for primeness
17
18      # Repeatedly find prime numbers
19      while count < numberOfPrimes:
20          # Print the prime number and increase the count
21          if isPrime(number):
22              count += 1 # Increase the count
23
24              print(number, end = " ")
25              if count % NUMBER_OF_PRIMES_PER_LINE == 0:
26                  # Print the number and advance to the new line
27                  print()
28
29          # Check if the next number is prime
30          number += 1
31
32  def main():
33      print("The first 50 prime numbers are")
34      printPrimeNumbers(50)
35
36  main()  # Call the main function
```

```
The first 50 prime numbers are

2    3    5    7    11   13   17   19   23   29
31   37   41   43   47   53   59   61   67   71
73   79   83   89   97   101  103  107  109  113
127  131  137  139  149  151  157  163  167  173
179  181  191  193  197  199  211  223  227  229
```

这个程序将一个大问题分成两个小问题。这样，新程序更易读且更易于调试。同时，其他程序也可以重复使用 printPrimeNumbers 和 isPrime 函数。

6.8 实例研究：将十进制数转换为十六进制数

🖋️ **关键点**：本节给出一个将十进制数转换为十六进制数的程序。

计算机程序设计中会经常用到十六进制数（第 3 章曾介绍过）（参见附录 C 中对数系的介绍）。将十进制数 d 转换为一个十六进制数就是找到满足下面条件的十六进制数：

$$d = h_n \times 16^n + h_{n-1} \times 16^{n-1} + h_{n-2} \times 16^{n-2} + \cdots + h_2 \times 16^2 + h_1 \times 16^1 + h_0 \times 16^0$$

这些十六进制数可以通过不断用 d 除以 16 直到商为 0 而得到。依次得到的余数是 h_0，h_1，…，h_{n-1} 和 h_n。十六进制数包括 0、1、2、3、4、5、6、7、8、9，而 A 是十进制数 10，B 是十进制数 11，C 是十进制数 12，D 是十进制数 13，E 是十进制数 14，F 是十进制数 15。

例如：十进制数 123 转化成十六进制数就是 7B。这个转化过程如右所示：

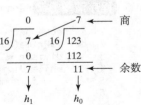

123 除以 16 的余数是 11，它是十六进制数 B。这次除法的商是 7。16 除以 7 余数是 7，商是 0。所以，7B 就代表十进制数 123。

程序清单 6-8 的程序，提示用户输进一个十进制数，然后将它转换成字符串形式的十六进制数。

程序清单 6-8 Decimal2HexConversion.py

```
1   # Convert a decimal to a hex as a string
2   def decimalToHex(decimalValue):
3       hex = ""
4
5       while decimalValue != 0:
6           hexValue = decimalValue % 16
7           hex = toHexChar(hexValue) + hex
8           decimalValue = decimalValue // 16
9
10      return hex
11
12  # Convert an integer to a single hex digit as a character
13  def toHexChar(hexValue):
14      if 0 <= hexValue <= 9:
15          return chr(hexValue + ord('0'))
16      else: # 10 <= hexValue <= 15
17          return chr(hexValue - 10 + ord('A'))
18
19  def main():
20      # Prompt the user to enter a decimal integer
21      decimalValue = eval(input("Enter a decimal number: "))
22
23      print("The hex number for decimal",
24          decimalValue, "is", decimalToHex(decimalValue))
25
26  main() # Call the main function
```

```
Enter a decimal number: 1234  ↵Enter
The hex number for decimal 1234 is 4D2
```

	line#	decimalValue	hex	hexValue	toHexChar(hexValue)
	21	1234			
	3		" "		
iteration 1 {	6			2	
	7		"2"		"2"
	8	77			
iteration 2 {	6			13	
	7		"D2"		"D"
	8	4			
iteration 3 {	6			4	
	7		"4D2"		"4"
	8	0			

十六进制的字符串 hex 初始时为空（第 3 行）。程序使用函数 decimalToHex 将十进制数转换成字符串形式的十六进制数（第 2 ~ 10 行）。该函数得到这个十进制数除以 16 之后的余数（第 6 行）。调用函数 toHexChar 将得到的余数转化为一个字符然后转为一个十六进制字符串（第 7 行）。将这个十进制数除以 16，就从该数中去掉一个十六进制数（第 8 行）。函数在一个循环中重复执行这些操作，直到商变成 0（第 5 ~ 8 行）。

函数 toHexChar 将 0 到 15 之间的数 hexValue 转换为一个十六进制字符。如果 hexValue

在 0 到 9 之间，那它就被转换为 chr(hexValue +ord('0'))（第 15 行）。例如，如果 hexValue 是 5，那么 chr(hexValue +ord('0')) 返回 5。类似地，如果 hexValue 在 10 到 15 之间，它就被转换为 chr(hexValue−10 +ord('A'))（第 17 行）。例如，如果 hexValue 是 11，那么 chr(hexValue−10 +ord('A')) 返回 B。

6.9 变量的作用域

🖋 **关键点**：变量的作用域是指该变量可以在程序中被引用的范围。

第 2 章介绍了变量的作用域。这节讨论在函数范围中变量的作用域。在函数内部定义的变量被称为局部变量。局部变量只能在函数内部被访问。局部变量的作用域从创建变量的地方开始，直到包含该变量的函数结束为止。

在 Python 中，你也可以使用全局变量。它们在所有的函数之外创建，可以被所有的函数访问。考虑下面的例子。

1. 示例 1

```
1  globalVar = 1
2  def f1():
3      localVar = 2
4      print(globalVar)
5      print(localVar)
6
7  f1()
8  print(globalVar)
9  print(localVar) # Out of scope, so this gives an error
```

在第 1 行创建一个全局变量。它可以在函数里访问（第 4 行），也可以在函数外访问（第 8 行）。第 3 行创建了一个局部变量。它可以在第 5 行的函数里访问。第 9 行试图在函数外访问局部变量就会造成错误。

2. 示例 2

```
1  x = 1
2  def f1():
3      x = 2
4      print(x) # Displays 2
5
6  f1()
7  print(x) # Displays 1
```

第 1 行定义一个全局变量 x，而第 3 行创建另一个同名的局部变量（x）。从这里开始，全局变量 x 就不可以在函数中被访问。但是在函数之外，全局变量 x 仍旧可访问。所以，第 7 行输出 1。

3. 示例 3

```
1  x = eval(input("Enter a number: "))
2  if x > 0:
3      y = 4
4
5  print(y) # This gives an error if y is not created
```

这里，如果 x>0 则变量 y 才会被创建。如果输入一个大于 0 的正数，程序正常运行。如果你输入一个非正数，那第 5 行程序将出错，因为 y 没有被创建。

4. 示例 4

```
1   sum = 0
2   for i in range(5):
3       sum += i
4
5   print(i)
```

这里，在循环中创建了变量 i。循环结束后，i 的值是 4，所以，第 5 行显示 4。

你可以将一个局部变量的作用域绑定为全局的。你也可以在函数中创建一个变量然后在函数外使用它。为了实现上述两个功能，可以使用 global 语句，如下面的例子所示。

5. 示例 5

```
1   x = 1
2   def increase():
3       global x
4       x =  x + 1
5       print(x) # Displays 2
6
7   increase()
8   print(x) # Displays 2
```

这里，第 1 行创建了一个全局变量 x，然后在第 3 行将 x 限定在这个函数中，这意味着函数里的 x 和函数外的 x 是一样的，所以，程序在第 5 行和第 8 行输出 2。

注意：尽管允许使用全局变量，你也可以看到全局变量在其他程序中使用。但在一个函数中允许修改全局变量并不是一个好习惯。因为这样做可能使程序更易出错。但是，可以定义全局变量以便模块中的所有函数都能使用它。

检查点

6.17 下面代码的打印结果什么？

```
def function(x):
    print(x)
    x = 4.5
    y = 3.4
    print(y)

x = 2
y = 4
function(x)
print(x)
print(y)
```

a)

```
def f(x, y = 1, z = 2):
    return x + y + z

print(f(1, 1, 1))
print(f(y = 1, x = 2, z = 3))
print(f(1, z = 3))
```

b)

6.18 下面的代码有什么错误？

```
1   def function():
2       x = 4.5
3       y = 3.4
4       print(x)
5       print(y)
6
7   function()
8   print(x)
9   print(y)
```

6.19 下面代码能运行吗？如果能，打印结果是什么？

```
x = 10
if x < 0:
```

```
        y = -1
    else:
        y = 1

    print("y is", y)
```

6.10 默认参数

关键点：Python 允许定义带默认参数值的函数。当函数被调用时无参数，那么这些默认值就会被传递给实参。

程序清单 6-9 演示如何定义带默认参数值的函数以及如何调用这样的函数。

程序清单 6-9 DefaultArgumentDemo.py

```
1   def printArea(width = 1, height = 2):
2       area = width * height
3       print("width:", width, "\theight:", height, "\tarea:", area)
4
5   printArea() # Default arguments width = 1 and height = 2
6   printArea(4, 2.5) # Positional arguments width = 4 and height = 2.5
7   printArea(height = 5, width = 3) # Keyword arguments width
8   printArea(width = 1.2) # Default height = 2
9   printArea(height = 6.2) # Default width = 1
```

```
width: 1        height: 2       area: 2
width: 4        height: 2.5     area: 10.0
width: 3        height: 5       area: 15
width: 1.2      height: 2       area: 2.4
width: 1        height: 6.2     area: 6.2
```

第 1 行用参数 width 和 height 定义函数 printArea。width 的默认值是 1，而 height 的默认值是 2。第 5 行是在没有传递实参的情况下调用这个函数。所以，程序就将默认值 1 赋给 width，将默认值 2 赋给 height。第 6 行通过将 4 和 6 分别赋给 width 和 height 来调用这个函数。第 7 行通过将 3 和 5 分别赋值给 width 和 height 来调用这个函数。注意：我们也可以通过指定参数名来传递实参的值，如第 8 行和第 9 行所示。

注意：函数可以混用默认值参数和非默认值参数。这种情况下，非默认值参数必须定义在默认值参数之前。

注意：尽管许多语言支持在同一个模块里定义两个同名的函数，但是 Python 并不支持这个特点。通过默认参数你只可以定义函数一次，但可以通过许多不同的方式调用函数。这和在其他语言中定义同名的多个函数的效果一样。如果你在 Python 中定义了多个函数，那么后面的函数就会取代先前的函数。

检查点

6.20 显示下面代码的打印结果：

```
def f(w = 1, h = 2):
    print(w, h)

f()
f(w = 5)
f(h = 24)
f(4, 5)
```

6.21 确定下面程序的错误并改正：

```
1   def main():
2       nPrintln(5)
3
4   def nPrintln(message = "Welcome to Python!", n):
5       for i in range(n):
6           print(message)
7
8   main() # Call the main function
```

6.22　如果在同一模块里定义两个同名的函数会发生什么？

6.11　返回多个值

关键点：Python 的 return 语句可以返回多个值。

　　Python 允许函数返回多个值。程序清单 6-10 定义了一个输入两个数并以升序返回这两个数的函数。

程序清单 6-10　MultipleReturnValueDemo.py

```
1   def sort(number1, number2):
2       if number1 < number2:
3           return number1, number2
4       else:
5           return number2, number1
6
7   n1, n2 = sort(3, 2)
8   print("n1 is", n1)
9   print("n2 is", n2)
```

```
n1 is 2
n2 is 3
```

sort 函数返回两个值。当它被调用时，你需要同时赋值传递这些返回值。

检查点

6.23　函数能否返回多个值？显示下面程序的打印结果。

```
1   def f(x, y):
2       return x + y, x - y, x * y, x / y
3
4   t1, t2, t3, t4 = f(9, 5)
5   print(t1, t2, t3, t4)
```

6.12　实例研究：生成随机 ASCII 码字符

关键点：字符是用整型数字来编码的。生成随机字符就是生成一个整型数。

　　计算机处理的是数值数据和字符。你已经看到了许多涉及数值数据的例子。了解字符以及如何处理字符都很重要。本节给出一个生成随机 ASCII 码字符的例子。

　　正如第 3.3 节中介绍的那样，每个字符都有一个在 0 到 127 之间的唯一 ASCII 码。要生成一个随机字符首先生成一个在 0 到 127 之间的 ASCII 码，然后使用下面的代码从函数 chr 中从整数中获取字符：

chr(randint(0, 127))

　　让我们考虑一下如何生成一个随机的小写字母。小写字母的 ASCII 码是一连串连续的整数，从小写字母 "a" 的编码开始，然后是 "b"、"c"、…、"z"。"a" 的编码是：

```
ord('a')
```

所以，ord('a') 和 ord('z') 之间的随机数是

```
randint(ord('a'), ord('z'))
```

因此，一个随机小写字母是

```
chr(randint(ord('a'), ord('z')))
```

这样，任意两个字符 ch1 和 ch2 之间且满足 ch1<ch2 的随机字符可以使用如下所示的代码生成：

```
chr(randint(ord(ch1), ord(ch2)))
```

这是一个简单且有用的发现。在程序清单 6-11 中，我们创建了一个名为 Random-Character.py 的包含 5 个能随机生成特定类型字符的函数。你可以在以后的程序里使用这些函数。

程序清单 6-11　RandomCharacter.py

```
1  from random import randint # import randint
2
3  # Generate a random character between ch1 and ch2
4  def getRandomCharacter(ch1, ch2):
5      return chr(randint(ord(ch1), ord(ch2)))
6
7  # Generate a random lowercase letter
8  def getRandomLowerCaseLetter():
9      return getRandomCharacter('a', 'z')
10
11 # Generate a random uppercase letter
12 def getRandomUpperCaseLetter():
13     return getRandomCharacter('A', 'Z')
14
15 # Generate a random digit character
16 def getRandomDigitCharacter():
17     return getRandomCharacter('0', '9')
18
19 # Generate a random character
20 def getRandomASCIICharacter():
21     return chr(randint(0, 127))
```

程序清单 6-12 是一个测试程序，它显示 175 个随机小写字母。

程序清单 6-12　TestRandomCharacter.py

```
1  import RandomCharacter
2
3  NUMBER_OF_CHARS = 175 # Number of characters to generate
4  CHARS_PER_LINE = 25 # Number of characters to display per line
5
6  # Print random characters between 'a' and 'z', 25 chars per line
7  for i in range(NUMBER_OF_CHARS):
8      print(RandomCharacter.getRandomLowerCaseLetter(), end = " ")
9      if (i + 1) % CHARS_PER_LINE == 0:
10         print()  # Jump to the new line
```

```
gmjsohezfkgtazqgmswfclrao
pnrunulnwmaztlfjedmpchcif
lalqdgivxkxpbzulrmqmbhikr
lbnrjlsopfxahssqhwuuljvbe
```

```
xbhdotzhpehbqmuwsfktwsoli
cbuwkzgxpmtzihgatdslvbwbz
bfesoklwbhnooygiigzdxuqni
```

第 1 行导入 RandomCharacter 模块, 因为程序调用了这个模块里定义的函数。

调用函数 getRandomLowerCaseLetter() 返回一个小写字母 (第 8 行)。

☞ **注意**: 函数 getRandomLowerCaseLetter() 没有任何形参, 但当你定义和调用它时, 必须使用括号。

☞ **检查点**

6.24 编写一个返回 34 到 55 之间, 包括 33 和 55 的随机整数的表达式。

6.25 编写一个返回 B 到 M 之间, 包括 B 和 M 的随机字符的表达式。

6.26 编写一个返回 6.5 到 56.5 (不包括 56.5) 之间的随机数的表达式。

6.27 编写一个返回随机小写字母的表达式。

6.13 函数抽象和逐步求精

✎ **关键点**: 函数抽象就是将函数的使用和函数的实现分开来实现的。

软件开发的关键就是应用抽象的概念。本书中介绍了许多不同层次的抽象。函数抽象将函数的使用从函数的实现分离出来。一个用户程序或简称为用户, 可以在不知道函数是如何实现的情况下使用函数。函数的实现细节被封装在函数内, 并对调用该函数的用户隐藏。这被称为信息隐藏或封装。如果决定改变函数的实现, 只要不改变函数名, 用户程序就不会受影响。函数的实现对用户而言是隐藏在一个黑匣子中, 如图 6-5 所示。

我们已经在用户程序中使用过许多 Python 内置函数, 并且知道如何在程序中编写代码来调用这些函数, 但是, 作为这些函数的使用者, 我们并不需要知道它们是如何实现的。

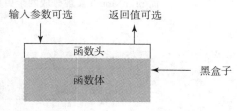

函数抽象的概念可以被应用到开发程序的过程中。当编写一个大程序时, 你可以使用分治策略, 也称之为逐步求精, 将大问题分解为子问题。这些子问题又被分为更小更容易管理的问题。

图 6-5 函数体可以被认为是一个黑盒子, 它包含这个函数的详细实现

假设要编写一个程序, 它显示给定年月的日历。程序提示用户输入年月, 然后显示该月的整个日历, 如下示例运行所示:

```
Enter full year (e.g., 2001): 2011 ↵Enter
Enter month as number between 1 and 12: 9 ↵Enter
           September 2011
——————————————————————————————————
 Sun  Mon  Tue  Wed  Thu  Fri  Sat
                      1    2    3
  4    5    6    7    8    9   10
 11   12   13   14   15   16   17
 18   19   20   21   22   23   24
 25   26   27   28   29   30
```

让我们使用这个例子演示分治法。

6.13.1 自顶向下设计

如何开始编写这样一个函数呢？你会立即开始编写代码吗？程序员新手常常一开始就想制订解决方案的每一个细节。尽管细节对最终程序很重要，但前期过多关注细节会阻碍问题的解决进程。为使解决问题流程尽可能地流畅，本例先用函数抽象把细节和设计分离，只在最后才实现这些细节。

对本例来说，先把问题分成两个子问题：①获取用户的输入，②打印该月的日历。在这一步应该考虑还能分成什么子问题，而不是如何获取输入和打印一个月的日历。你可以绘制一个结构图，这有助于看清楚问题的分解过程（参见图 6-6a）。

你可以使用函数 input 读取输入的年份和月份。如何打印给定月份的日历问题可以分成两个子问题：①打印日历标题，②打印日历主体，如图 6-6b 所示。日历标题由三行组成：年月、虚线、每周七天的星期名称。你需要通过表示月份的数字（例如：1）来获取该月的全称（例如：January）。这可以由 getMonthName 完成（如图 6-7a 所示）。

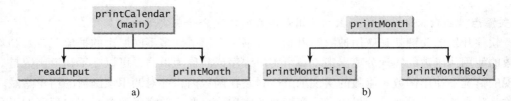

图 6-6　结构图显示 printCalendar 问题被分成两个子问题，readInput 和 printMonth，而 printMonth 又被分成两个更小的子问题，printMonthTitle 和 printMonthBody

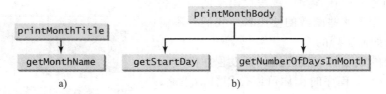

图 6-7　a）为实现 printMonthTitle，你需要 getMonthName
b）printMonthBody 问题被分成几个更小的问题

为了打印日历的主体，你需要知道这个月的第 1 天是星期几（getStartDay），以及这个月共有多少天（getNumberOfDaysInMonth），如图 6-7b 所示。例如：2005 年 12 月有 31 天，2005 年 12 月 1 日是星期四。

你如何知道一个月的第 1 天是星期几？下面有几个方法。假设你知道 1800 年 1 月 1 日是星期三（START_DAY_FOR_JAN_1_1800 ＝ 3）。你可以计算这个月的第 1 天和 1800 年 1 月 1 日之间有多少天（totalNumberOfDays）。那么，这个月的第一天就是 (totalNumberOfDays+startDay1800)%7，因为每个星期有七天。因此，getStartDay 问题就被进一步提炼成 getTotalNumberOfDays，如图 6-8a 所示。

为获取总天数，你需要知道该年是不是闰年以及每个月的天数。因此，getTotalNumberOfDays 需要被进一步提炼成两个小问题：isLeapYear 和 getNumberOfDaysInMonth，如图 6-8b 所示。完整的结构图如图 6-9 所示。

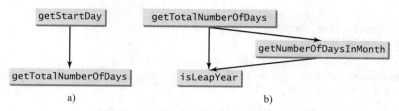

图 6-8 a）为实现 getStartDay，你需要 getTotalNumberOfDays

b) 问题 getTotalNumberOfDays 被提炼成两个更小的问题

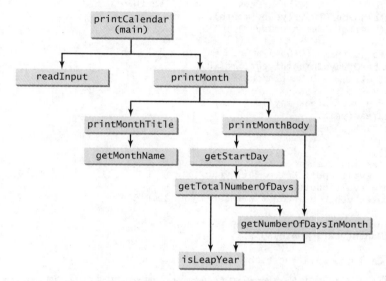

图 6-9 结构图显示程序里子问题之间的层次关系

6.13.2　自顶向下和自底向上的实现

现在，我们把注意力转移到实现上。通常，一个子问题在实现过程中对应一个函数，尽管某些子问题太简单，以至于都不需要函数来实现。你需要决定哪些模块需要函数实现，而哪些模块需要结合其他函数。这种决策应该基于整个程序是否更易读。在本例中，子问题 readInput 只在 main 函数中实现。

你既可以采用自顶向下的方法，也可以采用自底向上的方法。"自顶向下"的方法是自上而下，每次实现结构图中的一个函数。待完善部分（stub）是函数的一个简单但不完整的版本，可以用它表示等待实现的函数。使用待完善方式可以快速地构建程序的框架。首先，实现 main 方法，然后使用 printMonth 函数的待完善部分。例如，让 printMonth 的待完善部分显示年份和月份。那么，程序就可以像这样开始：

```
# A stub for printMonth may look like this
def printMonth(year, month):
    print(year, month)

# A stub for printMonthTitle may look like this
def printMonthTitle(year, month):
    print("printMonthTitle")
```

```
# A stub for getMonthBody may look like this
def getMonthBody(year, month):
    print("getMonthBody")

# A stub for getMonthName may look like this
def getMonthName(month):
    print("getMonthName")

# A stub for getStartDay may look like this
def getStartDay(year, month):
    print("getStartDay")

# A stub for getTotalNumberOfDays may look like this
def getTotalNumberOfDays(year, month):
    print("getTotalNumberOfDays")

# A stub for getNumberOfDaysInMonth may look like this
def getNumberOfDaysInMonth(year, month):
    print("getNumberOfDaysInMonth")

# A stub for isLeapYear may look like this
def isLeapYear(year):
    print("isLeapYear")

def main():
    # Prompt the user to enter year and month
    year = eval(input("Enter full year (e.g., 2001): "))
    month = eval(input((
        "Enter month as number between 1 and 12: ")))

    # Print calendar for the month of the year
    printMonth(year, month)

main() # Call the main function
```

运行并测试这个程序，然后修改所有的错误。现在，你可以实现 printMonth 函数。对于从 printMonth 函数中调用的所有函数，你可以再次使用待完善方式。

自底向上方法是从下向上每次实现结构图中的一个函数。对每一个实现的函数都编写一个被称为驱动程序的测试程序进行测试。

自顶向下和自底向上都是不错的方法。它们都是逐步地实现函数，这有助于分离程序设计错误，使调试变得更加容易。这两种方法可以一起使用。

6.13.3 实现细节

函数 isLeapYear(year) 可以使用下面的代码实现（参见第 4.12 节）：

```
return year % 400 == 0 or (year % 4 == 0 and year % 100 != 0)
```

使用下面的事实实现函数 getTotalNumberOfDays(year,month)：

- 一月、三月、五月、七月、八月、十月、十二月都是 31 天。
- 四月、六月、九月、十一月都是 30 天。
- 二月有 28 天，但在闰年有 29 天。因此，一年有 365 天，闰年有 366 天。

为了实现函数 getTotalNumberOfDays(year,month)，你需要计算从 1800 年 1 月 1 日到该月的第一天的总天数（totalNumberOfDays）以及这个月的第一天。你可以求出 1800 年到该年的总天数以及在这个月之前该年的天数。这两个天数之和就是 totalNumberOfDays。

要打印日历体，首先要在第一天之前填充一些空格，然后为每个星期打印一行。

完整的程序在程序清单 6-13 中给出。

程序清单 6-13 PrintCalendar.py

```
1   # Print the calendar for a month in a year
2   def printMonth(year, month):
3       # Print the headings of the calendar
4       printMonthTitle(year, month)
5
6       # Print the body of the calendar
7       printMonthBody(year, month)
8
9   # Print the month title, e.g., May 1999
10  def printMonthTitle(year, month):
11      print("          ", getMonthName(month), " ", year)
12      print("---------------------------------------------")
13      print(" Sun Mon Tue Wed Thu Fri Sat")
14
15  # Print month body
16  def printMonthBody(year, month):
17      # Get start day of the week for the first date in the month
18      startDay = getStartDay(year, month)
19
20      # Get number of days in the month
21      numberOfDaysInMonth = getNumberOfDaysInMonth(year, month)
22
23      # Pad space before the first day of the month
24      i = 0
25      for i in range(0, startDay):
26          print("    ", end = " ")
27
28      for i in range(1, numberOfDaysInMonth + 1):
29          print(format(i, "4d"), end = " ")
30
31          if (i + startDay) % 7 == 0:
32              print() # Jump to the new line
33
34  # Get the English name for the month
35  def getMonthName(month):
36      if month == 1:
37          monthName = "January"
38      elif month == 2:
39          monthName = "February"
40      elif month == 3:
41          monthName = "March"
42      elif month == 4:
43          monthName = "April"
44      elif month == 5:
45          monthName = "May"
46      elif month == 6:
47          monthName = "June"
48      elif month == 7:
49          monthName = "July"
50      elif month == 8:
51          monthName = "August"
52      elif month == 9:
53          monthName = "September"
54      elif month == 10:
55          monthName = "October"
56      elif month == 11:
57          monthName = "November"
58      else:
59          monthName = "December"
60
```

```
61          return monthName
62
63   # Get the start day of month/1/year
64   def getStartDay(year, month):
65          START_DAY_FOR_JAN_1_1800 = 3
66
67          # Get total number of days from 1/1/1800 to month/1/year
68          totalNumberOfDays = getTotalNumberOfDays(year, month)
69
70          # Return the start day for month/1/year
71          return (totalNumberOfDays + START_DAY_FOR_JAN_1_1800) % 7
72
73   # Get the total number of days since January 1, 1800
74   def getTotalNumberOfDays(year, month):
75          total = 0
76
77          # Get the total days from 1800 to 1/1/year
78          for i in range(1800, year):
79              if isLeapYear(i):
80                  total = total + 366
81              else:
82                  total = total + 365
83
84          # Add days from Jan to the month prior to the calendar month
85          for i in range(1, month):
86              total = total + getNumberOfDaysInMonth(year, i)
87
88          return total
89
90   # Get the number of days in a month
91   def getNumberOfDaysInMonth(year, month):
92          if (month == 1 or month == 3 or month == 5 or month == 7 or
93              month == 8 or month == 10 or month == 12):
94              return 31
95
96          if month == 4 or month == 6 or month == 9 or month == 11:
97              return 30
98
99          if month == 2:
100             return 29 if isLeapYear(year) else 28
101
102         return 0 # If month is incorrect
103
104  # Determine if it is a leap year
105  def isLeapYear(year):
106         return year % 400 == 0 or (year % 4 == 0 and year % 100 != 0)
107
108  def main():
109         # Prompt the user to enter year and month
110         year = eval(input("Enter full year (e.g., 2001): "))
111         month = eval(input(("Enter month as number between 1 and 12: ")))
112
113         # Print calendar for the month of the year
114         printMonth(year, month)
115
116  main() # Call the main function
```

这个程序没有检测用户输入的有效性。例如：用户输入的月份如果不在 1 到 12 之间，或者年份在 1800 以前，那么程序就会显示错误的日历。为了避免这样的错误，可以添加 if 语句在打印之前检查输入。

该程序可以打印一个月的日历，也可以很容易地修改为打印整年的日历。尽管它现在只能打印 1800 年 1 月以后的月份，但稍加修改便能打印 1800 年之前的月份。

6.13.4　逐步求精的优势

逐步求精将一个大问题分解成更小的易于解决的子问题。每个子问题都可以用函数实现。这种方法使程序易于编写、重用、调试、测试、修改和维护。

1. 简化程序

打印日历的程序很长。逐步求精将它分解成许多小函数，而不是在一个函数中编写一段很长的语句。这可以简化程序，使整个程序更易读和理解。

2. 重用函数

逐步求精促使函数在程序中重复使用。函数 isLeapYear 只被定义了一次，但却可以被函数 getTotalNumberOfDays 和 getTotalNumberOfDaysInMonth 调用。这减少了冗余的代码。

3. 易于开发、调试和测试

因为每个子问题都是由一个函数来解决，所以一个函数可以被单独开发、编译和测试。它将错误分离出来，使程序更易于开发、调试和测试。

当实现一个大程序时，使用自顶向下或自底向上的方法。不要一次性写完整个程序。使用这些方法似乎要占用更多的开发时间（因为要反复地运行程序），但它实际上更省时间和更易于调试。

4. 更好地实现团队合作

因为一个大程序被分成了许多子程序，这些子程序可以被分给不同的程序员。这使程序员更易于团队合作。

6.14　实例研究：可重用图形函数

✐ 关键点：在 turtle 模块中，你可以开发可重用函数来简化代码。

你经常需要在两点之间绘制一条线，在一个指定的位置显示文本或一个小点，描绘一个指定圆心和半径的圆，或者创建一个指定中心、宽和高的矩形。如果这些函数可重用，那么将大大简化程序设计。程序清单 6-14 在一个名为 UseFullTurtleFuntions 的模块里定义了这些函数。

程序清单 6-14　UsefulTurtleFunctions.py

```
 1  import turtle
 2
 3  # Draw a line from (x1, y1) to (x2, y2)
 4  def drawLine(x1, y1, x2, y2):
 5      turtle.penup()
 6      turtle.goto(x1, y1)
 7      turtle.pendown()
 8      turtle.goto(x2, y2)
 9
10  # Write a string s at the specified location (x, y)
11  def writeText(s, x, y):
12      turtle.penup() # Pull the pen up
13      turtle.goto(x, y)
14      turtle.pendown() # Pull the pen down
15      turtle.write(s) # Write a string
16
17  # Draw a point at the specified location (x, y)
18  def drawPoint(x, y):
19      turtle.penup() # Pull the pen up
20      turtle.goto(x, y)
```

```
21        turtle.pendown() # Pull the pen down
22        turtle.begin_fill() # Begin to fill color in a shape
23        turtle.circle(3)
24        turtle.end_fill() # Fill the shape
25
26    # Draw a circle centered at (x, y) with the specified radius
27    def drawCircle(x = 0, y = 0, radius = 10):
28        turtle.penup() # Pull the pen up
29        turtle.goto(x, y - radius)
30        turtle.pendown() # Pull the pen down
31        turtle.circle(radius)
32
33    # Draw a rectangle at (x, y) with the specified width and height
34    def drawRectangle(x = 0, y = 0, width = 10, height = 10):
35        turtle.penup() # Pull the pen up
36        turtle.goto(x + width / 2, y + height / 2)
37        turtle.pendown() # Pull the pen down
38        turtle.right(90)
39        turtle.forward(height)
40        turtle.right(90)
41        turtle.forward(width)
42        turtle.right(90)
43        turtle.forward(height)
44        turtle.right(90)
45        turtle.forward(width)
```

现在，你已经写好了这个代码，你可以使用这些函数绘制图形。程序清单 6-15 给出一个测试程序来使用 UseFullTurtleFuntions 模块中的函数来绘制一条线、编写一些文本，以及创建一个点、一个圆和一个矩形，如图 6-10 所示。

程序清单 6-15 UseCustomTurtleFunctions.py

```
1    import turtle
2    from UsefulTurtleFunctions import *
3
4    # Draw a line from (-50, -50) to (50, 50)
5    drawLine(-50, -50, 50, 50)
6
7    # Write text at (-50, -60)
8    writeText("Testing useful Turtle functions", -50, -60)
9
10   # Draw a point at (0, 0)
11   drawPoint(0, 0)
12
13   # Draw a circle at (0, 0) with radius 80
14   drawCircle(0, 0, 80)
15
16   # Draw a rectangle at (0, 0) with width 60 and height 40
17   drawRectangle(0, 0, 60, 40)
18
19   turtle.hideturtle()
20   turtle.done()
```

第 2 行的星号（*）导入模块 UseFullTurtleFuntions
中的所有函数。第 5 行调用函数 drawLine 来绘制一条
线，而第 8 行调用函数 writeText 来绘制一个文本字
符串。函数 drawPoint（第 11 行）绘制一个点，而函
数 drawCircle（第 14 行）绘制一个圆。第 17 行调用
函数 drawRetangle 来绘制一个矩形。

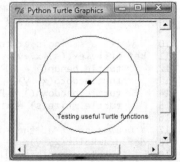

图 6-10   程序使用自定制函数绘制图形

关键术语

actual parameter（实际参数）

argument（实参）

caller（调用者）

default argument（默认参数）

divide and conquer（分治）

formal parameters (i.e., parameter)（形式参数（即形参））

functions（函数）

function abstraction（函数抽象）

function header（函数头）

global variable（全局变量）

immutable objects（不可变对象）

information hiding（信息隐藏）

keyword arguments（关键字参数）

local variable（局部变量）

None function（None 函数）

parameters（参数）

pass-by-value（传值）

positional arguments（位置参数）

return value（返回值）

scope of a variable（变量的作用域）

stepwise refinement（逐步求精）

stub（待完善方式）

本章总结

1. 程序模块化和可重用性是软件工程的中心目标之一。函数可以实现这个目标。

2. 函数头由关键字 def 开始，接下来是函数名和形式参数，最后以冒号结束。

3. 形式参数是可选的；也就是说，函数可以不包含任何形式参数。

4. 无返回值的函数被称为 void 或 None 函数。

5. 一个 return 语句可以在 void 函数中用来终止函数并将程序控制权返回给函数的调用者。有时，这对保证函数控制流正常是非常有用的。

6. 传给函数的参数必须和定义在函数头里的形参在数目、类型和顺序上保持一致。

7. 当程序调用一个函数时，程序的控制权就转移到被调用的函数。当执行到函数的 return 语句或执行到函数的最后一条语句时，被调用的函数就将控制权转给调用者。

8. 带返回值函数也可以当作 Python 语句被调用。在这种情况下，函数的返回值被忽略。

9. 函数参数可以当作位置参数或关键字参数传递。

10. 当调用一个带形式参数的函数时，实参的值就被传给形参。这用程序设计术语讲就是值传递。

11. 函数中创建的变量被称为局部变量。局部变量的作用域从它被创建的位置开始，直到函数返回为止都存在。变量必须在使用前被创建。

12. 全局变量被定义在所有函数之外，而且它们可以被所有函数访问。

13. Python 允许用默认参数值定义函数。当无参数调用函数时，默认值就被传给形参。

14. Python 的 return 语句可以返回多个值。

15. 函数抽象是通过将函数的使用和实现分开实现。一个用户可以在不知道函数是如何实现的情况下使用函数。函数的实现细节被封装在函数内，并对调用该函数的用户来说是隐藏的。这被称为信息隐藏或封装。

16. 函数抽象将程序模块化为整齐、分层的形式。程序被写成简洁函数的集合，这样使程序更易于编写、调试、维护和修改。这种编写风格会提高函数的可重用性。

17. 当实现一个大程序时，使用自顶向下或自底向上的编码方法。不要一次性编写整个程序。这个方法似乎要占用更多的编码时间（因为要反复地运行这个程序），但它实际上更省时间和更易于调试。

测试题

本章的在线测试题位于 www.cs.armstrong.edu/liang/py/test.html。

编程题

第 6.2 ～ 6.9 节

6.1 （数学方面：五角数）一个五角数被定义为 $n(3n-1)/2$，其中 $n=1$、2、…。所以，开始的几个数是 1、5、12、22、…，编写一个带下面函数头的函数返回五角数。

def getPentagonalNumber(n):

编写一个测试程序来使用这个函数显示前 100 个五角数，每行显示 10 个。

*6.2 （求一个整数各个数字的和）编写一个函数，计算一个整数各个数字的和。使用下面的函数头：

def sumDigits(n):

例如：sumDigits(234) 返回 9（2+3+4）。（提示：使用求余运算符 % 提取数字，而使用除号 // 去掉提取出来的数字。例如：使用 234%10（=4）抽取 4，然后使用 234//10（=23）从 234 中去掉 4。使用一个循环来反复提取和去掉每个数字，直到所有数字被提取完为止。）编写程序提示用户输入一个整数，然后显示这个整数所有数字的和。

**6.3 （回文整数）编写带下面函数头的函数。

```
# Return the reversal of an integer, e.g. reverse(456) returns
# 654
def reverse(number):

# Return true if number is a palindrome
def isPalindrome(number):
```

使用函数 reverse 实现 isPalindrome。如果一个数的反向数和它的顺向数一样，那么这个数就被称为回文数。编写一个测试程序，提示用户输入一个整数，然后输出这个整数是不是回文数。

*6.4 （反向显示一个整数）编写下面的函数，反向显示一个整数。

def reverse(number):

例如：reserse(3456) 显示 6543。编写一个测试程序，提示用户输入一个整数，然后显示它的反向数。

*6.5 （对三个数排序）编写下面的函数，以升序显示三个数。

def displaySortedNumbers(num1, num2, num3):

编写一个测试程序，提示用户输入三个整数，然后调用函数按升序显示三个数。下面是一些示例运行。

```
Enter three numbers: 3, 2.4, 5  ↵Enter
The sorted numbers are 2.4 3 5
Enter three numbers: 31, 12.4, 15  ↵Enter
The sorted numbers are 12.4 15 31
```

*6.6 （显示模式）编写函数显示如下模式。

```
        1
      2 1
    3 2 1
...
n n-1 ... 3 2 1
```

这个函数头是

def displayPattern(n):

编写一个测试程序，提示用户输入一个数 n 然后调用 displayPattern(n) 来显示这种模式。

*6.7 （财务应用程序：计算未来投资值）编写一个函数计算指定年数以给定的利率来计算未来投资值。未来投资就是用编程题 2.19 中的计算公式计算得到的。

使用下面的函数头：

```
def futureInvestmentValue(
    investmentAmount, monthlyInterestRate, years):
```

例如：futureInvestmentValue(10000,0.05/12,50) 返回 12833.59。

编写一个程序提示用户输入投资额和百分比格式的年利率，然后输出一份表格显示年份从 1 到 30 年的未来值。下面是一个示例运行。

```
The amount invested: 1000  ↵Enter
Annual interest rate: 9  ↵Enter

Years      Future Value
1             1093.80
2             1196.41
...
29           13467.25
30           14730.57
```

6.8 （摄氏度和华氏度之间的转换）编写一个包含下面两个函数的模块。

```
# Converts from Celsius to Fahrenheit
def celsiusToFahrenheit(celsius):

# Converts from Fahrenheit to Celsius
def fahrenheitToCelsius(fahrenheit):
```

转换公式是：

```
celsius = (5 / 9) * (fahrenheit - 32)
fahrenheit = (9 / 5) * celsius + 32
```

编写一个测试程序，调用这两个函数来显示下面的表格。

Celsius	Fahrenheit	Fahrenheit	Celsius
40.0	104.0	120.0	48.89
39.0	102.2	110.0	43.33
...			
32.0	89.6	40.0	4.44
31.0	87.8	30.0	−1.11

6.9 （英尺和米之间的转换）编写一个包含下面两个函数的模块：

```
# Converts from feet to meters
def footToMeter(foot):

# Converts from meters to feet
def meterToFoot(meter):
```

转换公式如下。

```
foot = meter / 0.305
meter = 0.305 * foot
```

编写一个测试程序，调用这两个函数来显示如下表格。

Feet	Meters	Meters	Feet
1.0	0.305	20.0	66.574
2.0	0.610	25.0	81.967
...			
9.0	2.745	60.0	196.721
10.0	3.050	65.0	213.115

6.10 （使用 isPrime 函数）程序清单 6-7 提供了 isPrime(number) 函数测试某个数字是不是素数。使用这个函数找出小于 10 000 的素数的个数。

6.11 （财务应用程序：计算佣金）编写一个函数，利用编程题 5.39 的方案计算佣金。这个函数的函数头是：

`def computeCommission(salesAmount):`

编写一个测试程序，显示下面的表格。

Sales Amount	Commission
10000	900.0
15000	1500.0
...	
95000	11100.0
100000	11700.0

6.12 （显示字符）使用下面的函数头，编写一个打印字符的函数。

`def printChars(ch1, ch2, numberPerLine):`

这个函数打印 ch1 到 ch2 之间的字符，按每行指定某个数来打印。编写一个测试程序，打印 "1" 到 "Z" 的字符，每行打印 10 个。

*6.13 （数列求和）编写一个函数计算下面的数列。

$$m(i) = \frac{1}{2} + \frac{2}{3} + \cdots + \frac{i}{i+1}$$

编写一个测试程序显示下面的表格。

i	m(i)
1	0.5000
2	1.1667
...	
19	16.4023
20	17.3546

*6.14 （估算 π 值）可以用下面的函数近似计算 π。

$$m(i) = 4\left(1 - \frac{1}{3} + \frac{1}{5} - \frac{1}{7} + \frac{1}{9} - \frac{1}{11} + \cdots + \frac{(-1)^{i+1}}{2i-1}\right)$$

编写一个函数，给定 i 返回 m(i)，编写一个测试程序显示下面的表格。

i	m(i)
1	4.0000
101	3.1515
201	3.1466

（续）

i	m(i)
301	3.1449
401	3.1441
501	3.1436
601	3.1433
701	3.1430
801	3.1428
901	3.1427

*6.15 （财务应用程序：打印税款表）程序清单 4-7，给出计算税款的程序。使用下面的函数头编写一个计算税款的函数。

```
def computeTax(status, taxableIncome):
```

使用这个函数编写程序，打印可征税收入从 50 000 美元到 60 000 美元，收入间隔为 50 美元的四种纳税人的纳税表，如下所示。

Taxable Income	Single	Married Joint	Married Separate	Head of a House
50000	8688	6665	8688	7352
50050	8700	6673	8700	7365
...				
59950	11175	8158	11175	9840
60000	11188	8165	11188	9852

*6.16 （一年的天数）使用下面的函数头编写一个函数，返回一年的天数。

```
def numberOfDaysInAYear(year):
```

编写一个测试程序，显示从 2010 年到 2020 年每年的天数。

第 6.10 ~ 6.11 节

*6.17 （MyTriangle 模块）创建一个名叫 MyTriangle 的模块，它包含下面两个函数。

```
# Returns true if the sum of any two sides is
# greater than the third side.
def isValid(side1, side2, side3):

# Returns the area of the triangle.
def area(side1, side2, side3):
```

编写一个测试程序，读入三角形三边的值，若输入有效则计算面积。否则，显示输入无效。计算三角形面积的公式在编程题 2.14 中给出。下面是一些示例运行。

```
Enter three sides in double: 1, 3, 1 ↵Enter
Input is invalid
```

```
Enter three sides in double: 1, 1, 1 ↵Enter
The area of the triangle is 0.4330127018922193
```

*6.18 （显示 0 和 1 构成的矩阵）编写一个函数，使用下面的函数头显示 $n \times n$ 矩阵。

```
def printMatrix(n):
```

每个元素都是随机产生的 0 或 1。编写一个测试程序提示用户输入整数 n，然后显示 $n \times n$

的矩阵。下面是一个示例运行。

```
Enter n: 3 ⏎Enter
0 1 0
0 0 0
1 1 1
```

*6.19 (几何问题：点的位置) 编程题 4.31 显示如何测试一个点是在一条有向线的左边、右边或刚好在线上。编写下面的函数。

```
# Return true if point (x2, y2) is on the left side of the
#  directed line from (x0, y0) to (x1, y1)
def leftOfTheLine(x0, y0, x1, y1, x2, y2):

# Return true if point (x2, y2) is on the same
#  line from (x0, y0) to (x1, y1)
def onTheSameLine(x0, y0, x1, y1, x2, y2):

# Return true if point (x2, y2) is on the
# line segment from (x0, y0) to (x1, y1)
def onTheLineSegment(x0, y0, x1, y1, x2, y2):
```

编写一个程序提示用户输入三个点 p0、p1 和 p2，然后显示点 p2 是在从 p0 到 p1 的线的左边、右边还是在线上。这个程序的示例运行和编程题 4.31 是一样的。

*6.20 (几何问题：显示角) 重写程序清单 2-9 使用下面的函数计算两点之间的距离。

```
def distance(x1, y1, x2, y2):
```

*6.21 (数学问题：平方根的近似求法) math 模块里有几种实现 sqrt 函数的方法。其中一种方法就是巴比伦函数。它通过重复地使用下面的公式计算求出 n 的平方根的近似值。

```
nextGuess = (lastGuess + (n / lastGuess)) / 2
```

当 nextGuess 和 lastGuess 很接近时，nextGuess 就是平方根的近似值。初始的猜测值可以是任意的正数（例如：1）。这个值将是 lastGuess 的开始值。如果 nestGuess 和 lastGuess 的差别非常小时，例如：0.0001，你可以说 nestGuess 就是 n 的平方根近似值。否则，nextGuess 就变成 lastGuess，这个近似过程继续。实现下面的函数返回 n 的平方根。

```
def sqrt(n):
```

第 6.12 ～ 6.13 节

**6.22 (显示当前日期和时间) 程序清单 2-7 显示当前时间。改进这个例子，显示当前日期和时间。（提示：可参考程序清单 6-13 中的日历例子获得一些如何求年、月和日的想法。）

**6.23 (将毫秒换成小时数、分钟数和秒数) 使用下面的函数头，编写一个将毫秒换成小时数、分钟数和秒数的函数。

```
def convertMillis(millis):
```

该函数返回一个形如"小时：分钟：秒"的字符串。例如：convertMillis(5500) 返回字符串 0：0：5，convertMillis(100000) 返回字符串 0：1：40，而 convertMillis(555550000) 返回字符串 154：19：10。
编写一个程序提示用户输入一个毫秒数，然后显示形如"小时：分钟：秒"的字符串。

**6.24 (回文素数) 回文素数是指一个数既是素数又是回文数。例如，131 既是素数也是回文数。数字 313 和 717 都是如此。编写程序显示前 100 个回文素数。每行显示 10 个数字，并且准确对齐，如下所示。

2	3	5	7	11	101	131	151	181	191
313	353	373	383	727	757	787	797	919	929

**6.25 （反素数）反素数（逆向拼写的素数）是指一个将其逆向拼写后也是一个素数的非回文数。例如：17 和 71 都是素数，所以，17 和 71 都是反素数。编写程序显示前 100 个反素数。每行显示 10 个数字，并且准确对齐，如下所示。

13	17	31	37	71	73	79	97	107	113
149	157	167	179	199	311	337	347	359	389

...

**6.26 （梅森素数）如果一个素数可以写成 2^{P-1} 的形式，其中 p 是某个正整数，那么这个数就被称作梅森素数。编写程序找出所有 $p \leqslant 31$ 的梅森素数。然后显示如下结果。

```
p          2^p - 1
2          3
3          7
5          31
...
```

**6.27 （双素数）双素数是指一对差值为 2 的素数。例如：3 和 5 就是一对双素数，5 和 7 就是一对双素数，11 和 13 也是一对双素数。编写程序，找出所有小于 1000 的双素数。显示结果如下所示。

```
(3, 5)
(5, 7)...
```

**6.28 （游戏：掷骰子）掷色子是赌场里一种非常流行的游戏。编写程序玩这个游戏的变种，如下所示。

掷两个骰子。每个骰子有六个面，分别表示值 1、2、…、6。检查两个骰子的和。如果和为 2、3 和 12，你就输了；如果和为 7 或 11，你就赢了；如果和是其他数字（4、5、6、8、9 或 10），就确定了一个点。继续掷骰子，直到掷出一个 7 或者掷出和刚才相同的点数。如果掷出的是 7，你就输了，如果掷出的点数和你前一次掷出的相同，你就赢了。程序扮演一个单独的玩家。下面是一些示例运行。

```
You rolled 5 + 6 = 11
You win
```

```
You rolled 1 + 2 = 3
You lose
```

```
You rolled 4 + 4 = 8
point is 8
You rolled 6 + 2 = 8
You win
```

```
You rolled 3 + 2 = 5
point is 5
You rolled 2 + 5 = 7
You lose
```

**6.29 （财务应用程序：信用卡号的合法性）信用卡号遵循下面的模式：一个信用卡号必须是 13 位到 16 位的整数，它的开头必须是：

- 4 是指 Visa 卡。
- 5 是指 Master 卡。
- 37 是指 American Express 卡。
- 6 是指 Discover 卡。

在 1954 年，IBM 的 Hans Luhn 提出一种算法，该算法可以验证信用卡号的有效性。这个算法在验证信用卡号是否有效或者信用卡是否被扫描仪正确扫描方面是非常有用的。遵循这种合法性检测，可以生成所有的信用卡卡号，通常称为 Luhn 检测或 Mod 10 检测，它可以如下描述（为了方便解释，假设卡号为 4388576018402626）：

1）从左到右对每个数字翻倍。如果对某个数字翻倍后的结果是两位数，那么就将这两位加在一起得到一个一位数。

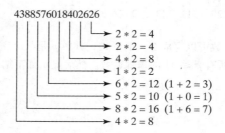

2）现在，将第一步得到的所有一位数相加。

$$4+4+8+2+3+1+7+8=37$$

3）将卡号里从左到右在奇数位上的所有数字相加。

$$6+6+0+8+0+7+8+3=38$$

4）将第 2 步和第 3 步得到的结果相加。

$$37+38=75$$

5）如果第 4 步得到的结果能被 10 整除，那么卡号就是合法的；否则，卡号是不合法的。例如：卡号 4388576018402626 是不合法的，但是卡号 438857601840707 是合法的。

编写程序，提示用户输入一个整数的信用卡卡号。显示这个数字是合法的还是非法的。设计你的程序使用下面的函数。

```
# Return true if the card number is valid
def isValid(number):

# Get the result from Step 2
def sumOfDoubleEvenPlace(number):

# Return this number if it is a single digit, otherwise, return
# the sum of the two digits
def getDigit(number):

# Return sum of odd place digits in number
def sumOfOddPlace(number):

# Return true if the digit d is a prefix for number
def prefixMatched(number, d):

# Return the number of digits in d
def getSize(d):

# Return the first k number of digits from number. If the
# number of digits in number is less than k, return number.
def getPrefix(number, k):
```

**6.30　（游戏：赢取骰子游戏的机会）修改编程题 6.28 使该程序运行 10 000 次，然后显示赢得游戏的次数。

***6.31　（当前时间和日期）调用 time.time() 返回从 1970 年 1 月 1 日 0 点开始的毫秒数。编写程序显示日期和时间。下面是一个示例运行。

```
Current date and time is May 16, 2012 10:34:23
```

**6.32 (打印日历) 编程题 4.21 使用 Zeller 一致性原理来计算某天是星期几。使用 Zeller 的算法来简化
程序清单 6-13 以获得每月开始的第一天是星期几。

**6.33 (几何问题：五边形的面积) 使用下面的函数重写编程题 3.4 来返回五边形的面积。

　　def area(s):

*6.34 (几何问题：正多边形的面积) 使用下面的函数重写编程题 3.5 返回正多边形的面积。

　　def area(n, side):

*6.35 (计算概率) 使用程序清单 6-11 中的函数 RandomCharacter 生成 10 000 个大写字母，然后计算 A
的出现次数。

*6.36 (随机生成字符) 使用程序清单 6-11 中的函数 RandomCharacter 生成 100 个大写字母，每行打印
10 个。

第 6.14 节

*6.37 (Turtle 模块：随机生成字符) 使用程序清单 6-11 中的函数 RandomCharacter 生成 100 个小写字
母，每行 15 个，如图 6-11a 所示。

**6.38 (绘制一条线) 编写下面的函数绘制一条从点 ($x1,y1$) 到 ($x2,y2$) 带指定颜色 (默认为黑色) 和指
定线宽 (默认为 1) 的线。

　　def drawLine(x1, y1, x2, y2, color = "black", size = 1):

  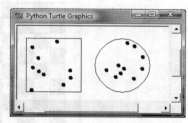

　　a) 程序显示随机小写字母　　　b) 程序绘制一颗星星　　c) 程序在一个矩形和一个圆中绘制随机点

图　6-11

**6.39 (Turtle：绘制一颗星) 使用定义在编程题 6.38 中的函数编写一个程序绘制一颗星星，如图 6-11b
所示。

**6.40 (Turtle：填充矩形和圆) 编写下面的函数使其填充一个指定颜色、中心、宽度和高度的矩形以及
一个指定颜色、圆心和半径的圆。

```
# Fill a rectangle
def drawRectangle(color = "black",
    x = 0, y = 0, width = 30, height = 30):

# Fill a circle
def drawCircle(color = "black", x = 0, y = 0, radius = 50):
```

**6.41 (Turtle：绘制点、矩形和圆) 使用定义在程序清单 6-14 中的函数编写一个程序来显示一个中心
在 (-75, 0)、高和宽为 100 的矩形以及圆心为 (50,0) 而半径为 50 的圆。在矩形和圆中填充 10
个任意点，如图 6-11c 所示。

**6.42 (Turtle：绘制 sin 函数) 使用程序清单 6-14 中的函数简化编程题 5.52 的代码。

**6.43 (Turtle：绘制 sin 和 cos 函数) 使用程序清单 6-14 中的函数简化编程题 5.53 的代码。

**6.44 (Turtle：绘制平方函数) 使用程序清单 6-14 中的函数简化编程题 5.54 的代码。

**6.45 （Turtle：绘制一个正多边形）编写下面的函数绘制一个正多边形。

```
def drawPolygon(x = 0, y = 0, radius = 50, numberOfSides = 3):
```

多边形的中心在（x,y），指定该多边形的外接圆半径以及多边形的边数。编写一个程序显示三角形、四边形、五边形、六边形、七边形和八边形，如图 6-12a 所示。

*6.46 （Turtle：连接六边形的所有点）编写一个程序显示六边形，所有点都互相连接，如图 6-12b 所示。

*6.47 （Turtle：两个棋盘）编写一个程序显示两个棋盘，如图 6-13 所示。你的程序必须至少定义成下面的函数。

```
# Draw one chessboard whose upper-left corner is at
# (startx, starty) and bottom-right corner is at (endx, endy)
def drawChessboard(startx, endx, starty, endy):
```

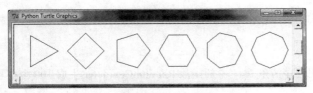

a）程序显示几个 n 边形

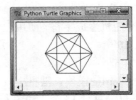

b）程序显示一个所有点都互连的六边形

图   6-12

图 6-13   程序绘制两个棋盘

*6.48 （格式化一个整型数）使用下面的函数头编写一个函数格式化整数为指定宽度。

```
def format(number, width):
```

这个函数返回一个前缀为一个或多个 0 的数字。字符串的大小就是宽度。例如：format(34,5) 返回 "00034"。如果数字比指定宽度要长，那么，函数就返回表示这个数的字符串。例如：format(34,1) 返回 "34"。编写一个测试程序，提示用户输入一个数以及它的宽度，并显示从调用函数 format(number,width) 返回的字符串。下面是一个示例运行。

```
Enter an integer: 453 ↵Enter
Enter the width: 6 ↵Enter
The formatted number is 000453
```

面向对象程序设计

对 象 和 类

学习目标

- 描述对象和类，以及使用类来建模对象（第 7.2 节）。
- 定义带数据域和方法的类（第 7.2.1 节）。
- 使用构造方法调用初始化程序来创建和初始化数据域以构建一个对象（第 7.2.2 节）。
- 使用圆点运算符（.）访问对象成员（第 7.2.3 节）。
- 使用 self 参数引用对象本身（第 7.2.4 节）。
- 使用 UML 图符号来描述类和对象（第 7.3 节）。
- 区分不可变对象和可变对象（第 7.4 节）。
- 隐藏数据域以避免数据域损坏并使类更易于维护（第 7.5 节）。
- 在软件开发过程中应用类的抽象和封装（第 7.6 节）。
- 探究面向过程范式和面向对象范式的差异（第 7.7 节）。

7.1 引言

✐ **关键点**：面向对象程序设计可以让你高效地开发大型软件和图形用户界面。

学习前几章的内容之后，现在，我们可以使用选择、循环和函数来解决许多程序设计问题。但是，这些特征对开发图形用户界面（GUI，读作 goo-ee）或大型软件系统来讲并不够用。假设你想开发如图 7-1 所示的图形用户界面。你该如何编写这个程序呢？

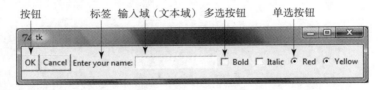

图 7-1　你可以使用面向对象程序设计创建类似这样的 GUI 对象

本章介绍面向对象程序设计，它会构建一个基础，让你在接下来的章节中开发图形用户界面和大型软件系统。

7.2 为对象定义类

✐ **关键点**：类定义对象的特征和行为。

第 3.5 节介绍了对象和方法，并展示如何使用对象。对象由类创建。本节将详细介绍如何定义自定制的类。

面向对象程序设计（OOP）是关于如何使用对象创建程序。对象代表现实世界中可以被明确辨识的实体。例如：一个学生、一张桌子、一个圆、一个按钮甚至一笔贷款都可以认为是一个对象。一个对象有独特的特性、状态和行为。

- 一个对象的特性就像人的身份证号码。Python 会在运行时自动对每个对象赋予一个独特的 id 来辨识这个对象。
- 一个对象的状态（也被称为它的特征或属性）是用变量表示的，称之为数据域。例如：一个圆对象具有数据域 radius，它表示圆的一个属性。一个矩形对象有数据域 width 和 height，它们表示矩形的属性。
- Python 使用方法来定义一个对象的行为（也称为它的动作）。回顾一下，方法也被称为函数。通过调用对象上的方法，你可以让对象完成某个动作。例如：你可以为圆对象定义名为 getArea() 和 getPerimeter() 的方法。这样，圆对象就可以调用 getArea() 方法返回它的面积，调用 getPerimeter() 方法来返回它的周长。

使用通用类来定义同一种类型的对象。类和对象的关系就像苹果派食谱和苹果派之间的关系。你可以根据一张苹果派食谱（类）制作出任意多个苹果派（对象）。

一个 Python 类使用变量存储数据域，定义方法来完成动作。类就是一份契约（有时也称之为模板或蓝本），它定义对象的数据域和方法。

对象是类的一个实例，你可以创建一个类的多个对象。创建类的一个实例的过程被称为实例化。术语对象和实例经常是可互换的。对象就是实例，而实例就是对象。

图 7-2 显示一个名为 Circle 的类以及它的三个对象。

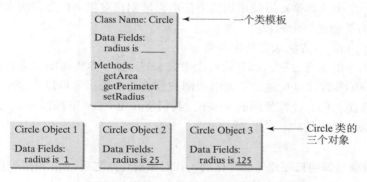

图 7-2　类是一个创建对象的模板或合约

7.2.1　定义类

除了使用变量存储数据域和定义方法，一个类还提供了一种特殊的方法：__init__。这个方法被称为初始化程序，它是在创建和初始化这个新对象时被调用的。初始化程序能完成任何动作，但初始化程序被设计为完成初始化动作，例如：使用初始值创建对象的数据域。

Python 使用下面的语法定义一个类：

```
class ClassName:
    initializer
    methods
```

程序清单 7-1 定义了 Circle 类。类名通常是在关键词 class 之后，其后紧随一个冒号（：）。初始化程序总是被命名为 __init__（第 5 行），这是一个特殊的方法。注意：init 需要前后加两个下划线。数据域 radius 在初始化程序中创建（第 6 行）。定义方法 getPerimeter 和 getArea 返回一个圆的周长和面积（第 8 ~ 12 行）。接下来的几节会介绍更多关于初始化程序、数据域和方法的细节。

程序清单 7-1　Circle.py

```
1  import math
2
3  class Circle:
4      # Construct a circle object
5      def __init__(self, radius = 1):
6          self.radius = radius
7
8      def getPerimeter(self):
9          return 2 * self.radius * math.pi
10
11     def getArea(self):
12         return self.radius * self.radius * math.pi
13
14     def setRadius(self, radius):
15         self.radius = radius
```

➤ **注意**：类名的命名风格在 Python 库中不是始终如一的。在本书中，我们会采用类名中每个单词的首字母大写的方式。例如：Circle、Linear Equation 和 LinkedList 都是遵循我们习惯的正确类名。

7.2.2　构造对象

一旦定义了一个类，你就可以使用构造方法由类来创建对象。构造方法完成两个任务：

- 在内存中为类创建一个对象。
- 调用类的 __init__ 方法来初始化对象。

包括初始化程序的所有方法，都有第一个参数 self。这个参数指向调用方法的对象。__init__ 方法中的 self 参数被自动地设置为引用刚被创建的对象。你可以为这个参数指定任何一个名字，但是按照惯例，经常使用的是 self。我们将在第 7.2.4 节探讨 self 的作用。

构造方法的语法规则是：

类名（参数）

图 7-3 显示对象是如何被创建并初始化的。在对象被建立之后，self 可以被用来指向对象。

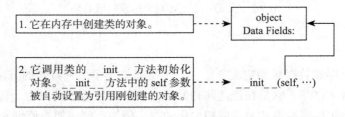

图 7-3　构建一个对象是在内存中创建对象并调用它的初始化程序

构造方法的参数和无 self 的 __init__ 方法中的参数匹配。例如：因为程序清单 7-1 中的第 5 行 __init__ 方法被定义为 __init__ (self,radius=1)，所以，为了构建一个半径 radius 为 5 的 Circle 对象，那你就应该使用 Circle(5)。图 7-4 显示使用 Circle(5) 构建 Circle 对象的效果。首先，Circle 对象在内存中被创建，然后调用初始化程序将半径 radius 设置为 5。

Circle 类中的初始化程序有默认的 radius 值 1。接下来，构造方法创建了默认半径为 1 的 Circle 对象：

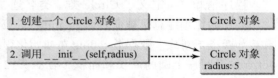

图 7-4　使用 Circle(5) 构建一个圆对象

```
Circle()
```

7.2.3 访问对象成员

对象成员是指它的数据域和方法。数据域也被称为实例变量，因为每个对象（实例）的数据域中都有一个特定值。方法也被称为实例方法，因为方法被一个对象（实例）调用来完成对象上的动作，例如，改变对象数据域中的值。为了访问一个对象的数据域以及调用对象的方法，你需要使用下面的语法将对象赋给一个变量：

```
objectRefVar = ClassName(arguments)
```

例如：

```
c1 = Circle(5)
c2 = Circle()
```

你可以使用圆点运算符（.）访问对象的数据域并调用它的方法，它也被称为对象成员访问运算符。使用圆点运算符的语法是：

```
objectRefVar.datafield
objectRefVar.method(args)
```

例如：下面的代码访问 radius 数据域（第 3 行），然后调用 getPerimeter 方法（第 5 行）以及 getArea 方法（第 7 行）。注意：第 1 行导入程序清单 7-1 里 Circle 模块中定义的 Circle 类。

```
1  >>> from Circle import Circle
2  >>> c = Circle(5)
3  >>> c.radius
4  5
5  >>> c.getPerimeter()
6  31.41592653589793
7  >>> c.getArea()
8  78.53981633974483
9  >>>
```

☛ **注意**：通常，你创建一个对象并将它赋给一个变量。随后，你可以使用变量指代这个对象。偶尔，对象也不需要随后被引用。在这种情况下，你可以创建一个对象而不需要明确将它赋值给变量，如下所示：

```
print("Area is", Circle(5).getArea())
```

这个语句创建 Circle 对象并调用它的 getArea 方法来返回它的面积。以这种方式创建的对象被称为匿名对象。

7.2.4 self 参数

如之前提到的，定义的每个方法的第一个参数就是 self。这个参数被用在方法的实现中，但不是用在方法被调用的时候。那么，这个参数 self 是干什么的？为什么 Python 需要它？

self 是指向对象本身的参数。你可以使用 self 访问在类定义中的对象成员。例如：你可以使用语法 self.x 访问实例变量 x，而使用语法 self.m1() 来调用类的对象 self 的实例方法 m1，如图 7-5 所示。

一旦一个实例变量被创建，那么它的作用域就是整个类。在图 7-5 中，self.x 是一个在 __init__ 方法中创建的实例变量。它可以在方法 m2 中被访问。实例变量 self.y 在方法 m1

中被设置为 2，在方法 m2 中被设置为 3。注意：你也可以在方法中创建局部变量。局部变量的作用域是在该方法内。局部变量 z 在方法 m1 中被创建，而它的作用域就是从它创建时起到方法 m1 结束。

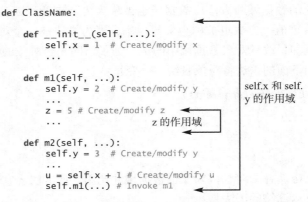

图 7-5　实例变量的作用域是整个类

7.2.5　举例：使用类

前面几节演示了类和对象的概念。我们已经学习了如何使用初始化程序、数据域和方法定义一个类，以及如何使用构造方法创建一个对象。本节给出一个测试程序构建半径分别为 1、25、125 的三个圆对象，程序清单 7-2 中显示每个圆的半径和面积。然后，程序将第二个对象的半径改为 100，并显示它的新半径和面积。

程序清单 7-2　TestCircle.py

```python
1   from Circle import Circle
2
3   def main():
4       # Create a circle with radius 1
5       circle1 = Circle()
6       print("The area of the circle of radius",
7           circle1.radius , "is", circle1.getArea())
8
9       # Create a circle with radius 25
10      circle2 = Circle(25)
11      print("The area of the circle of radius",
12          circle2.radius, "is", circle2.getArea())
13
14      # Create a circle with radius 125
15      circle3 = Circle(125)
16      print("The area of the circle of radius",
17          circle3.radius, "is", circle3.getArea())
18
19      # Modify circle radius
20      circle2.radius = 100 # or circle2.setRadius(100)
21      print("The area of the circle of radius",
22          circle2.radius, "is", circle2.getArea())
23
24  main() # Call the main function
```

```
The area of the circle of radius 1.0 is 3.141592653589793
The area of the circle of radius 25.0 is 1963.4954084936207
The area of the circle of radius 125.0 is 49087.385212340516
The area of the circle of radius 100.0 is 31415.926535897932
```

程序使用 Circle 类创建 Circle 对象。这种使用类（例如：Circle）的程序被称作类的客户端。

Circle 类被定义在程序清单 7-1 中，这个程序在第 1 行使用语法 from Circle import Circle 将其导入。程序创建了一个默认半径为 1 的 Circle 对象（第 5 行）并创建两个指定半径的 Circle 对象（第 10、15 行），然后获取 radius 属性，并调用对象上的 getArea() 方法获取面积（第 7、12、17 行）。程序给 Circle2 设置一个新的 radius 属性（第 20 行）。这个也可以通过使用 circle2.setRadius（100）完成。

☞ **注意**：看似保存一个对象的变量实际上包含的是指向这个对象的引用。严格地讲，变量和对象是不同的，但大多数情况下，两者的区别是可以忽略的。所以，为了简单起见，最好说"circle1 是一个 Circle 对象"，而不会长冗地描述为"circle1 是一个变量，它包含一个指向 Circle 对象的引用"。

☞ **检查点**

7.1　描述对象和它的类定义之间的关系。

7.2　如何定义一个类？

7.3　如何创建一个对象？

7.4　初始化方法的名字是什么？

7.5　习惯上，初始化方法的第一个参数被命名为 self。self 的作用是什么？

7.6　构建一个对象的语法是什么？ Python 在创建一个对象时做了些什么？

7.7　一个初始化程序和一个方法的区别是什么？

7.8　对象成员访问运算符是干什么的？

7.9　运行下面的程序会出现什么问题？如何修正它？

```
class A:
    def __init__(self, i):
        self.i = i

def main():
    a = A()
    print(a.i)

main() # Call the main function
```

7.10　下面的程序有什么错误？

```
1  class A:
2      # Construct an object of the class
3      def A(self):
4          radius = 3
```

a)

```
1  class A:
2      # Construct an object of the class
3      def __init__(self):
4          radius = 3
5
6      def setRadius(radius):
7          self.radius = radius
```

b)

7.3　UML 类图

✐ **关键点**：UML 类图表示用图形符号描述类。

对图 7-2 中类模板和对象的阐释可以使用 UML（统一建模语言）符号来规范。这种符号，如图 7-6 所示，被称作 UML 类图或简称为类图，是独立于语言的；也就是说，其他程序设计语言也使用同样的模型和注释。在 UML 类图中，数据域被表示为：

dataFieldName: dataFieldType

构造方法如下所示：

ClassName(parameterName: parameterType)

方法被表示为：

methodName(parameterName: parameterType): returnType

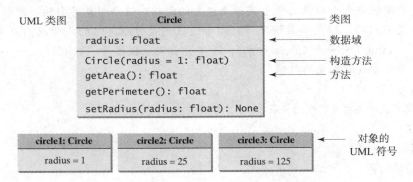

图 7-6　类和对象都可以使用 UML 符号表示

类中方法定义总有特殊的 self 参数，但在 UML 图中并不包括它，因为客户端不需要知道这个参数而且不会使用参数调用方法。

方法 _ _init_ _ 同样不需要罗列在 UML 图中，因为它被构造方法调用，它的参数与构造方法的参数是一样的。

UML 图就像客户端的合约（模板），这样，客户端就知道怎么使用这个类。它为用户端描述如何创建对象以及如何调用对象上的方法。

考虑将电视机作为一个例子。每个电视机都是一个带有多个状态（即，当前频道、当前音量、电源开或关，这些都是数据域所代表的电视机的属性）和行为（换频道、调音量、打开 / 关闭，这些都是每个电视机对象用方法执行的动作）的对象。你可以使用类定义电视机。TV 类的 UML 图如图 7-7 所示。

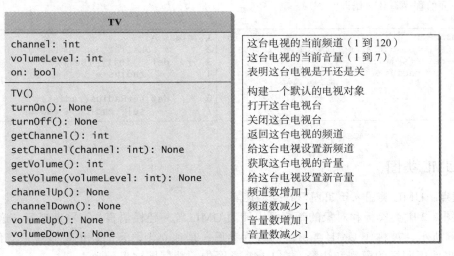

图 7-7　TV 类定义电视机

程序清单 7-3 给出定义 TV 类的 Python 代码。

程序清单 7-3 TV.py

```
1   class TV:
2       def __init__(self):
3           self.channel = 1    # Default channel is 1
4           self.volumeLevel = 1   # Default volume level is 1
5           self.on = False   # Initially, TV is off
6
7       def turnOn(self):
8           self.on = True
9
10      def turnOff(self):
11          self.on = False
12
13      def getChannel(self):
14          return self.channel
15
16      def setChannel(self, channel):
17          if self.on and 1 <= self.channel <= 120:
18              self.channel = channel
19
20      def getVolumeLevel(self):
21          return self.volumeLevel
22
23      def setVolume(self, volumeLevel):
24          if self.on and \
25              1 <= self.volumeLevel <= 7:
26              self.volumeLevel = volumeLevel
27
28      def channelUp(self):
29          if self.on and self.channel < 120:
30              self.channel += 1
31
32      def channelDown(self):
33          if self.on and self.channel > 1:
34              self.channel -= 1
35
36      def volumeUp(self):
37          if self.on and self.volumeLevel < 7:
38              self.volumeLevel += 1
39
40      def volumeDown(self):
41          if self.on and self.volumeLevel > 1:
42              self.volumeLevel -= 1
```

初始化程序为 TV 对象中的数据域创建实例变量 channel、volumeLevel 和 on（第 2 ～ 5 行）。注意：这个初始化程序除了 self 就没有其他的参数。

如果这个电视不是打开状态（第 16 ～ 18 和 23 ～ 26 行），那么频道和音量就不会被改变。在它们中的任何一个被改变之前，它的当前值都会被检查以确保是在正确范围内。

程序清单 7-4 是使用 TV 类创建两个对象的程序。

程序清单 7-4 TestTV.py

```
1   from TV import TV
2
3   def main():
4       tv1 = TV()
5       tv1.turnOn()
6       tv1.setChannel(30)
7       tv1.setVolume(3)
```

```
8
9    tv2 = TV()
10   tv2.turnOn()
11   tv2.channelUp()
12   tv2.channelUp()
13   tv2.volumeUp()
14
15   print("tv1's channel is", tv1.getChannel() ,
16       "and volume level is", tv1.getVolumeLevel() )
17   print("tv2's channel is", tv2.getChannel(),
18       "and volume level is", tv2.getVolumeLevel())
19
20 main() # Call the main function
```

```
tv1's channel is 30 and volume level is 3
tv2's channel is 3 and volume level is 2
```

程序创建了两个 TV 对象：tv1 和 tv2（第 4 和 9 行），调用对象上的方法来完成设置频道和音量及增加频道和音量等动作。tv1 通过调用第 5 行的 tv1.turnOn() 被打开，通过调用第 6 行的 tv1.setChannel(30) 将频道设置为 30，而在第 7 行将音量设置为 3。tv2 在第 10 行被打开，它的频道通过调用第 11 行的 tv2.channelUp() 增加 1，然后在第 12 行又增加 1。因为初始频道被设置为 1（TV.py 中的第 3 行）），tv2 的频道现在是 3。tv2 的音量通过调用第 13 行的 tv2.volumeUp() 增加 1。因为初始音量被设置为 1（TV.py 中的第 4 行），tv2 的音量现在是 2。

程序在第 15 ～ 18 行显示对象的状态。使用方法 getChannel() 和 getVolumnLevel() 读取数据域。

7.4   不变对象和可变对象

🔑 **关键点**：当将一个可变对象传给函数时，函数可能会改变这个对象的内容。

回顾一下，Python 中的数字和字符串都是不可变对象。它们的内容不能被改变。当将一个不可变对象传给函数时，对象不会被改变。但是，如果你给函数传递一个可变对象，那么对象的内容就可能有变化。程序清单 7-5 中的例子演示不可变对象和可变对象参数在函数中的不同。

程序清单 7-5 TestPassMutableObject.py

```
1  from Circle import Circle
2
3  def main():
4      # Create a Circle object with radius 1
5      myCircle = Circle()
6
7      # Print areas for radius 1, 2, 3, 4, and 5
8      n = 5
9      printAreas(myCircle, n)
10
11     # Display myCircle.radius and times
12     print("\nRadius is", myCircle.radius)
13     print("n is", n)
14
15 # Print a table of areas for radius
16 def printAreas(c, times):
17     print("Radius \t\tArea")
18     while times >= 1:
```

```
19              print(c.radius, "\t\t", c.getArea())
20              c.radius = c.radius + 1
21              times = times - 1
22
23     main() # Call the main function
```

```
Radius                      Area
1                           3.141592653589793
2                           12.566370614359172
3                           29.274333882308138
4                           50.26548245743669
5                           79.53981633974483

Radius is 6
n is 5
```

程序清单 7-1 中定义了 Circle 类。程序传递一个 Circle 对象 myCircle 和一个 int 对象 n 去调用 printAreas(myCircle,n)（第 9 行），它打印一个半径分别为 1、2、3、4 和 5 所对应的面积的列表，如样本输出所示。

当你将一个对象传递给函数，就是将这个对象的引用传递给函数。但是，传递不可变对象和可变对象之间还有更重要的区别。

- 像数字或字符串这样的不可变对象参数，函数外的对象的原始值并没有被改变。
- 像圆这样的可变对象参数，如果对象的内容在函数内被改变，则对象的原始值被改变。

在第 20 行，Circle 对象 c 的 radius 属性增加 1。c.radius+1 创建了一个新的 int 对象，并将它赋值给 c.radius。myCircle 和 c 都指向同一个对象。当 printAreas 函数完成后，c.radius 是 6。所以，由第 12 行可看出，myCircle.radius 的输出结果是 6。

在第 21 行，times-1 创建一个新的 int 对象，它被赋值给 times。在函数 printAreas 之外，n 还是 5。所以，在第 13 行，n 的输出还是 5。

检查点

7.11 给出下面程序的输出结果：

```
class Count:
    def __init__(self, count = 0):
        self.count = count

def main():
    c = Count()
    times = 0
    for i in range(100):
        increment(c, times)

    print("count is", c.count)
    print("times is", times)

def increment(c, times):
    c.count += 1
    times += 1

main() # Call the main function
```

7.12 给出下面程序的输出结果：

```
class Count:
    def __init__(self, count = 0):
        self.count = count
```

```
def main():
    c = Count()
    n = 1
    m(c, n)

    print("count is", c.count)
    print("n is", n)

def m(c, n):
    c = Count(5)
    n = 3

main() # Call the main function
```

7.5 隐藏数据域

🔑 **关键点**：使数据域私有来保护数据，让类更易于维护。

你可以通过对象的实例变量直接访问数据域。例如：下面的代码，让你通过 c.radius 访问圆的半径，它是合法的：

```
>>> c = Circle(5)
>>> c.radius = 5.4  # Access instance variable directly
>>> print(c.radius) # Access instance variable directly
5.4
>>>
```

但是，直接访问对象的数据域不是一个好方法，原因有两个。

● 首先是因为数据可能会被篡改。例如：TV 类中的 channel 取值在 1 和 120 之间，但是，它也可能被错误地设置为一个不合法的值（例如：tv1.channel=125）。

● 其次是因为类会变得难以维护并且易于出错。假设你想修改 Circle 类以保证确保在其他程序用过这个类后半径是非负值。你就不仅仅需要更改 Circle 类，还得更改使用它的程序，因为客户端可能直接修改半径（例如：myCircle.radius=-5）。

为避免直接修改数据域，就不要让客户端直接访问数据域。这被称为数据隐藏，并可以通过定义私有数据域实现。在 Python 语言中，私有数据域是以两个下划线开始来定义的。你也可以以两个下划线开始来定义私有方法。

私有数据域和方法可以在类内部被访问，但它们不能在类外被访问。为了让客户端访问数据域，就要提供一个 get 方法返回它的值。为了使数据域可以被更改，就要提供一个 set 方法去设置一个新值。

通俗地讲，get 方法是指获取器（或访问器），set 方法是指设置器（或修改器）。

一个 get 方法有下面的方法头：

def *getPropertyName*(self):

如果返回类型是布尔型，那么习惯上 get 方法被如下定义：

def *isPropertyName*(self):

一个 set 方法有下面的方法头：

def *setPropertyName*(self, *propertyValue*):

程序清单 7-6 通过在属性名前加两个下划线（第 6 行）将 radius 属性定义为私有的来修

改程序清单 7-1 中的 Circle 类。

程序清单 7-6　CircleWithPrivateRadius.py

```
 1  import math
 2
 3  class Circle:
 4      # Construct a circle object
 5      def __init__(self, radius = 1):
 6          self.__radius = radius
 7
 8      def getRadius(self):
 9          return self.__radius
10
11      def getPerimeter(self):
12          return 2 * self.__radius * math.pi
13
14      def getArea(self):
15          return self.__radius * self.__radius * math.pi
```

radius 属性在新 Circle 类中不能被直接访问。但是，你可以使用 getRadius() 方法读取它。例如：

```
 1  >>> from CircleWithPrivateRadius import Circle
 2  >>> c = Circle(5)
 3  >>> c.__radius
 4  AttributeError: no attribute '__radius'
 5  >>> c.getRadius()
 6  5
 7  >>>
```

第一行导入 Circle 类，这个类是在程序清单 7-6 中的 CircleWithPrivateRadius 模块中定义的。第二行创建了一个 Circle 对象。第三行试图访问属性 __radius。这会导致一个错误，因为 __radius 是私有的。然而，你可以使用 getRadius() 方法返回 radius（第 5 行）。

提示：如果类是被设计来给其他程序使用的，为了防止数据被篡改并使类易于维护，就将数据域定义为私有的。如果这个类只是在程序内部使用，那就没必要隐藏数据域。

注意：使用两个下划线开头来命名私有数据域和方法，但不要以一个以上的下划线结尾。
在 Python 语言中，以两个下划线开头同时以两个下划线结尾的名字具有特殊的含义。
例如：__radius 是一个私有数据域，但是 __radius__ 并不是私有数据域。

检查点

7.13　运行下面的程序时会出现什么问题？如何修改它？

```
class A:
    def __init__(self, i):
        self.__i = i

def main():
    a = A(5)
    print(a.__i)

main() # Call the main function
```

7.14　下面的代码正确吗？如果正确，它的输出是什么？

```
 1  def main():
 2      a = A()
```

```
3          a.print()
4
5   class A:
6       def __init__(self, newS = "Welcome"):
7           self.__s = newS
8
9       def print(self):
10          print(self.__s)
11
12  main() # Call the main function
```

7.15 下面的代码正确吗？如果不正确，修改这个错误。

```
class A:
    def __init__(self, on):
        self.__on = not on

def main():
    a = A(False)
    print(a.on)

main() # Call the main function
```

7.16 数据隐藏的优点是什么？在 Python 中如何实现它？

7.17 如何定义一个私有方法？

7.6 类的抽象与封装

🔑 **关键点**：类的抽象是将类的实现和类的使用分离的概念。类的实现的细节对用户而言是不可见的。这就是类的封装。

软件开发中有许多不同层次的抽象。在第 6 章，你已经学习了函数抽象以及在逐步求精中使用它。类的抽象是指将类的实现和类的使用分离开。类的创建者描述类的功能，让客户端知道如何使用这个类。类是方法以及对这些方法要完成动作的描述的一个集合，它被用来作为给客户端的类合约。

如图 7-8 所示，类的用户并不需要知道类是如何实现的。实现的细节被封装并对用户隐藏。这就被称为类的封装。本质上讲，封装将数据和方法整合到一个单一的对象中并对用户隐藏数据域和方法的实现。例如：你可以创建一个 Circle 对象，在不知道面积是如何被计算出来的情况下获取圆的面积。因此，类也被称为抽象数据类型（ADT）。

图 7-8 类抽象将类的实现从类的使用中分离出来

类的抽象和封装是同一个硬币的两面。许多现实生活的例子阐释了类抽象的概念。例如，考虑建造一个计算机系统。你的个人计算机有许多组件，CPU、存储器、磁盘、主板、风扇等。每个组件都可以被看作是一个具有属性和方法的对象。为了让这些组件一起工作，你只需要知道如何使用每个组件，以及它们之间如何相互作用。你不需要知道每个组件内部是如何工作的。内部实现都是被封装的，而且是对你隐藏的。你甚至可以在不知道每个组件是如何实现的情况下组装一台计算机出来。

计算机系统精确模拟映射面向对象方法。每个组件可以看作是组件类的一个对象。例如：你可能已经有一个定义电脑中使用的风扇的类，它有像大小、速度等的属性，也有像启动和停止这样的方法。一个特定的风扇就是这个类的一个带有具体属性值的对象。

考虑将获取一笔贷款作为另外一个例子。一笔特定的贷款可以看作是这个 Loan 类的一个对象。利率、贷款额以及贷期周期都是它的数据属性，而计算月支付额及年支付额是它的方法。当你买车时，根据你的贷款利率、贷款额以及贷款周期实例化贷款这个类，并创建一个特定的贷款对象。然后，你可以使用这些方法计算出你贷款的月支付额和总支付额。作为 Loan 类的使用者，你不需要知道这些方法是如何实现的。

程序清单 2-8 给出一个计算贷款支付额的程序。目前编写的这个程序是不能被其他程序所重用的。解决这个问题的一种方式是定义计算月支付额和总支付额的函数。但是，这个解决方案具有局限性。假设你想让贷款与贷款人相关联。除了使用对象，没有更好的方法将贷款与贷款人捆绑在一起。传统的面向过程的程序设计范型是动作驱动的；数据是独立于动作的。面向对象程序设计范型的重点在对象上，所以，动作是依照对象中的数据而定义的。要将贷款人和贷款关联，你可以定义一个含有贷款人及和它有关的贷款属性作为数据域。贷款对象就会包含数据以及操作和处理数据的动作，贷款数据和动作都集合在一个对象里。图 7-9 给出 Loan 类的 UML 类图。注意：UML 类图中的横线（–）表示类的私有数据域或方法。

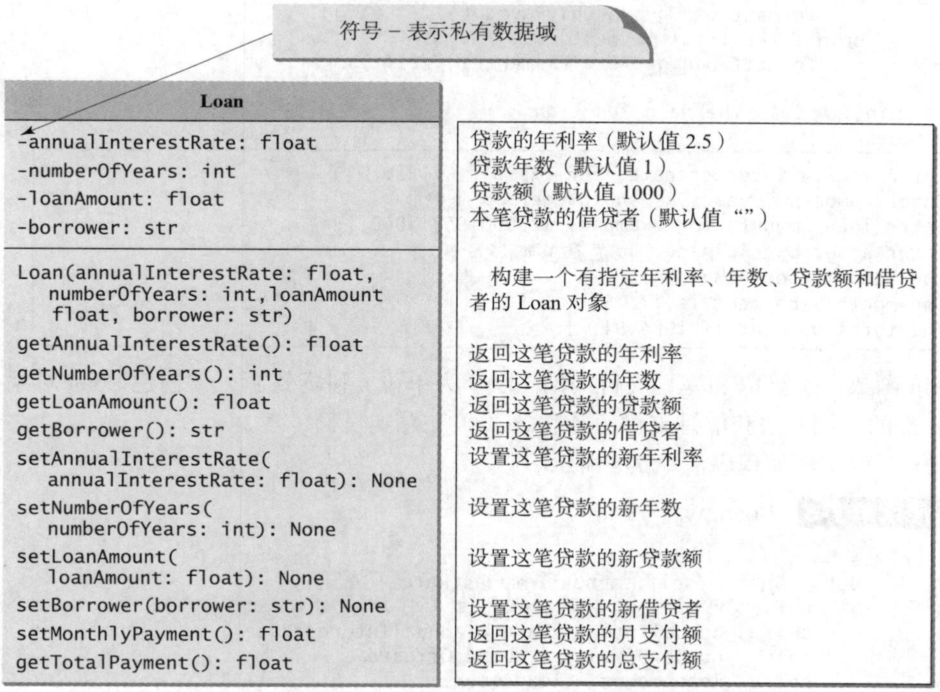

符号 – 表示私有数据域

Loan
-annualInterestRate: float
-numberOfYears: int
-loanAmount: float
-borrower: str
Loan(annualInterestRate: float, numberOfYears: int,loanAmount float, borrower: str)
getAnnualInterestRate(): float
getNumberOfYears(): int
getLoanAmount(): float
getBorrower(): str
setAnnualInterestRate(annualInterestRate: float): None
setNumberOfYears(numberOfYears: int): None
setLoanAmount(loanAmount: float): None
setBorrower(borrower: str): None
setMonthlyPayment(): float
getTotalPayment(): float

贷款的年利率（默认值 2.5）
贷款年数（默认值 1）
贷款额（默认值 1000）
本笔贷款的借贷者（默认值 ""）

构建一个有指定年利率、年数、贷款额和借贷者的 Loan 对象

返回这笔贷款的年利率
返回这笔贷款的年数
返回这笔贷款的贷款额
返回这笔贷款的借贷者
设置这笔贷款的新年利率

设置这笔贷款的新年数

设置这笔贷款的新贷款额

设置这笔贷款的新借贷者
返回这笔贷款的月支付额
返回这笔贷款的总支付额

图 7-9　Loan 类的 UML 图是对贷款属性和动作的建模

图 7-9 中的 UML 类图就像是 Loan 类的合约。也就是说，用户可以在不知道类是如何实现的情况下使用这个类。假定这个 Loan 类是可用的。我们开始编写一个测试程序来使用程序清单 7-7 中的 Loan 类。

程序清单 7-7 TestLoanClass.py

```python
1  from Loan import Loan
2
3  def main():
4      # Enter yearly interest rate
5      annualInterestRate = eval(input
6          ("Enter yearly interest rate, for example, 7.25: "))
7
8      # Enter number of years
9      numberOfYears = eval(input(
10         "Enter number of years as an integer: "))
11
12     # Enter loan amount
13     loanAmount = eval(input(
14         "Enter loan amount, for example, 120000.95: "))
15
16     # Enter a borrower
17     borrower = input("Enter a borrower's name: ")
18
19     # Create a Loan object
20     loan = Loan(annualInterestRate, numberOfYears,
21         loanAmount, borrower)
22
23     # Display loan date, monthly payment, and total payment
24     print("The loan is for", loan.getBorrower() )
25     print("The monthly payment is",
26         format(loan.getMonthlyPayment() , ".2f"))
27     print("The total payment is",
28         format(loan.getTotalPayment() , ".2f"))
29
30 main() # Call the main function
```

```
Enter yearly interest rate, for example, 7.25: 2.5 ↵Enter
Enter number of years as an integer: 5 ↵Enter
Enter loan amount, for example, 120000.95: 1000 ↵Enter
Enter a borrower's name: John Jones ↵Enter
The loan is for John Jones
The monthly payment is 17.75
The total payment is 1064.84
```

main 函数：①读取利率、支付周期（以年为单位）和贷款额；②创建 Loan 对象；③使用 Loan 类的实例方法获取月支付额（第 26 行）和总支付额（第 28 行）。

Loan 类的实现如程序清单 7-8 所示。

程序清单 7-8 Loan.py

```python
1  class Loan :
2      def __init__(self, annualInterestRate = 2.5,
3          numberOfYears = 1, loanAmount = 1000, borrower = " "):
4          self.__annualInterestRate = annualInterestRate
5          self.__numberOfYears = numberOfYears
6          self.__loanAmount = loanAmount
7          self.__borrower = borrower
8
9      def getAnnualInterestRate(self):
10         return self.__annualInterestRate
11
12     def getNumberOfYears(self):
13         return self.__numberOfYears
14
15     def getLoanAmount(self):
```

```
16          return self.__loanAmount
17
18      def getBorrower(self):
19          return self.__borrower
20
21      def setAnnualInterestRate(self, annualInterestRate):
22          self.__annualInterestRate = annualInterestRate
23
24      def setNumberOfYears(self, numberOfYears):
25          self.__numberOfYears = numberOfYears
26
27      def setLoanAmount(self, loanAmount):
28          self.__loanAmount = loanAmount
29
30      def setBorrower(self, borrower):
31          self.__borrower = borrower
32
33      def getMonthlyPayment(self):
34          monthlyInterestRate = self.__annualInterestRate / 1200
35          monthlyPayment = \
36            self.__loanAmount * monthlyInterestRate / (1 - (1 /
37            (1 + monthlyInterestRate) ** (self.__numberOfYears * 12)))
38          return monthlyPayment
39
40      def getTotalPayment(self):
41          totalPayment = self.getMonthlyPayment() * \
42              self.__numberOfYears * 12
43          return totalPayment
```

因为数据域 annualInterestRate、numberOfYears、loanAmount 以及 borrower 都被定义为私有的（以两个下划线开头），不能在类之外由客户端访问它们。

从类开发者的角度来看，类是为许多不同用户使用而设计的。为了满足更广泛的应用需求，类必须为用户提供各种途径用方法对类进行定制。

重要的教学提示：Loan 类的 UML 图如图 7-9 所示。你应该首先编写一个测试程序，它可以在你不知道 Loan 类是如何实现的情况下使用 Loan 类。这有三点益处：

- 它表明开发类和使用类是两件不同的任务。
- 它是在不打乱课本连续性的情况让你跳过某些类的复杂实现。
- 如果你熟悉如何使用类，那么学习如何实现类就会更容易。

从现在以后，对所有的类开发实例，首先使用该类创建一个对象，并尽量使用类的方法，然后再把你的注意力放在它的实现上。

7.7　面向对象的思考

关键点：面向过程范型程序设计的重点在设计函数上。而面向对象范型将数据和方法一起合并到对象中。使用面向对象范型的软件设计的重点是在对象和对象上的操作。

本书的目的是在学习面向对象程序设计之前教授解决问题的方法和基本程序设计技巧。本节展示面向过程和面向对象程序设计的区别。你将会看到面向对象程序设计的益处并学会如何高效地使用它。我们将用面向对象的方法优化第 4 章介绍的 BMI 问题的解决方法。在这个优化过程中，你会清楚地了解到面向过程和面向对象程序设计的不同，看到使用对象和类开发可复用代码的好处。

程序清单 4-6 给出计算身体质量指数的程序。代码本身不能被其他程序所重用。为了使它可重用，定义一个独立的函数来计算身体质量指数，如下所示：

```
def getBMI(weight, height):
```

这个函数在计算指定体重和身高的身体质量指数时很有用。但是它有局限性。假设你需要将身高、体重和个人的名字、生日相关联。你可以创建不同的变量来存储这些值，但是这些值并不是紧耦合的。最理想的耦合它们的方法是创建包含它们的对象。因为这些值都被绑定到一个单独的对象上的，所以它们应该被存储于数据域中。你可以定义一个名为 BMI 的类，如图 7-10 所示。

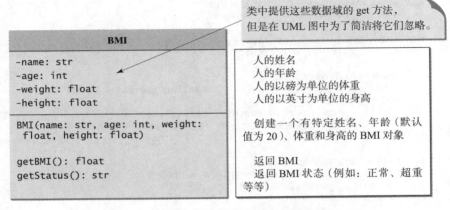

图 7-10 BMI 类封装 BMI 数据和方法

假设 BMI 类是可用的。程序清单 7-9 是一个使用这个类的测试程序。

程序清单 7-9 UseBMIClass.py

```
1  from BMI import BMI
2
3  def main():
4      bmi1 = BMI("John Doe", 18, 145, 70)
5      print("The BMI for", bmi1.getName(), "is",
6          bmi1.getBMI(), bmi1.getStatus())
7
8      bmi2 = BMI("Peter King", 50, 215, 70)
9      print("The BMI for", bmi2.getName(), "is",
10         bmi2.getBMI(), bmi2.getStatus())
11
12 main() # Call the main function
```

```
The BMI for John Doe is 20.81 Normal
The BMI for Peter King is 30.85 Obese
```

第 4 行为 John Doe 创建一个对象 bmi1，第 8 行为 Peter King 创建一个对象 bmi2。你可以使用方法 getName()、getBMI() 和 getStatus() 返回 BMI 对象中的 BMI 信息（第 5 行和第 9 行）。

BMI 类可以如程序清单 7-10 所示来实现。

程序清单 7-10 BMI.py

```
1  class BMI:
2      def __init__(self, name, age, weight, height):
3          self.__name = name
4          self.__age = age
```

```
 5          self.__weight = weight
 6          self.__height = height
 7
 8      def getBMI(self):
 9          KILOGRAMS_PER_POUND = 0.45359237
10          METERS_PER_INCH = 0.0254
11          bmi = self.__weight * KILOGRAMS_PER_POUND /  \
12              ((self.__height * METERS_PER_INCH) * \
13              (self.__height * METERS_PER_INCH))
14          return round(bmi * 100) / 100
15
16      def getStatus(self):
17          bmi = self.getBMI()
18          if bmi < 18.5:
19              return "Underweight"
20          elif bmi < 25:
21              return "Normal"
22          elif bmi < 30:
23              return "Overweight"
24          else:
25              return "Obese"
26
27      def getName(self):
28          return self.__name
29
30      def getAge(self):
31          return self.__age
32
33      def getWeight(self):
34          return self.__weight
35
36      def getHeight(self):
37          return self.__height
```

使用体重和身高计算 BMI 的数学公式在第 4.9 节中已经给出。方法 getBMI() 返回 BMI。因为身高和体重都是对象中的数据域，所以方法 getBMI() 可以使用这些属性计算对象的 BMI。

方法 getStatus() 返回一条解释 BMI 的字符串。解释也在第 4.9 节中给出。

这个例子演示了面向对象范型相对于面向过程范型的优势。面向对象方法结合了面向过程范型和一个将数据和操作集合在对象中的附加维度。

在面向过程程序设计中，数据和操作是分离的，这种方法论需要将数据发送给方法。面向对象程序设计将数据以及和它们相关的操作一起放在一个对象中。这种方法解决了许多继承自面向过程中的问题。面向对象程序设计方法组织程序的方式在某种程度上反映了现实世界，现实世界中的所有对象都是既和属性相关联又和动作相关联。使用对象可以提高软件复用性，同时可以使程序易于开发和维护。Python 中的程序设计涉及在对象方面的思考；Python 程序可被视为相互作用的对象的集合。

☛ **检查点**

7.18　描述面向过程和面向对象范型的不同之处。

关键术语

abstract data type (ADT) (抽象数据类型)
accessor (getter) (访问器 (获取器))
actions (动作)

anonymous object (匿名对象)
attributes (属性)
behavior (行为)

class（类）

class abstraction（类抽象）

class encapsulation（类封装）

class's contract（类的合约）

client（客户端）

constructor（构造方法）

data fields（数据域）

data hiding（数据隐藏）

dot operator (.)（圆点运算符（.））

identity（实体）

initializer（实例）

instance（实例方法）

instance variable（实例变量）

instantiation（实例化）

mutator (setter)（修改器（设置器））

object-oriented programming (OOP)（面向对象程序设计（OOP））

private data fields（私有数据域）

private method（私有方法）

property（属性）

state（状态）

Unified Modeling Language (UML)（统一建模语言（UML））

本章总结

1. 类是一种对象的模板、蓝图、合约和数据类型。它定义了对象的属性，并提供用于初始化对象的初始化程序和操作这些属性的方法。

2. 初始化程序总是以 _ _init_ _ 命名。每个方法的第一个参数包括类中的初始化程序，它指向调用这个方法的对象。按照惯例，这个参数以 self 命名。

3. 对象是类的一个实例。你使用构造方法来创建一个对象，使用圆点运算符（.）通过引用变量来访问对象的成员。

4. 实例变量或方法属于类的一个实例。它的使用和每个独立的实例相关联。

5. 类中的数据域应该被隐藏以避免被更改并使类易于维护。

6. 你可以提供 get 方法或 set 方法使客户端可以查看或更改数据。通俗地讲，get 方法被称为获取器（或访问器），而 set 方法被称为设置器（或修改器）。

测试题

本章的在线测试题位于 www.cs.armstrong.edu/liang/py/test.html。

编程题

第 7.2 ～ 7.3 节

7.1 （Rectangle 类）按照第 7.2 节中 Circle 类的例子，设计一个名为 Rectangle 类来表示矩形。这个类包括：

- 两个名为 width 和 height 的数据域。
- 构造方法创建一个指定 width 和 heightd 的矩形。将 1 和 2 分别作为 width 和 height 的默认值。
- 一个名为 getArea() 的方法来返回这个矩形的面积。
- 一个名为 getPerimeter() 的方法返回周长。

绘制该类的 UML 类图，然后实现这个类。编写一个测试程序创建两个 Rectangle 对象，一个宽为 4 高为 40，而另一个宽为 3.5 高为 35.7。按照这个顺序显示每个矩形的宽、高、面积和周长。

第 7.4 ～ 7.7 节

7.2 （Stock 类）设计一个名为 Stock 的类来表示一个公司的股票，它包括：

- 一个名为 symbol 的私有字符串数据域表示股票的符号。
- 一个名为 name 的私有字符串数据域表示股票的名字。

- 一个名为 previousClosingPrice 的私有浮点数据域存储前一天的股票价。
- 一个名为 currentPrice 的私有浮点数据域存储当前的股票价。
- 一个构造方法创建一支具有特定的符号、名字、之前价和当前价的股票。
- 一个返回股票名字的 get 方法。
- 一个返回股票符号的 get 方法。
- 获取 / 设置股票之前价的 get 和 set 方法。
- 获取 / 设置股票当前价的 get 和 set 方法。
- 一个名为 getChangePercent() 的方法返回从 previousClosingPrice 到 currentPrice 所改变的百分比。

    绘制这个类的 UML 类图,然后实现这个类。编写一个测试程序,创建一个 Stock 对象,它的符号是 INTC,它的名字是 Intel Corporation,前一天的结束价是 20.5,新的当前价是 20.35,并且显示价格改变的百分比。

7.3 (Account 类) 设计一个名为 Account 的类,它包括:
- 账户的一个名为 id 的私有 int 数据域。
- 账户的一个名为 balance 的私有浮点数据域。
- 一个名为 annualInterestRate 的私有浮点数据域存储当前利率。
- 一个构造方法创建具有特定 id (默认值 0)、初始额 (默认值 100) 以及年利率 (默认值 0)。
- id、balance 和 annualInterestRate 的访问器和修改器。
- 一个名为 getMonthlyInterestRate() 的方法返回月利率。
- 一个名为 getMonthlyInterest() 的方法返回月利息。
- 一个名为 withdraw 的方法从账户取出特指定数额。
- 一个名为 deposit 的方法向账户存入指定数额。

    绘制这个类的 UML 类图,然后实现这个类 (提示:方法 getMonthlyInterest() 返回每月利息额,而不是返回利率。使用这个公式计算月利息:balance*monthlyInterestRate。monthlyInterestRate 是 annualInterestRate/12。注意:annualInterestRate 是一个百分数 (如 4.5%))。你需要将它除以 100。

    编写测试程序创建一个 Account 对象,这个账户的 id 是 1122,账户额是 20 000 美元而年利率是 4.5%。使用 withdraw 方法取 2500 美元,使用 deposit 方法存 3000 美元,并打印 id、金额、月利率和月利息。

7.4 (Fan 类) 设计一个名为 Fan 的类表示一个风扇。这个类包括:
- 三个名为 SLOW、MEDIUM 和 FAST 的常量,它们的值分别是 1、2 和 3 以表示风扇速度。
- 一个名为 speed 的私有整型数据域表明风扇的速度。
- 一个名为 on 的私有布尔数据域表明风扇是否是打开状态 (默认值是 False)。
- 一个名为 radius 的私有浮点数据域表明风扇的半径。
- 一个名为 color 的私有字符串数据域表明风扇的颜色。
- 四个数据域的访问器和修改器。
- 一个构造方法创建一个具有特定速度 (默认值为 SLOW)、半径 (默认值为 5)、颜色 (默认值为 blue) 以及是否打开 (默认值为 False)。

    绘制这个类的 UML 类图,然后实现这个类。编写测试程序创建两个 Fan 对象。对第一个对象,赋值最大速度、半径为 10、颜色为 yellow,打开它。对第二个对象,赋值中速、半径为 5、颜色为 blue,关闭它。显示每个对象的 speed、radius、color 和 on 属性。

*7.5 (几何:正 n 边形) 一个正 n 边形的边都有同样的长度,所有的角都有同样的度数 (即多边形是等边等角的)。设计一个名为 RegularPolygon 的类,包括:
- 一个名为 n 的私有整型数据域定义多边形的边数。
- 一个名为 side 的私有浮点数据域存储边的长度。

- 一个名为 x 的私有浮点数据域定义多边形中心的 x 轴坐标值，默认值为 0。
- 一个名为 y 的私有浮点数据域定义多边形中心的 y 轴坐标值，默认值为 0。
- 一个构造方法创建一个具有指定边数 n（默认值是 3）、边长（默认值是 1）、x（默认值是 0）和 y（默认值是 0）的正多边形。
- 所有数据域的访问器和修改器。
- 方法 getPerimeter() 返回多边形的周长。
- 方法 getArea() 返回多边形的面积。计算一个正多边形面积的公式是 $Area = \dfrac{n \times s^2}{4 \times \tan\left(\dfrac{\pi}{n}\right)}$

　　绘制这个类的 UML 图，然后实现这个类。编写测试程序创建三个 RegularPolygon 对象，这三个对象是分别使用 RegularPolygon()、RegularPolygon(6,4) 和 RegularPolygon(10,4,5.6,7.8) 来创建的。对于每个对象，显示它的周长和面积。

*7.6　（代数：平方根）设计一个名为 QuadraticEquation 类来计算方程式 $ax^2+bx+c=0$ 的平方根。该类包括：

- 私有数据域 a、b 和 c 表示三个系数。
- 以 a、b 和 c 为参数的构造方法。
- a、b 和 c 各自的 get 方法。
- 名为 getDescriminant() 的方法返回判别式，即 b^2-4ac
- 名为 getRoot1() 和 getRoot2() 的方法是使用下面这些公式返回方程式的两个根：

$$r_1 = \frac{-b + \sqrt{b^2 - 4ac}}{2a} \text{ 和 } r_2 = \frac{-b - \sqrt{b^2 - 4ac}}{2a}$$

这些方法都是只在判别式非负时才有用。如果判别式是负数，则让这些方法返回 0。

　　绘制这个类的 UML 图，然后实现这个类。编写一个测试程序提示用户输入 a、b 和 c 的值，然后显示基于这个判别式的结果。如果判别式为正，显示两个根。如果判别式为 0，显示一个根。否则，显示“该方程式无根”。参见编程题 4.1 的示例运行。

*7.7　（代数：2×2 线性方程式）设计一个名为 LinearEquation 的类，它是 2×2 的线性方程式：

$$\begin{aligned} ax + by &= e \\ cx + dy &= f \end{aligned} \qquad x = \frac{ed - bf}{ad - bc} \qquad y = \frac{af - ec}{ad - bc}$$

这个类包括：

- 具有 get 方法的私有数据域 a、b、c、d、e 和 f。
- 一个参数为 a、b、c、d、e 和 f 的构造方法。
- a、b、c、d、e 和 f 各自的 get 方法。
- 一个名为 isSolvable() 的方法，如果 $ad-bc$ 不为零则返回 true。
- 方法 getX() 和 getY() 返回这个方程的解。

　　绘制这个类的 UML 类图，然后实现这个类。编写测试程序提示用户输入 a、b、c、d、e 和 f 的值，然后显示结果。如果 $ad-bc$ 为零，那么显示“这个方程式无解”。参见编程题 4.3 的示例运行。

*7.8　（跑表）设计一个名为 StopWatch 的类。该类包括：

- 具有 get 方法的私有数据域 startTime 和 endTime。
- 使用当前时间初始化 startTime 的构造方法。
- 一个名为 start() 的方法将 startTime 重置为当前时间。
- 一个名为 stop() 的方法将 endTime 设置为当前时间。
- 一个名为 getElapsedTime() 的方法返回秒表流逝的毫秒数。

　　绘制该类的 UML 类图，然后实现这个类。编写测试程序测量将数值从 1 增加到 1 000 000

的执行时间。

**7.9 （几何：交叉线）假设有两条线段相交。第一条线段的两个端点是 (x1,y1) 和 (x2,y2)，第二条线段的两个端点是 (x3,y3) 和 (x4,y4)。编写程序提示用户输入这四个端点，然后显示它们的交点（提示：使用编程题 7.7 中的 LinearEquation 类）。

```
Enter the endpoints of the first line segment: 2.0, 2.0, 0, 0    ↵Enter
Enter the endpoints of the second line segment: 0, 2.0, 2.0, 0   ↵Enter
The intersecting point is: (1.0, 1.0)
```

*7.10 （Time 类）设计一个名为 Time 的类。该类包括：

- 表示时间的私有数据域 hour、minute 和 second。
- 一个使用当前时间初始化 hour、minute 和 second 来构造一个 Time 对象的构造方法。
- 数据域 hour、minute 和 second 各自的 get 方法。
- 一个名为 setTime(elapseTime) 的方法使用流逝的秒数为对象设置一个新时间。例如：如果流逝的时间是 555 550 秒，那么小时数是 10，分钟数是 19 而秒数是 12。

    绘制这个类的 UML 类图，然后实现这个类。编写一个测试程序创建一个 Time 对象，然后显示它的小时数、分钟数和秒数。然后，你的程序提示用户输入流逝的时间，将它的流逝时间设置在 Time 对象中，然后显示它的小时数、分钟数和秒数。下面是一个示例运行：

```
Current time is 12:41:6
Enter the elapsed time: 55550505   ↵Enter
The hour:minute:second for the elapsed time is 22:41:45
```

    （提示：初始化程序将从流逝的时间中提取出小时数、分钟数和秒数。当前的流逝时间可以通过使用 time.time() 来获取，如程序清单 2-7 所示。）

更多字符串和特殊方法

学习目标

- 学习如何创建字符串（第 8.2.1 节）。
- 使用 len、min 和 max 函数获取一个字符串的长度、串中的最大和最小的字符（第 8.2.2 节）。
- 使用下标运算符（[]）访问字符串中的元素（第 8.2.3 节）。
- 使用截取运算符 str[start:end] 从较长的字符串中得到一个子串（第 8.2.4 节）。
- 使用 + 运算符连接两个字符串，通过 * 运算符复制一个字符串（第 8.2.5 节）。
- 使用 in 和 not in 运算符判断一个字符串是否包含在另一个字符串内（第 8.2.6 节）。
- 使用比较运算符（==、! =、<、<=、>、>=）对字符串进行比较（第 8.2.7 节）。
- 使用 for 循环迭代字符串中的字符（第 8.2.8 节）。
- 使用方法 isalnum、isalpha、isdigit、isidentifier、islower、isupper 和 isspace 来测试字符串（第 8.2.9 节）。
- 使用方法 endswith、startswith、find、rfind 和 count 搜索子串（第 8.2.10 节）。
- 使用方法 capitalize、lower、upper、title、swapcase 和 replace 转换字符串（第 8.2.11 节）。
- 使用方法 lstrip、rstrip 和 strip 从一个字符串的左侧或右侧删除空格（第 8.2.12 节）。
- 使用方法 center、ljust、rjust 和 format 格式化字符串（第 8.2.13 节）。
- 在应用程序（CheckPalindrome、HexToDecimalConversion）的开发过程中应用字符串（第 8.3 ～ 8.4 节）。
- 为运算符定义特殊的方法（第 8.5 节）。
- 设计 Rational 类表示有理数（第 8.6 节）。

8.1 引言

关键点：本章将重点放在类的设计上，它使用 Python 中的 str 类为例并探索 Python 中特殊方法的作用。

前一章介绍了关于类和对象的一些重要概念。我们已经学习了如何定义一个类，以及如何创建和使用对象。str 类不仅在表示字符串方面很有用，而且它也是一个很好的类设计的例子。这个类在第 3 章中已经介绍过。本章我们将更深入地讨论 str 类。

在 Python 语言中特殊方法起着非常重要的作用。这里也会介绍一些特殊方法和运算符重载，以及使用特殊方法设计类。

8.2 str 类

关键点：一个 str 对象是不可变的；这也就是说，一旦创建了这个字符串，那么它的内容是不可变的。

在第 7 章中，我们已经学会如何定义类 Loan 和 BMI 以及如何从这些类创建对象，并且将会经常使用这些来自 Python 库的类来开发程序。这里介绍 Python 的 str 类。

字符串是计算机科学的基础，而处理字符串是程序设计中的常见任务。字符串是 str 类的对象。到目前为止，你已经在输入和输出中使用过字符串。input 函数从键盘返回一个字符串，而 print 函数在显示器上显示一个字符串。

8.2.1　创建字符串

你可以使用构造函数构建字符串，如下所示：

```
s1 = str() # Create an empty string object
s2 = str("Welcome") # Create a string object for Welcome
```

Python 提供了一个简单语法，它通过使用字符串值创建一个字符串。例如：

```
s1 = "" # Same as s1 = str()
s2 = "Welcome" # Same as s2 = str("Welcome")
```

一个字符串对象是不可变的：一旦创建一个字符串对象出来，那么它的内容就不会再改变。为了优化性能，Python 使用一个对象来表示具有相同内容的字符串。如图 8-1 所示，s1 和 s2 都指向同一个字符串对象，它们都有着相同的 id 数。

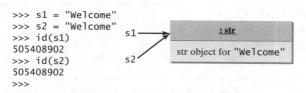

图 8-1　具有相同内容的字符串实际上是同一个对象

这个动作对 Python 库中的所有不可变对象都是真的。例如：int 是一种不可变类。两个具有相同值的 int 对象实际上是共享了相同的对象，如图 8-2 所示。

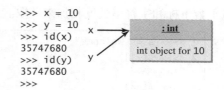

图 8-2　所有不可变的具有相同内容的对象都被存储在同一个对象中

8.2.2　处理字符串的函数

Python 的一些内置函数可以和字符串一起使用。你可以使用 len 函数来返回一个字符串中的字符个数，而 max 和 min 函数（第 3 章已经介绍过）返回字符串中的最大和最小字符。下面是一些例子：

```
1  >>> s = "Welcome"
2  >>> len(s)
3  7
4  >>> max(s)
5  'o'
6  >>> min(s)
7  'W'
8  >>>
```

因为字符串 s 有 7 个字符，len(s) 返回 7（第 3 行）。注意：小写字母的 ASCII 码值要高于小写字母的 ASCII 码值，所以，max(s) 返回 o（第 5 行），而 min(s) 返回 W（第 7 行）。

下面是另一个例子：

```
s = input("Enter a string: ")
if len(s) % 2 == 0:
    print(s, "contains an even number of characters")
else:
    print(s, "contains an odd number of characters")
```

如果运行代码时你输入 computer，它会显示

```
computer contains an even number of characters
```

8.2.3 下标运算符 []

一个字符串是一个字符序列。可以使用下面的语法通过下标运算符访问字符串中的一个字符：

s[index]

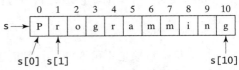

下标是基于 0 的；也就是说，它们的范围从 0 到 len(s)−1，如图 8-3 所示。

图 8-3　字符串中的字符可以通过下标运算符访问

例如：

```
>>> s = "Welcome"
>>> for i in range(0, len(s), 2):
...     print(s[i], end = '')
Wloe
>>>
```

在 for 循环中，i 是 0、2、4 和 6。所以，显示 s[0]、s[2]、s[4] 和 s[6]。

Python 也允许负数作为下标，它表示相对于字符串末尾字符的位置。确切的位置是通过负数下标和字符串长度相加来获取。例如：

```
1  >>> s = "Welcome"
2  >>> s[-1]
3  'e'
4  >>> s[-2]
5  'm'
6  >>>
```

在第 2 行中，s[−1] 和 s[−1+len（s）] 一样，它们都是字符串的最后一个字符。在第 4 行中，s[−2] 和 s[−2+len(s)] 一样，它们都是字符串的倒数第二个字符。

注意：由于字符串是不可变的，所以你不能改变它们的内容。例如，下面的代码是非法的。

s[2] = 'A'

8.2.4 截取运算符 [start：end]

截取运算符通过使用语法 s[start:end] 返回字符串其中的一段。这一段就是从下标 start 到下标 end−1 的一个子串。例如：

```
1  >>> s = "Welcome"
2  >>> s[1 : 4]
3  'elc'
```

s[1:4] 返回从下标 1 到下标 3 的子串。

起始下标或结束下标都可以被忽略。在这种情况下，默认的起始下标是 0，而结束下标是最后一个下标。例如：

```
1  >>> s = "Welcome"
2  >>> s[ :6]
3  'Welcom'
4  >>> s[4 :]
5  'ome'
6  >>> s[1 : -1]
7  'elcom'
8  >>>
```

在第 2 行中，s[:6] 和 s[0:6] 是一样的，都返回的是从下标 0 到下标 5 的子串。在第 4 行中，s[4:] 和 s[4:7] 是一样的，都返回的是从下标 4 到下标 6 的子串。你也可以在截取字符串的过程中使用负下标。例如，在第 6 行中，s[1:-1] 和 s[1:-1+len(s)] 是一样的。

☞ **注意**：如果截取操作 s[i:j] 中的下标（i 或 j）是负数，那么就用 len(s)+index 来替换下标。如果 j>len(s)，那么 j 就会被设置成 len(s)。如果 i>=j，那么截取的子串就会成为空串。

8.2.5　连接运算符 + 和复制运算符 *

你可以使用连接运算符 + 组合或连接两个字符串。你也可以使用复制运算符 * 来连接相同的字符串多次。下面是一些例子：

```
1  >>> s1 = "Welcome"
2  >>> s2 = "Python"
3  >>> s3 = s1 + " to " + s2
4  >>> s3
5  'Welcome to Python'
6  >>> s4 = 3 * s1
7  >>> s4
8  'WelcomeWelcomeWelcome'
9  >>> s5 = s1 * 3
10 >>> s5
11 'WelcomeWelcomeWelcome'
12 >>>
```

☞ **注意**：3*s1 和 s1*3 具有相同的效果（第 6 ～ 11 行）。

8.2.6　in 和 not in 运算符

你可以使用 in 和 not in 操作来测试一个字符串是否在另一个字符串中。下面是一些例子：

```
>>> s1 = "Welcome"
>>> "come" in s1
True
>>> "come" not in s1
False
>>>
```

下面是另一个例子：

```
s = input("Enter a string: ")
if "Python" in s:
    print("Python", "is in", s)
else:
    print("Python", "is not in", s)
```

如果你在运行这个程序的时候将字符串"Welcome to Python"作为输入，这个程序就应该显示：

```
python is in Welcome to Python.
```

8.2.7　比较字符串

你可以使用比较运算符来对字符串进行比较（第 4.2 节中已经介绍过 ==、!=、>、<、>= 和 <=）。Python 是通过比较字符串中对应的字符进行比较的，比较是通过计算字符的数值代码实现的。例如，a 比 A 大，因为 a 的数值代码比 A 的数值代码大。参见附录 B 中 ASCII 码字符集，找出字符的数值码。

假设你需要比较字符串 s1("Jane") 和 s2("Jake")。首先，比较 s1 和 s2 中的首字符（J 和 J）。因为它们是一样的，所以比较它们的第二个字符（a 和 a）。因为它们也是一样的，所以比较它们的第三个字符（n 和 k）。因为 n 的 ASCII 码值要大于 k 的，所以 s1 是大于 s2 的。

下面是一些例子：

```
>>> "green" == "glow"
False
>>> "green" != "glow"
True
>>> "green" > "glow"
True
>>> "green" >= "glow"
True
>>> "green" < "glow"
False
>>> "green" <= "glow"
False
>>> "ab" <= "abc"
True
>>>
```

下面是另一个例子：

```
1  s1 = input("Enter the first string: ")
2  s2 = input("Enter the second string: ")
3  if s2 < s1:
4      s1, s2 = s2, s1
5
6  print("The two strings are in this order:", s1, s2)
```

如果你运行这个程序的时候输入"Peter"，然后输入"John"，那么 s1 是 Peter，s2 是 John（第 1 ～ 2 行）。因为 s2<s1 为 True（第 3 行），所以它们在第 4 行进行交换。因此，程序在第 6 行显示以下消息。

```
The two strings are in this order: John Peter
```

8.2.8 迭代字符串

一个字符串是可迭代的。这意味着你可以使用一个 for 循环来顺序遍历字符串中的所有字符。例如，下面的代码显示了字符串 s 中的所有字符：

```
for ch in s:
    print(ch)
```

你可以将这段代码读作"对于 s 中的每个字符 ch，都打印 ch"。

这个 for 循环没有使用下标来访问字符。但是，如果你想以不同顺序遍历字符，那么你仍然必须使用下标。例如，下面的代码显示了字符串奇数位置的字符：

```
for i in range(0, len(s), 2):
    print(s[i])
```

这段代码使用变量 i 作为字符串 s 的下标。i 的初始值是 0，然后，在它达到或超过 len(s) 之前每次增加 2。对于每个 i 值，都打印 s[i]。

8.2.9 测试字符串

str 类有许多有用的方法。图 8-4 中的方法测试字符串中的字符。

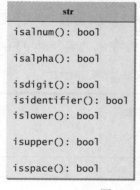

str	
isalnum(): bool	如果这个字符串中的字符是字母数字且至少有一个字符则返回 True
isalpha(): bool	如果这个字符串中的字符是字母且至少有一个字符则返回 True
isdigit(): bool	如果这个字符串中只含有数字字符则返回 True
isidentifier(): bool	如果这个字符串是 Python 标识符则返回 True
islower(): bool	如果这个字符串中的所有字符全是小写的且至少有一个字符则返回 True
isupper(): bool	如果这个字符串中的所有字符全是大写的且至少有一个字符则返回 True
isspace(): bool	如果这个字符串中只包含空格则返回 True

图 8-4 str 类包含测试它的字符的一些方法

下面是一些使用字符串测试方法的例子：

```
 1  >>> s = "welcome to python"
 2  >>> s.isalnum()
 3  False
 4  >>> "Welcome".isalpha()
 5  True
 6  >>> "2012".isdigit()
 7  True
 8  >>> "first Number".isidentifier()
 9  False
10  >>> s.islower()
11  True
12  >>> s.isupper()
13  False
14  >>> s.isspace()
15  False
16  >>>
```

s.isalnum() 返回 False（第 2 行），因为 s 字符串中包含空格，它既不是字母也不是数字。Welcome 包含的都是字母（第 4 行），所以 "Welcome".isalpha() 返回 True。由于 2012 包含的都是数字，所以 "2012".isdigit() 返回 True（第 6 行）。而且，因为 first Number 中包含一个空格，它并不是一个标识符，所以 "first Number".isidentifier() 返回 False（第 8 行）。

下面是另一个例子：

```
s = "2011"
if s.isdigit():
    print(s, "is a numeric string")
```

这段代码显示：

```
2011 is a numeric string
```

8.2.10 搜索子串

你可以使用图 8-5 中的方法来搜索字符串中的子串。

str
endswith(s1: str): bool
startswith(s1: str): bool
find(s1): int
rfind(s1): int
count(substring): int

如果字符串是以子串 s1 结尾则返回 True
如果字符串是以子串 s1 开始则返回 True
返回 s1 在这个字符串的最低下标，如果字符串中不存在 s1，则返回 −1
返回 s1 在这个字符串的最高下标，如果字符串中不存在 s1，则返回 −1
返回这个子串在字符串中出现的无覆盖的次数

图 8-5　str 类包含搜索子串的方法

下面是使用字符串搜索方法的一些例子：

```
 1  >>> s = "welcome to python"
 2  >>> s.endswith("thon")
 3  True
 4  >>> s.startswith("good")
 5  False
 6  >>> s.find("come")
 7  3
 8  >>> s.find("become")
 9  -1
10  >>> s.rfind("o")
11  15
12  >>> s.count("o")
13  3
14  >>>
```

由于可以在字符串 s 的下标 3 的位置上找到 come，所以 s.find("come") 返回 3（第 7 行）。因为子串 o 从右至左第一个出现的位置是在下标 17 处，所以 s.rfind("o") 返回 17（第 11 行）。在第 8 行，s.find("become") 返回 −1，因为 become 并不在字符串 s 中。在第 12 行，s.count("o") 返回 3，因为 o 在字符串 s 中出现了 3 次。

下面是另一个例子：

```
s = input("Enter a string: ")
if s.startswith("comp"):
    print(s, "begins with comp")
if s.endswith("er"):
    print(s, "ends with er")

print('e', "appears", s.count('e'), "time in", s)
```

如果你运行这段代码时输入“computer”，它会显示：

```
computer begins with comp
computer ends with er
e appears 1 time in computer
```

8.2.11　转换字符串

你可以使用图 8-6 中的方法来复制字符串。这些方法可以让你控制字符串复制过程中字母的大小写，或是整体地替换字符串。

str	
capitalize(): str	返回这个复制的字符串并只大写第一个字符
lower(): str	返回这个复制的字符串并将所有字母转换为小写的
upper(): str	返回这个复制的字符串并将所有字母转换为大写的
title(): str	返回这个复制的字符串并大写每个单词的首字母
swapcase(): str	返回这个复制的字符串，将小写字母转换成大写，将大写字母转换成小写
replace(old, new): str	返回一个新的字符串，它用一个新字符串替换旧字符串所有出现的地方

图 8-6　str 类中包含转换字符串中大小写的方法以及使用一个字符串替换另一个字符串的方法

capitalize() 方法返回大写首字母的字符串。lower() 和 upper() 方法返回所有字母都变成小写或大写的字符串。title() 方法返回每个单词首字母大写的字符串。swapCase() 方法返回将小写字母转换为大写而将大写字母转换为小写的字符串。replace(old,new）方法返回新子串 new 替换旧子串 old 的字符串。下面是一些使用这些方法的例子：

```
1   >>> s = "welcome to python"
2   >>> s1 = s.capitalize()
3   >>> s1
4   'Welcome to python'
5   >>> s2 = s.title()
6   >>> s2
7   'Welcome To Python'
8   >>> s = "New England"
9   >>> s3 = s.lower()
10  >>> s3
11  'new england'
12  >>> s4 = s.upper()
13  >>> s4
14  'NEW ENGLAND'
15  >>> s5 = s.swapcase()
```

```
16  >>> s5
17  'nEW eNGLAND'
18  >>> s6 = s.replace("England", "Haven")
19  >>> s6
20  'New Haven'
21  >>> s
22  'New England'
23  >>>
```

☞ **注意**：如同之前所述，字符串是不可变的。str 类中没有方法能改变字符串的内容，这些方法都是创建了新的字符串。如同上述代码所展示的那样，在应用完方法 s.lower()、s.upper()、s.swapcase() 和 s.replace("England","Haven") 之后，s 仍然是 New England（第 21 ～ 22 行）。

8.2.12 删除字符串中的空格

你可以使用图 8-7 中的方法从字符串的前端、末端或者两端来删除字符串中的空格。回顾一下，字符 ''、\t、\f、\r 和 \n 都被称作空白字符（参见第 3.5 节）。

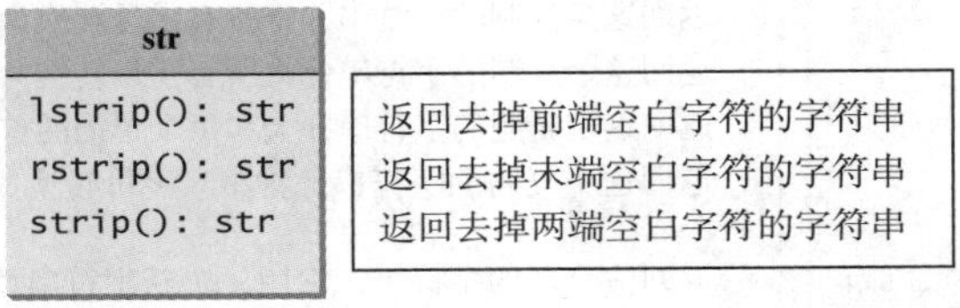

str	
lstrip(): str	返回去掉前端空白字符的字符串
rstrip(): str	返回去掉末端空白字符的字符串
strip(): str	返回去掉两端空白字符的字符串

图 8-7 str 类包含去掉前端和末端空白字符的方法

下面是一些使用字符串删除方法的例子：

```
1   >>> s = " Welcome to Python\t"
2   >>> s1 = s.lstrip()
3   >>> s1
4   'Welcome to Python\t'
5   >>> s2 = s.rstrip()
6   >>> s2
7   ' Welcome to Python'
8   >>> s3 = s.strip()
9   >>> s3
10  'Welcome to Python'
11  >>>
```

在第 2 行，s.lstrip() 去掉字符串 s 左端的空白字符。在第 5 行，s.rstrip() 去掉字符串 s 右端的空白字符。在第 8 行，s.strip() 去掉 s 左右两端的空白字符。

☞ **注意**：删除空白字符的方法只能去掉字符串前后两端的空白字符，并不能删除被非空白字符包围的空白字符。

☞ **提示**：在输入字符串上应用 strip() 方法来确保删除输入的末尾任何不需要的字符，这是很好的经验。

8.2.13　格式化字符串

你可以使用图 8-8 中的方法返回一个格式化的字符串。

str
center(width): str	返回在给定宽度域上居中的字符串副本
ljust(width): str	返回在给定宽度域上左对齐的字符串文本
rjust(width): str	返回在给定宽度域上右对齐的字符串文本
format(items): str	格式化一个字符串

图 8-8　str 类中包含这些格式化方法

下面是使用 center、ljust 和 rjust 方法的一些例子：

```
 1  >>> s = "Welcome"
 2  >>> s1 = s.center(11)
 3  >>> s1
 4  '  Welcome  '
 5  >>> s2 = s.ljust(11)
 6  >>> s2
 7  'Welcome    '
 8  >>> s3 = s.rjust(11)
 9  >>> s3
10  '    Welcome'
11  >>>
```

在第 2 行，s.center(11) 将字符串 s 放在占位 11 个字符的字符串中央。在第 5 行，s.ljust(11) 将字符串 s 放在占位 11 个字符的字符串左端。在第 8 行，s.rjust(11) 将字符串 s 放在占位 11 个字符的字符串右端。

第 3.6 节介绍了 format 函数来格式化数字或字符串。str 类也有 format 方法，在补充材料 II.C 中介绍，这与 format 函数是非常相似的。

检查点

8.1　假设给定如下 s1、s2、s3 和 s4 四个字符串：

```
s1 = "Welcome to Python"
s2 = s1
s3 = "Welcome to Python"
s4 = "to"
```

下面表达式的结果是什么？

a. s1 == s2
b. s2.count('o')
c. id(s1) == id(s2)
d. id(s1) == id(s3)
e. s1 <= s4
f. s2 >= s4
g. s1 != s4
h. s1.upper()
i. s1.find(s4)
j. s1[4]
k. s1[4 : 8]

l. 4 * s4
m. len(s1)
n. max(s1)
o. min(s1)
p. s1[-4]
q. s1.lower()
r. s1.rfind('o')
s. s1.startswith("o")
t. s1.endswith("o")
u. s1.isalpha()
v. s1 + s1

8.2　假设 s1 和 s2 是两个字符串，下面哪个语句或表达式是错误的？

```
s1 = "programming 101"
s2 = "programming is fun"
s3 = s1 + s2
s3 = s1 - s2
s1 == s2
s1 >= s2
i = len(s1)
c = s1[0]
t = s1[ : 5]
t = s1[5 : ]
```

8.3　下面代码输出内容是什么？

```
s1 = "Welcome to Python"
s2 = s1.replace("o","abc")
print(s1)
print(s2)
```

8.4　假设 s1 是 "Welcome" 而 s2 是 "welcome"，编写下面语句的代码。

(a) 检查 s1 和 s2 是否相等，并且将结果赋值给布尔变量 isEqual。

(b) 检查 s1 和 s2 是否相等，忽略大小写，并且将结果赋值给布尔变量 isEqual。

(c) 检查 s1 是否有前缀 AAA，并且将结果赋值给布尔变量 b。

(d) 检查 s1 是否有后缀 AAA，并且将结果赋值给布尔变量 b。

(e) 将 s1 的长度赋值给变量 x。

(f) 将 s1 的首字符赋值给变量 x。

(g) 将 s1 和 s2 组合在一起创建一个新字符串 s3。

(h) 创建一个从下标 1 开始的子串 s1。

(i) 创建一个从下标 1 到下标 4 的子串 s1。

(j) 创建一个将 s1 中的字母转换成小写的新字符串 s3。

(k) 创建一个将 s1 中的字母转换成大写的新字符串 s3。

(l) 创建一个删除字符串 s1 两端空白字符的新字符串 s3。

(m) 用 E 替换字符串 s1 中的 e。

(n) 将字母 e 在字符串 s1 中第一次出现的下标赋值给变量 x。

(o) 将字符串 abc 在字符串中最后一次出现的下标赋值给变量 x。

8.5　字符串对象中的方法能够改变字符串的内容吗？

8.6　假设字符串 s 是一个空串，那么 len(s) 是多少？

8.7　怎么判断一个字符是大写的还是小写的？

8.8　怎么判断一个字符是字母数字的？

8.3　实例研究：校验回文串

🔑 **关键点**：本节给出一个如何检验某个字符串是否是回文串的程序。

　　如果一个字符串从前往后和从后往前读时是一样的，那么就称这个字符串是回文串。例如："mom"、"dad" 和 "noon" 都是回文串。

　　编写一段程序，提示用户输入一个字符串，然后输出该字符串是否是回文串。一种解决方案就是让程序检测字符串中的首字符与末尾字符是否相同。如果一样，那么程序就会检测第二个字符是否与倒数第二个字符是否相同。这个过程持续进行，直到有字符不匹配或检测完所有字符才会停止，如果字符串有奇数个字符则不比较中间的字符。

为了实现这个想法，使用两个变量，即 low 和 high 来表示字符串 s 的起始和结束位置的两个字符，如程序清单 8-1 所示（第 13 和第 16 行）。初始状态下，low 是 0 而 high 是 len（s）−1。如果在这两个位置的字符相同，那么 low 增加 1 而 high 减去 1（第 22～23 行）。这个过程持续直到（low>=high）或出现一个不匹配。

程序清单 8-1　CheckPalindrome.py

```
 1  def main():
 2      # Prompt the user to enter a string
 3      s = input("Enter a string: ").strip()
 4
 5      if isPalindrome(s):
 6          print(s, "is a palindrome")
 7      else:
 8          print(s, " is not a palindrome")
 9
10  # Check if a string is a palindrome
11  def isPalindrome(s):
12      # The index of the first character in the string
13      low = 0
14
15      # The index of the last character in the string
16      high = len(s) - 1
17
18      while low < high:
19          if s[low] != s[high]:
20              return False # Not a palindrome
21
22          low += 1
23          high -= 1
24
25      return True # The string is a palindrome
26
27  main() # Call the main function
```

```
Enter a string: noon  ↵Enter
noon is a palindrome
```

```
Enter a string: moon  ↵Enter
moon is not a palindrome
```

这段程序提示用户将字符串输入到 s 中（第 3 行），它使用 strip() 方法去掉任何起始端和结尾端的空白字符，然后调用 isPalindrome(s) 来判断 s 是否是回文串。

8.4　实例研究：将十六进制数转换为十进制数

✏️ **关键点**：本节给出一个将十六进制数转换为十进制数的程序。

第 6.8 节中阐述了一段将十进制数转化为十六进制形式的程序。那么如何将一个十六进制数转换为十进制数呢？

给定一个十六进制数 $h_n h_{n-1} h_{n-2} \cdots h_2 h_1 h_0$，和它等值的十进制数是

$$h_n \times 16^n + h_{n-1} \times 16^{n-1} + h_{n-2} \times 16^{n-2} + \cdots + h_2 \times 16^2 + h_1 \times 16^1 + h_0 \times 16^0$$

例如：十六进制数 AB8C 是

$$10 \times 16^3 + 11 \times 16^2 + 8 \times 16^1 + 12 \times 16^0 = 43\,916$$

我们的程序提醒用户输入一个十六进制数作为字符串，然后使用下面的函数将它转换为

十进制数:

```
def hexToDecimal(hex):
```

暴力破解方法是将每个十六进制数转换为十进制数, 就是将第 i 位的十六进制数乘以 16 的 i 次方, 然后将所有项加在一起就会获得与十六进制数等值的十进制数。

注意:

$$h_n \times 16^n + h_{n-1} \times 16^{n-1} + h_{n-2} \times 16^{n-2} + \cdots + h_1 \times 16^1 + h_0 \times 16^0$$
$$= (\cdots((h_n \times 16 + h_{n-1}) \times 16 + h_{n-2}) \times 16 + \cdots + h_1) \times 16 + h_0$$

这种方法被称作霍纳算法, 下面就是将一个十六进制字符串转换成一个十进制数的代码:

```
decimalValue = 0
for i in range(len(hex)):
    hexChar = hex[i]
    decimalValue = decimalValue * 16 + hexCharToDecimal(hexChar)
```

下面是对十六进制数 AB8C 转换的算法跟踪。

	i	hexChar	hexCharToDecimal (hexChar)	DecimalValue
在循环之前				0
在第 1 次迭代之后	0	A	10	10
在第 2 次迭代之后	1	B	11	10 * 16 + 11
在第 3 次迭代之后	2	8	8	(10 * 16 + 11) * 16 + 8
在第 4 次迭代之后	3	C	12	((10 * 16 + 11) * 16 + 8) * 16 + 12

程序清单 8-2 给出完整的程序。

程序清单 8-2　HexToDecimalConversion.py

```
1   def main():
2       # Prompt the user to enter a hex number
3       hex = input("Enter a hex number: ").strip()
4
5       decimal = hexToDecimal(hex.upper())
6       if decimal == None:
7           print("Incorrect hex number")
8       else:
9           print("The decimal value for hex number",
10              hex, "is", decimal)
11
12  def hexToDecimal(hex):
13      decimalValue = 0
14      for i in range(len(hex)):
15          ch = hex[i]
16          if 'A' <= ch <= 'F' or '0' <= ch <= '9':
17              decimalValue = decimalValue * 16 + \
18                  hexCharToDecimal(ch)
19          else:
20              return None
21
22      return decimalValue
23
24  def hexCharToDecimal(ch):
25      if 'A' <= ch <= 'F':
26          return 10 + ord(ch) - ord('A')
27      else:
28          return ord(ch) - ord('0')
29
30  main() # Call the main function
```

```
Enter a hex number: AB8C  ↵Enter
The decimal value for hex number AB8C is 43916
```

```
Enter a hex number: af71  ↵Enter
The decimal value for hex number af71 is 44913
```

```
Enter a hex number: ax71  ↵Enter
Incorrect hex number
```

这个程序从控制台读取一个字符串（第 3 行），然后调用函数 hexToDecimal 将一个十六进制字符串转换为一个十进制数（第 5 行）。输入的字符既可以是小写的也可以是大写的，程序在调用 hexToDecimal 函数之前会把它们都转换为大写的。

在第 12 到 22 行定义的函数 hexToDecimal 返回一个整数。字符串长度是在第 14 行调用 len(hex) 来决定的。如果输入是不正确的十六进制数，那么这个函数返回 None（第 20 行）。

hexCharToDecimal 函数在第 24 到 28 行定义，返回一个表示十六进制字符的十进制数值。字符可能是小写的也可能是大写的。调用 hex.upper() 将字符转换为大写的。当调用 hexCharToDecimal(ch) 时，字符 ch 已经是大写的了。如果 ch 是一个 A 到 F 之间的字母，那么程序会返回一个十进制值 10+ord(ch)−ord('A')（第 26 行）。如果 ch 是一个数字，那么程序会返回一个十进制值 ord(ch)−ord('0')（第 28 行）。

8.5 运算符重载和特殊方法

🔑 **关键点**：Python 允许为运算符和函数定义特殊的方法来实现常用的操作。Python 使用一种独特方式来命名这些方法以辨别它们的关联性。

在之前的章节中，我们已经学会了如何使用完成字符串操作的运算符。可以使用运算符 + 来结合两个字符串，而运算符 * 可以结合同一字符串多次，关系运算符（==、! =、<、<=、>、>=）用来比较两个字符串，而下标运算符 [] 用来访问一个字符。例如：

```
1  s1 = "Washington"
2  s2 = "California"
3  print("The first character in s1 is", s1[0])
4  print("s1 + s2 is", s1 + s2)
5  print("s1 < s2?", s1 < s2 )
```

这些运算符实际上都是在 str 类中定义的方法。为运算符定义方法被称作运算符重载。运算符重载允许程序员使用内嵌的运算符为用户定义方法。表 8-1 罗列出运算符和方法之间的映射关系。当你命名这些方法时，名字前后要加两个下划线以便于 Python 辨识它们的关联性。例如：为了将运算符 + 作为方法来使用，你应当定义一个名为 __add__ 的方法。注意：这些方法并不是私有的，因为它们除了两个起始下划线还有两个结尾下划线。回顾一下，类中的初始化程序被命名为 __init__，这是一个初始化对象的特殊方法。

例如，你可以使用如下方法改写之前的代码：

```
1  s1 = "Washington"
2  s2 = "California"
3  print("The first character in s1 is", s1.__getitem__(0))
4  print("s1 + s2 is", s1.__add__(s2))
5  print("s1 < s2?", s1.__lt__(s2))
```

表 8-1   运算符重载：运算符和特殊方法

运算符	方法	描述	运算符	方法	描述
+	_ _add_ _(self, other)	加法	!=	_ _ne_ _(self, other)	不等于
*	_ _mul_ _(self, other)	乘法	>	_ _gt_ _(self, other)	大于
−	_ _sub_ _(self, other)	减法	>=	_ _ge_ _(self, other)	大于等于
/	_ _truediv_ _(self, other)	除法	[index]	_ _getitem_ _(self, index)	下标运算符
%	_ _mod_ _(self, other)	求余	in	_ _contains_ _(self, value)	检查其成员资格
<	_ _lt_ _(self, other)	小于	len	_ _len_ _(self)	元素个数
<=	_ _le_ _(self, other)	小于等于	str	_ _str_ _(self)	字符串表示
==	_ _eq_ _(self, other)	等于			

s1._ _getitem_ _(0) 与 s1[0] 相同，s1._ _add_ _(s2) 与 s1+s2 相同，而 s1._ _lt_ _(s2) 与 s1<s2 相同。现在，你可以看出重载运算符的优势。重载运算符可以极大地简化程序，让程序更易读、易维护。

Python 支持 in 运算符，它可以用来判断一个字符是否在另一个字符串中或者一个元素是否是一个容器中的成员。对应的方法被命名为 _ _contains_ _(self,e)。你可以使用方法 _ _contain_ _ 或使用 in 运算符来判断一个字符是否在一个字符串内，代码如下所示。

```
1  s1 = "Washington"
2  print("Is W in s1?", 'W' in s1)
3  print("Is W in s1?", s1.__contains__('W'))
```

W in s1 和 s1._ _contains_ _('w') 一样。

如果一个类定义了 _ _len_ _(self) 方法，那么 Python 允许你使用方便的语法将调用方法作为函数调用。例如：_ _len_ _ 方法被定义在 str 类中，该方法返回字符串的字符个数。你既可以使用 _ _len_ _ 方法也可以使用 len 函数来获取字符串中的字符个数，代码如下所述：

```
1  s1 = "Washington"
2  print("The length of s1 is", len(s1))
3  print("The length of s1 is", s1.__len__())
```

len(s1) 和 s1._ _len_ _() 是相同的。

许多特殊的运算符都被定义为 Python 的内置类型，例如：int 和 float。假设 i 是 3 而 j 是 4。i._ _add_ _(j) 和 i+j 是相同的，而 i._ _sub_ _(j) 和 i−j 是相同的。

☞ **注意**：你可以传递一个对象去调用 print(x)。这等价于调用 print(x._ _str_ _()) 或 print (str(x))。

☞ **注意**：比较运算符（==、! =、<、<=、> 和 >=）也可以通过使用方法 _ _cmp_ _(self,other) 来实现。如果 self<other，那么该方法返回负整数。如果 self==other，那么该方法返回 0。如果 self>other，那么该方法返回正整数。对于两个对象 a 和 b，如果 _ _lt_ _ 可用的话，那么 a<b 就调用 a._ _lt_ _(b)。如果不行的话就调用 _ _cmp_ _ 方法来决定顺序。

☞ **检查点**

8.9   什么是运算符重载？

8.10   运算符 +、−、*、/、%、==、!=、<、<=、> 和 >= 对应的特殊方法是什么？

8.6   实例研究：Rational 类

🔑 **关键点**：本节给出如何设计一个有理数类 Rational 来表示和处理有理数。

一个有理数在形式上有分子和分母 a/b，其中 a 为分子而 b 为分母。例如：1/3、3/4 和 10/4 都是有理数。

一个有理数分母不能为零，但是分子可以为零。每一个整数 i 都等价于有理数 i/1。有理数用来做具体计算的时候是有小数部分的，例如，1/3 是 0.333 33…。这个数使用 float 数据类型表示，而且它是不能精确表示的。为了获得精确的结果，我们必须使用有理数。

Python 为我们提供了整数和浮点数的数据类型，但是没有有理数数据类型。本节给出如何设计一个有理数类。

一个有理数可以使用两个数据域来表示：numerator 和 denominator。你可以创建一个指定分子和分母的有理数或分子为 0 而分母为 1 的默认有理数。你可以加、减、乘、除以及比较两个有理数。你也可以将有理数转换为整数、浮点数或字符串。Rational 类的 UML 类图在图 8-9 中给出。

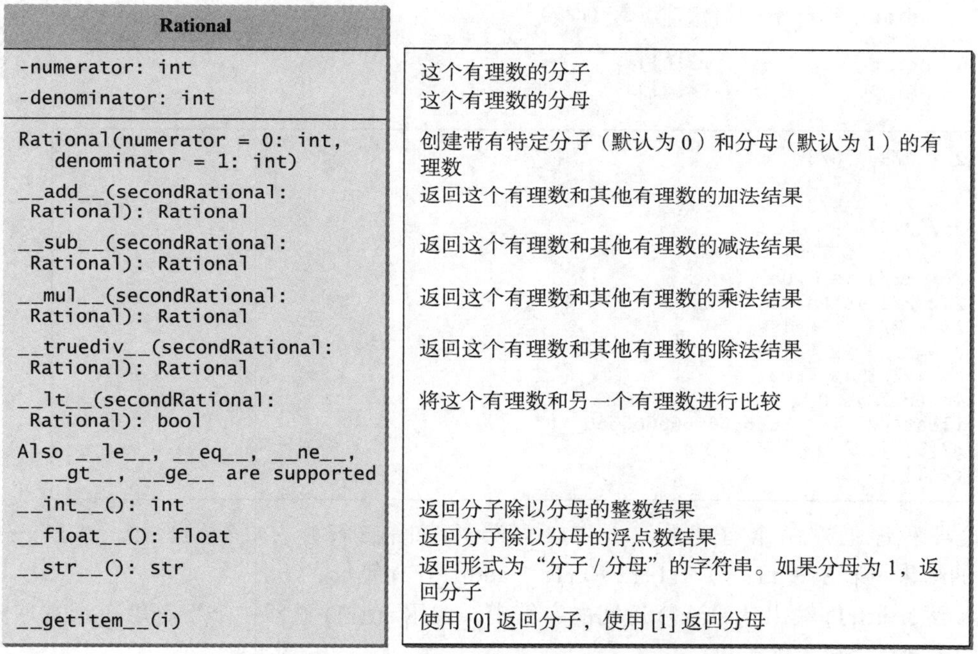

图 8-9　包括属性、初始化程序和方法的 Rational 类的 UML 类图

这里有许多等价的有理数，例如，1/3=2/6=3/9=4/12。为了简单起见，我们使用 1/3 表示所有等价于 1/3 的有理数。由于 1/3 的分子和分母除了 1 之外没有任何公约数，所以 1/3 可以被称为最简形式。

为了将有理数化简至最简形式，你需要找到分子和分母绝对值的最大公约数（GCD），然后将分子分母同除以这个最大公约数。可以使用程序清单 5-8 中建议的计算两个整数 n 和 d 最大公约数的函数。Rational 对象中的分子和分母都被化简为最简形式。

通常，我们首先编写一个测试程序来创建 Rational 对象测试 Rational 类中的函数。程序清单 8-3 是一个测试程序。

程序清单 8-3　TestRationalClass.py

```
1  import Rational
2
```

```
3  # Create and initialize two rational numbers r1 and r2.
4  r1 = Rational.Rational(4, 2)
5  r2 = Rational.Rational(2, 3)
6
7  # Display results
8  print(r1, "+", r2, "=", r1 + r2)
9  print(r1, "-", r2, "=", r1 - r2)
10 print(r1, "*", r2, "=", r1 * r2)
11 print(r1, "/", r2, "=", r1 / r2)
12
13 print(r1, ">", r2, "is", r1 > r2)
14 print(r1, ">=", r2, "is", r1 >= r2)
15 print(r1, "<", r2, "is", r1 < r2)
16 print(r1, "<=", r2, "is", r1 <= r2)
17 print(r1, "==", r2, "is", r1 == r2)
18 print(r1, "!=", r2, "is", r1 != r2)
19
20 print("int(r2) is", int(r2))
21 print("float(r2) is", float(r2))
22
23 print("r2[0] is", r2[0])
24 print("r2[1] is", r2[1])
```

```
2 + 2/3 = 8/3
2 - 2/3 = 4/3
2 * 2/3 = 4/3
2 / 2/3 = 3
2 > 2/3 is True
2 >= 2/3 is True
2 < 2/3 is False
2 <= 2/3 is False
2 == 2/3 is False
2 != 2/3 is True
int(r2) is 0
float(r2) is 0.6666666666666666
r2[0] is 2
r2[1] is 3
```

这段程序创建两个有理数，r1 和 r2（第 4 行和第 5 行），并显示 r1+r2、r1-r2、r1*r2、r1/r2 的结果（第 8 ～ 11 行）。r1+r2 和 r1.__add__(r2) 等价。

函数 print(r1) 输出从 str(r1) 返回的字符串。调用 str(r1) 返回一个字符串表示有理数 r1，它与调用 r1.__str__() 等价。

调用函数 int(r2)（第 20 行）返回一个有理数 r2 的整数，它与调用 r2.__init__() 等价。

调用函数 float(r2)（第 21 行）返回一个有理数 r2 的浮点数，它与调用 r2.__float__() 等价。

调用 r2[0]（第 23 行）与调用 r2.__getitem__(0) 等价，它返回 r2 的分子。

Rational 类的实现在程序清单 8-4 中。

程序清单 8-4 Rational.py

```
1  class Rational:
2      def __init__(self, numerator = 1, denominator = 0):
3          divisor = gcd(numerator, denominator)
4          self.__numerator = (1 if denominator > 0 else -1) \
5              * int(numerator / divisor)
6          self.__denominator = int(abs(denominator) / divisor)
7
8      # Add a rational number to this rational number
9      def __add__(self, secondRational):
10         n = self.__numerator * secondRational[1] + \
```

```
11              self.__denominator * secondRational[0]
12          d = self.__denominator * secondRational[1]
13          return Rational(n, d)
14
15      # Subtract a rational number from this rational number
16      def __sub__(self, secondRational):
17          n = self.__numerator * secondRational[1] - \
18              self.__denominator * secondRational[0]
19          d = self.__denominator * secondRational[1]
20          return Rational(n, d)
21
22      # Multiply a rational number by this rational number
23      def __mul__(self, secondRational):
24          n = self.__numerator * secondRational[0]
25          d = self.__denominator * secondRational[1]
26          return Rational(n, d)
27
28      # Divide a rational number by this rational number
29      def __truediv__(self, secondRational):
30          n = self.__numerator * secondRational[1]
31          d = self.__denominator * secondRational[0]
32          return Rational(n, d)
33
34      # Return a float for the rational number
35      def __float__(self):
36          return self.__numerator / self.__denominator
37
38      # Return an integer for the rational number
39      def __int__(self):
40          return int(self.__float__())
41
42      # Return a string representation
43      def __str__(self):
44          if self.__denominator == 1:
45              return str(self.__numerator)
46          else:
47              return str(self.__numerator) + "/", self.__denominator)
48
49      def __lt__(self, secondRational):
50          return self.__cmp__(secondRational) < 0
51
52      def __le__(self, secondRational):
53          return self.__cmp__(secondRational) <= 0
54
55      def __gt__(self, secondRational):
56          return self.__cmp__(secondRational) > 0
57
58      def __ge__(self, secondRational):
59          return self.__cmp__(secondRational) >= 0
60
61      # Compare two numbers
62      def __cmp__(self, secondRational):
63          temp = self.__sub__(secondRational)
64          if temp[0] > 0:
65              return 1
66          elif temp[0] < 0:
67              return -1
68          else:
69              return 0
70
71      # Return numerator and denominator using an index operator
72      def __getitem__(self, index):
73          if index == 0:
74              return self.__numerator
```

```
75              else:
76                  return self.__denominator
77
78  def gcd(n, d):
79      n1 = abs(n)
80      n2 = abs(d)
81      gcd = 1
82
83      k = 1
84      while k <= n1 and k <= n2:
85          if n1 % k == 0 and n2 % k == 0:
86              gcd = k
87          k += 1
88
89      return gcd
```

有理数被封装在 Rational 对象中。有理数内部都是以最简形式表示的（第 4 ~ 6 行），而分子决定其符号（第 4 行）。分母永远都是正的（第 6 行）。数据域 numerator 和 denominator 被定义为具有两个前导下划线的私有数据域。

gcd() 并不是 Rational 类中的成员方法，而是定义在 Rational 模块（Rational.py）中的函数（第 78 ~ 89 行）。

两个 Rational 对象之间可以相互进行加、减、乘和除的操作。这些方法都返回一个新 Rational 对象（第 19 ~ 32 行）。注意：secondRational[0] 是指 secondRational 的分子，而 secondRational[1] 是指 secondRational 的分母。下标运算符的使用是由 __getitem__ 方法来支持的（第 72 ~ 76 行），它将会根据下标返回有理数的分子和分母。

__cmp__(secondRational) 方法（第 62 ~ 69 行）将这个有理数和另一个有理数进行比较。它首先用这个有理数减去第二个有理数，并将结果保存在 temp 中（第 63 行）。方法将根据 temp 的分子值是小于、等于还是大于 0 分别返回 −1、0 或 1。

比较方法 __lt__、__le__、__gt__ 和 __ge__ 都是通过使用 __cmp__ 方法来实现的（第 49 ~ 59 行）。注意：方法 __ne__、__eq__ 并不是被显式实现的，如果 __cmp__ 方法是可用的，那么 Python 会隐式实现它们。

你已经使用了 str、int、float 函数将对象转换为 str、int 或 float。方法 __str__()、__int__() 和 __float__() 在 Rational 类中实现（第 35 ~ 47 行），从 Rational 对象返回 str 对象、int 对象和 float 对象。

📝 检查点

8.11　如果将 Rational.py 中第 63 行换成如下代码，程序能否成功运行？

```
temp = self - secondRational
```

8.12　如果将程序中第 43 ~ 47 行的 __str__ 方法替换成如下代码，程序能否成功运行？

```
def __str__(self):
    if self.__denominator == 1:
        return str(self[0])
    else:
        return str(self[0]) + "/" + str(self[1])
```

关键术语

concatenation operator（连接运算符）	iterable（可迭代的）
index operator（下标运算符）	operator overloading（运算符重载）

repetition operator（复制运算符）　　　　　　　　slicing operator（截取运算符）

本章总结

1. 字符串对象是不可变的，不可以改变它的内容。
2. 可以使用 Python 函数 len、min 和 max 来返回字符串的长度、最大元素和最小元素。
3. 可以使用下标运算符 [] 来指向字符串中的一个单独的字符。
4. 可以使用连接运算符 + 来连接两个字符串，使用复制运算符 * 来复制一个字符串多次，使用截取运算符 [:] 来获取子串，而使用运算符 in 和 not in 来判断一个字符是否在一个字符串中。
5. 使用比较运算符（==、!=、<、<=、> 和 >=）比较两个字符串。
6. 使用 for 循环迭代字符串中的所有字符。
7. 可以在字符串对象上使用像 endswith、startswitch、isalpha、islower、isupper、lower、upper、find、count、replace 和 strip 这样的函数。
8. 可以为重载操作定义特殊方法。

测试题

本章的在线测试题位于 www.cs.armstrong.edu/liang/py/test.html。

编程题

第 8.2 ～ 8.4 节

*8.1 （检测 SSN）编写一个程序，提示用户按照格式 ddd-dd-dddd 输入一个社会安全号码，其中 d 是数字。如果是正确的社会安全号码，那么程序输出"Valid SSN"，否则输出"Invalid SSN"。

**8.2 （检测子串）你可以使用 str 类中的 find 方法检测一个字符串是否是另一个字符串的子串。编写出你自己的函数实现 find。编写一个程序，提示用户输入两个字符串，然后检测第一个字符串是否是第二个字符串的子串。

**8.3 （检测密码）一些网站会给密码强加一些规则。编写函数检测一个字符串是否是一个合法的密码。假设密码规则如下述：

- 密码必须至少有 8 个字符。
- 密码只能包含英文字母和数字。
- 密码应该至少包含两个数字。

编写程序提示用户输入一个密码，如果遵循了规则就显示"valid password"，否则，就显示"invalid password"。

8.4 （特定字符的出现次数）使用下面的函数头，编写一个函数找出字符串中某个特定字符的出现次数。

```
def count(s, ch):
```

str 类有 count 方法。不使用 count 方法实现你的方法。例如：count("welcome", 'e') 返回 2。编写一个测试程序，提示用户输入一个字符串，然后再输入一个字符，显示该字符在字符串中出现的次数。

**8.5 （特定字符串的出现次数）使用下面的函数头编写一个函数，统计一个特定的不重叠的字符串 s2 在另一个字符串 s1 中的出现次数。

```
def count(s1, s2):
```

例如：count("system error, syntax error","error") 返回 2。编写一个测试程序，提示用户输入两个字符串，并返回第二个字符串在第一个字符串中的出现次数。

*8.6（统计字符串中的字母个数）使用下面的函数头编写函数统计一个字符串中的字母出现次数。

> def countLetters(s):

编写一个程序提示用户输入一个字符串然后显示字符串中的字母数。

*8.7（手机键盘）手机的国际标准字母 / 数字对应键盘如下所示。

编写函数，假设有一个大写字母，返回对应的数字，如下所示。

> def getNumber(uppercaseLetter):

编写一个测试程序，提示用户输入一个电话号码作为一个字符串。输入数字可能包含字母。程序将字母（大写或小写）转换为数字，保留其他剩余字符不变。下面是程序的示例运行。

```
Enter a string: 1-800-Flowers  ↵Enter
1-800-3569377
```

```
Enter a string: 1800flowers  ↵Enter
18003569377
```

*8.8 （二进制转换为十进制）编写函数将二进制数作为字符串转换为一个十进制整数。使用下面的函数头。

> def binaryToDecimal(binaryString):

例如：二进制字符串 10001 是 17（$1 \times 2^4 + 0 \times 2^3 + 0 \times 2^2 + 0 \times 2 + 1 = 17$）。所以，binaryToDecimal（"10001"）返回 17。

编写一个测试程序，提示用户输入一个二进制字符串，然后显示对应的十进制整数值。

**8.9 （二进制转换为十六进制）编写函数将二进制数转换为一个十六进制数。函数头如下所示。

> def binaryToHex(binaryValue):

编写一个测试程序，提示用户输入一个二进制数，然后显示对应的十六进制数。

**8.10 （十进制转换为二进制）编写一个函数将一个十进制数转换为一个二进制数。使用的函数头如下所示。

> def decimalToBinary(value):

编写一个测试程序，提示用户输入一个十进制整数值，然后显示对应的十六进制数。

第 8.5 节

*8.11 （反向字符串）编写一个函数反向一个字符串。这个函数头是：

> def reverse(s):

编写一个测试程序，提示用户输入一个字符串，调用 reverse 函数，然后显示被反向的字符串。

*8.12 （生物信息：找出基因）生物学家使用字母 A、C、T 和 G 构成的字符串建模一个基因组。一个基因是基因组的一个子串，它从三元组 ATG 后开始并在三元组 TAG、TAA 或 TGA 之前结束。此外，基因字符串的长度是 3 的倍数，而且基因不包含三元组 ATG、TAG、TAA 和 TGA。编写

程序提示用户输入一个基因组，然后显示基因组里的所有基因。如果在输入序列中没有找到基因，那么程序显示 "no gene is found"。下面是示例运行。

```
Enter a genome string: TTATGTTTTAAGGATGGGGCGTTAGTT  ↵Enter
TTT
GGGCGT
```

```
Enter a genome string: TGTGTGTATAT  ↵Enter
no gene is found
```

*8.13 （最长公共前缀）编写一个方法返回两个字符串最长的公共前缀。例如："distance" 和 "disinfection" 的最长公共前缀是 "dis"。这个方法头是：

```
def prefix(s1, s2)
```

如果两个字符串没有公共的前缀，那么这个方法返回一个空串。

编写一个 main 方法，提示用户输入两个字符串，然后显示它们的公共前缀。

**8.14 （金融：信用卡号合法性）使用字符串输入作为一个信用卡号来改写编程题 6.29。

**8.15 （商业：检测 ISBN-10）一个 ISBN-10（国际标准书号）包括 10 个数：$d_1d_2d_3d_4d_5d_6d_7d_8d_9d_{10}$。最后一个数：$d_{10}$ 是一个校验数，它是使用下面的公式从其他 9 个数计算而来。

$$(d_1 \times 1 + d_2 \times 2 + d_3 \times 3 + d_4 \times 4 + d_5 \times 5 + d_6 \times 6 + d_7 \times 7 + d_8 \times 8 + d_9 \times 9)\%11$$

依据 ISBN 的规范，如果校验数是 10，那么最后一个数用 X 表示。编写程序提示用户将前 9 个数字作为一个字符串输入，然后显示 10 位的 ISBN（包括前面的零）。你的程序应该将输入作为一个字符串输入。下面是示例运行。

```
Enter the first 9 digits of an ISBN-10 as a string:
  013601267  ↵Enter
The ISBN-10 number is 0136012671
```

```
Enter the first 9 digits of an ISBN-10 as a string:
  013031997  ↵Enter
The ISBN-10 number is 013031997X
```

**8.16 （商业：检测 ISBN-13）ISBN-13 是辨认书籍的新标准。它使用 13 个数：$d_1d_2d_3d_4d_5d_6d_7d_8d_9d_{10}d_{11}$ $d_{12}d_{13}$。最后一位 d_{13} 是一个校验数，它是使用下面的公式从其他几位计算而来的。

$$10-(d_1+3d_2+d_3+3d_4+d_5+3d_6+d_7+3d_8+d_9+3d_{10}+d_{11}+3d_{12})\%10$$

如果校验数是 10，就用 0 替换它。你的程序应该将它作为一个字符串读取输入。下面是示例运行。

```
Enter the first 12 digits of an ISBN-13 as a string:
  978013213080  ↵Enter
The ISBN-13 number is 9780132130806
```

```
Enter the first 12 digits of an ISBN-13 as a string:
  978013213079  ↵Enter
The ISBN-13 number is 9780132130790
```

第 8.6 节

**8.17 （Point 类）设计一个名为 Point 的类来表示一个带 x 坐标和 y 坐标的点。这个类包括：

- 表示坐标的两个私有数据域 x 和 y 以及它们的 get 方法。

- 一个构建指定坐标轴在默认点 (0,0) 的点的构造方法。
- 一个名为 distance 的方法返回从 Point 类型的一个点到另一个 Point 类型的点之间的距离。
- 一个名为 isNearBy(p1) 方法，如果点 p1 紧邻这个点就返回 true。如果两点的距离小于 5 则表示两点距离很近。
- 实现 _ _str_ _ 方法返回形式为 (x,y) 的字符串。

  绘制这个类的 UML 图，然后实现这个类。编写一个测试程序，提示用户输入两个点，显示两个点之间的距离，然后表明它们是否离得很近。下面是示例运行。

```
Enter two points x1, y1, x2, y2: 2.1, 2.3, 19.1, 19.2  ↵Enter
The distance between the two points is 23.97
The two points are not near each other
```

```
Enter two points x1, y1, x2, y2: 2.1, 2.3, 2.3, 4.2  ↵Enter
The distance between the two points is 1.91
The two points are near each other
```

*8.18 （几何：Circle2D 类）定义 Circle2D 类包括：

- 两个指定圆中心位置的名为 x 和 y 的私有浮点数据域，以及它们相应的 get/set 方法。
- 私有数据域 radius 以及它们相应的 get/set 方法。
- 一个创建了一个指定 x、y 和 radius 的圆的构造方法。默认值都是 0。
- 方法 getArea() 返回圆的面积。
- 方法 getPerimeter() 返回圆的周长。
- 方法 containsPoint(x,y)，如果指定的点 (x,y) 在圆内，则返回 True（参见图 8-10a）。
- 方法 contain(circle2D)，如果指定的圆在这个圆内，则返回 True（参见图 8-10b）。
- 方法 overlaps(circle2D)，如果指定的圆和这个圆有重叠，则返回 True（参见图 8-10c）。
- 实现 _ _contains_ _(another) 方法，如果这个圆包含在另一个圆内，则返回 True。
- 实现 _ _cmp_ _、_ _lt_ _、_ _le_ _、_ _eq_ _、_ _ne_ _、_ _gt_ _、_ _ge_ _ 方法，基于圆的半径来比较两个圆的大小。

a）点在圆内   b）圆在另一个圆内   c）一个圆和另一个圆重叠

图   8-10

  绘制这个类的 UML 类图，然后实现这个类。编写一个测试程序，提示用户输入两个圆的 x、y 坐标以及半径，创建两个 Circle2D 对象 c1 和 c2，显示它们的面积和周长，并显示 c1.containsPoint(c2.getX(),c2.getY())、c1.contains(c2) 以及 c1.overlaps(c2) 的结果。下面是一个示例运行。

```
Enter x1, y1, radius1: 5, 5.5, 10  ↵Enter
Enter x2, y2, radius2: 9, 1.3, 10  ↵Enter
Area for c1 is 314.1592653589793
Perimeter for c1 is 62.83185307179586
Area for c2 is 314.1592653589793
Perimeter for c2 is 62.83185307179586
c1 contains the center of c2? True
c1 contains c2? False
c1 overlaps c2? True
```

*8.19 （几何：Rectangle2D 类）定义 Rectangle2D 类包括：

- 两个名为 x 和 y 的浮点数据域，它们指定矩形的中心位置，以及 x 和 y 的 get/set 方法。（假设矩形的边平行于 x 轴和 y 轴。）
- 数据域 width 和 height，以及它们对应的 get/set 方法。
- 一个创建一个带指定 x、y、width 和 height 的矩形的构造方法，默认值都是 0。
- 方法 getArea() 返回矩形的面积。
- 方法 getPerimeter() 返回矩形的周长。
- 如果指定点 (x,y) 在矩形内，则方法 containsPoint(x,y) 返回 True（参见图 8-11a）。
- 如果指定矩形在这个矩形内，则方法 contain(Rectangle2D) 返回 True（参见图 8-11b）。
- 如果指定的矩形和这个矩形有重叠，则方法 overlaps(Rectangle2D) 返回 True（参见图 8-11c）。
- 如果这个矩形包含在另一个矩形内，则实现 __contains__(another) 方法返回 True。
- 实现 __cmp__、__lt__、__le__、__eq__、__ne__、__gt__、__ge__ 方法，基于矩形的面积来比较两个矩形的大小。

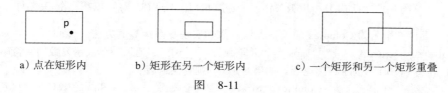

a）点在矩形内   b）矩形在另一个矩形内   c）一个矩形和另一个矩形重叠

图 8-11

    绘制这个类的 UML 类图，然后实现这个类。编写一个测试程序，提示用户输入带 x、y 坐标，宽度和高度的两个矩形，创建两个 Rectangle2D 对象 r1 和 r2，显示它们的面积和周长，并显示 r1.containsPoint(r2.getX(),r2.getY())、r1.contains(r2) 以及 r1.overlaps(r2) 的结果。下面是一个示例运行。

```
Enter x1, y1, width1, height1: 9, 1.3, 10, 35.3 ↵Enter
Enter x2, y2, width2, height2: 1.3, 4.3, 4, 5.3 ↵Enter
Area for r1 is 353.0
Perimeter for r1 is 90.6
Area for r2 is 21.2
Perimeter for r2 is 18.6
r1 contains the center of r2? False
r1 contains r2? False
r1 overlaps r2? False
```

8.20 （使用 Rational 类）编写一个程序使用 Rational 类计算下面的求和数列。

$$\frac{1}{2}+\frac{1}{3}+\frac{3}{4}+...+\frac{8}{9}+\frac{9}{10}$$

8.21 （数学：Complex 类）Python 有一个用于完成复数的算术运算的 complex 类。在这道题中，你将会设计和实现你自己的 Complex 类。注意：Python 中的 complex 是以小写命名的，而我们自定制的 Complex 类以大写 C 来命名。

    复数是一个形式为 a+bi 的数，其中 a 和 b 都是实数，而 i 是 $\sqrt{-1}$。数字 a 和 b 分别被称为复数的实部和虚部。可以使用下面的公式来实现复数的加、减、乘、除。

$$(a+bi)+(c+di)=(a+c)+(b+d)i$$
$$a+bi-(c+di)=(a-c)+(b-d)i$$
$$(a+bi)*(c+di)=(ac-bd)+(bc+ad)i$$
$$(a+bi)/(c+di)=(ac+bd)/(c^2+d^2)+(bc-ad)i/(c^2+d^2)$$

也可以使用下面的公式求复数的绝对值。

$$|a+bi| = \sqrt{a^2+b^2}$$

（复数可以被解释为平面上的一个点，(a,b) 的值可作为点的坐标。复数的绝对值对应从原点到该点的距离，如图 8-12 所示。）

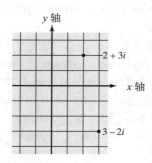

图 8-12   点 (2,3) 可以被写作一个复数 (2+3i) 而点 (3,−2) 可以被写作 (3−2i)

设计一个名为 Complex 的类，表示复数和实现复数运算的方法 _ _add_ _ 、 _ _sub_ _ 、 _ _mul_ _ 、 _ _truediv_ _ 和 _ _abs_ _ ，并重载方法 _ _str_ _ 返回一个表示复数的字符串。方法 _ _str_ _ 将 (a+bi) 作为字符串返回。如果 b 是 0，则它仅返回 a。

提供一个构造方法 Complex(a,b) 来创建一个复数 a+bi，a 和 b 的默认值为 0。同时提供 getRealPart() 和 getImaginaryPart() 方法分别返回复数的实部和虚部。

编写一个测试程序提示用户输入两个复数，然后显示它们加、减、乘、除的结果。下面是一个示例运行：

```
Enter the first complex number: 3.5, 6.5  ↵Enter
Enter the second complex number: -3.5, 1  ↵Enter
(3.5 + 6.5i) + (-3.5 + 1i) = (0.0 + 7.5i)
(3.5 + 6.5i) - (-3.5 + 1i) = (7.0 + 5.5i)
(3.5 + 6.5i) * (-3.5 + 1i) = (-18.75 - 19.25i)
(3.5 + 6.5i) / (-3.5 + 1i) = (-0.43396226415 - 1.981132075547i)
|(3.5 + 6.5i)| = 4.47213595499958
```

使用 Tkinter 进行 GUI 程序设计

学习目标

- 使用 Tkinter 创建一个简单的 GUI 应用程序（第 9.2 节）。
- 使用绑定到小构件命令选项的回调函数来处理事件（第 9.3 节）。
- 使用标签、输入域、按钮、复选按钮、单选按钮、消息和文本创建图形用户界面（第 9.4 节）。
- 在画布上绘制线段、矩形、椭圆、多边形和圆弧并显示文本字符串（第 9.5 节）。
- 使用几何管理器在容器中布局小构件（第 9.6 节）。
- 使用网格管理器在网格中布局小构件（第 9.6.1 节）。
- 使用包管理器将小构件一个挨一个地放置或一个叠加一个地放置（第 9.6.2 节）。
- 使用位置管理器将小构件放置在绝对位置上（第 9.6.3 节）。
- 使用容器来划分小构件以获得期望的布局（第 9.7 节）。
- 在小构件中使用图片（第 9.8 节）。
- 创建包含菜单的应用程序（第 9.9 节）。
- 创建包含弹出菜单的应用程序（第 9.10 节）。
- 绑定一个小构件的鼠标和按键事件以回调一个函数来处理事件（第 9.11 节）。
- 开发动画（第 9.12 节）。
- 使用滚动条扫描一个文本小构件的内容（第 9.13 节）。
- 使用标准对话框显示消息并接收使用者的输入（第 9.14 节）。

9.1 引言

关键点：Tkinter 能开发 GUI 程序，而且它也是一个极好的学习面向对象程序设计的教学工具。

在 Python 中有许多 GUI 模块可以用来开发 GUI 程序。我们已经使用过 Turtle 模块绘制几何图形。Turtle 是非常容易使用的，并且它是一个为初学者介绍程序设计基础的有效的教学工具。然而，我们不能使用 Turtle 来创建图形用户界面。本章介绍的 Tkinter 能开发 GUI 项目，它不仅是创建 GUI 项目的有用工具，并且也是一个学习面向对象程序设计的有价值的工具。

注意：Tkinter（发音为 T-K-Inter）是"Tk interface"的缩写。Tk 是一个可以被许多基于 Windows、Mac、UNIX 的程序设计语言用来开发 GUI 程序的 GUI 库。Tkinter 为 Python 开发者提供一个使用 Tk GUI 库的接口，而且它事实上也是用 Python 开发 GUI 程序的标准。

9.2 开始使用 Tkinter

关键点：Tkinter 模块包含创建各种 GUI 的类。Tk 类创建一个放置 GUI 小构件的窗口（即可视化组件）。

程序清单 9-1 使用了一个简单的例子介绍 Tkinter。

程序清单 9-1　SimpleGUI.py

```
1  from tkinter import *  # Import all definitions from tkinter
2
3  window = Tk()  # Create a window
4  label = Label(window, text = "Welcome to Python")  # Create a label
5  button = Button(window, text = "Click Me")  # Create a button
6  label.pack()  # Place the label in the window
7  button.pack()  # Place the button in the window
8
9  window.mainloop()  # Create an event loop
```

当运行这个程序时，Tkinter 的窗口中就会出现一个标签和一个按钮，如图 9-1 所示。

任何时候在 Tkinter 中创建一个基于 GUI 程序时，都需要导入 Tkinter 模块（第 1 行）并且要使用 Tk 类创建一个窗口（第 3 行）。回顾第 1 行里的星号（*），它表示将 Tkinter 模块中的所有类、函数和常量的定义导入到程序中。Tk() 创建了一个窗口实例。Label 和 Button 是创建标签和按钮的 Python Tkinter 小构件类。小构件类的第一个参数总是父容器（即小构件将要放置的容器）。语句（第 4 行）

图 9-1　程序清单 9-1 中创建的标签和按钮

```
label = Label(window, text = "Welcome to Python")
```

创建一个带文本"Welcome to Python"的标签，将它包含在窗口内。

语句（第 6 行）

```
label.pack()
```

使用一个包管理器将 label 放在容器中。在这个例子中，包管理器将小构件一行一行地放在窗口中。更多关于包管理器的内容将在第 9.6.2 节介绍。从现在开始，可以在不知道包管理器的全部细节的情况下使用它。

Tkinter GUI 程序设计是事件驱动的。在显示用户界面之后，程序等待用户进行交互，例如：单击鼠标和敲击键盘。这是在下面语句中指定的（第 9 行）

```
window.mainloop()
```

这条语句创建了一个事件循环。这个事件循环持续处理事件直到关闭主窗口，如图 9-2 所示。

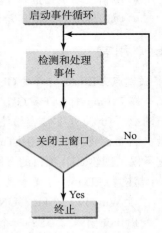

图 9-2　Tkinter GUI 程序在连续循环中侦听和处理事件

检查点

9.1　Turtle 和 Tkinter 适合做什么？

9.2　如何创建窗口？

9.3　window.mainloop() 的作用是什么？

9.3　处理事件

关键点：一个 Tkinter 小构件可以与一个函数绑定，当事件发生时被调用。

Button 小构件类是一个阐明事件驱动程序设计基础的很好方式，所以我们在接下来的例子中会使用它。

当用户单击一个按钮时，程序就应该处理这个事件。可以通过定义一个处理函数并且将这个函数与这个按钮绑定来实现该功能，如程序清单 9-2 所示。

程序清单 9-2　ProcessButtonEvent.py

```
1   from tkinter import *  # Import all definitions from tkinter
2
3   def processOK():
4       print("OK button is clicked")
5
6   def processCancel():
7       print("Cancel button is clicked")
8
9   window = Tk() # Create a window
10  btOK = Button(window, text = "OK", fg = "red", command = processOK)
11  btCancel = Button(window, text = "Cancel", bg = "yellow",
12              command = processCancel)
13  btOK.pack() # Place the OK button in the window
14  btCancel.pack() # Place the Cancel button in the window
15
16  window.mainloop() # Create an event loop
```

当运行这个程序时，就会出现两个按钮，如图 9-3a 所示。可以观察到事件正在被处理，可以在图 9-3b 中的命令窗口中看到它们的相关信息。

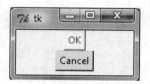

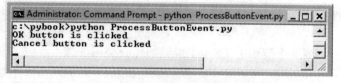

a）程序清单 9-2 在窗口中　　　　　　b）命令窗口中观察到事件正在被处理

　显示两个按钮

图　9-3

这个程序定义了函数 processOK 和 processCancel（第 3 ～ 7 行）。当创建这些按钮时，这些函数被绑定到按钮。这些函数被称作回调函数，或者被称为处理器。下面的语句（第 10 行）

```
btOK = Button(window, text = "OK", fg = "red", command = processOK)
```

将 "OK" 按钮绑定到 processOK 函数，当按钮被单击时，这个函数将被调用。fg 选项指定按钮的前景色，而 bg 选项指定按钮的背景色。默认情况下，对所有的小构件而言，fg 是黑色的，而 bg 是灰色的。

也可以通过将所有函数放在一个类中来编写这个程序，如程序清单 9-3 所示。

程序清单 9-3　ProcessButtonEventAlternativeCode.py

```
1   from tkinter import * # Import all definitions from tkinter
2
3   class ProcessButtonEvent:
4       def __init__(self):
5           window = Tk() # Create a window
6           btOK = Button(window, text = "OK", fg = "red",
7                   command = self.processOK)
8           btCancel = Button(window, text = "Cancel", bg = "yellow",
9                       command = self.processCancel)
10          btOK.pack() # Place the OK button in the window
```

```
11          btCancel.pack() # Place the Cancel button in the window
12
13      window.mainloop() # Create an event loop
14
15  def processOK(self):
16      print("OK button is clicked")
17
18  def processCancel(self):
19      print("Cancel button is clicked")
20
21  ProcessButtonEvent() # Create an object to invoke __init__ method
```

程序在 __init__ 方法中定义一个创建 GUI 的类（第 4 行）。现在，函数 processOK 和 processCancel 都是类中的实例方法，所以它们被 self.processOK(第 7 行）和 self.processCancel （第 9 行）调用。

定义一个类来创建 GUI 和处理 GUI 事件有两个优点。首先，可以将来重复使用这个类。其次，将所有函数定义为方法可以让它们访问类中的实例数据域。

检查点

9.4 当从一个小构件类创建一个小构件对象时，第一个参数应该是什么？

9.5 小构件的 command 选项的作用是什么？

9.4 小构件类

🗝 **关键点**：Tkinter 的 GUI 类定义常见的 GUI 小构件，例如按钮、标签、单选按钮、复选按钮、输入域、画布和其他小构件。

表 9-1 描述了 Tkinter 提供的核心小构件类。

表 9-1   Tkinter 小构件类

小构件类	描述
Button	一个用来执行一条命令的简单按钮
Canvas	结构化的图形，用于绘制图形、创建图形编辑器以及实现自定制的小构件类
Checkbutton	单击复选按钮在值之间切换
Entry	一个文本输入域，也被称为文本域或文本框
Frame	包含其他小构件的一个容器小构件
Label	显示文本或图像
Menu	用来实现下拉和弹出菜单的菜单栏
Menubutton	用来实现下拉菜单的菜单按钮
Message	显示文本，类似于标签小构件，但能自动将文本放在给定的宽度或宽高比内
Radiobutton	单击单选按钮设置变量为那个值，同时清除所有和同一个变量相关联的其他单选按钮
Text	格式化的文本显示，允许用不同的风格和属性显示和编辑文本，也支持内嵌的图片和窗口

从这些类中建立小构件对象有许多选项。第一个参数总是父容器。当构建一个小构件对象时，可以指定前景色、背景色、字体和光标风格。

为了指定某种颜色，可以使用色彩名称（例如：红、黄、绿、蓝、白、黑、紫）或者通过使用字符串 #RRGGBB 显式指定红、绿和蓝（RGB）的颜色比例，这里的 RR、GG 和 BB 分别是红、绿、蓝值的十六进制表示。

可以指定字符串的字体，包括字体名、大小和风格。下面是一些例子。

```
Times 10 bold
Helvetica 10 bold italic
```

```
CourierNew 20 bold italic
Courier 20 bold italic overstrike underline
```

默认情况下，标签或按钮上的文本是居中的。使用命名常量 LEFT、CENTER 或者 RIGHT 的 justify 选项可以改变它的基准线。（注意：正如第 2.6 节讨论的，命名常量全部是大写的。）也可以通过插入新行字符 \n 来分隔文本行，从而多行显示文本。

可以通过为 cursor 选项指定 arrow（默认值）、circle、cross、plus 或其他图形的字符串值来指定鼠标光标的特定风格。

当构建一个小构件时，可以在构造方法中指定它的属性，例如 fg、bg、font、cursor、text 和 command。稍后，在程序中可以使用下面的语法改变小构件的属性。

```
widgetName["propertyName"] = newPropertyValue
```

例如：下面的代码创建了一个按钮，它的 text 属性改为 Hide，bg 属性改为 red，而 fg 属性改为 #AB84F9。#AB84F9 是一种以 RRGGBB 方式指定的颜色。

```
btShowOrHide = Button(window, text = "Show", bg = "white")
btShowOrHide["text"] = "Hide"
btShowOrHide["bg"] = "red"
btShowOrHide["fg"] = "#AB84F9" # Change fg color to #AB84F9
btShowOrHide["cursor"] = "plus" # Change mouse cursor to plus
btShowOrHide["justify"] = LEFT # Set justify to LEFT
```

每一个类都有相当多的方法。关于这些类的完整信息超出了本书的范围。www.pythonware.com/library/tkinter 是关于 Tkinter 的一个很好的参考资源。本章只是提供了一些如何使用这些小构件的例子。

程序清单 9-4 是一个使用 Frame、Button、Checkbutton、Radiobutton、Label、Entry（也称为文本域）、Message 和 Text（也称为文本区）的程序实例。

程序清单 9-4 WidgetsDemo.py

```
 1  from tkinter import * # Import all definitions from tkinter
 2
 3  class WidgetsDemo:
 4      def __init__(self):
 5          window = Tk() # Create a window
 6          window.title("Widgets Demo") # Set a title
 7
 8          # Add a check button, and a radio button to frame1
 9          frame1 = Frame(window) # Create and add a frame to window
10          frame1.pack()
11          self.v1 = IntVar()
12          cbtBold = Checkbutton(frame1, text = "Bold",
13              variable = self.v1, command = self.processCheckbutton)
14          self.v2 = IntVar()
15          rbRed = Radiobutton(frame1, text = "Red", bg = "red",
16              variable = self.v2, value = 1,
17              command = self.processRadiobutton)
18          rbYellow = Radiobutton(frame1, text = "Yellow",
19                  bg = "yellow", variable = self.v2, value = 2,
20                  command = self.processRadiobutton)
21          cbtBold.grid(row = 1, column = 1)
22          rbRed.grid(row = 1, column = 2)
23          rbYellow.grid(row = 1, column = 3)
24
25          # Add a label, an entry, a button, and a message to frame1
26          frame2 = Frame(window) # Create and add a frame to window
27          frame2.pack()
```

```
28          label = Label(frame2, text = "Enter your name: ")
29          self.name = StringVar()
30          entryName = Entry(frame2, textvariable = self.name )
31          btGetName = Button(frame2, text = "Get Name",
32              command = self.processButton)
33          message = Message(frame2, text = "It is a widgets demo")
34          label.grid(row = 1, column = 1)
35          entryName.grid(row = 1, column = 2)
36          btGetName.grid(row = 1, column = 3)
37          message.grid(row = 1, column = 4)
38
39          # Add text
40          text = Text(window) # Create and add text to the window
41          text.pack()
42          text.insert(END,
43              "Tip\nThe best way to learn Tkinter is to read ")
44          text.insert(END,
45              "these carefully designed examples and use them ")
46          text.insert(END, "to create your applications.")
47
48          window.mainloop() # Create an event loop
49
50      def processCheckbutton(self):
51          print("check button is "
52              + ("checked " if self.v1.get() == 1 else "unchecked"))
53
54      def processRadiobutton(self):
55          print(("Red" if self.v2.get() == 1 else "Yellow")
56              + " is selected ")
57
58      def processButton(self):
59          print("Your name is " + self.name.get())
60
61  WidgetsDemo() # Create GUI
```

当运行这个程序时，显示这些小构件，如图 9-4a 所示。当单击"Bold"按钮时，选择"Yellow"单选按钮，并且输入"Johnson"，就可以观察到事件正在被处理，并且在命令行窗口中看到它们的相关信息，如图 9-4b 所示。

这个程序创建了窗口（第 5 行），并调用 title 方法设置标题（第 6 行）。使用 Frame 类创建一个名为 frame1 的框架，并且将窗口作为这个框架的父容器（第 9 行）。这个框架被用作第 12 行创建的复选按钮以及第 15 行和第 18 行创建的两个单选按钮的父容器。

a）在用户界面中显示小构件

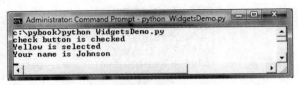

b）观察到事件正在被处理

图 9-4

可以使用输入域（文本域）输入值。这个值必须是 IntVar 对象、DoubleVar 对象或 StringVar 对象以分别表示整数、浮点数或字符串。IntVar、DoubleVar 和 StringVar 都在 Tkinter 模块中定义。

程序创建一个复选按钮，并将它与变量 v1 相关联。v1 是一个 IntVar 的实例（第 11

行）。如果选中复选按钮，那么 v1 的值被设置为 1，否则 v1 的值为 0。当单击复选按钮时，Python 调用 processCheckbutton 方法（第 13 行）。

然后，程序创建一个单选按钮，并将它与一个 IntVar 变量 v2 相关联。如果选中" Red"单选按钮，那么 v2 被设置为 1，而如果选中" Yellow"单选按钮，那么 v2 被设置为 2。也可以在建立单选按钮时定义任意一个整数值或者字符串值。当单击这两个按钮中的任意一个时，就会调用方法 processRadiobutton。

网格几何管理器用来将复选按钮、单选按钮放在 framel 中。这三个小构件被分别放在同一行的第 1、第 2 和第 3 列（第 21 ～ 23 行）。

程序创建了另一个框架 frame2（第 26 行）来放置一个标签、一个输入域、一个按钮和一个消息小构件。就像 frame1，frame2 也放在窗口内。

创建一个输入域，并将它与 StringVar 类型的变量 name 相关联，以将值存储在输入域中（第 29 行）。当单击按钮 Get Name 时，方法 processButton 显示输入域中的值（第 59 行）。除了能自动调整将单词进行多行显示外，Message 小构件很像一个标签。

网格几何管理器用来将小构件放在 frame2 中。这些小构件被分别放在同一行的第 1、第 2、第 3 和第 4 列（第 34 ～ 37 行）。

程序创建一个 Text 小构件（第 40 行）来显示和编辑文本。它被放置在窗口中（第 41 行）。可以使用 insert 方法将文本插入到小构件中。选项 END 表明文本被插入到当前内容的结尾。

程序清单 9-5 是一个改变标签颜色、字体和内容的程序，如图 9-5 所示。

程序清单 9-5 ChangeLabelDemo.py

```
1    from tkinter import * # Import all definitions from tkinter
2
3    class ChangeLabelDemo:
4        def __init__(self):
5            window = Tk() # Create a window
6            window.title("Change Label Demo") # Set a title
7
8            # Add a label to frame1
9            frame1 = Frame(window) # Create and add a frame to window
10           frame1.pack()
11           self.lbl = Label(frame1, text = "Programming is fun")
12           self.lbl.pack()
13
14           # Add a label, entry, button, two radio buttons to frame2
15           frame2 = Frame(window) # Create and add a frame to window
16           frame2.pack()
17           label = Label(frame2, text = "Enter text: ")
18           self.msg = StringVar()
19           entry = Entry(frame2, textvariable = self.msg)
20           btChangeText = Button(frame2, text = "Change Text",
21               command = self.processButton)
22           self.v1 = StringVar()
23           rbRed = Radiobutton(frame2, text = "Red", bg = "red",
24               variable = self.v1, value = 'R',
25               command = self.processRadiobutton)
26           rbYellow = Radiobutton(frame2, text = "Yellow",
27               bg = "yellow", variable = self.v1, value = 'Y',
28               command = self.processRadiobutton)
29
30           label.grid(row = 1, column = 1)
31           entry.grid(row = 1, column = 2)
```

```
32              btChangeText.grid(row = 1, column = 3)
33              rbRed.grid(row = 1, column = 4)
34              rbYellow.grid(row = 1, column = 5)
35
36          window.mainloop() # Create an event loop
37
38      def processRadiobutton(self):
39          if self.v1.get() == 'R':
40              self.lbl["fg"] = "red"
41          elif self.v1.get() == 'Y':
42              self.lbl["fg"] = "yellow"
43
44      def processButton(self):
45          self.lbl["text"] = self.msg.get() # New text for the label
46
47  ChangeLabelDemo() # Create GUI
```

当选择单选按钮时，标签的前景色会发生变化。如果在文本域中输入新文本并且单击"Change Text"按钮，新文本就会出现在标签中。

图 9-5　程序动态地改变标签的 text 和 fg 属性

程序创建了一个窗口（第 5 行）并且调用它的 title 方法设置标题（第 6 行）。Frame 类用来创建一个名为 frame1 的框架，窗口是它的父容器（第 9 行）。这个框架作为在第 11 行创建的标签的父容器。因为标签是类的一个数据域，所以它可以在回调函数中被引用。

程序建立了另一个框架 frame2（第 15 行）来放置标签、输入域、按钮和两个单选按钮。如同 frame1，frame2 也放在窗口中。

创建了一个输入域，并且将它与 StringVar 类型的变量 msg 相关联以存储输入域中的值（第 19 行）。当单击"Change Text"按钮时，processButton 方法使用输入域中的文本为 frame1 中的标签设置一个新文本输入域（第 45 行）。

创建两个单选按钮并且将它与 SringVar 变量 v2 相关联。如果选择"Red"单选按钮，那么 v2 就被设置为 R，如果选择"Yellow"单选按钮，那么 v2 就被设置为 Y。当用户单击两个按钮之一时，Python 就会调用 processRadiobutton 方法来改变 frame1 中标签的前景色（第 38 ～ 42 行）。

检查点

9.6　如何创建一个文本为"welcome"、前景色为白色以及背景色为黑色的标签？

9.7　如何创建一个文本为"OK"、前景色为白色、背景色为红色、并带有回调函数 processOK 的按钮？

9.8　如何创建一个文本为"apple"、前景色为白色、背景色为红色、与变量 v1 相关联，并带有回调函数 processApple 的复选按钮？

9.9　如何创建一个文本为"senior"、前景色为白色、背景色为红色、与变量 v1 相关联，并带有回调函数 processSenior 的单选按钮？

9.10　如何创建一个前景色为白色、背景色为红色、与变量 v1 相关联的输入域？

9.11　如何创建文本为"programming is fun"、前景色为白色、背景色为红色的消息？

9.12　LEFT、CENTER 和 RIGHT 是定义在 Tkinter 模块中的命名常量。使用 print 语句显示由 LEFT、CENTER 和 RIGHT 定义的值。

9.5 画布

✎ **关键点**：可以使用 Canvas 小构件来显示图形。

可以使用方法 create_rectangle、create_oval、create_arc、create_polygon 或 create_line 分别在画布上绘制出矩形、椭圆、圆弧、多边形或者线段。

程序清单 9-6 显示如何使用 Canvas 小构件。程序显示了一个矩形、一个椭圆、一段圆弧、一个多边形、一条线段和一个文本字符串。这些对象都由按钮控制，如图 9-6 所示。

程序清单 9-6 CanvasDemo.py

```python
from tkinter import * # Import all definitions from tkinter

class CanvasDemo:
    def __init__(self):
        window = Tk() # Create a window
        window.title("Canvas Demo") # Set title

        # Place canvas in the window
        self.canvas = Canvas(window, width = 200, height = 100,
            bg = "white")
        self.canvas.pack()

        # Place buttons in frame
        frame = Frame(window)
        frame.pack()
        btRectangle = Button(frame, text = "Rectangle",
            command = self.displayRect)
        btOval = Button(frame, text = "Oval",
            command = self.displayOval)
        btArc = Button(frame, text = "Arc",
            command = self.displayArc)
        btPolygon = Button(frame, text = "Polygon",
            command = self.displayPolygon)
        btLine = Button(frame, text = "Line",
            command = self.displayLine)
        btString = Button(frame, text = "String",
            command = self.displayString)
        btClear = Button(frame, text = "Clear",
            command = self.clearCanvas)
        btRectangle.grid(row = 1, column = 1)
        btOval.grid(row = 1, column = 2)
        btArc.grid(row = 1, column = 3)
        btPolygon.grid(row = 1, column = 4)
        btLine.grid(row = 1, column = 5)
        btString.grid(row = 1, column = 6)
        btClear.grid(row = 1, column = 7)

        window.mainloop() # Create an event loop

    # Display a rectangle
    def displayRect(self):
        self.canvas.create_rectangle(10, 10, 190, 90, tags = "rect")

    # Display an oval
    def displayOval(self):
        self.canvas.create_oval(10, 10, 190, 90, fill = "red",
            tags = "oval")

    # Display an arc
    def displayArc(self):
        self.canvas.create_arc(10, 10, 190, 90, start = 0,
```

```
52              extent = 90, width = 8, fill = "red", tags = "arc")
53
54      # Display a polygon
55      def displayPolygon(self):
56          self.canvas.create_polygon(10, 10, 190, 90, 30, 50,
57              tags = "polygon")
58
59      # Display a line
60      def displayLine(self):
61          self.canvas.create_line(10, 10, 190, 90, fill = "red",
62              tags = "line")
63          self.canvas.create_line(10, 90, 190, 10, width = 9,
64              arrow = "last", activefill = "blue", tags = "line")
65
66      # Display a string
67      def displayString(self):
68          self.canvas.create_text(60, 40, text = "Hi, I am a string",
69              font = "Times 10 bold underline", tags = "string")
70
71      # Clear drawings
72      def clearCanvas(self):
73          self.canvas.delete("rect", "oval", "arc", "polygon",
74              "line", "string")
75
76  CanvasDemo() # Create GUI
```

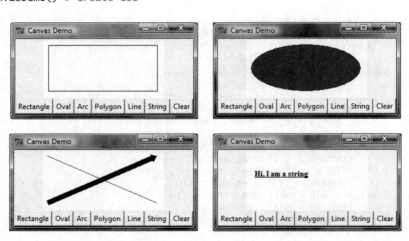

图 9-6   在画布上绘制几何图形和字符串

程序创建一个窗口（第 5 行）并且设置它的标题（第 6 行）。在窗口中创建一个 Canvas 小构件，它的宽度为 200 像素、高度为 100 像素且背景色为 white（第 9 ～ 10 行）。

创建七个分别被标记为 "Rectangular"、"Oval"、"Arc"、"Polygon"、"Line"、"String" 和 "Clear" 的按钮（第 16 ～ 29 行）。网格管理器将按钮放在框架中的同一行（第 30 ～ 36 行）。

为了绘制图形，需要说明小构件在哪里绘制。每一个小构件有自己的以左上角为原点（0,0）的坐标系。x 坐标向右增加，而 y 坐标向下增加。注意：Tkinter 的坐标系与传统的坐标系不同，如图 9-7 所示。

方法 create_rectangle、create_oval、create_arc、create_polygon 和 creare_line（第 42、46、51、56 和 61 行）分别用来绘制矩形、椭圆、圆弧、多边形以及线段，如图 9-8 所示。

方法 create_text 用来绘制文本字符串（第 68 行）。注意：create_text(x ,y, text) 是指显示文本的水平方向和垂直方向的中心位于 (x, y) 处。

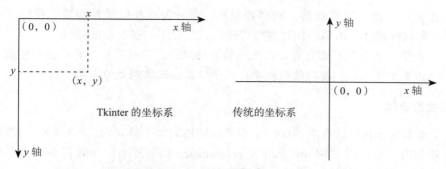

图 9-7　Tkinter 坐标系是以像素为单位的，原点 (0,0) 在左上角

　　所有的绘图方法都使用 tags 参数标识所绘图形。这些 tags 用在 delete 方法中以从画布上清除图形（第 73 ～ 74 行）。

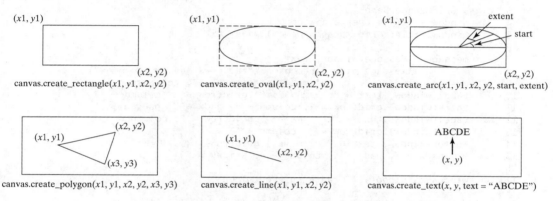

图 9-8　Canvas 类包含绘制图形的方法

　　参数 width 用来指定以像素为单位的笔的粗细以绘制图形（第 52 和 63 行）。

　　参数 arrow 可以和 create_line 一起使用来绘制一条有箭头的线段（第 64 行）。当参数值为 first、end 或 both 时，箭头分别出现在线段的开始、结尾和两端。

　　当鼠标经过图形时，参数 activefill 会改变图形颜色（第 64 行）。

检查点

9.13　编写代码绘制从点 (34,50) 到 (50, 90) 的一条线段。

9.14　编写代码绘制以点 (70,70) 为中心、宽度为 100 和高度为 100 的矩形，填充矩形为红色。

9.15　编写代码绘制以点 (70,70) 为中心、宽度为 200 和高度为 100 的椭圆，填充椭圆为红色。

9.16　编写代码绘制以点 (10,10) 为左上角、点 (80,80) 为外接矩形画一个圆弧，它的起始角度为 30 度，张开角度为 45 度。

9.17　编写代码绘制一个顶点在 (10,10)、(15,30)、(140,10) 和 (10,100) 的多边形，填充多边形为红色。

9.18　如何使用大尺寸笔绘制图形？

9.19　如何绘制一个带箭头的线段？

9.20　如何绘制一个图形当鼠标经过它时改变颜色？

9.6　几何管理器

关键点：Tkinter 使用几何管理器将小构件放入容器中。

Tkinter 支持三种几何管理器：网格管理器、包管理器和位置管理器。我们已经使用过网格管理器和包管理器，本节将描述这些管理器，并介绍一些附加的特性。

提示：由于每个管理器都有自己放置小构件的风格，所以最好不要对同一容器中的小构件们使用多个管理器。可以使用框架作为子容器以获取期望的布局。

9.6.1 网格管理器

网格管理器将小构件放在容器中一个不可见网格的每个单元内。可以将小构件放在某个特定的行和列内，也可以使用 rowspan 和 columnspan 参数将小构件放在多行和多列中。程序清单 9-7 使用网格管理器对一组小构件进行布局，如图 9-9 所示。

程序清单 9-7 GridManagerDemo.py

```
1  from tkinter import * # Import all definitions from tkinter
2
3  class GridManagerDemo:
4      window = Tk() # Create a window
5      window.title("Grid Manager Demo") # Set title
6
7      message = Message(window, text =
8          "This Message widget occupies three rows and two columns")
9      message.grid(row = 1, column = 1, rowspan = 3, columnspan = 2)
10     Label(window, text = "First Name:").grid(row = 1, column = 3)
11     Entry(window).grid(row = 1, column = 4, padx = 5, pady = 5)
12     Label(window, text = "Last Name:").grid(row = 2, column = 3)
13     Entry(window).grid(row = 2, column = 4)
14     Button(window, text = "Get Name").grid(row = 3,
15         padx = 5, pady = 5, column = 4, sticky = E)
16
17     window.mainloop() # Create an event loop
18
19 GridManagerDemo() # Create GUI
```

小构件 Message 被放置在第 1 行第 1 列，将它扩展为 3 行 2 列（第 9 行）。按钮"Get Name"使用 sticky = E 选项（第 15 行）设置在单元格的东边，这样它和 Entry 小构件右对齐在同一列。选项 sticky 定义如果最终的单元格比小构件本身大时如何扩展小构件。选项 sticky 可以是命名常量 S、N、E 和 W，或者 NW、NE、SW 和 SE 的任意结合。

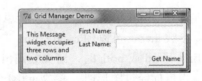

图 9-9 使用网格管理器放置这些小构件

选项 padx 和 pady 填充单元格中水平方向和垂直方向上的可选空间（第 11 和 15 行）。你也可以使用 ipadx 和 ipady 选项填充小构件边界里水平方向和垂直方向上的可选空间。

9.6.2 包管理器

包管理器将小构件依次地一个放置在另一个的顶部或将它们一个挨着一个地放置。你也可以使用 fill 选项使一个小构件充满它的整个容器。

程序清单 9-8 显示三个标签，如图 9-10a 所示。这三个标签一个个地放置在顶部。红色标签使用选项 fill，它的值为 BOTH，而 expand 的值为 1。Fill 选项使用命名常量 X、Y 或者 BOTH 填充水平、垂直或者两个方向的空间。选项 expand 告诉包管理器分配额外的空间给小构件框。如果父小构件比容纳所有打包小构件的所需空间都大，那么额外的空间将被分配给小构件们，它们的 expand 选项被设置为非零值。

程序清单 9-8 PackManagerDemo.py

```
1   from tkinter import * # Import all definitions from tkinter
2
3   class PackManagerDemo:
4       def __init__(self):
5           window = Tk() # Create a window
6           window.title("Pack Manager Demo 1") # Set title
7
8           Label(window, text = "Blue", bg = "blue").pack()
9           Label(window, text = "Red", bg = "red").pack(
10              fill = BOTH, expand = 1)
11          Label(window, text = "Green", bg = "green").pack(
12              fill = BOTH)
13
14          window.mainloop() # Create an event loop
15
16  PackManagerDemo() # Create GUI
```

a）包管理器使用 fill 选项填充容器

b）将小构件一个挨着一个放置

图   9-10

程序清单 9-9 显示如图 9-10b 所示的三个标签。使用 side 选项将这三个标签一个挨着一个放在一起。选项 side 可以是 LEFT、RIGH、TOP 或 BOTTOM。默认情况下，它被设置为 TOP。

程序清单 9-9 PackManagerDemoWithSide.py

```
1   from tkinter import * # Import all definitions from tkinter
2
3   class PackManagerDemoWithSide:
4       window = Tk() # Create a window
5       window.title("Pack Manager Demo 2") # Set title
6
7       Label(window, text = "Blue", bg = "blue").pack(side = LEFT)
8       Label(window, text = "Red", bg = "red").pack(
9           side = LEFT, fill = BOTH, expand = 1)
10      Label(window, text = "Green", bg = "green").pack(
11          side = LEFT, fill = BOTH)
12
13      window.mainloop() # Create an event loop
14
15  PackManagerDemoWithSide() # Create GUI
```

9.6.3 位置管理器

位置管理器将小构件放在绝对位置上。程序清单 9-10 显示如图 9-11 所示的三个标签。

程序清单 9-10 PlaceManagerDemo.py

```
1   from tkinter import * # Import all definitions from tkinter
2
3   class PlaceManagerDemo:
4       def __init__(self):
```

```
 5              window = Tk() # Create a window
 6              window.title("Place Manager Demo") # Set title
 7
 8              Label(window, text = "Blue", bg = "blue").place(
 9                  x = 20, y = 20)
10              Label(window, text = "Red", bg = "red").place(
11                  x = 50, y = 50)
12              Label(window, text = "Green", bg = "green").place(
13                  x = 80, y = 80)
14
15              window.mainloop() # Create an event loop
16
17  PlaceManagerDemo() # Create GUI
```

蓝色标签的左上角在 (20,20) 处。所有三个标签都使用位置管理器放置。

☞ **注意**：位置管理器不能兼容所有计算机。如果你在分辨率为 1024×768 的 Windows 上运行程序，那么布局的大小正合适。当程序运行在分辨率高一些的 Windows 上时，组件会显得非常小并且更拥挤。当程序运行在分辨率低一些的 Windows 上时，它们不能整体显示。由于这些不兼容因素，我们应该尽可能避免使用位置管理器。

图 9-11   位置管理器将小构件放在绝对位置

☞ **检查点**

9.21   如果对按钮使用包管理器编写下面的代码，那么错在哪儿？

```
button.pack(LEFT)
```

9.22   如果需要填充小构件之间的空间，应该使用哪个几何管理器？

9.23   为什么应该避免使用位置管理器？

9.24   X、Y、BOTH、S、N、E 和 W，或者 NW、NE、SW 和 SE 是定义在 Tkinter 模块中的命名常量。使用 print 语句来显示定义在这些常量中的值。

9.7   实例研究：贷款计算器

✐ **关键点**：本节提供了一个使用 GUI 小构件、几何布局管理器以及事件的例子。

程序清单 2-8 开发了一个基于控制台的计算贷款的程序。这里开发了一个计算贷款支付额的 GUI 应用程序，如图 9-12a 所示。

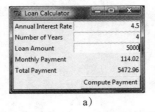

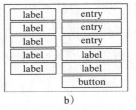

a)   b)

图 9-12   程序计算贷款额并提供图形用户化界面

开发一个 GUI 应用程序涉及设计用户界面和编写处理事件的代码。下面是编写程序的主要步骤：

1）绘制如图 9-12b 所示的轮廓来设计用户界面（UI）。UI 包括标签、文本输入框和按钮。

可以使用网格管理器将它们放在窗口中。

2）处理事件。当单击按钮时，程序就会调用一个回调函数从文本输入框获得用户输入的利率、年数以及贷款额，然后计算每月支付额和总支付额，并且在标签中显示值。

程序清单 9-11 给出完整的程序。

程序清单 9-11　LoanCalculator.py

```
 1  from tkinter import * # Import all definitions from tkinter
 2
 3  class LoanCalculator:
 4      def __init__(self):
 5          window = Tk() # Create a window
 6          window.title("Loan Calculator") # Set title
 7
 8          Label(window, text = "Annual Interest Rate").grid(row = 1,
 9              column = 1, sticky = W)
10          Label(window, text = "Number of Years").grid(row = 2,
11              column = 1, sticky = W)
12          Label(window, text = "Loan Amount").grid(row = 3,
13              column = 1, sticky = W)
14          Label(window, text = "Monthly Payment").grid(row = 4,
15              column = 1, sticky = W)
16          Label(window, text = "Total Payment").grid(row = 5,
17              column = 1, sticky = W)
18
19          self.annualInterestRateVar = StringVar()
20          Entry(window, textvariable = self.annualInterestRateVar,
21              justify = RIGHT).grid(row = 1, column = 2)
22          self.numberOfYearsVar = StringVar()
23          Entry(window, textvariable = self.numberOfYearsVar,
24              justify = RIGHT).grid(row = 2, column = 2)
25          self.loanAmountVar = StringVar()
26          Entry(window, textvariable = self.loanAmountVar,
27              justify = RIGHT).grid(row = 3, column = 2)
28
29          self.monthlyPaymentVar = StringVar()
30          lblMonthlyPayment = Label(window, textvariable =
31              self.monthlyPaymentVar).grid(row = 4, column = 2,
32              sticky = E)
33          self.totalPaymentVar = StringVar()
34          lblTotalPayment = Label(window, textvariable =
35              self.totalPaymentVar).grid(row = 5,
36              column = 2, sticky = E)
37          btComputePayment = Button(window, text = "Compute Payment",
38              command = self.computePayment).grid(
39              row = 6, column = 2, sticky = E)
40
41          window.mainloop() # Create an event loop
42
43      def computePayment(self):
44          monthlyPayment = self.getMonthlyPayment(
45              float(self.loanAmountVar.get()),
46              float(self.annualInterestRateVar.get()) / 1200,
47              int(self.numberOfYearsVar.get()))
48          self.monthlyPaymentVar.set(format(monthlyPayment, "10.2f"))
49          totalPayment = float(self.monthlyPaymentVar.get()) * 12 \
50              * int(self.numberOfYearsVar.get())
51          self.totalPaymentVar.set(format(totalPayment, "10.2f"))
52
53      def getMonthlyPayment(self,
54              loanAmount, monthlyInterestRate, numberOfYears):
55          monthlyPayment = loanAmount * monthlyInterestRate / (1
```

```
56              - 1 / (1 + monthlyInterestRate) ** (numberOfYears * 12))
57          return monthlyPayment;
58
59  LoanCalculator()  # Create GUI
```

程序使用网格管理器在窗口中创建具有标签、输入域和按钮的用户界面（第 8 ~ 39 行）。按钮的命令选项被设置到 computePayment 方法（第 38 行）。当单击"Compute Payment"按钮时，调用该方法获得用户输入的年利率、贷款年数和贷款额以计算月支付额和总支付额（第 43 ~ 51 行）。

9.8 显示图像

🔑 **关键点**：可以向标签、按钮、复选按钮或单选按钮添加图像。

使用如下的 PhotoImage 类创建图像：

```
photo = PhotoImage(file = imagefilename)
```

图像文件必须是 GIF 格式。可以使用转换工具将其他格式的图像转换为 GIF 格式。

程序清单 9-12 显示如何将图像加入标签、按钮、复选按钮和单选按钮。你也可以使用 create_image 方法在画布上显示一副图像，如图 9-13 所示。

程序清单 9-12 ImageDemo.py

```
1   from tkinter import * # Import all definitions from tkinter
2
3   class ImageDemo:
4       def __init__(self):
5           window = Tk() # Create a window
6           window.title("Image Demo") # Set title
7
8           # Create PhotoImage objects
9           caImage = PhotoImage(file = "image/ca.gif")
10          chinaImage = PhotoImage(file = "image/china.gif")
11          leftImage = PhotoImage(file = "image/left.gif")
12          rightImage = PhotoImage(file = "image/right.gif")
13          usImage = PhotoImage(file = "image/usIcon.gif")
14          ukImage = PhotoImage(file = "image/ukIcon.gif")
15          crossImage = PhotoImage(file = "image/x.gif")
16          circleImage = PhotoImage(file = "image/o.gif")
17
18          # frame1 to contain label and canvas
19          frame1 = Frame(window)
20          frame1.pack()
21          Label(frame1, image = caImage).pack(side = LEFT)
22          canvas = Canvas(frame1)
23          canvas.create_image(90, 50, image = chinaImage)
24          canvas["width"] = 200
25          canvas["height"] = 100
26          canvas.pack(side = LEFT)
27
28          # frame2 contains buttons, check buttons, and radio buttons
29          frame2 = Frame(window)
30          frame2.pack()
31          Button(frame2, image = leftImage).pack(side = LEFT)
32          Button(frame2, image = rightImage).pack(side = LEFT)
33          Checkbutton(frame2, image = usImage).pack(side = LEFT)
34          Checkbutton(frame2, image = ukImage).pack(side = LEFT)
35          Radiobutton(frame2, image = crossImage).pack(side = LEFT)
36          Radiobutton(frame2, image = circleImage).pack(side = LEFT)
37
```

```
38          window.mainloop() # Create an event loop
39
40   ImageDemo() # Create GUI
```

程序将图像文件放在当前程序所在目录的图像文件夹中，然后在第 9 ～ 16 行为几个图像创建 PhotoImage 对象。这些对象都用在小构件中。图像是 Label、Button、Checkbutton 和 RadioButton 中的属性（第 21 行和第 31 ～ 36 行）。图像不是 Canvas 的属性，但你可以使用 create_image 方法在画布上绘制图像（第 23 行）。事实上，一块画布上可以显示多张图像。

图 9-13　程序显示带图像的小构件

☞ **检查点**

9.25　Python 支持什么图像格式？

9.26　使用下面的语句创建 PhotoImage 的错在哪？

```
image = PhotoImage("image/us.gif")
```

9.27　如何创建显示存储路径为 c:\pybook\image\canada.gif 的图像的按钮？

9.9　菜单

✐ **关键点**：可以使用 Tkinter 创建菜单、弹出菜单以及工具栏。

Tkinter 提供了一个建立图形用户界面的全面解决方案。本节介绍菜单、弹出菜单和工具栏。

菜单可以使选择更方便，并广泛应用在 Windows 中。你可以使用 Menu 类创建菜单栏和菜单，然后使用 add_command 方法给菜单添加条目。

程序清单 9-13 给出如何创建如图 9-14 所示的菜单。

程序清单 9-13　MenuDemo.py

```
1   from tkinter import *
2
3   class MenuDemo:
4       def __init__(self):
5           window = Tk()
6           window.title("Menu Demo")
7
8           # Create a menu bar
9           menubar = Menu(window)
10          window.config(menu = menubar) # Display the menu bar
11
12          # Create a pull-down menu, and add it to the menu bar
13          operationMenu = Menu(menubar, tearoff = 0)
14          menubar.add_cascade(label = "Operation", menu = operationMenu)
15          operationMenu.add_command(label = "Add",
16              command = self.add)
17          operationMenu.add_command(label = "Subtract",
18              command = self.subtract)
19          operationMenu.add_separator()
20          operationMenu.add_command(label = "Multiply",
21              command = self.multiply)
22          operationMenu.add_command(label = "Divide",
23              command = self.divide)
```

```
24
25          # Create more pull-down menus
26          exitmenu = Menu(menubar, tearoff = 0)
27          menubar.add_cascade(label = "Exit", menu = exitmenu)
28          exitmenu.add_command(label = "Quit", command = window.quit)
29
30          # Add a tool bar frame
31          frame0 = Frame(window) # Create and add a frame to window
32          frame0.grid(row = 1, column = 1, sticky = W)
33
34          # Create images
35          plusImage = PhotoImage(file = "image/plus.gif")
36          minusImage = PhotoImage(file = "image/minus.gif")
37          timesImage = PhotoImage(file = "image/times.gif")
38          divideImage = PhotoImage(file = "image/divide.gif")
39
40          Button(frame0, image = plusImage, command =
41              self.add).grid(row = 1, column = 1, sticky = W)
42          Button(frame0, image = minusImage,
43              command = self.subtract).grid(row = 1, column = 2)
44          Button(frame0, image = timesImage,
45              command = self.multiply).grid(row = 1, column = 3)
46          Button(frame0, image = divideImage,
47              command = self.divide).grid(row = 1, column = 4)
48
49          # Add labels and entries to frame1
50          frame1 = Frame(window)
51          frame1.grid(row = 2, column = 1, pady = 10)
52          Label(frame1, text = "Number 1:").pack(side = LEFT)
53          self.v1 = StringVar()
54          Entry(frame1, width = 5, textvariable = self.v1,
55              justify = RIGHT).pack(side = LEFT)
56          Label(frame1, text = "Number 2:").pack(side = LEFT)
57          self.v2 = StringVar()
58          Entry(frame1, width = 5, textvariable = self.v2,
59              justify = RIGHT).pack(side = LEFT)
60          Label(frame1, text = "Result:").pack(side = LEFT)
61          self.v3 = StringVar()
62          Entry(frame1, width = 5, textvariable = self.v3,
63              justify = RIGHT).pack(side = LEFT)
64
65          # Add buttons to frame2
66          frame2 = Frame(window) # Create and add a frame to window
67          frame2.grid(row = 3, column = 1, pady = 10, sticky = E)
68          Button(frame2, text = "Add", command = self.add).pack(
69              side = LEFT)
70          Button(frame2, text = "Subtract",
71              command = self.subtract).pack(side = LEFT)
72          Button(frame2, text = "Multiply",
73              command = self.multiply).pack(side = LEFT)
74          Button(frame2, text = "Divide",
75              command = self.divide).pack(side = LEFT)
76
77          mainloop()
78
79      def add(self):
80          self.v3.set(eval(self.v1.get()) + eval(self.v2.get()))
81
82      def subtract(self):
83          self.v3.set(eval(self.v1.get()) - eval(self.v2.get()))
84
85      def multiply(self):
86          self.v3.set(eval(self.v1.get()) * eval(self.v2.get()))
87
```

```
88          def divide(self):
89              self.v3.set(eval(self.v1.get()) / eval(self.v2.get()))
90
91  MenuDemo() # Create GUI
```

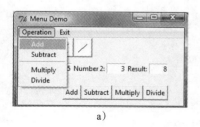
a)

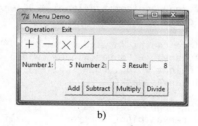
b)

c)

图 9-14 程序使用菜单命令、工具栏按钮和按钮完成算术运算

程序在第 9 行创建了一个菜单栏，然后菜单栏被添加到窗口中。为了显示菜单，使用 config 方法将菜单栏添加到容器（第 10 行）。为了在菜单栏内创建一个菜单，将菜单栏作为父容器（第 13 行），然后调用菜单栏的 add_cascade 方法来设置菜单标签（第 14 行）。你可以使用 add_command 方法将条目添加到菜单（第 15 ～ 23 行）。注意：tearoff 被设置为 0，它表明菜单不能移出窗口。如果没有设置这个选项，菜单就会从窗口中移走，如图 9-14c 所示。

程序创建另一个名为 Exit 的菜单（第 26 ～ 27 行），并且将 Quit 菜单项添加给它（第 28 行）。

程序创建一个名为 frame0 的框架（第 31 ～ 32 行）并且使用它来容纳工具栏按钮。工具栏按钮是使用 PhotoImage 类创建的，它们都是带图像的按钮（第 35 ～ 38 行）。当单击工具栏按钮时，每一个按钮对应的命令指明要调用的回调函数。

程序创建一个名为 frame1 的框架（第 50 ～ 51 行），并用它来容纳标签和数字域。变量 v1、v2 和 v3 绑定到这些域（第 53、57、61 行）。

程序创建一个名为 frame2 的框架（第 66 ～ 67 行），用它来容纳 4 个分别实现加、减、乘和除的按钮。Add 按钮、Add 菜单项和 Add 工具栏按钮都有同样的回调函数 add（第 79 ～ 80 行），当单击其中任意一个（按钮、菜单项或菜单栏按钮）时，都会调用这个函数。

9.10 弹出菜单

关键点：弹出菜单，也称为上下文菜单，就像一般的菜单，但是不同的是它没有菜单栏而且能浮现在屏幕任何一个地方。

创建弹出菜单与创建一般菜单类似。首先，创建一个 Menu 的实例，然后向它添加条目。最后，将一个小构件和一个事件绑定以弹出菜单。

程序清单 9-14 中的例子使用弹出菜单命令来选择要显示在画布上的图形，如图 9-15 所示。

程序清单 9-14 PopupMenuDemo.py

```
1   from tkinter import * # Import all definitions from tkinter
2
3   class PopupMenuDemo:
4       def __init__(self):
5           window = Tk() # Create a window
6           window.title("Popup Menu Demo") # Set title
7
8           # Create a popup menu
9           self.menu = Menu(window, tearoff = 0)
10          self.menu.add_command(label = "Draw a line",
```

```
11                command = self.displayLine)
12          self.menu.add_command(label = "Draw an oval",
13                command = self.displayOval)
14          self.menu.add_command(label = "Draw a rectangle",
15                command = self.displayRect)
16          self.menu.add_command(label = "Clear",
17                command = self.clearCanvas)
18
19          # Place canvas in window
20          self.canvas = Canvas(window, width = 200,
21                height = 100, bg = "white")
22          self.canvas.pack()
23
24          # Bind popup to canvas
25          self.canvas.bind("<Button-3>", self.popup)
26
27          window.mainloop() # Create an event loop
28
29      # Display a rectangle
30      def displayRect(self):
31          self.canvas.create_rectangle(10, 10, 190, 90, tags = "rect")
32
33      # Display an oval
34      def displayOval(self):
35          self.canvas.create_oval(10, 10, 190, 90, tags = "oval")
36
37      # Display two lines
38      def displayLine(self):
39          self.canvas.create_line(10, 10, 190, 90, tags = "line")
40          self.canvas.create_line(10, 90, 190, 10, tags = "line")
41
42      # Clear drawings
43      def clearCanvas(self):
44          self.canvas.delete("rect", "oval", "line")
45
46      def popup(self, event):
47          self.menu.post(event.x_root, event.y_root)
48
49  PopupMenuDemo() # Create GUI
```

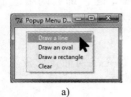 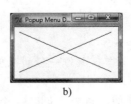 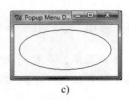

a)　　　　　　　　　　b)　　　　　　　　　　c)

图 9-15　当单击画布时程序显示一个弹出菜单

　　程序创建了一个菜单来容纳菜单项（第 9 ～ 17 行）。创建画布显示图形。菜单项使用回调函数指导画布绘制图形。

　　通常，通过指向一个小构件并单击鼠标右键就会显示弹出菜单。程序在 canvas 上将右击鼠标按钮和弹出回调函数绑定（第 25 行）。当你右击鼠标按钮时，就会调用 popup 回调函数，它会在鼠标被单击的地方显示菜单。

检查点

9.28　使用什么方法显示菜单栏？

9.29　如何显示弹出菜单？

9.11　鼠标、按键事件和绑定

🖋 **关键点**：可以使用 bind 方法将鼠标和按键事件绑定到一个小构件。

前面的例子利用下面的语法使用小构件的 bind 方法将鼠标事件与回调处理器绑定：

```
widget.bind(event, handler)
```

如果一个匹配的事件发生，那就调用处理器。在前面的例子中，事件是 <Button-3> 而处理器函数是 popup。这个事件是一个标准的 Tkinter 对象，当一个事件发生时会自动创建它。每一个处理器都将一个事件作为它的参数。下面的例子使用事件作为参数来定义处理器：

```
def popup(event):
    menu.post(event.x_root, event.y_root)
```

event 对象都有许多和事件相关的描述事件的特性。例如：对一个鼠标事件，event 对象使用 x、y 属性捕获鼠标当前以像素为单位的位置。

表 9-2 罗列出一些常用事件，而表 9-3 罗列出一些事件属性。

程序清单 9-15 中的程序处理鼠标和按键事件。它显示如图 9-16a 所示的窗口。鼠标和按键事件被处理，并在命令行窗口中显示处理信息，如图 9-16b 所示。

表 9-2　事件

事件	描述
<Bi-Motion>	当鼠标左键被按住在小构件且移动鼠标时事件发生
<Button-i>	Button-1、Button-2、Button-3 表明左键、中间键和右键，当在小构件上单击鼠标左键时，Tkinter 会自动抓到鼠标指针的位置，ButtonPressed-i 是 Button-i 的代名词
<ButtonReleased-i>	当释放鼠标左键时事件发生
<Double-Button-i>	当双击鼠标左键时事件发生
<Enter>	当鼠标光标进入小构件时事件发生
<Key>	当单击一个键时事件发生
<Leave>	当鼠标光标离开小构件时事件发生
<Return>	当单击"Enter"键时事件发生，可以将键盘上的任意键（像"A"、"B"、"Up"、"Down"、"Left"、"Right"）和一个事件绑定
<Shift+A>	当单击"Shift+A"键时事件发生，可以将 Alt、Shift 和 Control 和其他键组合
<Triple-Button-i>	当三次单击鼠标左键时事件发生

表 9-3　事件属性

事件属性	描述
char	从键盘输入的和按键事件相关的字符
keycode	从键盘输入的和按键事件相关的键的键代码（即统一码）
keysym	从键盘输入的和按键事件相关的键的键符号（即字符）
num	按键数字（1、2、3）表明按下的是哪个鼠标键
widget	触发这个事件的小构件对象
x 和 y	当前鼠标在小构件中以像素为单位的位置
x_root 和 y_root	当前鼠标相对于屏幕左上角的以像素为单位的位置

程序清单 9-15　MouseKeyEventDemo.py

```
1  from tkinter import * # Import all definitions from tkinter
2
3  class MouseKeyEventDemo:
```

```
4        def __init__(self):
5            window = Tk() # Create a window
6            window.title("Event Demo") # Set a title
7            canvas = Canvas(window, bg = "white", width = 200, height = 100)
8            canvas.pack()
9
10            # Bind with <Button-1> event
11            canvas.bind("<Button-1>", self.processMouseEvent)
12
13            # Bind with <Key> event
14            canvas.bind("<Key>", self.processKeyEvent)
15            canvas.focus_set()
16
17            window.mainloop() # Create an event loop
18
19        def processMouseEvent(self, event):
20            print("clicked at", event.x, event.y)
21            print("Position in the screen", event.x_root, event.y_root)
22            print("Which button is clicked? ", event.num)
23
24        def processKeyEvent(self, event):
25            print("keysym? ", event.keysym)
26            print("char? ", event.char)
27            print("keycode? ", event.keycode)
28
29    MouseKeyEventDemo() # Create GUI
```

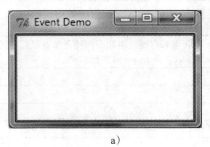
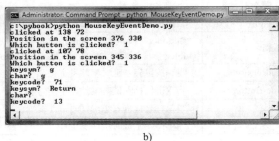

a)   b)

图 9-16   程序处理鼠标和按键事件

程序创建画布（第 7 行），并将画布上的鼠标事件 <Button-1> 和 processMouseEvent 回调函数（第 11 行）绑定。画布上什么也没画，所以它是空白的，如图 9-16a 所示。当鼠标单击画布时，就会创建一个事件。processMouseEvent 被调用以处理在画布上（第 20 行）、在屏幕上（第 21 行）显示鼠标指针位置以及哪个鼠标按钮被单击（第 22 行）的事件。

Canvas 小构件也是其他按键事件的源。程序在画布上将按键事件和回调函数 processKeyEvent 进行绑定（第 14 行）并且在画布上设置焦点，以便于从键盘上获取输入（第 15 行）。

程序清单 9-16 在画布上显示了一个圆。圆的半径随鼠标左击而增加，随着右击而减少，如图 9-17 所示。

程序清单 9-16 EnlargeShrinkCircle.py

```
1    from tkinter import * # Import all definitions from tkinter
2
3    class EnlargeShrinkCircle:
4        def __init__(self):
5            self.radius = 50
6
7            window = Tk() # Create a window
```

```
 8          window.title("Control Circle Demo") # Set a title
 9          self.canvas = Canvas(window, bg = "white",
10              width = 200, height = 200)
11          self.canvas.pack()
12          self.canvas.create_oval(
13              100 - self.radius, 100 - self.radius,
14              100 + self.radius, 100 + self.radius, tags = "oval")
15
16          # Bind canvas with mouse events
17          self.canvas.bind("<Button-1>", self.increaseCircle)
18          self.canvas.bind("<Button-3>", self.decreaseCircle)
19
20          window.mainloop() # Create an event loop
21
22      def increaseCircle(self, event):
23          self.canvas.delete("oval")
24          if self.radius < 100:
25              self.radius += 2
26          self.canvas.create_oval(
27              100 - self.radius, 100 - self.radius,
28              100 + self.radius, 100 + self.radius, tags = "oval")
29
30      def decreaseCircle(self, event):
31          self.canvas.delete("oval")
32          if self.radius > 2:
33              self.radius -= 2
34          self.canvas.create_oval(
35              100 - self.radius, 100 - self.radius,
36              100 + self.radius, 100 + self.radius, tags = "oval")
37
38  EnlargeShrinkCircle() # Create GUI
```

程序创建了一张画布（第 9 行），并且在画布上显示一个初始半径为 50 的圆（第 5 行和第 12～14 行）。画布将鼠标事件 <Button-1> 和处理器 increaseCircle 进行绑定（第 17 行），将鼠标事件 <Button-3> 和处理器 decreaseCircle 进行绑定（第 18 行）。当左击鼠标时，调用 increaseCircle 函数以增加半径（第 24～25 行）然后重新显示这个圆（第 26～28 行）。当右击鼠标时，调用 decreaseCircle 函数以减少半径（第 32～33 行），然后重新显示这个圆（第 34～36 行）。

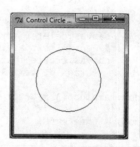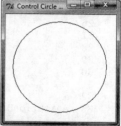

图 9-17 通过鼠标事件控制圆的大小

检查点

9.30 如何在画布上将鼠标单击事件和回调函数 p 绑定？

9.31 当右击鼠标按钮时，移动鼠标的事件是什么？

9.32 单击鼠标两次的事件是什么？

9.33 单击鼠标中间键三次的事件是什么？

9.34 什么参数会自动传递给事件处理函数？

9.35 如何从事件对象中获取当前鼠标位置？

9.36 如何从事件对象中获取关键字符？

9.12 动画

关键点：通过显示一系列的图画来创建动画。

Canvas 类也可以被用来开发动画。可以在画布上显示图片和文本，并使用 move(tags, dx,dy) 方法移动图片，如果 dx 是正值，则图片右移 dx 个像素，而如果 dy 是正值，则图片下移 dy 个像素。如果 dx 或 dy 是负值，图片则向左移或向上移。

程序清单 9-17 中的程序持续地从左向右重复显示一条移动的信息，如图 9-18 所示。

程序清单 9-17 AnimationDemo.py

```python
1  from tkinter import * # Import all definitions from tkinter
2
3  class AnimationDemo:
4      def __init__(self):
5          window = Tk() # Create a window
6          window.title("Animation Demo") # Set a title
7
8          width = 250 # Width of the canvas
9          canvas = Canvas(window, bg = "white",
10             width = 250, height = 50)
11         canvas.pack()
12
13         x = 0 # Starting x position
14         canvas.create_text(x, 30,
15             text = "Message moving?", tags = "text")
16
17         dx = 3
18         while True:
19             canvas.move("text", dx, 0) # Move text dx unit
20             canvas.after(100) # Sleep for 100 milliseconds
21             canvas.update() # Update canvas
22             if x < width:
23                 x += dx  # Get the current position for string
24             else:
25                 x = 0 # Reset string position to the beginning
26                 canvas.delete("text")
27                 # Redraw text at the beginning
28                 canvas.create_text(x, 30, text = "Message moving?",
29                     tags = "text")
30
31         window.mainloop() # Create an event loop
32
33  AnimationDemo() # Create GUI
```

图 9-18 程序以动画显示一条信息

程序创建了一张画布（第 9 行）并且在画布的指定初始位置显示文本（第 13 ～ 15 行）。动画实际上就是下面循环中的 3 条语句完成的（第 19 ～ 21 行）：

```python
canvas.move("text", dx, 0) # Move text dx unit
canvas.after(100) # Sleep for 100 milliseconds
canvas.update() # Update canvas
```

调用 canvas.move 可以使位置的 x 坐标右移 dx 个单位（第 19 行）。调用 canvas.after(100) 函数会使程序暂停 100 毫秒（第 20 行）。调用 canvas.update() 会重新显示画布（第 21 行）。

可以添加工具来控制动画的速度、停止动画以及重新启动动画。程序清单 9-18 通过添加了控制动画的四个按钮改写程序清单 9-17 中的程序，如图 9-19 所示。

程序清单 9-18　ControlAnimation.py

```
1   from tkinter import * # Import all definitions from tkinter
2
3   class ControlAnimation:
4       def __init__(self):
5           window = Tk() # Create a window
6           window.title("Control Animation Demo") # Set a title
7
8           self.width = 250 # Width of self.canvas
9           self.canvas = Canvas(window, bg = "white",
10              width = self.width, height = 50)
11          self.canvas.pack()
12
13          frame = Frame(window)
14          frame.pack()
15          btStop = Button(frame, text = "Stop", command = self.stop)
16          btStop.pack(side = LEFT)
17          btResume = Button(frame, text = "Resume",
18              command = self.resume)
19          btResume.pack(side = LEFT)
20          btFaster = Button(frame, text = "Faster",
21              command = self.faster)
22          btFaster.pack(side = LEFT)
23          btSlower = Button(frame, text = "Slower",
24              command = self.slower)
25          btSlower.pack(side = LEFT)
26
27          self.x = 0 # Starting x position
28          self.sleepTime = 100 # Set a sleep time
29          self.canvas.create_text(self.x, 30,
30              text = "Message moving?", tags = "text")
31
32          self.dx = 3
33          self.isStopped = False
34          self.animate()
35
36          window.mainloop() # Create an event loop
37
38      def stop(self): # Stop animation
39          self.isStopped = True
40
41      def resume(self): # Resume animation
42          self.isStopped = False
43          self.animate()
44
45      def faster(self): # Speed up the animation
46          if self.sleepTime > 5:
47              self.sleepTime -= 20
48
49      def slower(self): # Slow down the animation
50          self.sleepTime += 20
51
52      def animate(self): # Move the message
53          while not self.isStopped:
54              self.canvas.move("text", self.dx, 0) # Move text
55              self.canvas.after(self.sleepTime) # Sleep
56              self.canvas.update() # Update canvas
57              if self.x < self.width:
58                  self.x += self.dx  # Set new position
59              else:
60                  self.x = 0 # Reset string position to beginning
61                  self.canvas.delete("text")
62                  # Redraw text at the beginning
```

```
63                      self.canvas.create_text(self.x, 30,
64                          text = "Message moving?", tags = "text")
65
66  ControlAnimation() # Create GUI
```

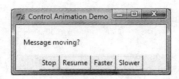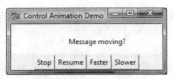

图 9-19   程序使用按钮来控制动画

程序调用 animate() 函数来启动动画（第 34 行）。变量 isStopped 决定了动画是否继续移动。初始状态下，它被设置为 Fasle（第 33 行）。当它的值为假时，animate 方法中的循环会被不断执行（第 53 ～ 64 行）。

单击按钮“Stop”、“Resume”、“Faster”或“Slower”来停止、重新开始、加速或者放慢动画。当单击“Stop”按钮时，就会调用 stop 函数来设置 isStopped 为 True（第 39 行）。这会导致动画循环终止（第 53 行）。当单击“Resume”按钮时，就会调用 resume 函数来设置 isStopped 为 False(第 42 行)，并重启动画（第 43 行）。

变量 sleepTime 控制动画的速度，初始状态下，它被设置为 100 毫秒（第 28 行）。当单击“Faster”按钮时，就会调用 faster 方法将 sleepTime 减少 20(第 47 行)。当单击“Slower”按钮时，就会调用 slower 函数将 sleepTime 值增加 20（第 50 行）。

✎ 检查点

9.37   可以使用哪个方法使程序处在休眠状态？

9.38   可以使用哪个方法更新画面？

9.13   滚动条

🔑 **关键点**：Scrollbar 小构件可以在水平方向或者垂直方向展开 Text、Canvas 或者 Listbox 小构件里的内容。

程序清单 9-19 给出一个在 Text 小构件中展开的例子，如图 9-20 所示。

程序清单 9-19   ScrollText.py

```
1   from tkinter import * # Import all definitions from tkinter
2
3   class ScrollText:
4       def __init__(self):
5           window = Tk() # Create a window
6           window.title("Scroll Text Demo") # Set title
7
8           frame1 = Frame(window)
9           frame1.pack()
10          scrollbar = Scrollbar(frame1)
11          scrollbar.pack(side = RIGHT, fill = Y)
12          text = Text(frame1, width = 40, height = 10, wrap = WORD,
13              yscrollcommand = scrollbar.set)
14          text.pack()
15          scrollbar.config(command = text.yview)
16
17          window.mainloop() # Create an event loop
```

```
18
19  ScrollText() # Create GUI
```

程序创建了一个 Scrollbar（第 10 行），然后将它放在了文本的右端（第 11 行）。滚动条被绑定到 Text 小构件（第 15 行），这样，Text 小构件的内容就被滚动显示出来。

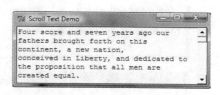

图 9-20 可以使用滚动条（最右端）查看当前 Text 小构件中不可见的文本

☞ 检查点

9.39 什么小构件可以与滚动条一起使用？

9.40 如何将滚动条和一个视图关联？

9.14 标准对话框

✎ **关键点**：可以使用标准对话框显示消息框或者提示用户输入数字和字符串。

最后，让我们来看看 Tkinter 标准对话框（通常被简称为对话框）。程序清单 9-20 给出了使用这些对话框的例子。程序的一个示例运行如图 9-21 所示。

程序清单 9-20 DialogDemo.py

```
 1  import tkinter.messagebox
 2  import tkinter.simpledialog
 3  import tkinter.colorchooser
 4
 5  tkinter.messagebox.showinfo("showinfo", "This is an info msg")
 6
 7  tkinter.messagebox.showwarning("showwarning", "This is a warning")
 8
 9  tkinter.messagebox.showerror("showerror", "This is an error")
10
11  isYes = tkinter.messagebox.askyesno("askyesno", "Continue?")
12  print(isYes)
13
14  isOK = tkinter.messagebox.askokcancel("askokcancel", "OK?")
15  print(isOK)
16
17  isYesNoCancel = tkinter.messagebox.askyesnocancel(
18      "askyesnocancel", "Yes, No, Cancel?")
19  print(isYesNoCancel)
20
21  name = tkinter.simpledialog.askstring(
22      "askstring", "Enter your name")
23  print(name)
24
25  age = tkinter.simpledialog.askinteger(
26      "askinteger", "Enter your age")
27  print(age)
28
29  weight = tkinter.simpledialog.askfloat(
30      "askfloat", "Enter your weight")
31  print(weight)
```

程序调用函数 showinfo、showwarning 和 showerror 来显示一条消息（第 5 行）、一个警告（第 7 行）和一个错误（第 9 行）。这些函数都被定义在 tkinter.messagebox 模块中（第 1 行）。

函数 askyesno 在对话框中显示"Yes"和"No"按钮（第 11 行）。如果单击"Yes"按钮，则函数返回值为 True，而如果单击"No"按钮，则函数返回值为 False。

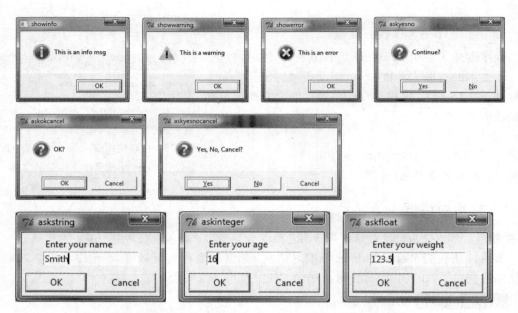

图 9-21 可以使用标准对话框来显示消息框并接受输入

函数 askokcancel 在对话框中显示"OK"和"Cancel"按钮（第 14 行）。如果单击"OK"按钮，则函数的返回值为 True，而如果单击"Cancel"按钮，则函数的返回值为 False。

函数 askyesnocancel 在对话框中显示"Yes"、"No"和"Cancel"按钮（第 17 行）。如果单击"Yes"按钮，则函数的返回值为 True，而如果单击"NO"按钮，则函数返回值为 False，而如果单击"Cancel"按钮，则函数返回值为 None。

函数 askstring（第 21 行）会在单击"OK"按钮时返回对话框中输入的字符串，而单击"Cancel"按钮时，则返回 None。

函数 askinteger（第 25 行）会在单击"OK"按钮时返回对话框中输入的整数，而单击"Cancel"按钮时，则返回 None。

函数 askfloat（第 29 行）会在单击"OK"按钮时返回对话框中输入的浮点数，而单击"Cancel"按钮时，则返回 None。

所有的对话框都是模态窗口，它意味着一旦对话框消失，程序将不会继续。

✎ 检查点

9.41 编写一条语句在消息会话框中显示"Welcome to Python"。

9.42 使用对话框编写语句提示用户输入一个整数、一个浮点数和一个字符串。

关键术语

callback function（回调函数）

geometry manager（几何管理器）

grid manager（网格管理器）

handler（处理器）

pack manager（包管理器）

parent container（父容器）

place manager（位置管理器）

widget class（小构件类）

本章总结

1. 为了使用 Tkinter 开发一个 GUI 应用，首先要使用 Tk 类创建一个窗口，然后创建一些小构件并将它们放在窗口里。每个 widget 类的第一个参数必须是父容器。

2. 为了将一个小构件放在容器中，必须具体指明它的几何管理器。

3. Tkinter 支持三个几何管理器：包、网格和位置。包管理器将小构件一个挨一个放置或一个在另一个顶部地放置。网格管理器将小构件放在网格中。位置管理器将小构件放在绝对位置。

4. 许多小构件有将事件与回调函数绑定的命令选项。当事件发生时，就会调用回调函数。

5. Canvas 小构件可以被用来绘制直线、矩形、椭圆、圆弧和多边形，并且显示图像和文本字符串。

6. 许多小构件中都可以使用图片，例如：标签、按钮、复选按钮、单选按钮和画布。

7. 可以使用 Menu 类创建菜单栏、菜单项和弹出菜单。

8. 可以将一个小构件的鼠标和按键事件绑定到一个回调函数。

9. 可以使用画布来开发动画。

10. 可以使用标准对话框显示消息和接收输入。

测试题

本章的在线测试题位于 www.cs.armstrong.edu/liang/py/test.html。

编程题

☞ 注意：整本书编程题中使用的图像图标可以从 www.cs.armstrong.edu/liang/py/book.zip 中的 image 文件夹中获取。

第 9.2 ～ 9.8 节

*9.1 （移动小球）编写程序移动面板上的小球。你应该定义一个面板类来显示小球，并提供将小球向左、向右、向上和向下移动的方法，如图 9-22a 所示。检测边界防止小球完全地从视野中消失。

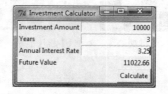

a）单击按钮来移动小球　　　　　　　b）输入投资额、年数和年利率来获取未来值

图　9-22

*9.2 （创建一个投资值计算器）编写程序计算在给定利息、指定年数的情况下投资的未来值。这个计算公式如下所示。

futureValue = investmentAmount * (1 + monthlyInterestRate)$^{years * 12}$

使用文本域输入投资额、年份和利率。当用户单击"Calculate"按钮时，在文本域中显示未来的投资值，如图 9-22b 所示。

*9.3 （选择几何图形）编写程序绘制一个矩形或椭圆，如图 9-23 所示。用户从单选按钮选择一个图形，然后选择一个复选按钮指定是否填充图形。

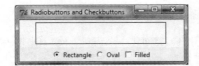 

图 9-23 当选择一种图形类型时程序会显示一个矩形或椭圆以及是否给它们填充颜色

*9.4（显示矩形）编写一个程序显示 20 个矩形，如图 9-24 所示。

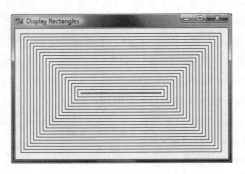

图 9-24 程序显式 20 个矩形

9.5（游戏：显示棋盘）编写程序显示一个棋盘，每个白色格子和黑色格子都是一个背景为黑色或白色的画布，如图 9-25a 所示。

　　a）程序显示一个棋盘　　　b）程序显示一个井字盘　　c）程序显示一个网格　　d）程序显示一个
　　　　　　　　　　　　　　　　　　　　　　　　　　　　　　　　　　　　　　三角形状的数字

图　9-25

9.6（游戏：显示一个井字盘）编写一个程序显示 9 个标签。每一个标签可以显示一个表示 X 的图像图标或一个表示 O 的图像图标，如图 9-25b 所示。显示什么是随机决定的。使用函数 random.randint(0,1) 生成一个整数 0 或 1，它对应到显示叉号图像（X）图标或非图像（O）图标。叉号图像和非图像在文件 x.gif 和 o.gif 中。

9.7（显示一个 8×8 的网格）编写程序显示一个 8×8 的网格，如图 9-25c 所示。垂直线用红色，而水平线用蓝色。

**9.8（显示三角形状的数字）编写程序显示三角形状的数字，如图 9-25d 所示。显示的行数根据窗口的大小做相应的调整。

**9.9（显示一个条状图）编写程序，使用条状图显示课题、测验、期中考试和期末考试的成绩占总成绩的百分比，如图 9-26a 所示。假设课题成绩占总成绩的 20%，使用红色显示；测验成绩占总成绩的 10%，使用蓝色显示；期中成绩占 30%，使用绿色显示；期末成绩占 40%，使用橙色显示。

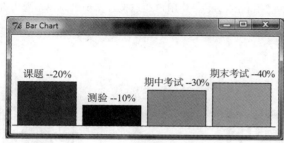
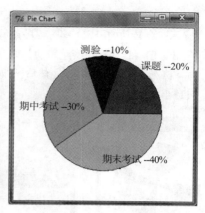

a）程序显示一个条状图　　　　　　　b）程序显示一个饼状图

图　9-26

**9.10 （显示一个饼状图）编写程序，使用一个饼状图显示课题、测验、期中考试和期末考试成绩占总成绩的百分比，如图 9-26b 所示。假定课题成绩占总成绩的 20%，使用红色显示；测验成绩占总成绩的 10%，使用蓝色显示；期中成绩占 30%，使用绿色显示；期末成绩占 40%，使用橙色显示。

**9.11 （显示时钟）编写程序，显示时钟并显示当前时间，如图 9-27a 所示。为了获取当前时间，使用附录 II.B 中的 datetime 类。

a）程序显示当前时间的时钟　　　　b）～ c）程序在显示两条消息之间交替变换

图　9-27

第 9.9 ～ 9.14 节

**9.12 （交替变换两条消息）编写程序，当单击鼠标时，就会在画布上交替显示两条消息"Programming is fun"和"It is fun to program"，如图 9-27b、9-27c 所示。

*9.13 （显示鼠标位置）编写两个程序：一个程序在单击鼠标时显示鼠标的位置（参见图 9-28a、9-28b），而另一个程序在按住鼠标时显示位置，松开鼠标时停止显示。

*9.14 （使用箭头键绘制线段）编写程序使用箭头键绘制线段。线段从框架的中心开始，当单击 Right 箭头键、Up 箭头键、Left 箭头键或者 Down 箭头键时，分别向东、北、西或南方向绘制线段，如图 9-28c 所示。

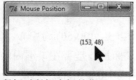

a）～ b）程序显示当单击鼠标时鼠标光标的位置　　　　c）程序在单击 Right、Up、Left 或者 Down 箭头键时绘制一条线段

图　9-28

**9.15 （显示一台静态风扇）编写程序显示一台静态风扇，如图 9-29a 所示。

**9.16 （显示一台转动的风扇）编写程序显示一台转动的风扇，如图 9-29a 所示。

*9.17 （赛车）编写程序模拟赛车跑动，如图 9-29（b～d）所示。赛车从左向右移动。当赛车到达右端时，汽车从左端重新启动，然后不断重复相同的过程。让用户通过按住 Up 和 Down 箭头键分别对赛车加速和减速。

   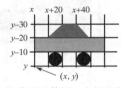

a）程序显示一台风扇   b）～c）一辆移动的赛车   d）你可以使用一个新基点
重新绘制一辆赛车

图 9-29

*9.18 （显示闪烁的文本）编写程序显示闪烁的文本 "Welcome"，如图 9-30（a～b）所示。（提示：为了使文本闪烁，需要在画布上重复绘制它或者交替删除它。使用 Bool 变量来控制交替变换过程。）

*9.19 （使用箭头移动圆）编写程序使用箭头键分别向上、向下、向左或向右移动圆，如图 9-30（c～d）所示。

  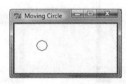 

a）～b）程序显示带文本的闪烁标签   c）～d）当按下箭头键时圆被移动

图 9-30

**9.20 （几何：在圆内吗？）编写程序绘制一个以点 (100，60) 为圆心、半径为 50 的固定圆。无论何时单击左键移动鼠标，都会显示鼠标指针是否是在圆内的消息，如图 9-31 所示。

图 9-31   检测鼠标指针是否在圆内

**9.21 （几何：在矩形内吗？）编写程序绘制一个以点 (100,60) 为中心、宽为 100、高为 40 的固定矩形。无论何时单击左键移动鼠标，都会显示鼠标指针是否在矩形内的消息，如图 9-32 所示。为了判定指针是否在矩形内，使用编程题 8.19 中的 Rectangle2D 类。

**9.22 （几何：钟摆）编写程序动态演示钟摆的摆动，如图 9-33 所示。按 Up 箭头键加速，按 Down 箭头键减速。按 S 键停止动画，按 R 键重新开始。

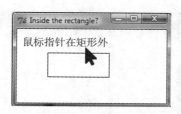 

图 9-32 检测鼠标指针是否在矩形内

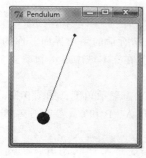  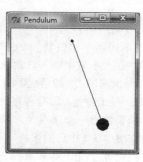

图 9-33 程序动态演示钟摆的摆动

*9.23 （按钮和单选按钮）编写程序使用单选按钮选择文本的背景色，如图 9-34 所示。变量色彩是红色、黄色、灰色和绿色。程序使用按钮 "<=" 和 "=>" 将文本向左或向右移动。

图 9-34 按钮 "<=" 和 "=>" 移动面板上的消息，而且你也可以设置消息的背景色

9.24 （显示圆）编写程序，单击左键显示一个新的较大的圆，单击右键可以去掉最大的圆，如图 9-35 所示。

图 9-35 程序在单击鼠标左 / 右键时添加 / 删除圆

**9.25 （交通灯）编写程序模拟交通灯。程序让用户从三盏灯：红灯、黄灯或绿灯中选择一盏。当选择一个单选按钮时，灯就被打开，并且一次只能亮一个灯（参见图 9-36（a-b)。当程序启动时，没有灯亮。

*9.26 （显示颜色随机的球）编写程序显示 10 个颜色随机的球，并且将它们放在随机位置上，如图 9-36c 所示。

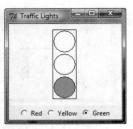
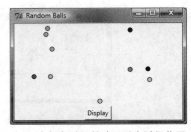

a) ~ b) 单选按钮让用户选择交通灯的颜色　　　　c) 10 个颜色随机的球显示在随机位置

图 9-36

*9.27 （使用不同利率比较贷款）改写编程题 5.23 来创建如图 9-37 所示的用户界面。你的程序应该让用户在文本域中输入贷款额和以年为单位的贷款期，并且在文本域中显示利率从 5% 开始到 8%，每次递增 1/8 的情况下的每月支付额和总支付额。

**9.28 （几何：显示角度）编写程序让用户拖拽三角形的顶点并且动态显示角度，如图 9-38a 所示。当鼠标移动接近一个顶点时，鼠标光标会变为十字形。计算角 A、B 和 C（参见图 9-38b）的公式在程序清单 3-2 中已给出。

提示：使用 Point 类来表示一个点，如编程题 8.17 所描述。初始状态时，创建 3 个随机位置的点。当鼠标被移近一个点时，光标就会被改变为十字型（+）并且将点重置到鼠标所在位置。无论何时移动一个点，都要重新显示三角形和角度。

图 9-37　程序显示在不同利率下给定贷款的每月支付额和总支付额的表格

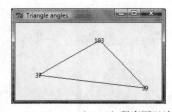
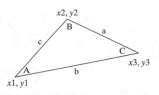
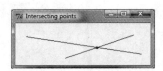

a) ~ b) 程序可以让用户拖曳三角形的　　　　c) 程序可以让用户拖曳三角形的
　　　　顶点并动态显示角度　　　　　　　　　顶点并且动态显示线段和交点

图 9-38

**9.29 （几何：交点）编写程序显示两条直线段以及它们的端点和交点。初始状态时，线段 1 的端点为 (20,20) 和 (56,130)，而线段 2 的端点为 (100,20) 和 (16,130)。用户可以使用鼠标拖动一个点并且动态显示交点，如图 9-38c 所示。（提示：参见编程题 4.25 寻找两条无界线的交点。编程题 9.28 的提示也适用于本题。）

9.30 （显示一个长方体）编写程序显示一个长方体，如图 9-39a 所示。

9.31 （显示 5 个填充的圆）编写程序显示 5 个填充的圆，如图 9-39b 所示。让用户可以用鼠标拖曳蓝色的圆，如图 9-39c 所示。

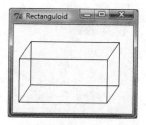

a）程序显示长方体

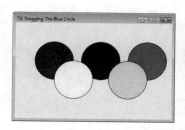 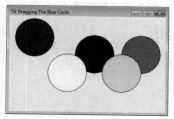

b）～ c）使用鼠标拖动蓝色圆

图 9-39

*9.32 （两个可移动顶点以及它们的距离）编写程序显示两个圆，圆心分别为 (20,20) 和 (120,50)，半径均为 20，使用一条线段连接两个圆，如图 9-40a 所示。圆之间的距离显示在线上。用户可以拖动一个圆。当拖动发生时，圆与线被移动并且更新圆之间的距离。你的程序不能让两个圆太接近。至少应该保持两个圆的中心在 70 个像素的距离。

**9.33 （绘制带箭头的线）编写程序，当单击 "Draw a Random Arrow Line" 按钮时随机绘制一条带箭头的线，如图 9-40b 所示。

**9.34 （地址簿）编写程序，创建一个用户界面显示地址，如图 9-40c 所示。

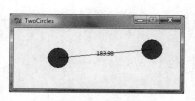 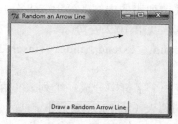 

a）用户可以拖动圆而程序   b）程序随机绘制一条带箭头的线   c）程序创建用户界面显示地址
可以重新显示距离

图　9-40

列　表

学习目标

- 描述为什么列表在程序设计中很有用（第 10.1 节）。
- 学习如何创建列表（第 10.2.1 节）。
- 探究列表的常用操作（第 10.2.2 节）。
- 对列表使用 len、min、max、sum 和 random.shuffle 函数（第 10.2.3 节）。
- 使用下标变量访问列表元素（第 10.2.4 节）。
- 使用截取运算符 [start:end] 从一个较长的列表中获取子列表（第 10.2.5 节）。
- 在列表中使用 +（联接）、*（重复）和 in/not in 操作（第 10.2.6 节）。
- 使用 for 循环遍历一个列表中的元素（第 10.2.7 节）。
- 使用比较运算符比较两个列表的内容（第 10.2.8 节）。
- 使用列表解析来创建列表（第 10.2.9 节）。
- 调用列表的 append、count、extend、index、insert、pop、remove、reverse 和 sort 方法（第 10.2.10 节）。
- 使用 str 的 split 方法将一个字符串分成一个列表（第 10.2.11 节）。
- 从控制台中读取数据到列表（第 10.2.12 节）。
- 在应用程序开发中使用列表（第 10.3 ～ 10.5 节）。
- 将一个列表的内容复制到另外一个列表（第 10.6 节）。
- 开发和调用包含有列表参数且返回列表的函数（第 10.7 ～ 10.9 节）。
- 使用线性查找算法（第 10.10.1 节）或者二分查找算法（第 10.10.2 节）来查找元素。
- 使用选择排序法对列表进行排序（第 10.11.1 节）。
- 使用插入排序法对列表进行排序（第 10.11.2 节）。
- 使用列表开发一个弹球动画（第 10.12 节）。

10.1 引言

🔑 **关键点**：一个列表可以存储任意大小的数据集合。

　　程序一般都需要存储大量的数值。假设，举个例子，需要读取 100 个数字，计算出它们的平均值，然后找出多少个数字是高于这个平均值的。程序首先读取 100 个数字并计算它们的平均值，然后把每个数字和平均值进行比较来确定它是否超过了平均值。为了完成这个任务，这些数字都必须存储在变量内。为了这样做，你必须创建 100 个变量并且重复编写几乎同样的一段代码 100 次。显然，编写一个这样的程序是不切实际的。因此，这个问题该怎么解决？

　　我们需要一个高效、条理的方式。Python 提供了一种被称为列表的数据类型，它可以存储一个有序的元素集合。在例子中，可以把 100 个数字存储在一个列表中并且通过一个单独的列表变量来访问它们。这个解决方案可能看起来如程序清单 10-1 所示。

程序清单 10-1 DataAnalysis.py

```python
1  NUMBER_OF_ELEMENTS = 5 # For simplicity, use 5 instead of 100
2  numbers = [] # Create an empty list
3  sum = 0
4
5  for i in range(NUMBER_OF_ELEMENTS):
6      value = eval(input("Enter a new number: "))
7      numbers.append(value)
8      sum += value
9
10 average = sum / NUMBER_OF_ELEMENTS
11
12 count = 0 # The number of elements above average
13 for i in range(NUMBER_OF_ELEMENTS):
14     if numbers[i] > average:
15         count += 1
16
17 print("Average is", average)
18 print("Number of elements above the average is", count)
```

```
Enter a new number: 1  ↵Enter
Enter a new number: 2  ↵Enter
Enter a new number: 3  ↵Enter
Enter a new number: 4  ↵Enter
Enter a new number: 5  ↵Enter
Average is 3.0
Number of elements above the average is 2
```

这个程序首先创建一个空列表（第 2 行）。它重复读取数字（第 6 行）并将其追加给列表（第 7 行），随后将它累加给 sum（第 8 行）。程序在第 10 行获取了 average。随后，列表中的每一个数字与平均值进行比较以统计数字值大于平均值的个数（第 12 ~ 15 行）。

☛ **注意**：在很多其他程序设计语言中，也许会用到一个称作数组的数据类型来存储一个数据序列。数组有固定的大小。Python 列表的大小是可变的。它可以根据需求增加或缩小。

10.2　列表基础

✐ **关键点**：列表是一个用 list 类定义的序列，它包括了创建、操作和处理列表的方法。列表中的元素可以通过下标来访问。

10.2.1　创建列表

list 类定义了列表。为了创建一个列表，可以使用 list 的构造方法，如下所示：

```python
list1 = list() # Create an empty list
list2 = list([2, 3, 4]) # Create a list with elements 2, 3, 4
list3 = list(["red", "green", "blue"]) # Create a list with strings
list4 = list(range(3, 6)) # Create a list with elements 3, 4, 5
list5 = list("abcd") # Create a list with characters a, b, c, d
```

也可以使用下面这个更简单一些的语法来创建列表：

```python
list1 = [] # Same as list()
list2 = [2, 3, 4] # Same as list([2, 3, 4])
list3 = ["red", "green"] # Same as list(["red", "green"])
```

列表中的元素用逗号分隔并且由一对中括号（[]）括住。

☞ **注意**：一个列表既可以包含同样类型的元素也可以包括不同类型的元素。例如，下面的
列表也是可以的：

```
list4 = [2, "three", 4]
```

10.2.2　列表是一种序列类型

Python 中的字符串和列表都是
序列类型。一个字符串是一个字符
序列，而一个列表则是任何元素的
序列。序列的常用操作被总结在表
10-1 中。字符串的这些操作已经在
第 8 章介绍过。对字符串的序列操作
同样适用于列表。第 10.2.3 节到第
10.2.8 节给出在列表上运用这些操作
符的例子。

表 10-1　序列 s 的常用操作

操作	描述
x in s	如果元素 x 在序列 s 中则返回 true
x not in s	如果元素 x 不在序列 s 中则返回 true
s1+s2	连接两个序列 s1 和 s2
s*n,n*s	n 个序列 s 的连接
s[i]	序列 s 的第 i 个元素
s[i:j]	序列 s 从下标 i 到 j-1 的片段
len(s)	序列 s 的长度，即 s 中的元素个数
min(s)	序列 s 中的最小元素
max(s)	序列 s 中的最大元素
sum(s)	序列 s 中所有元素之和
for loop	在 for 循环中从左到右反转元素
<、<=、>、>=、=、! =	比较两个序列

10.2.3　列表使用的函数

一些 Python 内嵌函数可以和列表一起使用。可以使用 len 函数返回列表的元素个数，使
用 max/min 函数返回列表中的最大值元素和最小值元素，而 sum 函数返回列表中所有元素之
和。还可以使用 random 模块中的 shuffle 函数随意排列列表中的元素。下面是一些例子：

```
1   >>> list1 = [2, 3, 4, 1, 32]
2   >>> len(list1)
3   5
4   >>> max(list1)
5   32
6   >>> min(list1)
7   1
8   >>> sum(list1)
9   42
10  >>> import random
11  >>> random.shuffle(list1) # Shuffle the elements in list1
12  >>> list1
13  [4, 1, 2, 32, 3]
14  >>>
```

调用 random.shuffle（list1）（第 11 行）随意排列 list1 中的元素。

10.2.4　下标运算符 []

一个列表中的元素都可以使用下面的语法通过下标操作符访问：

```
myList[index]
```

列表下标是基于 0 的，也就是说，下标的范围从 0 到 len(myList)-1，如图 10-1 中阐述：
myList[index] 可以像变量一样使用，所以它也被称为下标变量。例如：下面的代码将
myList[0] 与 myList[1] 中的值相加并赋给 myList[2]。

```
myList[2] = myList[0] + myList[1]
```

下面的循环将 0 赋值给 myList[0]、将 1 赋值给 myList[1]、…、将 9 赋值给 myList[9]：

```
for i in range(len(myList)):
    myList[i] = i

myList = [5.6, 4.5, 3.3, 13.2, 4.0, 34.33, 34.0, 45.45, 99.993, 11123]
```

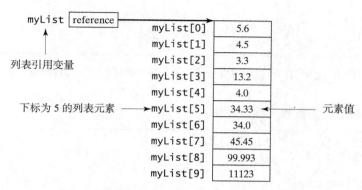

图 10-1 列表 myList 有 10 个下标从 0 到 9 的元素

⚠️**警告**：越界访问列表是一个常见的程序设计错误，它会导致一个运行时的 "IndexError"。为了避免这种错误，要确保没有使用超出 len(myList)-1 的下标。

程序员经常会错误地使用下标 1 来引用列表的第一个元素，但其实它应该是 0。这称作"差一错误"。在循环中应该使用 "<" 的地方使用 "<=" 也是常见错误。例如，下面的循环是错误的：

```
i = 0
while i <= len(myList):
    print(myList[i])
    i += 1
```

应该用 "<" 替换 "<="。

Python 也允许使用负数作为下标来引用相对于列表末端的位置。将列表长度和负数下标相加就可以得到实际的位置。例如：

```
1  >>> list1 = [2, 3, 5, 2, 33, 21]
2  >>> list1[-1]
3  21
4  >>> list1[-3]
5  2
6  >>>
```

在第 2 行，list1[-1] 和 list[-1+len(list1)] 一样，它们都给出列表的最后一个元素。在第 4 行，list1[-3] 和 list1[-3+len(list1)] 一样，它们都给出列表的倒数第三个元素。

10.2.5 列表截取 [start:end]

下标运算符允许选择一个指定下标位置上的元素。而截取操作使用语法 list[start:end] 返回列表的一个片段。这个片段是下标从 start 到 end-1 的元素构成的一个子列表。下面是一些例子：

```
1  >>> list1 = [2, 3, 5, 7, 9, 1]
2  >>> list1[2 : 4]
3  [5, 7]
4  >>>
```

起始下标和结尾下标是可以省略的。在这种情况下，起始下标为 0 而结尾下标是最后一个下标。例如：

```
1  >>> list1 = [2, 3, 5, 2, 33, 21]
2  >>> list1[ : 2]
3  [2, 3]
4  >>> list1[3 : ]
5  [2, 33, 21]
6  >>>
```

注意：list1[:2] 和 list1[0:2]（第二行）是一样的，而 lisr1[3:] 和 list1[3:len(list1)]（第 4 行）是一样的。

可以在截取过程中使用负数下标。例如：

```
1  >>> list1 = [2, 3, 5, 2, 33, 21]
2  >>> list1[1 : -3]
3  [3, 5]
4  >>> list1[-4 : -2]
5  [5, 2]
6  >>>
```

在第 2 行，list1[1:-3] 和 list1[1:-3+len(list)] 一样。在第 4 行，list1[-4:-2] 和 list1[-4+ len (list1):-2+len(list1)] 一样。

☞ **注意**：如果 start>=end，那么 list[start:end] 将返回一个空表。如果 end 指定了一个超出列表结尾的位置，那么 Python 会将使用列表长度替代 end。

10.2.6 +、* 和 in/not in 运算符

可以使用连接运算符（+）来组合两个列表，使用复制运算符（*）复制列表中的元素。下面是一些例子：

```
1   >>> list1 = [2, 3]
2   >>> list2 = [1, 9]
3   >>> list3 = list1 + list2
4   >>> list3
5   [2, 3, 1, 9]
6   >>>
7   >>> list4 = 3 * list1
8   >>> list4
9   [2, 3, 2, 3, 2, 3]
10  >>>
```

通过连接 list1 和 list2 就会得到一个新列表（第 3 行）。第 7 行将 list1 复制三次以创建一个新列表。注意：3*list1 和 list1*3 相同。

可以使用 in 或者 not in 运算符来判断一个元素是否在列表中。例如：

```
>>> list1 = [2, 3, 5, 2, 33, 21]
>>> 2 in list1
True
>>> 2 not in list1
False
>>>
```

10.2.7 使用 for 循环遍历元素

Python 列表中的元素是可迭代的。Python 支持一种便利的 for 循环，它可以让你在不使

用下标变量的情况下顺序遍历列表。例如，下面的代码显示列表 mylist 中的所有元素。

```
for u in myList:
    print(u)
```

可以这样读代码："对于 mylist 中的每个元素 u，输出它。"

如果希望以不同的顺序遍历列表或者改变列表中的元素，那么仍然必须使用下标变量。例如，下面的代码显示奇数位置上的元素。

```
for i in range(0, len(myList), 2):
    print(myList[i])
```

10.2.8 比较列表

可以使用比较运算符（>、>=、<、<=、==、!=）对列表进行比较。为了进行比较，两个列表必须包含同样类型的元素。比较使用的是字典顺序：首先比较前两个元素，如果它们不同就决定了比较的结果；如果它们相同，那就继续比较接下来两个元素，一直重复这个过程，直到比较完所有的元素。下面是一些示例。

```
1  >>> list1 = ["green", "red", "blue"]
2  >>> list2 = ["red", "blue", "green"]
3  >>> list2 == list1
4  False
5  >>> list2 != list1
6  True
7  >>> list2 >= list1
8  True
9  >>> list2 > list1
10 True
11 >>> list2 < list1
12 False
13 >>> list2 <= list1
14 False
15 >>>
```

10.2.9 列表解析

列表解析提供了一种创建顺序元素列表的简洁方式。一个列表解析由多个方括号组成，方括号内包含后跟一个 for 子句的表达式，之后是 0 或多个 for 或 if 子句。列表解析可以产生一个由表达式求值结果组成的列表。这里是一些例子。

```
1  >>> list1 = [x for x in range(5)] # Returns a list of 0, 1, 2, 3, 4
2  >>> list1
3  [0, 1, 2, 3, 4]
4  >>>
5  >>> list2 = [0.5 * x for x in list1]
6  >>> list2
7  [0.0, 0.5, 1.0, 1.5, 2.0]
8  >>>
9  >>> list3 = [x for x in list2 if x < 1.5]
10 >>> list3
11 [0.0, 0.5, 1.0]
12 >>>
```

在第 1 行，使用一个 for 子句表达式创建 list1。list1 中的数字是 0、1、2、3 和 4。list2 中的每一个数字都是 list1 中对应数字的一半（第 5 行）。在第 9 行，list3 包含了 list2 中那些值小于 1.5 的数字。

10.2.10　列表方法

一旦列表被创建，可以使用 list 类的方法（如图 10-2 所示）来操作列表。

list
append(x: object): None
count(x: object): int
extend(l: list): None
index(x: object): int
insert(index: int, x: object): None
pop(i): object
remove(x: object): None
reverse(): None
sort(): None

将元素 x 添加到列表结尾
返回元素 x 在列表中的出现次数
将 l 中的所有元素追加到列表中
返回元素 x 在列表中第一次出现的下标
将元素 x 插入列表中指定下标处。注意：列表第一个元素的下标是 0
删除给定位置的元素并且返回它。参数 i 是可选的。如果没有指定它，那么删除 list.pop() 并返回列表中的最后一个元素

删除列表中第一次出现的 x
将列表中的所有元素倒序
以升序对列表中的元素排序

图 10-2　list 类包含操作列表的方法

下面是一些使用 append、count、extend、index 和 insert 方法的例子。

```
 1  >>> list1 = [2, 3, 4, 1, 32, 4]
 2  >>> list1.append(19)
 3  >>> list1
 4  [2, 3, 4, 1, 32, 4, 19]
 5  >>> list1.count(4) # Return the count for number 4
 6  2
 7  >>> list2 = [99, 54]
 8  >>> list1.extend(list2)
 9  >>> list1
10  [2, 3, 4, 1, 32, 4, 19, 99, 54]
11  >>> list1.index(4) # Return the index of number 4
12  2
13  >>> list1.insert(1, 25) # Insert 25 at position index 1
14  >>> list1
15  [2, 25, 3, 4, 1, 32, 4, 19, 99, 54]
16  >>>
```

第 2 行将 19 追加到列表中，而第 5 行返回了元素 4 在列表中的出现次数。调用 list1. extend()（第 8 行）将 list2 追加到 list1。第 11 行返回列表中元素 4 的下标，而第 13 行将 25 插入到列表中下标 1 的位置上。

下面是一些使用 insert、pop、remove、reverse 和 sort 方法的例子。

```
 1  >>> list1 = [2, 25, 3, 4, 1, 32, 4, 19, 99, 54]
 2  >>> list1.pop(2)
 3  3
 4  >>> list1
 5  [2, 25, 4, 1, 32, 4, 19, 99, 54]
 6  >>> list1.pop()
 7  54
```

```
 8   >>> list1
 9   [2, 25, 4, 1, 32, 4, 19, 99]
10   >>> list1.remove(32) # Remove number 32
11   >>> list1
12   [2, 25, 4, 1, 4, 19, 99]
13   >>> list1.reverse() # Reverse the list
14   >>> list1
15   [99, 19, 4, 1, 4, 25, 2]
16   >>> list1.sort() # Sort the list
17   >>> list1
18   [1, 2, 4, 4, 19, 25, 99]
19   >>>
```

第 2 行将下标 2 的元素从列表中移除。调用 list1.pop()（第 6 行）返回和移除 list1 的最后一个元素。第 10 行从 list1 中移除元素 23，第 13 行倒置列表中的元素，而第 15 行对列表中的元素进行升序排列。

10.2.11 将字符串分成列表

str 类包括了 split 方法，它对于将字符串中的条目分成列表是非常有用的。例如，下面的语句：

```
items = "Jane John Peter Susan".split()
```

就会将字符串 "Jane John Peter Susan" 分离成列表 ['Jane', 'John', 'Peter', 'Susan']。在这种情况下，字符串中的条目是被空格分隔的。可以使用一个非空格的限定符。例如，下面的语句：

```
items = "09/20/2012".split("/")
```

将字符串 "09/20/2012" 分成了列表 ['09', '20', '2012']。

注意：Python 支持正则表达式，它是一种使用模式来匹配和分隔字符串的最有效且最有力的特征。正则表达式对于初学者来讲是复杂的。因此，我们将在补充材料 II.A 正则表达式中涉及这些内容。

10.2.12 输入列表

可能经常需要编写代码从控制台将数据读入列表。可以在循环里每一行输入一个数据条目并将它追加到列表。例如：下面的代码将 10 个数字读入一个列表，每一行读一个数字。

```
lst = [] # Create a list
print("Enter 10 numbers: ")
for i in range(10):
    lst.append(eval(input()))
```

有时候在一行中以空格分隔数据会更加方便。可以使用字符串的 split 方法从一行输入中提取数据。例如：下面的代码从一行读取 10 个空格分隔的数给列表。

```
# Read numbers as a string from the console
s = input("Enter 10 numbers separated by spaces from one line: ")
items = s.split() # Extract items from the string
lst = [eval(x) for x in items] # Convert items to numbers
```

调用 input() 来读取一个字符串。使用 s.split() 来提取字符串 s 中被空格分隔的条目并返回列表中的条目。最后一行通过将条目转化成数字来创建一个数字列表。

10.2.13 对列表移位

有时候，需要将列表中的元素向左或向右移动。Python 并没有在 list 类中提供这样的方法，但是可以编写下面的函数来实现向左移。

```
def shift(lst):
    temp = lst[0] # Retain the first element

    # Shift elements left
    for i in range(1, len(lst)):
        lst[i - 1] = lst[i]

    # Move the first element to fill in the last position
    lst[len(lst) - 1] = temp
```

10.2.14 简化代码

列表可以大大简化某些任务的。例如：假设你希望通过给定的月份数字来得到月份的英文名。如果月份名被存储在一个列表中，那么给定月份的名字可以简单地通过下标访问。下面的代码提示用户输入月份数，然后显示它的月份名：

```
months = ["January", "February", "March", ..., "December"]
monthNumber = eval(input("Enter a month number (1 to 12): "))
print("The month is", months[monthNumber - 1])
```

如果不使用 months 列表，你就只能使用一个冗长的多重 if-else 语句来决定月份名，如下所示：

```
if monthNumber == 0:
    print("The month is January")
elif monthNumber == 1:
    print("The month is February")
...
else:
    print("The month is December")
```

检查点

10.1 如何创建一个空表以及有三个整数 1、32 和 2 的列表？

10.2 假设 lst = [30,1,12,14,10,0]，那么 lst 中有多少个元素？ lst 中的第一个元素的下标是什么？ lst 中的最后一个元素的下标是什么？ lst[2] 是什么？ lst[-2] 是什么？

10.3 假设 lst = [30,1,2,1,0]，在应用下面的每条语句之后列表变成了什么？假设每行代码都是独立的。

```
lst.append(40)
lst.insert(1, 43)
lst.extend([1, 43])
lst.remove(1)
lst.pop(1)
lst.pop()
lst.sort()
lst.reverse()
random.shuffle(lst)
```

10.4 假设 lst = [30,1,2,1,0]，下面每条语句的返回值是什么？

```
lst.index(1)
lst.count(1)
len(lst)
max(lst)
```

```
min(lst)
sum(lst)
```

10.5 假设 list1 = [30,1,2,1,0] 而 list2 = [1,21,13]，下面每条语句的返回值是什么？

```
list1 + list2
2 * list2
list2 * 2
list1[1 : 3]
list1[3]
```

10.6 假设 lst = [30,1,2,1,0]，下面每条语句的返回值是什么？

```
[x for x in list1 if x > 1]
[x for x in range(0, 10, 2)]
[x for x in range(10, 0, -2)]
```

10.7 假设 list1 = [30,1,2,1,0] 而 list2 = [1,21,13]，下面每条语句的返回值是什么？

```
list1 < list2
list1 <= list2
list1 == list2
list1 != list2
list1 > list2
list1 >= list2
```

10.8 指出下面语句是真还是假：

（a）列表中的每个元素必须是相同类型。

（b）在创建列表之后，它的大小是固定的。

（c）列表可以有重复的元素。

（d）列表中的元素可以通过下标运算符访问。

10.9 在执行完下面的代码行之后 list1 和 list2 是什么？

```
list1 = [1, 43]
list2 = list1
list1[0] = 22
```

10.10 在执行完下面的代码行之后 list1 和 list2 是什么？

```
list1 = [1, 43]
list2 = [x for x in list1]
list1[0] = 22
```

10.11 如何从字符串中获取一个列表？假设 s1 是 welcome。那么 s1.split('o') 是什么？

10.12 编写语句实现：

（a）创建含 100 个布尔 False 值的列表。

（b）给列表最后一个元素赋值 5.5。

（c）显示前两个元素之和。

（d）计算列表前五个元素的和。

（e）找出列表的最小元素。

（f）随机产生一个下标并显示列表中这个下标的元素。

10.13 当你的程序试图访问列表中非法下标元素会发生什么？

10.14 下面代码的输出是什么？

```
lst = [1, 2, 3, 4, 5, 6]

for i in range(1, 6):
```

```
        lst[i] = lst[i - 1]

    print(lst)
```

10.3 实例研究：乐透数

🖋 **关键点**：编写一个程序决定输入的数字是否涵盖了 1 到 99 之间所有的数。

"选 10 乐透"的每张彩票都有 10 个独特的范围在 1 到 99 之间的数字，假如你买了很多彩票并且希望它们能够涵盖 1 到 99 的所有数字。编写一个程序从一个文件读取彩票的数字并且判断是否涵盖所有数字。假定文件里最后一个数字是 0。假如文件包含如下这些数字：

```
80 3 87 62 30 90 10 21 46 27
12 40 83 9 39 88 95 59 20 37
80 40 87 67 31 90 11 24 56 77
11 48 51 42 8 74 1 41 36 53
52 82 16 72 19 70 44 56 29 33
54 64 99 14 23 22 94 79 55 2
60 86 34 4 31 63 84 89 7 78
43 93 97 45 25 38 28 26 85 49
47 65 57 67 73 69 32 71 24 66
92 98 96 77 6 75 17 61 58 13
35 81 18 15 5 68 91 50 76
0
```

你的程序应该显示：

```
The tickets cover all numbers
```

假如文件包含数字：

```
11 48 51 42 8 74 1 41 36 53
52 82 16 72 19 70 44 56 29 33
0
```

你的程序应该显示：

```
The tickets don't cover all numbers
```

如何标记一个数字是被涵盖的？你可以创建一个拥有 99 个布尔元素的列表。列表中的每一个元素被用来标记一个数字是否被涵盖。假如这个列表是 isCovered。初始状态下，每个元素都是 Flase，如图 10-3a 所示。每当读取一个数字时，它对应的元素被设置成 True。假定输入的数字是 1、2、3、99 和 0。当数字 1 被读取时，isCovered[0] 被设置成 True（参见图 10-3b）。当数字 2 被读取时，isCovered[2−1] 被设置成 True（参见图 10-3c）。当数字 3 被读取时，isCovered[3−1] 被设置成 True（参见图 10-3d）。当数字 99 被读取时，isCovered[98] 被设置成 True（参见图 10-3e）。

这个程序的算法可以如下描述：

```
for each number k read from the file,
    mark number k as covered by setting isCovered[k - 1] true

if every isCovered[i] is true:
    The tickets cover all numbers
else:
    The tickets don't cover all numbers
```

程序清单 10-2 给出完整的程序。

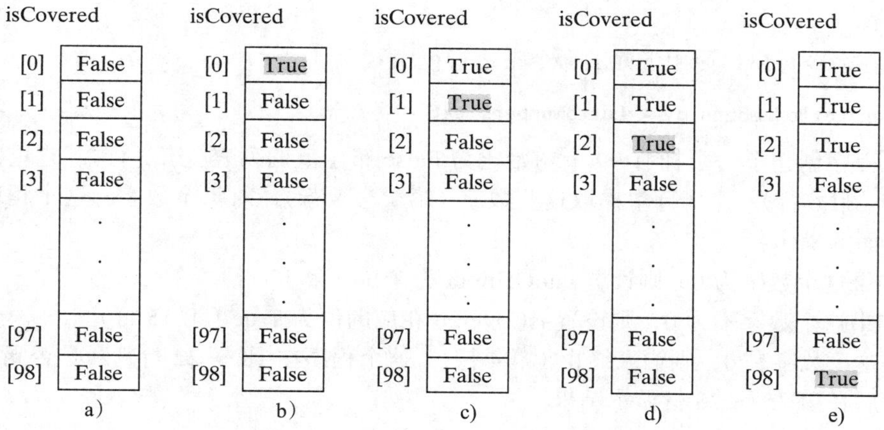

图 10-3 如果数字 i 出现在乐透彩票中，isCovered[i–1] 就被设置为真

程序清单 10-2 LottoNumbers.py

```
1   # Create a list of 99 Boolean elements with value False
2   isCovered = 99 * [False]
3   endOfInput = False
4   while not endOfInput:
5       # Read numbers as a string from the console
6       s = input("Enter a line of numbers separated by spaces: ")
7       items = s.split() # Extract items from the string
8       lst = [eval(x) for x in items] # Convert items to numbers
9
10      for number in lst:
11          if number == 0:
12              endOfInput = True
13          else:
14              # Mark its corresponding element covered
15              isCovered[number - 1] = True
16
17  # Check whether all numbers (1 to 99) are covered
18  allCovered = True # Assume all covered initially
19  for i in range(99):
20      if not isCovered[i]:
21          allCovered = False  # Find one number not covered
22          break
23
24  # Display result
25  if allCovered:
26      print("The tickets cover all numbers")
27  else:
28      print("The tickets don't cover all numbers")
```

```
Enter a line of numbers separated by spaces: 2 5 6 5 4 3  ↵Enter
Enter a line of numbers separated by spaces: 23 43 2 0  ↵Enter
The tickets don't cover all numbers
```

```
Enter a line of numbers separated by spaces: 1 2 3 4 5 6  ↵Enter
Enter a line of numbers separated by spaces: 7 8 9 10 11  ↵Enter
...
The tickets cover all numbers
```

假如已经创建了一个名为 LottoNumbers.txt 的包含下面输入数据的文本文件：2 5 6 5 4

3 23 43 2 0

可以在命令行窗口使用下面的命令来运行程序。

python LottoNumbers.py < LottoNumbers.txt

这个程序创建了一个拥有 99 个初始化为 False 布尔值的列表 (第 2 行)。它重复地读取一行数字 (第 6 行), 并从行中提取这些数字 (第 7 ~ 8 行)。对每个数字, 这个程序在循环中执行下面的操作:

- 如果这个数字为 0, 则设置 endOfInput 为 True (第 12 行)。
- 如果这个数字不为 0, 则设置 isCovered 相应的值为 True (第 15 行)。

如果这个数字是 0, 则输入终止 (第 4 行)。这个程序在 18 ~ 22 行判断是否涵盖所有的数字, 然后在第 25 ~ 28 行显示结果。

10.4　实例研究: 一副扑克牌

🖊 **关键点**: 编写一个从 52 张扑克牌中随机抽取 4 张牌的程序。

所有的牌可以用一个名为 deck 的列表表示, 列表填充的初始值从 0 到 51, 如下所示。

```
deck = [x for x in range(52)]
```

或者也可以使用:

```
deck = list(range(52))
```

牌的数字 0 到 12、13 到 25、26 到 38 以及 39 到 51 分别代表 13 个黑桃、13 个红桃、13 个方块和 13 个梅花, 如图 10-4 所示。cardNumber//13 决定这张牌属于哪个花色, 而 cardNumber%13 决定这张牌的大小, 如图 10-5 所示。在洗牌之后, 从牌堆中选出前 4 张牌。并由程序显示出这四张牌。

程序清单 10-3 给出这个问题的解决方案。

程序清单 10-3　DeckOfCards.py

```
1   # Create a deck of cards
2   deck = [x for x in range(52)]
3
4   # Create suits and ranks lists
5   suits = ["Spades", "Hearts", "Diamonds", "Clubs"]
6   ranks = ["Ace", "2", "3", "4", "5", "6", "7", "8", "9",
7       "10", "Jack", "Queen", "King"]
8
9   # Shuffle the cards
10  import random
11  random.shuffle(deck)
12
13  # Display the first four cards
14  for i in range(4):
15      suit = suits[deck[i] // 13]
16      rank = ranks[deck[i] % 13]
17      print("Card number", deck[i], "is the", rank, "of", suit)
```

```
Card number 6 is the 7 of Spades
Card number 48 is the 10 of Clubs
Card number 11 is the Queen of Spades
Card number 24 is the Queen of Hearts
```

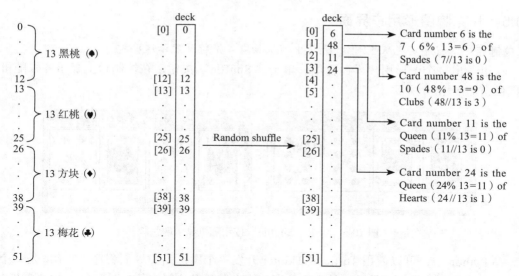

图 10-4 52 张牌被存储在一个名为 deck 的列表中

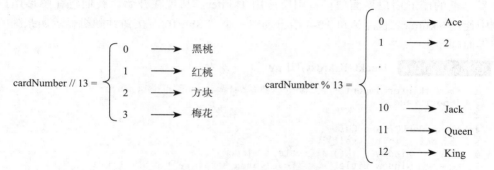

图 10-5 一个牌数确定一张牌

这个程序创建了一幅 52 张的牌（第 2 行），列表 suits 对应四种花色（第 5 行），而列表 ranks 对应一个花色的 13 张牌（第 6 ～ 7 行）。suits 和 ranks 中的元素类型是字符串。

deck 被初始化为从 0 到 51 的值。牌值 0 表示黑桃 A，1 表示黑桃 2，13 表示红桃 A，而 14 表示红桃 2。

第 10 ～ 11 行对这副牌进行随意洗牌。在洗牌之后，deck[i] 包含一个任意值，deck[i]//13 是 0、1、2 或者 3，它决定了花色（第 15 行）；deck[i]%13 是一个 0 到 12 之间的值，它决定了牌值（第 16 行）。

如果列表 suits 没有被定义，那么就必须通过使用一个冗长的 if 语句来判断，如下所示。

```
if deck[i] // 13 == 0:
    print("suit is Spades")
elif deck[i] // 13 == 1:
    print("suit is Hearts")
elif deck[i] // 13 == 2:
    print("suit is Diamonds")
else:
    print("suit is Clubs")
```

由于 suits = ["spades", "hearts", "diamonds", "clubs"] 定义了一个列表，所以 suits [deck//13] 给出 deck 的花色。使用列表大大简化了这个问题的解题程序。

10.5 扑克牌图形用户界面

✍ **关键点**：本程序实现从 52 张扑克牌中随机抽取 4 张牌并显示这些牌。

这里给出一个图形用户界面程序，单击 " Shuffle " 按钮，在控制台上显示 4 张随机牌的图像，如图 10-6 所示。

图 10-6 单击 "Shuffle" 按钮随机显示四张牌

在 Python 中，可以使用 Turtle 或 Tkinter 开发一个图形用户界面程序。Turtle 是一个介绍程序设计基础的很好的教学工具，但是它的能力局限在绘制线条、图形和文本字符串。对于开发复杂的图形用户界面项目，则应该用 Tkinter。从现在开始，我们将在图形用户界面示例中使用 Tkinter。程序清单 10-4 给出创建一个 " Shuffle " 按钮并随机显示四张牌的图形用户界面程序。

程序清单 10-4 DeckOfCardsGUI.py

```
1  from tkinter import * # Import all definitions from tkinter
2  import random
3
4  class DeckOfCardsGUI:
5      def __init__(self):
6          window = Tk() # Create a window
7          window.title("Pick Four Cards Randomly") # Set title
8
9          self.imageList = [] # Store images for cards
10         for i in range(1, 53):
11             self.imageList.append(PhotoImage(file = "image/card/"
12                 + str(i) + ".gif"))
13
14         frame = Frame(window) # Hold four labels for cards
15         frame.pack()
16
17         self.labelList = [] # A list of four labels
18         for i in range(4):
19             self.labelList.append(Label(frame,
20                 image = self.imageList[i]))
21             self.labelList[i].pack(side = LEFT)
22
23         Button(window, text = "Shuffle",
24             command = self.shuffle).pack()
25
26         window.mainloop() # Create an event loop
27
28     # Choose four random cards
29     def shuffle(self):
30         random.shuffle(self.imageList)
31         for i in range(4):
32             self.labelList[i]["image"] = self.imageList[i]
33
34 DeckOfCardsGUI() # Create GUI
```

从存储在程序当前目录下的 image/card 文件夹的图像文件中创建 52 个图像（第 9 ～ 12 行）。这些文件被命名为 1.gif、2.gif、……、52.gif。这些图像被添加到 imagelist。每个图像都是 PhotoImage 类的一个实例。

程序创建了一个容纳四个标签的框架（第 14 ～ 15 行）。这四个标签被添加到 labellist（第 17 ～ 21 行）。

程序创建一个按钮（第 23 行）。当单击按钮时，就会调用"shuffle"函数将图像列表随意打乱（第 30 行）并将列表中的前四个图像设置为标签（第 31 ～ 32 行）。

10.6　复制列表

🖋 **关键点**：*为了将一个列表中的数据复制给另一个列表，必须将元素逐个地从源列表复制到目标列表。*

经常需要在程序中复制一个列表或列表的一部分。在某些情况下，可能会尝试使用赋值语句（=），如下所示：

```
list2 = list1
```

但是，这条语句不会将 list1 引用的列表内容复制给 list2；事实上，它仅仅将 list1 引用值赋给 list2。在这条语句之后，list1 和 list2 都将指向同一个列表，如图 10-7 所示。list2 之前指向的列表将不再被引用，它就变成了垃圾（garbage）。list2 所占用的内存空间将被自动收集起来被 Python 编译器重新使用。

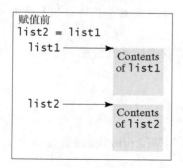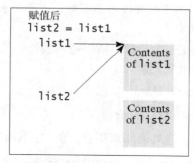

图 10-7　在赋值语句之前，list1 和 list2 指向各自的内存位置。在赋值之后，list1 的引用值被传递给 list2

下面是一个阐明概念的例子：

```
 1  >>> list1 = [1, 2]
 2  >>> list2 = [3, 4, 5]
 3  >>> id(list1)
 4  36207312
 5  >>> id(list2)
 6  36249848
 7  >>>
 8  >>> list2 = list1
 9  >>> id(list2)
10  36207312
11  >>>
```

两个列表被创建（第 1 ～ 2 行）并且每个列表都有不同 id 的独立对象（第 4 行和第 6 行）。在将 list1 赋值给 list2 之后，list2 和 list1 的 id 相同（第 10 行）。现在，list1 和 list2 指向同一个对象。

为了将 list1 完全相同地复制给 list2，可以使用：

```
list2 = [x for x in list1]
```

或者简化为：

```
list2 = [] + list1
```

☞ 检查点

10.15 下面代码的输出是什么？

```
list1 = list(range(1, 10, 2))
list2 = list1
list1[0] = 111
print(list1)
print(list2)
```

10.16 下面代码的输出是什么？

```
list1 = list(range(1, 10, 2))
list2 = [] + list1
list1[0] = 111
print(list1)
print(list2)
```

10.7 将列表传递给函数

🔑 关键点：当列表被传递给函数时，由于列表是一个可变对象，所以列表的内容可能会在函数调用后改变。

因为列表是一个对象，所以将列表传递给函数就像给函数传递一个对象。例如：下面的函数显示列表中的元素。

```
def printList(lst):
    for element in lst:
        print(element)
```

可以通过传递列表来调用它。例如：下面的语句调用 printlist 函数显示 3、1、2、6、4 和 2。

```
printList([3, 1, 2, 6, 4, 2])
```

☞ 注意：前面的语句创建了一个列表，然后把它传递给函数。这里没有显示指向列表的引用变量。这样的列表被称作匿名列表。

因为列表是可变对象，所以列表的内容可能会在函数内改变。例如，采用程序清单 10-5 的代码。

程序清单 10-5 PassListArgument.py

```
1  def main():
2      x = 1 # x is an int variable
3      y = [1, 2, 3] # y is a list
4
5      m(x, y) # Invoke m with arguments x and y
6
7      print("x is", x)
8      print("y[0] is", y[0])
9
10 def m(number, numbers):
```

```
11      number = 1001 # Assign a new value to number
12      numbers[0] = 5555 # Assign a new value to numbers[0]
13
14  main() # Call the main function
```

```
x is 1
y[0] is 5555
```

在这个示例中，你可以看到在 m 被调用后（第 5 行），x 保持为 1，但 y[0] 被改变为 5555。这是因为 y 和 numbers 都指向同一个列表对象。当 m（x，y）被调用时，x 和 y 的引用值被传递给 number 和 numbers。由于 y 包含指向列表的引用值，现在，numbers 包含的就是指向同一列表的相同引用值。由于 number 是不可变的，所以在一个函数里改变它会创建一个新实例，而函数外的原始实例并没有被改变。所以，在函数外面 x 仍然是 1。

另一个需要我们解决的问题是将列表作为一个默认参数。考虑程序清单 10-6 中的代码。

程序清单 10-6 DefaultListArgument.py

```
1  def add(x, lst = []):
2      if x not in lst:
3          lst.append(x)
4
5      return lst
6
7  def main():
8      list1 = add(1)
9      print(list1)
10
11     list2 = add(2)
12     print(list2)
13
14     list3 = add(3, [11, 12, 13, 14])
15     print(list3)
16
17     list4 = add(4)
18     print(list4)
19
20  main()
```

```
[1]
[1, 2]
[11, 12, 13, 14, 3]
[1, 2, 4]
```

如果 x 不在列表中，那么函数 add 将 x 追加给列表 lst（第 1 ~ 5 行）。当函数第一次执行时（第 8 行），参数 lst 的默认值 [] 被创建。这个默认值只会被创建一次。add(1) 将 1 加到 lst。

当函数被再次调用时（第 11 行），lst 是 [1] 而不是 []，因为 lst 只被创建一次。在 add(2) 被执行时，lst 就变成 [1,2]。

在第 14 行，给出列表参数 [11,12,13,14]，并且将这个列表传递给 lst。

在第 17 行，默认列表参数被使用。因为默认列表现在是 [1,2]，所以在调用 add(4) 之后，默认列表变成 [1,2,4]。

如果想要默认列表在每次函数调用时都是 []，可以像程序清单 10-7 那样修改函数。

程序清单 10-7 DefaultNoneListArgument.py

```
1  def add(x, lst = None):
```

```
2         if lst == None:
3             lst = []
4         if x not in lst:
5             lst.append(x)
6
7         return lst
8
9   def main():
10        list1 = add(1)
11        print(list1)
12
13        list2 = add(2)
14        print(list2)
15
16        list3 = add(3, [11, 12, 13, 14])
17        print(list3)
18
19        list4 = add(4)
20        print(list4)
21
22  main()
```

```
[1]
[2]
[11, 12, 13, 14, 3]
[4]
```

每次 add 函数被调用且没有列表参数时，这里都会创建一个新的空列表（第 3 行）。如果调用函数时已给出列表参数，那就不使用默认列表。

10.8　从函数返回一个列表

✐ **关键点**：当函数返回一个列表时，就会返回这个列表的引用值。

在调用函数时可以传递列表参数。函数也可以返回列表。例如：下面的函数返回了一个列表，它是另一个列表倒置的结果。

```
1   def reverse(lst):
2       result = []
3
4       for element in lst:
5           result.insert(0, element)
6
7       return result
```

第 2 行创建一个新列表 result。第 4 ～ 5 行将名为 lst 的列表中的元素复制给名为 result 的列表。第 7 行返回这个列表。例如：下面的语句返回元素为 6、5、4、3、2 和 1 的新列表 list2。

```
list1 = [1, 2, 3, 4, 5, 6]
list2 = reverse(list1)
```

注意：list 类有 reverse() 方法，可以调用它来倒置一个列表。

☜ **检查点**

10.17　真还是假？当传递一个列表给函数时，会创建一个新列表传递给函数。

10.18　给出下面两段程序的输出：

```
def main():
    number = 0
    numbers = [10]

    m(number, numbers)

    print("number is", number,
        "and numbers[0] is",
        numbers[0])

def m(x, y):
    x = 3
    y[0] = 3

main()
```
a)

```
def main():
    lst = [1, 2, 3, 4, 5]
    reverse(lst)
    for value in lst:
        print(value, end = ' ')

def reverse(lst):
    newLst = len(lst) * [0]

    for i in range(len(lst)):
        newLst[i] = lst[len(lst) - 1 - i]

    lst = newLst

main()
```
b)

10.19 给出下面两段程序的输出:

```
def main():
    list1 = m(1)
    print(list1)
    list2 = m(1)
    print(list2)

def m(x, lst = [1, 1, 2, 3]):
    if x in lst:
        lst.remove(x)
    return lst

main()
```
a)

```
def main():
    list1 = m(1)
    print(list1)
    list2 = m(1)
    print(list2)

def m(x, lst = None):
    if lst == None:
        lst = [1, 1, 2, 3]

    if x in lst:
        lst.remove(x)
    return lst

main()
```
b)

10.9 实例研究: 统计每个字母的出现次数

🔑 **关键点**: 本节的程序实现统计 100 个字母中每个字母的出现次数。

程序清单 10-8 给出统计每个字母在一个字符列表里出现次数的程序, 这个程序如下所示。

1) 随机生成 100 个小写字母并且把它们赋值给一个名为 chars 的字符列表, 如图 10-8a 所示。可以使用程序清单 6-11 里的 randomcharacter 模块中的 getRandomLowerCaseLetter() 函数获取一个随机字母。

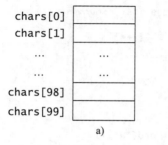

图 10-8 列表 chars 存储了 100 个字符, 而 counts 列表存储了 26 个计数器,
每一个都记录了一个字母的出现次数

2）统计列表中每个字母的出现次数。为了做到这样，创建一个有 26 个 int 值的名为 counts 的列表，每一个都对应一个字母的出现次数，如图 10-8b 所示。也就是说，counts[0] 是字母 a 的出现次数，count[1] 是字母 b 的出现次数，依此类推。

程序清单 10-8 CountLettersInList.py

```python
1   import RandomCharacter # Defined in Listing 6.11
2
3   def main():
4       # Create a list of characters
5       chars = createList()
6
7       # Display the list
8       print("The lowercase letters are:")
9       displayList(chars)
10
11      # Count the occurrences of each letter
12      counts = countLetters(chars)
13
14      # Display counts
15      print("The occurrences of each letter are:")
16      displayCounts(counts)
17
18  # Create a list of characters
19  def createList():
20      # Create an empty list
21      chars = []
22
23      # Create lowercase letters randomly and add them to the list
24      for i in range(100):
25          chars.append(RandomCharacter.getRandomLowerCaseLetter())
26
27      # Return the list
28      return chars
29
30  # Display the list of characters
31  def displayList(chars):
32      # Display the characters in the list with 20 on each line
33      for i in range(len(chars)):
34          if (i + 1) % 20 == 0:
35              print(chars[i])
36          else:
37              print(chars[i], end = ' ')
38
39  # Count the occurrences of each letter
40  def countLetters(chars):
41      # Create a list of 26 integers with initial value 0
42      counts = 26 * [0]
43
44      # For each lowercase letter in the list, count it
45      for i in range(len(chars)):
46          counts[ord(chars[i]) - ord('a')] += 1
47
48      return counts
49
50  # Display counts
51  def displayCounts(counts):
52      for i in range(len(counts)):
53          if (i + 1) % 10 == 0:
54              print(counts[i], chr(i + ord('a')))
55          else:
56              print(counts[i], chr(i + ord('a')), end = ' ')
57
58  main() # Call the main function
```

```
The lowercase letters are:
e y l s r i b k j v j h a b z n w b t v
s c c k r d w a m p w v u n q a m p l o
a z g d e g f i n d x m z o u l o z j v
h w i w n t g x w c d o t x h y v z y z
q e a m f w p g u q t r e n n w f c r f
The occurrences of each letter are:
5 a 3 b 4 c 4 d 4 e 4 f 4 g 3 h 3 i 3 j
2 k 3 l 4 m 6 n 4 o 3 p 3 q 4 r 2 s 4 t
3 u 5 v 8 w 3 x 3 y 6 z
```

函数 createlist（第 19 ～ 28 行）生成一个 100 个随机小写字母的列表。第 5 行调用这个函数并将这个列表赋值给 chars。如果按如下方式改写代码，错在哪里？

```
chars = 100 * [' ']
chars = createList()
```

上述代码是想创建两个列表。第 1 行是想使用 100*[''] 创建一个列表。第 2 行是想通过调用 creatlist() 创建一个列表并将这个列表的引用值赋给 chars。第 1 行创建的列表可能会成为垃圾，因为它可能将不再被引用。Python 将在后台自动收集垃圾。程序将会正确编译和运行，但它可能会创建一个不必要的列表。

调用 getRandomLowerCaseLetter()（第 25 行）返回了一个随机小写字母。这个函数被定义在程序清单 6-11 中的 RandomCharacter 类中。

countLetters 函数（第 40 ～ 48 行）返回一个具有 26 个 int 值的列表，每个都存储了一个字母的出现次数。这个函数处理列表中的每个字母并对它的计数器增加 1。一个蛮力统计每个字母出现次数的方法可能如下所示。

```
for i in range(len(chars)):
    if chars[i] == 'a':
        counts[0] += 1
    elif chars[i] == 'b':
        counts[1] += 1
    ...
```

但是一个更好的解决方案在第 45 ～ 46 行给出。

```
for i in range(len(chars)):
    counts[ord(chars[i]) - ord('a')] += 1
```

如 果 这 个 字 母 (chars[i]) 是 a，那 么 相 应 的 计 数 器 是 counts[ord('a')–ord('a')]（即 counts[0]）。如果这个字母是 b，因为 b 的统一码比 a 的大 1，所以与之对应的计数器是 counts[ord('b')–ord('a')]（即 counts[1]）。如果字母是 z，因为 z 的统一码比 a 大 25，所以与之对应的计数器是 counts[ord('z')–ord('a')]（即 counts[25]）。

10.10　查找列表

✎ **关键点**：如果一个列表是排好序的，那么要查找一个列表中的某个元素，二分查找比线性查找更高效。

查找是在列表中查找一个特定元素的方法。例如：判定某个分数是不是包含在一个分数列表里。list 类提供了 index 方法来查找并返回匹配列表中某个元素的下标。它也支持 in 和 not in 运算符以决定一个元素是否在列表中。

查找在计算机程序设计里是一个常见任务。许多算法都致力于查找。本节将讨论两种常用的方法：线性查找和二分查找。

10.10.1　线性查找法

线性查找法顺序地将关键元素 key 和列表中的每一个元素进行比较。它连续这样做，直到这个关键字匹配列表中的某个元素，或者在没有找到匹配元素时已经查找完整个列表。如果找到一个匹配元素，那么线性查找将返回匹配元素在列表中的下标。如果没有匹配，那么查找返回 −1。程序清单 10-9 中的 linearSearch 函数可以解释这个方法。

程序清单 10-9　LinearSearch.py

```
1   # The function for finding a key in the list
2   def linearSearch(lst, key):
3       for i in range(len(lst)):
4           if key == lst[i]:
5               return i
6
7       return -1
```

```
                            [0] [1] [2] ...
                    ith  ┌──┬──┬──┬──────┬──┐
                         │  │  │  │      │  │
                         └──┴──┴──┴──────┴──┘
                    key Compare key with lst[i] for i = 0, 1, ...
```

为了更好地理解这个函数，使用下面的语句对程序进行跟踪。

```
lst = [1, 4, 4, 2, 5, -3, 6, 2]
i = linearSearch(lst, 4)  # Returns 1
j = linearSearch(lst, -4) # Returns -1
k = linearSearch(lst, -3) # Returns 5
```

线性查找函数将关键字和列表的每一个元素进行比较。这些元素可以是任意顺序。如果这个元素存在，那么算法在找到这个关键字之前需要平均检测列表的一半元素。因为线性查找的运行时间和列表中元素的数量成正比，所以对于大型列表而言，线性查找的效率是很低的。

10.10.2　二分查找法

二分查找是对列表值进行查找的另一种常用方法。想运用二分查找法，列表中的元素必须是事先排好序的。假设列表是升序排列的，那么二分查找法会首先将关键字和列表的中间元素进行比较，这时需要考虑下面三种情况：

- 如果关键字小于列表中间的元素，那么你只需要在列表的前半部分继续寻找关键字。
- 如果关键字等于列表中间的元素，那么查找因为找到一个匹配而结束。
- 如果关键字大于列表中间的元素，那么你只需要在列表的后半部分继续寻找关键字。

☞ **注意**：毫无疑问，二分查找法每次比较之后都排除了一半的列表。有时排除一半的元素，有时排除一半加一个元素。假定这个列表有 n 个元素。为方便起见，假设 n 是 2 的幂。在第一次比较之后，$n/2$ 个元素被留下来进行下一步比较；在第二次比较之后，$(n/2)/2$ 个元素被留下。在第 k 次比较之后，$n/2^k$ 个元素被留下进行下一步查找。当 $k = \log_2 n$ 时，列表中只剩下一个元素，只需要进行一次比较即可。因此，在用二分查找时，最坏情况下需要进行 $\log_2 n + 1$ 次比较来在排序列表中找到那个元素。对于一个有着 1024（2^{10}）个元素的列表来说，最坏情况下二分查找只需要进行 11 次比较，而线性查找则需要进行 1023 次比较。

每一次比较之后列表中需要查找的部分就减少一半，分别用 low 和 high 来表示列表中当前要查找的第一个下标和最后一个下标。初始情况下，low 是 0，而 high 是 len(lst)−1。mid 表示中间元素的下标，因此 mid 是 (low+high)/2，图 10-9 给出如何利用二分查找在列表 [2,4,7,10,11,45,50,59,60,66,69,70,79] 中找到关键字 11。

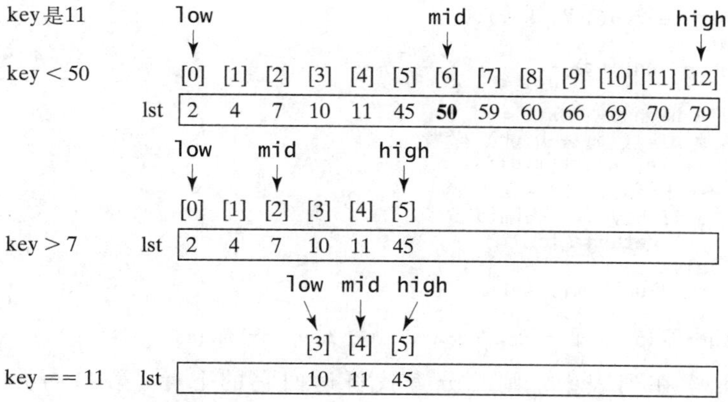

图 10-9 一个二分查找在每次比较之后将下一步要考虑的列表减少到一半

现在,你知道二分查找是如何工作的。下一个任务是如何用 Python 实现它。但是不要急于一下子就完全实现它。应该逐步开发,一次只做一步。如图 10-10a 所示,可以从查找的第一次迭代开始。它将关键字和列表的中间元素进行比较,这时 low 下标是 0 而 high 是 len(lst)−1。如果 key<lst[mid],将 high 下标指向 mid−1;如果 key==lst[mid],就找到了一个匹配对象,程序将返回 mid;如果 key>lst[mid],将 low 下标指向 mid+1。

接下来,考虑添加一个循环来实现函数以完成重复查找,如图 10-10b 所示。当找到这个关键字,或者当 low>high 还没有找到,那么这个查找结束。

```python
def binarySearch(lst, key):
    low = 0
    high = len(lst) - 1

    mid = (low + high) // 2
    if key < lst[mid]:
        high = mid - 1
    elif key == lst[mid]:
        return mid
    else:
        low = mid + 1
```

a) 版本 1

```python
def binarySearch(lst, key):
    low = 0
    high = len(lst) - 1

    while high >= low:
        mid = (low + high) // 2
        if key < lst[mid]:
            high = mid - 1
        elif key == lst[mid]:
            return mid
        else:
            low = mid + 1

    return -1 # Not found
```

b) 版本 2

图 10-10 二分查找是逐步实现的

当没有找到关键字时,low 是关键字应该被插入以保证列表顺序的插入点。返回插入点要比返回 −1 更有用。这个函数必须返回一个负值来表示这个关键字不在列表中。能否简单地返回 −low?不可以,因为关键字小于 lst[0]。一个好的选择是如果关键字不在列表中则让函数返回 −low−1。返回 −low−1 不仅表示这个值不在列表中,也表示值应该被插入的地方。

完整的程序在程序清单 10-10 中给出。

程序清单 10-10 BinarySearch.py

```
1  # Use binary search to find the key in the list
```

```
2  def binarySearch(lst, key):
3      low = 0
4      high = len(lst) - 1
5
6      while high >= low:
7          mid = (low + high) // 2
8          if key < lst[mid]:
9              high = mid - 1
10         elif key == lst[mid]:
11             return mid
12         else:
13             low = mid + 1
14
15     return -low - 1 # Now high < low, key not found
```

如果匹配元素在列表中，则二分查找将返回它的下标（第11行），否则，它将返回 −low−1（第15行）。

如果我们把第6行的 (high>=low) 替换成 (high>low) 会怎样？这个查找将丢失一个可能的匹配元素。考虑到列表只有一个元素的情况：查找将漏掉这个元素。

如果列表中有重复的元素，那这个函数是否还能工作？可以，只要元素在列表中以升序排列，函数就返回其中一个匹配元素的下标，当然前提是该元素在列表中。

为了更好地理解这个函数，用下面的语句跟踪它并识别函数返回的 low 和 high。

```
lst = [2, 4, 7, 10, 11, 45, 50, 59, 60, 66, 69, 70, 79]
i = binarySearch(lst, 2) # Returns 0
j = binarySearch(lst, 11) # Returns 4
k = binarySearch(lst, 12) # Returns -6
l = binarySearch(lst, 1) # Returns -1
m = binarySearch(lst, 3) # Returns -2
```

下面的表格给出函数退出时 low 和 high 的值，也给出调用函数后返回的值。

函数	low	high	返回值
binarsySearch(1st, 2)	0	1	0
binarsySearch(1st, 11)	3	5	4
binarsySearch(1st, 12)	5	4	−6
binarsySearch(1st, 1)	0	−1	−1
binarsySearch(1st, 3)	1	0	−2

注意：线性查找法在一个小列表或未排序队列中查找元素时很有用，但是对大型列表而言效率很低，而二分查找法更高效，但是它们需要列表是提前排好序的。

10.11 排序列表

关键点：对列表元素进行排序的策略有很多种。选择排序和插入排序是两种常用方法。

就像查找一样，排序也是程序设计中的一个常见任务。类 list 提供了 sort 方法来对一个列表进行排序。

已经有很多排序算法被开发出来。下面介绍两种简单、直观的排序算法：选择排序和插入排序。通过使用这些算法，可以学会开发和实现其他算法的有价值的技巧。

10.11.1 选择排序

假设你希望对一个列表进行升序排列。选择排序会找到列表中的最小元素并将它和第一个元素交换。然后找到剩余元素中值最小的元素并和剩余列表的第一个元素交换,依此类推,直到只剩一个元素。图 10-11 给出如何运用选择排序对列表 [2,9,5,4,8,1,6] 进行排序。

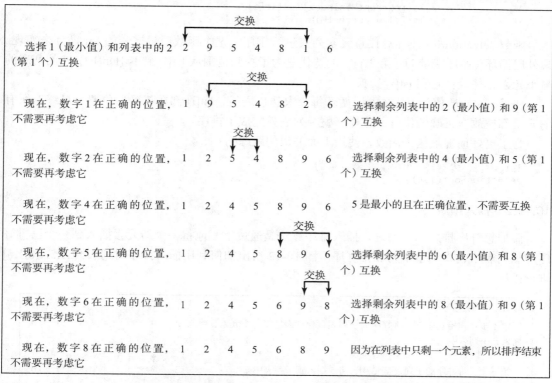

图 10-11　选择排序重复选择剩余列表中的最小元素,并将它和剩余列表中的第一个元素进行互换

第一次尝试开发一个完整的排序程序可能是比较困难的。编写一段代码完成第一轮迭代,它找到列表的最小元素之后和列表的第一个元素互换,然后观察第二轮迭代时有什么不同,接着是第三轮,依此类推。这样观察会让你能编写一个推广到所有迭代的循环。

解决方案可以如下描述:

```
for i in range(len(lst)-1):
    select the smallest element in lst[i : len(lst)]
    swap the smallest with lst[i], if necessary
    # lst[i] is in its correct position.
    # The next iteration applies to lst[i+1 : len(lst)]
```

程序清单 10-11 实现了这个解决方案。

程序清单 10-11 SelectionSort.py

```
1  # The function for sorting elements in ascending order
2  def selectionSort(lst):
3      for i in range(len(lst) - 1):
4          # Find the minimum in the lst[i : len(lst)]
5          currentMin = lst[i]
6          currentMinIndex = i
7
8          for j in range(i + 1, len(lst)):
9              if currentMin > lst[j]:
10                 currentMin = lst[j]
11                 currentMinIndex = j
```

```
12
13            # Swap lst[i] with lst[currentMinIndex] if necessary
14            if currentMinIndex != i:
15                lst[currentMinIndex] = lst[i]
16                lst[i] = currentMin
```

函数 selectionSort(lst) 对任意元素列表进行排序。这个函数通过嵌套的 for 循环来实现。最外层循环（循环变量 i）（第 3 行）的迭代是为了找到范围从 lst[i] 到 lst[len(lst)-1] 的列表的最小元素，并且将它和 lst[i] 交换。

变量 i 的初始值为 0，在外层循环每一次迭代之后，lst[i] 都在正确的位置。最终，所有的元素都被放在正确的位置；这样，整个列表就完成了排序。

为了更好地理解这个函数，使用下面的语句跟踪它：

```
lst = [1, 9, 4.5, 10.6, 5.7, -4.5]
selectionSort(lst)
```

10.11.2　插入排序

假如想升序排列一个列表。插入排序算法是通过重复地将一个新元素插入到一个已排好序的子列表中，直到整个列表排好序。图 10-12 给出如何利用插入排序对列表 [2,9,5,4,8,1,6] 进行排序。

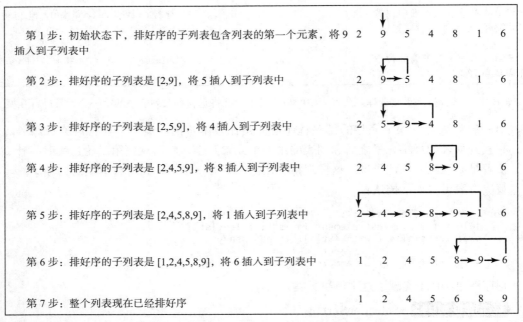

图 10-12　插入排序法将一个新元素重复插入到一个排好序的子列表

这个算法可以用如下代码描述：

```
for i in range(1, len(lst)):
    insert lst[i] into a sorted sublist lst[0 : i] so that
    lst[0..i+1] is sorted.
```

为了将 lst[i] 插入到 lst[0...i-1] 中，将 lst[i] 存在一个名为 currentElement 的临时变量。如果 lst[i-1]>currentElement，就将 lst[i-1] 移到 lst[i]；如果 lst[i-2]>currentElement，就将

lst[i−2] 移到 lst[i−1]；依此类推，直到 lst[i−k]<=currentElement 或者 k>i（我们传递有序列表中的第一个元素）。将 currentElement 赋值给 lst[i−k+1]。例如：在图 10-13 的第 3 步中，为了将 4 插入 [2,5,9]，因为 9>4，所以将 lst[2]（9）移到 lst[3]，又因为 5>4，所以将 lst[1]（5）移到 lst[2]。最后，将 currenteElement(4) 移到 lst[1]。

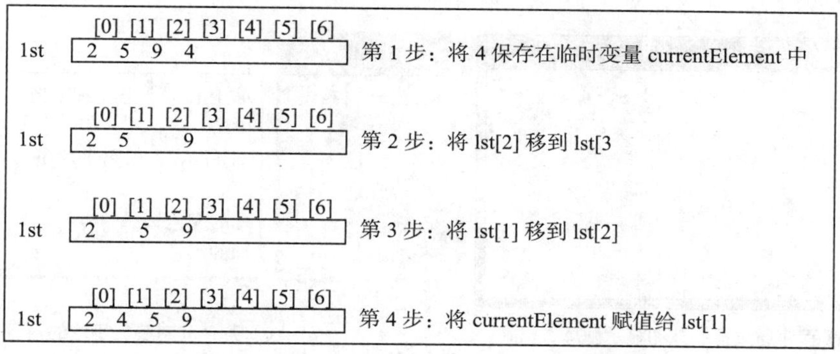

```
       [0] [1] [2] [3] [4] [5] [6]
1st    | 2  5  9  4              |      第 1 步：将 4 保存在临时变量 currentElement 中

       [0] [1] [2] [3] [4] [5] [6]
1st    | 2  5     9              |      第 2 步：将 lst[2] 移到 lst[3

       [0] [1] [2] [3] [4] [5] [6]
1st    | 2     5  9              |      第 3 步：将 lst[1] 移到 lst[2]

       [0] [1] [2] [3] [4] [5] [6]
1st    | 2  4  5  9              |      第 4 步：将 currentElement 赋值给 lst[1]
```

图 10-13   一个新元素被插入一个有序子列表

这个算法如程序清单 10-12 所示被扩展和实现。

程序清单 10-12   InsertionSort.py

```python
1  # The function for sorting elements in ascending order
2  def insertionSort(lst):
3      for i in range(1, len(lst)):
4          # insert lst[i] into a sorted sublist lst[0 : i] so that
5          #    lst[0 : i+1] is sorted.
6          currentElement = lst[i]
7          k = i - 1
8          while k >= 0 and lst[k] > currentElement:
9              lst[k + 1] = lst[k]
10             k -= 1
11
12         # Insert the current element into lst[k + 1]
13         lst[k + 1] = currentElement
```

函数 insertionSort(lst) 可以对元素构成的任何列表进行排序。这个函数利用嵌套的 for 循环来实现。最外层循环（循环变量为 i）（第 3 行）是为了获得范围从 lst[0] 到 lst[1] 排好序的子列表而进行迭代的。内层循环（循环变量为 k）将 lst[i] 插入从 lst[0] 到 lst[i−1] 的子列表中。

为了更好地理解这个函数，使用下面的语句跟踪它。

```
lst = [1, 9, 4.5, 10.6, 5.7, -4.5]
insertionSort(lst)
```

✎ 检查点

10.20   使用图 10-8 作为范例给出如何应用二分查找法在列表 [2,4,7,10,11,45,50,59,60,66,69,70,79] 中搜索关键值 10 和 12。

10.21   如果二分函数返回 −4，那么这个关键值在列表中吗？如果你希望将这个关键值插入列表，那你应该将这个关键值插入到哪里？

10.22   使用图 10-10 作为范例给出如何应用选择排序法对 [3.4,5,3,3.5,2.2,1.9,2] 进行排序。

10.23   使用图 10-11 作为范例给出如何应用插入排序法对 [3.4,5,3,3.5,2.2,1.9,2] 进行排序。

10.24   如何修改程序清单 10-11 中的 selectionSort 函数将元素降序排列？

10.25   如何修改程序清单 10-12 中的 insertionSort 函数将元素降序排列？

10.12   实例学习：弹球

✍ **关键点：** 本节的程序展示存在一个列表中的弹球。

现在，让我们把所学用于开发一个有趣的项目上。这里我们编写一个显示弹球的程序，如图 10-14a 所示。

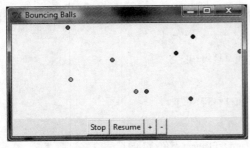
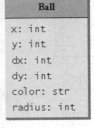

a）程序通过控制按钮显示弹球   b）类 Ball 封装关于球的信息

图   10-14

这个程序允许用户通过 "+" 和 "–" 按钮来在画布上增加或减少一个球，还可以通过单击 "Stop" 和 "Resume" 按钮来停止球的移动或者重新开始移动。

每个球都有自己的中心位置（x，y）、radius、color 和相对于中心位置的下一个增量 dx 和 dy。可以通过定义一个类来封装所有的信息，如图 10-14b 所示。初始状态下，球的中心位置在（0,0）而 dx = 2 且 dy = 2。在这个动画中，球被移动到（x + dx，y + dy）。当球到达右边界时将 dx 改成 –2。当球到达底部边界时将 dy 改为 –2。当球到达左边界时将 dx 改为 2。当球到了顶部边界时将 dy 改成 2。这个程序通过当球碰到画布边界时改变 dx 和 dy 的值模拟了一个弹球。

当单击 "+" 按钮时，一个新的弹球就被创建了。如何将这个球存储到程序里呢？可以把所有的球都存在一个列表中。当单击 "–" 按钮时，列表中最后一个弹球就被清除了。

完整的程序在程序清单 10-13 中给出。

程序清单 10-13   BounceBalls.py

```
1    from tkinter import * # Import all definitions from tkinter
2    from random import randint
3
4    # Return a random color string in the form #RRGGBB
5    def getRandomColor():
6        color = "#"
7        for j in range(6):
8            color += toHexChar(randint(0, 15)) # Add a random digit
9        return color
10
11   # Convert an integer to a single hex digit in a character
12   def toHexChar(hexValue):
13       if 0 <= hexValue <= 9:
14           return chr(hexValue + ord('0'))
15       else:  # 10 <= hexValue <= 15
16           return chr(hexValue - 10 + ord('A'))
17
18   # Define a Ball class
19   class Ball:
20       def __init__(self):
21           self.x = 0 # Starting center position
```

```
22              self.y = 0
23              self.dx = 2 # Move right by default
24              self.dy = 2 # Move down by default
25              self.radius = 3 # The radius is fixed
26              self.color = getRandomColor() # Get random color
27
28  class BounceBalls:
29      def __init__(self):
30          self.ballList = [] # Create a list for balls
31
32          window = Tk() # Create a window
33          window.title("Bouncing Balls") # Set a title
34
35          self.width = 350 # Width of the self.canvas
36          self.height = 150 # Height of the self.canvas
37          self.canvas = Canvas(window, bg = "white",
38              width = self.width, height = self.height)
39          self.canvas.pack()
40
41          frame = Frame(window)
42          frame.pack()
43          btStop = Button(frame, text = "Stop", command = self.stop)
44          btStop.pack(side = LEFT)
45          btResume = Button(frame, text = "Resume",
46              command = self.resume)
47          btResume.pack(side = LEFT)
48          btAdd = Button(frame, text = "+", command = self.add)
49          btAdd.pack(side = LEFT)
50          btRemove = Button(frame, text = "-", command = self.remove)
51          btRemove.pack(side = LEFT)
52
53          self.sleepTime = 100 # Set a sleep time
54          self.isStopped = False
55          self.animate()
56
57          window.mainloop() # Create an event loop
58
59      def stop(self): # Stop animation
60          self.isStopped = True
61
62      def resume(self): # Resume animation
63          self.isStopped = False
64          self.animate()
65
66      def add(self): # Add a new ball
67          self.ballList.append(Ball())
68
69      def remove(self): # Remove the last ball
70          self.ballList.pop()
71
72      def animate(self): # Animate ball movements
73          while not self.isStopped:
74              self.canvas.after(self.sleepTime) # Sleep
75              self.canvas.update() # Update self.canvas
76              self.canvas.delete("ball")
77
78              for ball in self.ballList:
79                  self.redisplayBall(ball)
80
81      def redisplayBall(self, ball):
82          if ball.x > self.width or ball.x < 0:
83              ball.dx = -ball.dx
84
85          if ball.y > self.height or ball.y < 0:
```

```
86              ball.dy = -ball.dy
87
88          ball.x += ball.dx
89          ball.y += ball.dy
90          self.canvas.create_oval(ball.x - ball.radius,
91              ball.y - ball.radius, ball.x + ball.radius,
92              ball.y + ball.radius, fill = ball.color, tags = "ball")
93
94  BounceBalls() # Create GUI
```

程序为显示球创建了画布 (第 35 ~ 39 行), 创建了按钮 "Stop"、"Resume"、"+" 和 "−" (第 43 ~ 51 行), 并且启动了动画 (第 57 行)。

方法 animate 每 100 毫秒就会重画画布 (第 72 ~ 79 行), 它重新显示球列表中的每个球 (第 78 ~ 79 行)。redisplayBall 方法在球碰到画布的任何界限时通过 dx 和 dy 改变方向 (第 82 ~ 86 行), 为球设置一个新的中心位置 (第 88 ~ 89 行), 然后在画布上重新显示这个球 (第 90 ~ 92 行)。

当单击 "stop" 按钮时, 就会调用 stop 方法将 isStopped 变量设置为 True (第 60 行) 同时停止动画 (第 73 行)。当单击 "Resume" 按钮时, 就会调用 resume 方法将 isStopped 变量设置为 False (第 63 行) 同时让动画继续进行 (第 73 行)。

当单击 "+" 按钮时, 就会调用 add 方法在球列表里增加一个新球 (第 67 行)。当单击 "−" 按钮时, 就会调用 remove 方法将球列表中的最后一个球移除 (第 70 行)。

在一个球被创建时 (第 67 行), 就会调用 Ball 的 _init_ 方法来创建和初始化属性 x、y、dx、dy、radius 和 color。颜色是一个字符串 #RRGGBB, 这里的 R、G、B 都是一个十六进制的数字。每一个十六进制数字都是随机生成的 (第 26 行)。toHexChar(hexValue) 方法返回了一个值在 0 到 15 之间的十六进制字符 (第 12 ~ 16 行)。

关键术语

anonymous list (匿名列表)

binary searches (二分查找)

garbage collection (垃圾回收)

index (下标)

insertion sort (插入排序)

linear searches (线性查找)

selection sort (选择排序)

本章总结

1. 可以利用 Python 内置的 len、max、min 和 sum 函数返回一个列表的长度、列表的最大和最小值以及列表中所有元素之和。
2. 可以使用 random 模块中的 shuffle 函数将一个列表中的元素打乱。
3. 可以使用下标运算符 [] 来引用列表中的一个独立元素。
4. 程序员常常会错误地用下标 1 来引用列表中的第一个元素, 但它应该是 0。这被称为下标出 1 错误。
5. 可以使用连接操作符 + 来连接两个列表, 使用复制运算符 * 来复制元素, 使用截取运算符 [:] 获取一个子列表, 使用 in 和 not in 运算符来检查一个元素是否在列表中。
6. 可以使用 for 循环来遍历列表中的所有元素。
7. 可以使用比较运算符来比较两个列表中的元素。
8. 一个列表对象是可变的。可以使用方法 append、extend、insert、pop 和 remove 向一个列表添加元素和从一个列表删除元素。
9. 可以使用 index 方法获取列表中一个元素的下标, 使用 count 方法来返回列表中元素的个数。

10. 可以使用 sort 和 reverse 方法来对一个列表中的元素进行排序和翻转。

11. 可以使用 split 方法来将一个字符串分离成列表。

12. 当调用一个带列表参数的函数时，列表的引用则被传递给这个函数。

13. 如果一个列表已经排好序，那么在列表中查找一个元素时二分查找比线性查找效率更高。

14. 选择排序将列表中的最小元素和第一个元素交换。然后找到剩余元素中最小的元素并与剩余元素的第一个交换，依此类推，直到只剩一个元素为止。

15. 插入排序算法重复地将一个新元素插入排好序的子列表中，直到整个表都排好序为止。

测试题

本章的在线测试题位于 www.cs.armstrong.edu/liang/py/test.html。

编程题

☞ **注意**：如果程序提示用户输入一个值列表，就输入一行由空格分隔的值。

第 10.2 ~ 10.3 节

*10.1 （定级）编写程序读取一个成绩列表，然后按照下面的方案对成绩分级：

如果成绩 > = best−10，那么级别为 A。

如果成绩 > = best−20，那么级别为 B。

如果成绩 > = best−30，那么级别为 C。

如果成绩 > = best−40，那么级别为 D。

否则成绩为 F。

下面是一个示例运行。

```
Enter scores: 40 55 70 58  ↵Enter
Student 0 score is 40 and grade is C
Student 1 score is 55 and grade is B
Student 2 score is 70 and grade is A
Student 3 score is 58 and grade is B
```

10.2 （逆序读取的数字）编写程序读取一个整数列表，然后以读取它们的逆序顺序显示。

**10.3 （统计数字个数）编写程序读取 1 到 100 之间的一些整数，并统计每个数字的个数。下面是这个程序的示例运行。

```
Enter integers between 1 and 100: 2 5 6 5 4 3 23 43 2  ↵Enter
2 occurs 2 times
3 occurs 1 time
4 occurs 1 time
5 occurs 2 times
6 occurs 1 time
23 occurs 1 time
43 occurs 1 time
```

☞ **注意**：如果一个数字出现次数多过一次，在输出时使用 time 的复数形式 times。

10.4 （分析成绩）编写程序读取未指定个数的分数，然后决定多少个分数是大于等于平均分数，而多少个是低于平均分数的。假设输入数是在一行由空格分隔的。

**10.5 （打印不重复数字）编写程序读取一行由空格分隔开的数字，然后显示不重复数字（即如果一个数字出现多次，只显示它一次）。（提示：读取所有数字并将它们存储在 list1。创建一个新列表 list2。添加 list1 里的一个数字到 list2。如果这个数字已经在列表中，忽略它。）下面是这个程序的示例运行。

```
Enter ten numbers: 1 2 3 2 1 6 3 4 5 2  ⏎ Enter
The distinct numbers are: 1 2 3 6 4 5
```

*10.6　（修改程序清单 5-13）程序清单 5-13 通过检查 2、3、4、5、6、…、$n/2$ 是否是 n 的除数来确定一个数字 n 是否是素数。如果找到除数，那么 n 不是素数。一个更有效的方法是检测任何一个小于或等于 $\sqrt{n}$ 的素数是否可以被 n 整除。如果不行，那么 n 是素数。使用这个方法改写程序清单 5-13 显示前 50 个素数。我们需要使用一个列表存储这些素数，随后使用它们检测它们是否是 n 的可能除数。

*10.7　（统计单个数字）编写程序产生 1000 个 0 到 9 之间的随机整数，然后显示每个数字的个数。（提示：使用 10 个整数组成的列表，即 counts，来存储数字 0、1、…、9 的个数。）

第 10.4 ～ 10.7 节

10.8　（找出最小元素的下标）编写函数返回整数列表最小元素的下标。如果这个元素的个数超过 1，那么返回最小的下标。使用下面的函数头：

def indexOfSmallestElement(lst):

编写一个测试程序，提示用户输入一个数字列表，调用这个函数返回最小元素的下标，显示这个下标。

*10.9　（统计：计算方差）编程题 5.46 计算数字的标准方差。本题使用不同但是等价的公式计算 n 个数字的标准方差。

$$mean = \frac{\sum_{i=1}^{n} x_i}{n} = \frac{x_1 + x_2 + ... + x_n}{n} \qquad deviation = \sqrt{\frac{\sum_{i=1}^{n}(x_i - mean)^2}{n-1}}$$

为了利用这个公式计算标准方差，必须使用列表存储各个数字，这样就可以在获取平均值 mean 之后使用它们。

程序应该包含下面的函数。

```
# Compute the standard deviation of values
def deviation(x):

# Compute the mean of a list of values
def mean(x):
```

编写测试程序提示用户输入一个数字列表，然后显示它们的平均值和标准方差，运行示例如下所示。

```
Enter numbers: 1.9 2.5 3.7 2 1 6 3 4 5 2  ⏎ Enter
The mean is 3.11
The standard deviation is 1.55738
```

*10.10　（反转一个列表）第 10.8 节的 reverse 函数通过将它拷贝到一个新列表反转一个列表。改写这个函数，将这个列表作为参数传递给函数，并且返回这个函数。编写一个测试程序提示用户输入一个数字列表，调用这个函数反转这些数字，然后显示这些数字。

第 10.8 节

*10.11　（随机数字选择器）可以使用 random.shuffle(lst) 打乱一个列表。不使用 random.shuffle(lst) 编写函数来打乱一个列表并返回这个列表。使用下面的函数头：

def shuffle(lst):

编写一个测试程序，提示用户输入一个数字列表，调用这个函数打乱数字，然后显示这些数字。

10.12 （计算 GCD）编写函数返回列表中整数的最大公约数（GCD）。使用下面的方法头：

```
def gcd(numbers):
```

编写一个测试程序，提示用户输入五个数字，调用这个函数找出这些数字的 GCD，然后显示这个 GCD。

第 10.9 ~ 10.12 节

10.13 （消除重复）编写一个函数，消除列表中的重复值之后返回一个新列表。使用下面的函数头：

```
def eliminateDuplicates(lst):
```

编写一个测试程序读取一个整数列表，调用这个函数，然后显示这个结果。下面是这个程序的示例运行。

```
Enter ten numbers: 1 2 3 2 1 6 3 4 5 2  ←Enter
The distinct numbers are: 1 2 3 6 4 5
```

*10.14 （修改选择排序）在第 10.11.1 节，我们已经使用过选择排序对列表进行排序。选择排序函数重复找出当前列表的最小数，并将它和第一个进行互换。改写这个程序找出最大数，然后和最后一个进行互换。编写一个测试程序，读取 10 个数字，调用这个函数，然后显示排好序的数字。

**10.15 （有序吗？）编写下面的函数，如果列表已经以升序排列则返回 true：

```
def isSorted(lst):
```

编写一个测试程序，提示用户输入一个列表，然后显示这个列表是否排好序。下面是一个示例运行。

```
Enter list: 1 1 3 4 4 5 7 9 10 30 11  ←Enter
The list is not sorted
```

```
Enter list: 1 1 3 4 4 5 7 9 10 30  ←Enter
The list is already sorted
```

**10.16 （冒泡排序）编写一个使用冒泡排序算法的排序函数。这个冒泡排序算法要在列表来回穿梭。每次排序时，都对相邻的一对数进行比较，如果它们是降序，就进行互换；否则，保持值不变。这个技术被称为冒泡排序或下沉排序，因为较小值会不断"冒上来"到顶部，而较大值会不断"下沉"到底部。编写测试程序读取 10 个数，调用这个函数，然后显示排好序的列表。

**10.17 （相似词）编写函数检查两个单词是否是相似词。两个单词如果包含相同的字母，则它们是相似词。例如：silent 和 listen 是相似词。函数头是：

```
def isAnagram(s1, s2):
```

（提示：获取两个字符串的两个列表。对列表排序检测两个列表是否一致。）

编写一个测试程序提示用户输入两个字符串，如果它们是相似词，显示"is an anagram"；否则，显示"is not an anagram"。

***10.18 （游戏：八皇后）经典的八皇后谜题是将八个皇后放在棋盘上，而不让她们彼此攻击对方（即没有两个皇后在同一行、同一列或同一对角线上）。这里有很多可能的解决方案。编写程序显示一个这样的解决方案。一个示例输出如下所示。

```
|Q| | | | | | |
| | | | |Q| | | |
| | | | | | | |Q|
| | | | | |Q| | |
| | | |Q| | | | |
| | | | | | |Q| |
| | |Q| | | | | |
| | | | |Q| | | |
```

***10.19 （游戏：豆机器）豆机器，也称为梅花或高尔顿盒子，它是一个统计实验的设备，这个实验是以英国科学家 Francis Galton 爵士命名的。它是由一个三角形直立板和均匀分布的钉子（或桩）构成，如图 10-15 所示。

球从板子的开口处落下。每次球碰到钉子，它就有 50% 的可能掉到左边或者右边。球就堆积在板子底部的槽内。

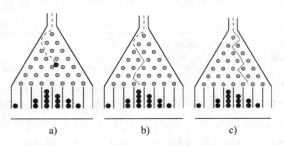

a)　　　　　　　　b)　　　　　　　　c)

图 10-15　每个球都走随机路径落入槽内

编写程序模拟豆机器。程序应该提示用户输入球的个数以及机器的槽数。打印每个球的路径模拟它的下落。例如：图 10-15b 中球的路径是 LLRRLLR，而图 10-15c 中球的路径是 RLRRLRR。显示球在槽中的最终形状是直方图。下面是这个程序的一个示例运行。

```
Enter the number of balls to drop: 5  ↵Enter
Enter the number of slots in the bean machine: 8  ↵Enter

LRLRLRR
RRLLLRR
LLRLLRR
RRLLLLL
LRLRRLR


      O
      O
     OOO
```

（提示：创建一个名为 slots 的列表。slots 的每个元素存储槽中球的个数。每个球通过一条路径落进一个槽。路径中 R 的个数是球所落在那个槽的位置。例如：对路径 LRLRLRR 而言，求落进 slots[4]，对路径 RRLLLLL 而言，球落进 slots[2]。）

***10.20 （游戏：多个八皇后解决方案）编程题 10.18 是八皇后难题的一个解决方案。编写程序统计八皇后问题所有可能的解决方案，并显示所有的解决方案。

**10.21 （更衣室难题）一个学校有 100 个更衣室和 100 个学生。所有的更衣室在开学第一天都是锁着的。随着学生进入，第一个学生表示为 S1，打开每个更衣室。然后第二个学生 S2，从第二个更衣室开始，用 L2 表示，关闭所有其他更衣室。学生 S3 从第三个更衣室开始，改变每三个更衣室（如果打开则关闭，如果关闭则打开）。学生 S4 从更衣室 L4 开始，改变每四个更衣室。学生 S5 从更衣室 L5 开始，改变每五个更衣室，依此类推，直到学生 S100 改变 L100。

在所有学生都经过了房子并改变了更衣室之后，哪个更衣室是打开的？编写程序找出答案。

（提示：使用 100 个布尔元素的列表，每个都表示更衣室是开着的（True）还是关着的（False）。初始状态下，所有更衣室都是关闭的。）

**10.22 （模拟：优惠券收集问题）优惠券收集是一个经典的统计问题，它有很多实际的应用。这个问题是从一个对象集合里重复取出对象，然后找出要取出所有对象至少一次，需要取多少次。这个问题的变体是从一副打乱的 52 张牌中重复取牌，然后找出在看到每种花色一个之前需要取多少次。假设在选下一个之前取出的牌是要放回去的。编写程序模拟获取四张牌，每张都是不同花色需要取的次数，然后显示这四张取出的牌（可能牌被取出两次）。下面是程序的示例运行。

```
Queen of Spades
5 of Clubs
Queen of Hearts
4 of Diamonds
Number of picks: 12
```

10.23 （几何：解二次方程）使用下面的方法头编写函数解二次方程。

```
def solveQuadratic(eqn, roots):
```

一个二次方程 $ax^2 + bx + c = 0$ 的系数被传递给列表 eqn，它的非负根被存储在 roots。函数返回根的个数。参见编程题 4.1 中关于如何解二次方程的方法。
编写程序提示用户输入 a、b 和 c 的值，然后显示根的个数以及所有非负根。

*10.24 （数学：组合）编写程序提示用户输入 10 个整数，然后显示从这个 10 个数中选取两个数的所有组合。

*10.25 （游戏：选取四张牌）编写程序从一副 52 张牌中选取四张牌，计算它们的和。A、K、Q、J 分别表示 1、13、12 和 11。程序应该显示所选牌的数字和为 24。

**10.26 （合并两个有序列表）编写下面的函数合并两个有序列表构成一个新的有序列表。

```
def merge(list1, list2):
```

比照 len(list1) + len(list2) 实现这个函数。编写测试程序提示用户输入两个有序列表，然后显示合并后的列表。下面是一个示例运行。

```
Enter list1: 1 5 16 61 111  ↵Enter
Enter list2: 2 4 5 6  ↵Enter
The merged list is 1 2 4 5 5 6 16 61 111
```

*10.27 （模式识别：四个连续的相同的数）编写下面的函数测试列表是否具有同样值的四个连续数字。

```
def isConsecutiveFour(values):
```

编写测试程序提示用户输入一个整数序列，然后报告这个序列是否包含具有相同值的四个连续数字。

**10.28 （划分列表）编写下面的函数使用第一个元素，称为枢纽，来划分列表。

```
def partition(lst):
```

在划分之后，列表的元素被改编，所有在枢纽之前的元素都小于或等于枢纽，而枢纽之后的元素都大于枢纽。函数还返回枢纽在新列表中所处位置的下标值。例如：假设列表是 [5,2,9,3,6,8]。在划分之后，列表变成 [3,2,5,9,6,8]。将 len(lst) 作为比照实现这个函数。编写测试程序提示用户输入一个列表，然后显示划分之后的列表。下面是一个示例运行。

```
Enter a list: 10 1 5 16 61 9 11 1  ↵Enter
After the partition, the list is 9 1 5 1 10 61 11 16
```

***10.29 （游戏：侩子手）编写侩子手游戏，随机产生一个单词然后提示用户一次猜一个字母，如样本示例所示。单词中的每个字母都显示为一个星号。当用户猜测正确时就会显示确切的字母。当用户完成一个单词时，显示失误的次数并询问用户是否继续玩游戏。创建一个列表存储这些单词如下所示。

```
# Use any words you wish
words = ["write", "that", "program", ...]
```

```
(Guess) Enter a letter in word ******* > p  ↵Enter
(Guess) Enter a letter in word p****** > r  ↵Enter
(Guess) Enter a letter in word pr**r** > p  ↵Enter
    p is already in the word
(Guess) Enter a letter in word pr**r** > o  ↵Enter
(Guess) Enter a letter in word pro*r** > g  ↵Enter
(Guess) Enter a letter in word progr** > n  ↵Enter
    n is not in the word
(Guess) Enter a letter in word progr** > m  ↵Enter
(Guess) Enter a letter in word progr*m > a  ↵Enter
The word is program. You missed 1 time

Do you want to guess another word? Enter y or n>
```

*10.30 （文化：中国生肖）使用字符串列表存储动物名字来简化程序清单 4-5。

10.31 （字符串中每个数字出现次数）使用下面的函数头编写函数统计字符串中每个数字的出现次数。

```
def count(s):
```

这个函数统记字符串中一个数字的出现次数。返回值是 10 个元素构成的列表，每个都表示一个数字的出现次数。例如：在执行完 counts=count("12203AB3") 之后，counts[0] 为 1，counts[1] 为 1，counts[2] 为 2，counts[3] 为 2。

编写测试程序提示用户输入一个字符串，然后显示字符串中每个数字的出现次数。下面是这个程序的一个示例运行。

```
Enter a string: 232534312  ↵Enter
1 occurs 1 time
2 occurs 3 times
3 occurs 3 times
4 occurs 1 time
5 occurs 1 time
```

10.32 （Turtle：绘制线段）编写下面的函数绘制从点 p1（[x1,y1]）到点 p2（[x2,y2]）的线段。

```
# Draw a line
def drawLine(p1, p2):
```

10.33 （Tkinter：绘制直方图）编写程序随机产生 1000 个小写字母，统计每个字母的出现次数，然后显示直方图表示次数，如图 10-16a 所示。

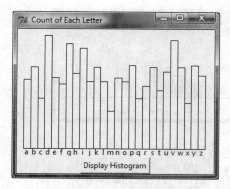
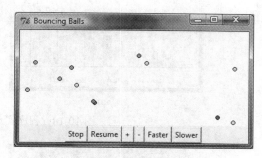

a）绘制每个字母出现次数对应的直方图　　　　b）添加两个按钮来控制球的速度

图　10-16

10.34 （Turtle：绘制直方图）使用 Turtle 改写前一个程序。

*10.35 （Turtle：弹球）改写程序清单 10-13 添加两个按钮，"Faster" 和 "Slower"（如图 10-16b 所示），来加速或减速球的移动。

**10.36 （Tkinter：线性查找动画）编写程序实现线性查找算法的动画。创建一个由 20 个不同的从 1 到 20 随机顺序排列的数字构成的列表。元素以直方图显示，如图 10-17 所示。你需要在文本域输入查找的关键值。单击 "Step" 按钮可以让程序使用算法完成一次比较，然后用表示查找位置的条重绘直方图。当算法结束时，显示一个对话框来通知用户。单击 "Reset" 按钮为新的开始创建一个新的随机列表。

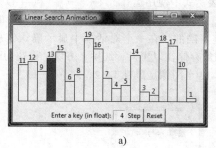
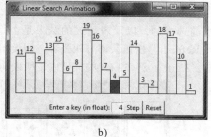

a)　　　　　　　　　　　　　　　b)

图 10-17　程序实现线性查找的动画

**10.37 （Tkinter：二分查找动画）编写程序实现二分查找算法的动画。创建一个以从 1 到 20 的顺序排列的数字构成的列表。元素以直方图显示，如图 10-18 所示。你需要在文本域输入查找的关键值。单击 "Step" 按钮可以让程序使用算法完成一次比较。使用亮灰色绘制当前查找范围的数字条，使用红色绘制表明当前查找范围的中间数字条。当算法结束时，显示一个对话框来通知用户。单击 "Reset" 按钮可以开始一次新的查找。这个按钮也可以使文本域可编辑。

*10.38 （Tkinter：选择排序动画）编写程序实现选择排序算法的动画。创建一个由 20 个不同的从 1 到 20 随机顺序排列的数字构成的列表。元素以直方图显示，如图 10-19 所示。单击 "Step" 按钮可以让程序使用算法完成外层循环的一次迭代，然后为新列表重绘直方图。给排好序的子列表中的最后一个条上色。当算法结束时，显示一个对话框来通知用户。单击 "Reset" 按钮为新的开始创建一个新的随机列表。

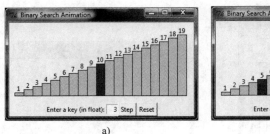

图 10-18   程序实现二分查找的动画

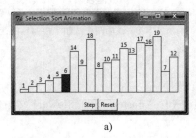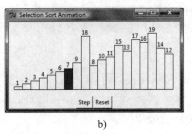

图 10-19   程序实现选择排序的动画

*10.39   （Tkinter：24 点扑克牌游戏）24 点扑克牌游戏是关于从 52 张牌中选取任意四张，如图 10-20
所示。注意：大小王是被排除在外的。每张牌表示一个数字。A、K、Q、J 分别表示 1、13、
12 和 11。输入一个使用四张所选牌对应数字的表达式。每个牌数都只能在每个表达式中使
用一次，而且每张牌必须被使用。可以在表达式中使用运算符（+、-、* 和 /）以及括号，表
达式结果必须是 24。在输入表达式之后，单击" Verify" 按钮来检查表达式中的数字是否
是当前选择的，以及表达式的结果是否是正确的。在一个对话框中显示确认信息。可以单
击" Refresh" 按钮获得另四张牌。假设图像存储在以黑桃、红桃、方块、梅花为顺序且名为
1.gif、2.gif、…、52.gif 的文件内。所以前 13 个图像是黑桃 1、2、3、…、13。

图 10-20   用户使用牌上的数字输入表达式

*10.40 （Tkinter：插入排序动画）编写程序实现插入排序算法的动画。创建一个由 20 个不同的从 1 到 20 随机顺序排列的数字构成的列表。元素以直方图显示，如图 10-21 所示。单击"Step"按钮可以让程序使用算法完成外层循环的一轮迭代，然后以新列表重绘直方图。给排好序的子列表的最后一个条上色。当算法结束时，显示一个对话框来通知用户。单击"Reset"按钮为新的开始创建一个新的随机列表。

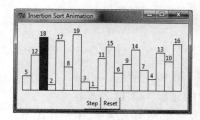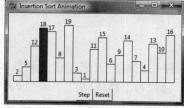

图 10-21　程序实现插入排序的动画

10.41 （显示五个圆）编写程序显示五个圆，如图 10-22a 所示。可以使用鼠标拖动每个圆，如图 10-22b 所示。

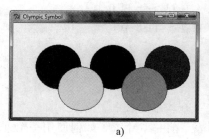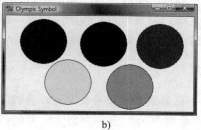

a)　　　　　　　　　　　　　　b)

图　10-22

多 维 列 表

学习目标

- 学习如何使用二维列表来表示二维数据（第 11.1 节）。
- 使用行下标和列下标来访问二维列表中的元素（第 11.2 节）。
- 为二维列表编写常用的操作（显示列表、求所有元素总和、找出 min 和 max 元素，随意打乱和排序）(第 11.2 节）。
- 向函数传递二维列表（第 11.3 节）。
- 使用二维列表编写对多选题评分的程序（第 11.4 节）。
- 使用二维列表来解决找出距离最近点对（第 11.5 ～ 11.6 节）。
- 使用二维列表来检查数独解决方案（第 11.7 ～ 11.8 节）。
- 使用多维列表（第 11.9 节）。

11.1 引言

🔑 关键点：一张表或矩阵中的数据可以存储在一个二维列表中。

二维列表是将其他列表作为它的元素的列表。前一章介绍了如何使用一个列表来存储线性的元素集合。可以使用列表来存储二维数据，例如：一个矩阵或者一张表等。例如，下表所示的提供了不同城市之间距离的表可以使用一个命名为 distances 的列表来存储。

距离表（公里）

	芝加哥	波士顿	纽约	亚特兰大	迈阿密	达拉斯	休斯敦
芝加哥	0	983	787	714	1375	967	1087
波士顿	983	0	214	1102	1505	1723	1842
纽约	787	214	0	888	1549	1548	1627
亚特兰大	714	1102	888	0	661	781	810
迈阿密	1375	1505	1549	661	0	1426	1187
达拉斯	967	1723	1548	781	1426	0	239
休斯敦	1087	1842	1627	810	1187	239	0

```
distances = [
    [0, 983, 787, 714, 1375, 967, 1087],
    [983, 0, 214, 1102, 1505, 1723, 1842],
    [787, 214, 0, 888, 1549, 1548, 1627],
    [714, 1102, 888, 0, 661, 781, 810],
    [1375, 1505, 1549, 661, 0, 1426, 1187],
    [967, 1723, 1548, 781, 1426, 0, 239],
    [1087, 1842, 1627, 810, 1187, 239, 0]
]
```

距离表中的每个元素又是另一个列表，因此它又被认为是一个嵌套列表。在这个例子中，二维列表被用于存储二维数据。

11.2 处理二维列表

⚙ **关键点**：二维列表中的值可以通过行下标和列下标来访问。

可以将二维列表理解为一个由行组成的列表。而每一行又是一个由值组成的列表。二维列表的每一行可以使用下标访问，为方便称为行下标。每一行中的值可以通过另一个下标访问，称为列下标。一个命名为 matrix 的二维列表如图 11-1 所示。

```
matrix = [
    [1, 2, 3, 4, 5],
    [6, 7, 0, 0, 0],
    [0, 1, 0, 0, 0],
    [1, 0, 0, 0, 8],
    [0, 0, 9, 0, 3],
]
```

	[0]	[1]	[2]	[3]	[4]
[0]	1	2	3	4	5
[1]	6	7	0	0	0
[2]	0	1	0	0	0
[3]	1	0	0	0	8
[4]	0	0	9	0	3

```
matrix[0] is [1, 2, 3, 4, 5]
matrix[1] is [6, 7, 0, 0, 0]
matrix[2] is [0, 1, 0, 0, 0]
matrix[3] is [1, 0, 0, 0, 8]
matrix[4] is [0, 0, 9, 0, 3]

matrix[0][0] is 1
matrix[4][4] is 3
```

图 11-1 二维列表中的值可以通过行下标和列下标来访问

矩阵中的每个值都可以用 matrix[i][j] 来访问，这里的 i 和 j 分别是行下标和列下标。下面的小节给出一些使用二维列表的例子。

11.2.1 使用输入值初始化列表

下面的循环使用用户输入值来初始化矩阵。

```python
matrix = [] # Create an empty list

numberOfRows = eval(input("Enter the number of rows: "))
numberOfColumns = eval(input("Enter the number of columns: "))
for row in range(numberOfRows):
    matrix.append([]) # Add an empty new row
    for column in range(numberOfColumns):
        value = eval(input("Enter an element and press Enter: "))
        matrix[row].append(value)

print(matrix)
```

11.2.2 使用随机数初始化列表

下面的循环初始化一个存储 0 到 99 之间随机数的列表。

```python
import random

matrix = [] # Create an empty list

numberOfRows = eval(input("Enter the number of rows: "))
numberOfColumns = eval(input("Enter the number of columns: "))
for row in range(numberOfRows):
    matrix.append([]) # Add an empty new row
    for column in range(numberOfColumns):
        matrix[row].append(random.randint(0, 99))

print(matrix)
```

11.2.3 打印列表

为了打印一个二维列表，必须通过使用下面的循环来打印列表中的每一个元素。

```
matrix = [[1, 2, 3], [4, 5, 6], [7, 8, 9]] # Assume a list is given

for row in range(len(matrix)):
    for column in range(len(matrix[row])):
        print(matrix[row][column], end = " ")
    print() # Print a new line
```

或者也可以写成：

```
matrix = [[1, 2, 3], [4, 5, 6], [7, 8, 9]] # Assume a list is given

for row in matrix:
    for value in row:
        print(value, end = " ")
    print() # Print a new line
```

11.2.4 对所有元素求和

使用一个名为 total 的变量来存储元素的总和。初始状态下，total 值为 0。利用如下循环对列表中的每一个元素相加，值赋给 total。

```
matrix = [[1, 2, 3], [4, 5, 6], [7, 8, 9]] # Assume a list is given

total = 0
for row in matrix:
    for value in row:
        total += value

print("Total is", total) # Print the total
```

11.2.5 按列求和

对于每一列，使用名为 total 的变量来存储每一列的总和。使用如下循环将每一列中元素相加，和赋值给 total。

```
matrix = [[1, 2, 3], [4, 5, 6], [7, 8, 9]] # Assume a list is given

for column in range(len(matrix[0])):
    total = 0
    for row in range(len(matrix)):
        total += matrix[row][column]
    print("Sum for column", column, "is", total)
```

11.2.6 找出和最大的行

为了找出和最大的行，可以使用变量 maxRow 和 indexOfMaxRow 来跟踪最大的和及对应的行下标。对每一行，计算它的和，如果新的和要大些时，更新 maxRow 和 indexOfMaxRow。

```
matrix = [[1, 2, 3], [4, 5, 6], [7, 8, 9]] # Assume a list is given

maxRow = sum(matrix[0]) # Get sum of the first row in maxRow
indexOfMaxRow = 0

for row in range(1, len(matrix)):
    if sum(matrix[row]) > maxRow:
        maxRow = sum(matrix[row])
        indexOfMaxRow = row

print("Row", indexOfMaxRow, "has the maximum sum of", maxRow)
```

11.2.7　随意打乱

第 10.2.3 小节介绍过可以使用函数 random.shuffle(list) 打乱一维列表中的元素。如何打乱二维列表中的所有元素？为了实现这个目的，对每一个元素 matrix[row][column]，随机生成下标 i 和 j 并且将 matrix[row][column] 和 matrix[i][j] 进行互换，如下所示：

```
import random

matrix = [[1, 2, 3], [4, 5, 6], [7, 8, 9]] # Assume a list is given

for row in range(len(matrix)):
    for column in range(len(matrix[row])):
        i = random.randint(0, len(matrix) - 1)
        j = random.randint(0, len(matrix[row]) - 1)

        # Swap matrix[row][column] with matrix[i][j]
        matrix[row][column], matrix[i][j] = \
            matrix[i][j], matrix[row][column]

print(matrix)
```

11.2.8　排序

可以应用 sort 方法对一个二维列表排序。它通过每一行的第一个元素进行排序。对于第一个元素相同的行，则通过它们的第二个元素进行排序。如果行中的第一个和第二个元素都相同，则利用它们的第三个元素进行排序，依此类推。例如：

```
points = [[4, 2], [1, 7], [4, 5], [1, 2], [1, 1], [4, 1]]
points.sort()
print(points)
```

显示 [[1,1],[1,2],[1,7],[4,1],[4,2],[4,5]]。

**　检查点**

11.1　如何创建数据集构成的一个 3 行 4 列的二维列表，列表中的元素初始化为 0？

11.2　可以创建一个每行元素个数不同的二维数据列表吗？

11.3　下面代码的输出是什么？

```
matrix = []
matrix.append(3 * [1])
matrix.append(3 * [1])
matrix.append(3 * [1])
matrix[0][0] = 2
print(matrix)
```

11.4　下面代码的输出是什么？

```
matrix = []
matrix.append([3 * [1]])
matrix.append([3 * [1]])
matrix.append([3 * [1]])
print(matrix)
matrix[0] = 3
print(matrix)
```

11.5　下面代码的输出是什么？

```
matrix = []
matrix.append([1, 2, 3])
matrix.append([4, 5])
matrix.append([6, 7, 8, 9])
print(matrix)
```

11.3　将二维列表传递给函数

✎ **关键点**：当给函数传递二维列表时，是将这个列表的引用传递给函数。

可以像传递一维列表一样给函数传递一个二维列表。同样可以从函数中返回一个二维列表。清单 11-1 给出了一个含有两个函数的例子。第一个函数是 getMatrix()，它返回一个二维列表，而第二个函数是 accumulate(m)，它返回一个矩阵所有元素的总和。

程序清单 11-1　PassTwoDimensionalList.py

```python
 1  def getMatrix():
 2      matrix = [] # Create an empty list
 3
 4      numberOfRows = eval(input("Enter the number of rows: "))
 5      numberOfColumns = eval(input("Enter the number of columns: "))
 6      for row in range(numberOfRows):
 7          matrix.append([]) # Add an empty new row
 8          for column in range(numberOfColumns):
 9              value = eval(input("Enter a value and press Enter: "))
10              matrix[row].append(value)
11
12      return matrix
13
14  def accumulate(m):
15      total = 0
16      for row in m:
17          total += sum(row)
18
19      return total
20
21  def main():
22      m = getMatrix() # Get a list
23      print(m)
24
25      # Display sum of elements
26      print("\nSum of all elements is", accumulate(m))
27
28  main() # Invoke main function
```

```
Enter the number of rows: 2 ↵Enter
Enter the number of columns: 2 ↵Enter
Enter a value and press Enter: 1 ↵Enter
Enter a value and press Enter: 2 ↵Enter
Enter a value and press Enter: 3 ↵Enter
Enter a value and press Enter: 4 ↵Enter
[[1, 2], [3, 4]]
Sum of all elements is 10
```

函数 getMatrix（第 1 ～ 12 行）提示用户输入矩阵的元素值（第 9 行），然后返回这个列表（第 12 行）。

函数 accumulate（第 14 ～ 19 行）有一个二维列表参数。它返回这个列表所有元素的总和（第 26 行）。

☞ **检查点**

11.6　给出下面代码的输出结果。

```python
def f(m):
    for i in range(len(m)):
```

```
        for j in range(len(m[i])):
            m[i][j] += 1
def printM(m):
    for i in range(len(m)):
        for j in range(len(m[i])):
            print(m[i][j], end = "")
        print()

m = [[0, 0], [0, 1]]

printM(m)
f(m)
printM(m)
```

11.4　问题：给多选题评分

✎ **关键点**：编写一个用于给多选题评分的程序。

假设有 8 名学生和 10 道选择题，他们的答案存储在一个二维列表当中。每一行记录了一位学生对这些问题的答案，如下图所示：

```
            学生对这些问题的答案
            0 1 2 3 4 5 6 7 8 9
Student 0   A B A C C D E E A D
Student 1   D B A B C A E E A D
Student 2   E D D A C B E E A D
Student 3   C B A E D C E E A D
Student 4   A B D C C D E E A D
Student 5   B B E C C D E E A D
Student 6   B B A C C D E E A D
Student 7   E B E C C D E E A D
```

标准答案存储在一个一维列表中：

```
        这些问题的答案：
        0 1 2 3 4 5 6 7 8 9
Key     D B D C C D A E A D
```

程序对这个测试评分并且显示最后的结果。为了实现上述功能，本程序将每位学生的答案与标准答案进行比较，统计正确答案的个数并且显示它。程序清单 11-2 给出这个程序。

程序清单 11-2　GradeExam.py

```
 1  def main():
 2      # Students' answers to the questions
 3      answers = [
 4          ['A', 'B', 'A', 'C', 'C', 'D', 'E', 'E', 'A', 'D'],
 5          ['D', 'B', 'A', 'B', 'C', 'A', 'E', 'E', 'A', 'D'],
 6          ['E', 'D', 'D', 'A', 'C', 'B', 'E', 'E', 'A', 'D'],
 7          ['C', 'B', 'A', 'E', 'D', 'C', 'E', 'E', 'A', 'D'],
 8          ['A', 'B', 'D', 'C', 'C', 'D', 'E', 'E', 'A', 'D'],
 9          ['B', 'B', 'E', 'C', 'C', 'D', 'E', 'E', 'A', 'D'],
10          ['B', 'B', 'A', 'C', 'C', 'D', 'E', 'E', 'A', 'D'],
11          ['E', 'B', 'E', 'C', 'C', 'D', 'E', 'E', 'A', 'D']]
12
13      # Key to the questions
14      keys = ['D', 'B', 'D', 'C', 'C', 'D', 'A', 'E', 'A', 'D']
15
16      # Grade all answers
```

```
18          # Grade one student
19          correctCount = 0
20          for j in range(len(answers[i])):
21              if answers[i][j] == keys[j]:
22                  correctCount += 1
23
24          print("Student", i, "'s correct count is", correctCount)
25
26  main() # Call the main function
```

```
Student 0's correct count is 7
Student 1's correct count is 6
Student 2's correct count is 5
Student 3's correct count is 4
Student 4's correct count is 8
Student 5's correct count is 7
Student 6's correct count is 7
Student 7's correct count is 7
```

第 3 ～ 11 行的语句创建了一个字符构成的二维列表并且将它的引用赋值给 answers。

第 14 行的语句创建了一个标准答案的列表并且将它的引用赋值给 keys。

列表 answers 的每一行存储了一名学生的答案，并且通过与列表 keys 中的标准答案进行对比来对这名学生评分。在这名学生的答案评分结束后立刻显示结果（第 19 ～ 22 行）。

11.5　问题：找出距离最近的点对

🗝 **关键点**：本节提出了一个几何上关于寻找距离最近点对的问题。

假设给出一个集合的点，最近点对问题就是如何寻找这些点之中哪两个点距离最近。例如：在图 11-2 中，点 (1，1) 和点 (2，0.5) 距离最近。解决这个问题的方法有几种。一种直观的方法是计算每一对点之间的距离然后找出其中距离最小的一对，如程序清单 11-3 所示实现。

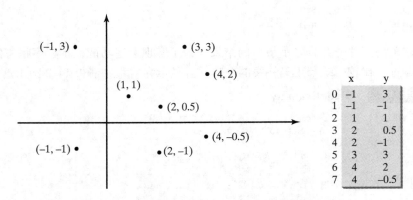

图 11-2　点可以表示为嵌套列表

程序清单 11-3　NearestPoints.py

```
1  # Compute the distance between two points (x1, y1) and (x2, y2)
2  def distance(x1, y1, x2, y2):
3      return ((x2 - x1) * (x2 - x1) + (y2 - y1) * (y2 - y1)) ** 0.5
4
5  def nearestPoints(points):
6      # p1 and p2 are the indexes in the points list
```

```
7        p1, p2 = 0, 1  # Initial two points
8
9        shortestDistance = distance(points[p1][0], points[p1][1],
10           points[p2][0], points[p2][1]) # Initialize shortestDistance
11
12       # Compute distance between every two points
13       for i in range(len(points)):
14           for j in range(i + 1, len(points)):
15               d = distance(points[i][0], points[i][1],
16                   points[j][0], points[j][1])  # Find distance
17
18               if shortestDistance > d:
19                   p1, p2 = i, j # Update p1, p2
20                   shortestDistance = d # New shortestDistance
21
22       return p1, p2
```

模块定义了 nearestPoints(points) 函数，这个函数返回二维列表 points 中距离最近的两点的下标。程序使用变量 shortestDistance（第 9 行）来存储两个最近点的距离，points 列表中这两点的下标都存储在变量 p1 和 p2 中（第 19 行）。

对于下标为 i 的点 point[i]，程序计算它与所有 j>i 的点 point[j] 之间的距离（第 15 ~ 16 行）。当所计算距离更短时，更新变量 shortestDistance、p1 和 p2（第 19 ~ 20 行）。

使用公式 $\sqrt{(x_2 - x_1)^2 + (y_2 - y_1)^2}$ 计算两点 (x1, y1) 和 (x2, y2) 之间距离（第 2 ~ 3 行）。

☞ **注意**：很可能存在不止一对距离相同且均为最短的点对。这个程序只能找到其中的一对。可以在编程题 11.8 中修改上述程序使程序可以找出更多距离最短的点对。

程序清单 11-4 中的程序提示用户输入点的坐标然后显示距离最近的两点。

程序清单 11-4 FindNearestPoints.py

```
1  import NearestPoints
2
3  def main():
4      numberOfPoints = eval(input("Enter the number of points: "))
5
6      # Create a list to store points
7      points = []
8      print("Enter", numberOfPoints, "points:", end = '')
9      for i in range(numberOfPoints):
10         point = 2 * [0]
11         point[0], point[1] = \
12             eval(input("Enter coordinates separated by a comma: "))
13         points.append(point)
14
15     # p1 and p2 are the indexes in the points list
16     p1, p2 = NearestPoints.nearestPoints(points)
17
18     # Display result
19     print("The closest two points are (" +
20         str(points[p1][0]) + ", " + str(points[p1][1]) + ") and (" +
21         str(points[p2][0]) + ", " + str(points[p2][1]) + ")")
22
23 main() # Call the main function
```

```
Enter the number of points: 8 ↵Enter
Enter coordinates separated by a comma: -1, 3 ↵Enter
Enter coordinates separated by a comma: -1, -1 ↵Enter
Enter coordinates separated by a comma: 1, 1 ↵Enter
```

```
Enter coordinates separated by a comma: 2, 0.5  ↵Enter
Enter coordinates separated by a comma: 2, -1   ↵Enter
Enter coordinates separated by a comma: 3, 3    ↵Enter
Enter coordinates separated by a comma: 4, 2    ↵Enter
Enter coordinates separated by a comma: 4, -0.5 ↵Enter
The closest two points are (1, 1) and (2, 0.5)
```

这个程序要求用户输入点的个数（第 4 行）。这些点从控制台读取并且存储在一个名为 points 的二维列表中（第 11 行）。程序调用 nearestPoints(points) 函数来返回列表中距离最近的两点的下标（第 16 行）。

程序假设平面上至少有两个点。可以很容易修改程序来防止平面上只有一个或没有点。

🐟 提示：从键盘上输入所有点是一项繁重的工作。可以将它们存入一个名字类似 FindNearestPoints.txt 的文件当中，当在控制台运行程序时使用以下命令。

```
python FindNearestPoints < FindNearestPoints.txt
```

11.6 图形用户界面：找出距离最近的点对

✍ 关键点：本节在一个画布上显示一些点，找出其中距离最近的点对并且用一条直线连接这两个点。

上一节描述了一个提示用户输入点然后找出其中距离最近的点对的程序。本节给出一个图形用户界面程序（程序清单 11-5），它允许用户单击鼠标左键时在画布中创建一个点，然后程序将动态地在画布上找到距离最近的两点并且用一条直线将两点连接，如图 11-3 所示。

程序清单 11-5　NearestPointsGUI.py

```python
 1  import NearestPoints
 2  from tkinter import * # Import all definitions from tkinter
 3
 4  RADIUS = 2 # Radius of the point
 5
 6  class NearestPointsGUI:
 7      def __init__(self):
 8          self.points = [] # Store self.points
 9          window = Tk() # Create a window
10          window.title("Find Nearest Points") # Set title
11
12          self.canvas = Canvas(window, width = 400, height = 200)
13          self.canvas.pack()
14
15          self.canvas.bind("<Button-1>", self.addPoint)
16
17          window.mainloop() # Create an event loop
18
19      def addPoint(self, event):
20          if not self.isTooCloseToOtherPoints(event.x, event.y):
21              self.addThisPoint(event.x, event.y)
22
23      def addThisPoint(self, x, y):
24          # Display this point
25          self.canvas.create_oval(x - RADIUS, y - RADIUS,
26              x + RADIUS, y + RADIUS)
27          # Add this point to self.points list
28          self.points.append([x, y])
29          if len(self.points) > 2:
```

```
30              p1, p2 = NearestPoints.nearestPoints(self.points)
31              self.canvas.delete("line")
32              self.canvas.create_line(self.points[p1][0],
33                  self.points[p1][1], self.points[p2][0],
34                  self.points[p2][1], tags = "line")
35
36      def isTooCloseToOtherPoints(self, x, y):
37          for i in range(len(self.points)):
38              if NearestPoints.distance(x, y,
39                  self.points[i][0], self.points[i][1]) <= RADIUS + 2:
40                  return True
41
42          return False
43
44  NearestPointsGUI() # Create GUI
```

这个程序创建并显示一个画布（第12-13 行），并且将鼠标左键单击事件与回调函数 addPoint 绑定（第 15 行）。当用户在画布中单击鼠标左键时，addPoint 处理程序被调用（第 19 ～ 21 行）。方法 isTooCloseToOtherPoints(x,y) 判断鼠标所在的点是否与已经存在的点距离太近了。如果不是，那么调用函数 addThisPoint(x,y)将该点加入画布当中（第 21 行）。

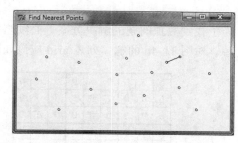

图 11-3 可以通过单击鼠标左键在画布上添加一点，距离最近的两点通过一条线相连

方法 isTooCloseToOtherPoints(x,y)（第 36 ～ 42 行）判断点（x，y）是否与画布中的其他点距离太近了。如果是，程序返回 True（第 40 行）；如果不是，程序返回 False（第 42 行）。

方法 addThisPoint(x,y)（第 23 ～ 34 行）显示画布上所有的点（第 25 ～ 26 行），将新点添加到点列表中（第 28 行），找出画布上新的距离最近的两点（第 30 行），并且绘制一条直线连接这两点（第 32 ～ 34 行）。

☞ **注意**：每当有一个新点加入时，都会调用 nearestPoints 函数来寻找距离最近的点对。这个函数将计算画布上每两个点之间的距离。随着画布上点数的增加，这将是非常费时的。关于更高效的方法，参见编程题 11.50。

11.7 问题：数独

🔑 **关键点**：如何判定一个给定的数独解决方案是正确的。

本节给出一个每天报纸上都会出现的有趣问题：被大家称为数独的数字放置难题。这是一个非常有挑战性的问题。为了让初学编程者更容易入门，本节给出关于数独问题简化版本的一种解决方案，它验证一个解决方案是否正确。一个解数独问题的完整解决方案方法在附录Ⅲ.A 给出。

数独是一个可以分为更小的 3×3 盒子（也称为区域或块）的 9×9 网格，如图 11-4a 所示。一些单元被称为固定单元，已经填入从 1 到 9 的数字。目标是用 1 到 9 之间的数字填满其他空白单元，也被称为自由单元，使得每一行、每一列都含有从 1 到 9 之间的数字，如图 11-4b 所示。

为了方便起见，使用值 0 来表示一个空白单元，如图 11-5a 所示。很自然，这个网格可以用一个二维列表来表示，如图 11-5b 所示。

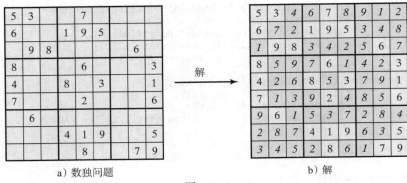

a）数独问题   b）解

图 11-4

为了找到数独问题的解决方案，必须将网格中每一个 0 值用一个合适的 1 到 9 之间的数字代替。对图 11-4b 的解，列表 grid 应该如图 11-6 所示。

5	3	0	0	7	0	0	0	0
6	0	0	1	9	5	0	0	0
0	9	8	0	0	0	0	6	0
8	0	0	0	6	0	0	0	3
4	0	0	8	0	3	0	0	1
7	0	0	0	2	0	0	0	6
0	6	0	0	0	0	2	8	0
0	0	0	4	1	9	0	0	5
0	0	0	0	8	0	0	7	9

a)

```
grid =
  [[5, 3, 0, 0, 7, 0, 0, 0, 0],
   [6, 0, 0, 1, 9, 5, 0, 0, 0],
   [0, 9, 8, 0, 0, 0, 0, 6, 0],
   [8, 0, 0, 0, 6, 0, 0, 0, 3],
   [4, 0, 0, 8, 0, 3, 0, 0, 1],
   [7, 0, 0, 0, 2, 0, 0, 0, 6],
   [0, 6, 0, 0, 0, 0, 2, 8, 0],
   [0, 0, 0, 4, 1, 9, 0, 0, 5],
   [0, 0, 0, 0, 8, 0, 0, 7, 9]
  ]
```

b)

图 11-5　可以用一个二维列表表示一个网格

```
A solution grid is
  [[5, 3, 4, 6, 7, 8, 9, 1, 2],
   [6, 7, 2, 1, 9, 5, 3, 4, 8],
   [1, 9, 8, 3, 4, 2, 5, 6, 7],
   [8, 5, 9, 7, 6, 1, 4, 2, 3],
   [4, 2, 6, 8, 5, 3, 7, 9, 1],
   [7, 1, 3, 9, 2, 4, 8, 5, 6],
   [9, 6, 1, 5, 3, 7, 2, 8, 4],
   [2, 8, 7, 4, 1, 9, 6, 3, 5],
   [3, 4, 5, 2, 8, 6, 1, 7, 9]
  ]
```

图 11-6　解决方案被存在列表 grid 中

假设输入一个数独问题的解决方案。如何判断这个解决方案是否正确呢？这里有两种方法：

- 一种方法是验证每一行、每一列和盒子都有从 1 到 9 的数字。
- 另一种方法是验证每一个单元。每个单元都必须包含从 1 到 9 的数字，且每一行、每一列和每个盒子里的单元都必须不同。

程序清单 11-6 提示用户输入一个数独解决方案并且报告这个解决方案是否合法。使用第二种方法来判定解决方案是否正确。将 isValid 函数放在程序清单 11-7 中的独立模块中，这样，这个函数就能够被其他程序使用。

程序清单 11-6 TestCheckSudokuSolution.py

```
1   from CheckSudokuSolution import isValid
2
3   def main():
4       # Read a Sudoku solution
5       grid = readASolution()
6
7       if isValid(grid):
8           print("Valid solution")
9       else:
10          print("Invalid solution")
11
12  # Read a Sudoku solution from the console
13  def readASolution():
14      print("Enter a Sudoku puzzle solution:")
15      grid = []
16      for i in range(9):
17          line = input().strip().split()
18          grid.append([eval(x) for x in line])
19
20      return grid
21
22  main() # Call the main function
```

```
Enter a Sudoku puzzle solution:
9 6 3 1 7 4 2 5 8  ↵Enter
1 7 8 3 2 5 6 4 9  ↵Enter
2 5 4 6 8 9 7 3 1  ↵Enter
8 2 1 4 3 7 5 9 6  ↵Enter
4 9 6 8 5 2 3 1 7  ↵Enter
7 3 5 9 6 1 8 2 4  ↵Enter
5 8 9 7 1 3 4 6 2  ↵Enter
3 1 7 2 4 6 9 8 5  ↵Enter
6 4 2 5 9 8 1 7 3  ↵Enter
Valid solution
```

程序清单 11-7 CheckSudokuSolution.py

```
1   # Check whether a solution is valid
2   def isValid(grid):
3       for i in range(9):
4           for j in range(9):
5               if grid[i][j] < 1 or grid[i][j] > 9 \
6                   or not isValidAt(i, j, grid):
7                   return False
8       return True # The fixed cells are valid
9
10  # Check whether grid[i][j] is valid in the grid
11  def isValidAt(i, j, grid):
12      # Check whether grid[i][j] is valid in i's row
13      for column in range(9):
14          if column != j and grid[i][column] == grid[i][j]:
15              return False
16
17      # Check whether grid[i][j] is valid in j's column
18      for row in range(9):
19          if row != i and grid[row][j] == grid[i][j]:
20              return False
21
22      # Check whether grid[i][j] is valid in the 3-by-3 box
```

```
23          for row in range((i // 3) * 3, (i // 3) * 3 + 3):
24              for col in range((j // 3) * 3, (j // 3) * 3 + 3):
25                  if row != i and col != j and \
26                      grid[row][col] == grid[i][j]:
27                      return False
28
29      return True # The current value at grid[i][j] is valid
```

在程序清单 11-6 中，程序调用 readASolution() 函数（第 5 行）来读取一个数独解决方案并且返回一个表示数独网格的二维列表。

函数 isValid(grid) 判断网格中的值是否为空。它检测网格中是否所有值都在 1 到 9 之间以及每个值是否合法（第 7 ~ 10 行）。

程序清单 11-7 中的 isValidAt(i,j,grid) 函数检测列表 grid 中的 grid[i][j] 值是否合法。它检测 grid[i][j] 是否在行 i 中出现了多次（第 18 ~ 20 行），是否在列 j 中出现了多次（第 13 ~ 15 行），是否在 3 × 3 的方块中出现了多次（第 23 ~ 27 行）。

如何定位一个盒子中的单元？对于任意的 grid[i][j]，包含 grid[i][j] 的 3 × 3 盒子中第一个单元是 grid[(i//3)*3][(j//3)*3]，如图 11-7 所示。

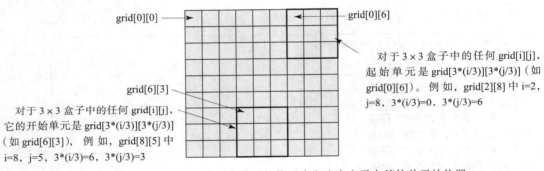

图 11-7   3 × 3 盒子中的第一个单元的位置决定这个盒子中其他单元的位置

通过上述说明，可以很容易判别一个盒子中的所有单元。例如，如果 grid[r][c] 是一个 3 × 3 盒子的起始单元，那么这个盒子中所有的单元可以通过下面的嵌套循环来遍历。

```
# Get all cells in a 3-by-3 box starting at grid[r][c]
for row in range(r, r + 3):
    for col in range(c, c + 3):
        # grid[row][col] is in the box
```

从控制台输入 81 个数字是非常繁重的。当你测试程序时，可以将输入存入一个名为 CheckSudokuSolution.txt 的文件中（参见 www.cs.armstrong.edu/liang/data/CheckSudokuSolution.txt），在命令行使用下面的命令来运行程序。

```
python TestCheckSudokuSolution.py < CheckSudokuSolution.txt
```

11.8 实例研究：数独图形用户界面

🔑 **关键点**：如何创建一个检测数独解决方案是否正确的图形用户界面程序。

上节的程序从控制台读取一个数独解决方案并且检测这个解决方案是否正确。本节给出一个图形用户界面程序，从 Entry 小构件输入解决方案，并且单击 "Validate" 按钮来检测这个解决方案是否正确，如图 11-8 所示。

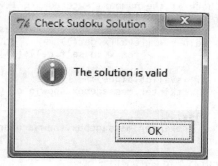

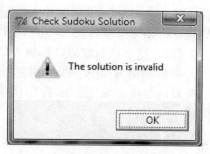

图 11-8 可以在 Entry 小构件中输入数字并单击 Validate 按钮来检测解决方案是否正确

完整的程序在清单 11-8 中给出。

程序清单 11-8 SudokuGUI.py

```
 1  from tkinter import * # Import all definitions from tkinter
 2  import tkinter.messagebox # Import tkinter.messagebox
 3  from CheckSudokuSolution import isValid # Defined in Listing 11.7
 4
 5  class SudokuGUI:
 6      def __init__(self):
 7          window = Tk() # Create a window
 8          window.title("Check Sudoku Solution") # Set title
 9
10          frame = Frame(window) # Hold entries
11          frame.pack()
12
13          self.cells = [] # A list of variables tied to entries
14          for i in range(9):
15              self.cells.append([])
16              for j in range(9):
17                  self.cells[i].append(StringVar())
18
19          for i in range(9):
20              for j in range(9):
21                  Entry(frame, width = 2, justify = RIGHT,
22                      textvariable = self.cells[i][j]).grid(
23                          row = i, column = j)
24
25          Button(window, text = "Validate",
26              command = self.validate).pack()
27
28          window.mainloop() # Create an event loop
```

```
29
30        # Check if the numbers entered are a valid solution
31    def validate(self):
32        # Get the numbers from the entries
33        values = [[eval(x.get())
34                    for x in self.cells[i]] for i in range(9)]
35
36        if isValid(values):
37            tkinter.messagebox.showinfo("Check Sudoku Solution",
38                                    "The solution is valid")
39        else:
40            tkinter.messagebox.showwarning("Check Sudoku Solution",
41                                    "The solution is invalid")
42
43    SudokuGUI() # Create GUI
```

程序创建一个名为 cells 的二维列表（第 13 ~ 17 行）。列表 cells 中每一个单元对应于相应输入框中的值（第 19 ~ 23 行）。这些输入框通过网格管理器在框架内创建和放置。一个按钮被创建并放置在框架之下（第 25 ~ 26 行）。当按钮被单击时，会调用回调处理程序 validate（第 31 ~ 41 行）。这个函数获取这些输入框中的值，并将它们放入二维列表 values 中（第 33 ~ 34 行），然后调用 isValid 函数（在程序清单 11-7 中定义）来检测这些来自输入框的数是否是一个有效的解决方案（第 36 行）。使用 Tkinter 的标准对话框来显示这个解决方案是否有效（第 36 ~ 41 行）。

11.9 多维列表

🖉 **关键点**：二维列表是包含了一维列表的列表，而三维列表是包含了二维列表的列表。

在前面的小节中，使用过二维列表来表示矩阵或表格。偶尔，你需要表示 n 维数据。可以创建一个任意 n 维的列表。例如：可以使用一个三维列表来存储 6 名学生 5 门考试的成绩，其中每科考试成绩由两部分构成（多选题和论文）。下面的语法创建一个名为 scores 的三维列表。

```
scores = [
    [[11.5, 20.5], [11.0, 22.5], [15, 33.5], [13, 21.5], [15, 2.5]],
    [[4.5, 21.5], [11.0, 22.5], [15, 34.5], [12, 20.5], [14, 11.5]],
    [[6.5, 30.5], [11.4, 11.5], [11, 33.5], [11, 23.5], [10, 2.5]],
    [[6.5, 23.5], [11.4, 32.5], [13, 34.5], [11, 20.5], [16, 11.5]],
    [[8.5, 26.5], [11.4, 52.5], [13, 36.5], [13, 24.5], [16, 2.5]],
    [[11.5, 20.5], [11.4, 42.5], [13, 31.5], [12, 20.5], [16, 6.5]]]
```

scores[0][1][0] 是指第一位学生第二门课的多选题成绩，它是 11.0。scores[0][1][1] 是指第一位学生第二门课的论文成绩，它是 22.5。下图描绘了列表中每个值的含义。

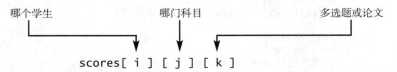

一个多维列表是每个元素是其他列表的列表。具体地说，一个三维列表是由二维列表组成的列表，而一个二维列表是由一维列表组成的列表。例如：scores[0] 和 scores[1] 都是二维列表，而 scores[0][0]、scores[0][1]、scores[1][0] 和 scores[1][1] 都是一维列表并且每个列表都含有两个元素。len(scores) 是 6，len(scores[0]) 是 5 而 len(scores[0][0]) 是 2。

11.9.1 问题：每日温度和湿度

假设一个气象站记录下每天每个小时的温度和湿度并且将过去十天里的这些温度和湿度数据存储到一个文本文件 weather.tx t 当中（参见 www.cs.armstrong.edu/liang/data/weather.txt）。文件中的每一行含有 4 个数字，它们分别表示日期、时间、温度和湿度。文件中的内容如图 a 所示。

```
1 1 76.4 0.92
1 2 77.7 0.93
...
10 23 97.7 0.71
10 24 98.7 0.74
```

```
10 24 98.7 0.74
1 2 77.7 0.93
...
10 23 97.7 0.71
1 1 76.4 0.92
```

a)   b)

注意：文件中每一行并不一定要按顺序排列。例如：文件内容可能如图 b 所示。

编写一个程序计算这 10 天每天的平均温度和湿度。可以使用输入重定向从文件读取数据并将这些数据存入一个名为 data 的三维列表中。data 的第一个下标范围在 0 到 9 之间，它表示这 10 天中第几天；第二个下标范围在 0 到 23 之间，它表示 24 个小时周期；第三个下标取 0 或 1，分别表示温度和湿度。注意：文件中日期和时间分别取值从 1 到 10 和从 1 到 24。由于列表下标是从 0 开始的，所以 data[0][0][0] 存储的是第一天 1 点时的温度，而 data[9][23][1] 存储的是第 10 天 24 点的湿度。

程序在程序清单 11-9 中给出。

程序清单 11-9 Weather.py

```
 1  def main():
 2      NUMBER_OF_DAYS = 10
 3      NUMBER_OF_HOURS = 24
 4
 5      # Initialize data
 6      data = []
 7      for i in range(NUMBER_OF_DAYS):
 8          data.append([])
 9          for j in range(NUMBER_OF_HOURS):
10              data[i].append([])
11              data[i][j].append(0) # Temperature value
12              data[i][j].append(0) # Humidity value
13
14      # Read input using input redirection from a file
15      for k in range(NUMBER_OF_DAYS * NUMBER_OF_HOURS):
16          line = input().strip().split()
17          day = eval(line[0])
18          hour = eval(line[1])
19          temperature = eval(line[2])
20          humidity = eval(line[3])
21          data[day - 1][hour - 1][0] = temperature
22          data[day - 1][hour - 1][1] = humidity
23
24      # Find the average daily temperature and humidity
25      for i in range(NUMBER_OF_DAYS):
26          dailyTemperatureTotal = 0
27          dailyHumidityTotal = 0
28          for j in range(NUMBER_OF_HOURS):
29              dailyTemperatureTotal += data[i][j][0]
30              dailyHumidityTotal += data[i][j][1]
31
```

```
32                # Display result
33            print("Day " + str(i) + "'s average temperature is "
34                + str(dailyTemperatureTotal / NUMBER_OF_HOURS))
35            print("Day " + str(i) + "'s average humidity is "
36                + str(dailyHumidityTotal / NUMBER_OF_HOURS))
37
38   main() # Call the main function
```

```
Day 0's average temperature is 77.7708
Day 0's average humidity is 0.929583
Day 1's average temperature is 77.3125
Day 1's average humidity is 0.929583
...
Day 9's average temperature is 79.3542
Day 9's average humidity is 0.9125
```

可以使用下面的命令来运行程序。

python Weather.py < Weather.txt

程序在第 6 ～ 12 行创建一个三维列表来存储温度和湿度数据，这个三维列表中的元素初始值为 0。第 15 ～ 22 行的循环将输入读取至列表中。可以从键盘上直接输入数据，但是这样做会非常笨拙。为了方便起见，将数据存储在一个文件当中，运行程序时通过输入重定向来从文件中读取这些数据。程序将每一行的输入作为字符串读入然后将字符串分隔成一个列表（第 16 行）以获得日期、时间、温度和湿度（第 17 ～ 20 行）。第 25 ～ 30 行的循环将一天中每个小时的温度都加起来存入 dailyTemperatureTotal 变量中，一天中每个小时的湿度加起来存入 dailyHumidityTotal 变量中。程序的第 33 ～ 36 行显示每天的平均温度和湿度。

11.9.2　问题：猜生日

程序清单 4-3 是一个猜生日的程序。这个程序能简化为将数字存入一个三维列表并使用循环提示用户输入答案，如程序清单 11-10 所示。这个程序的示例运行和程序清单 4-3 一样。

程序清单 11-10　GuessBirthdayUsingList.py

```
 1   def main():
 2       day = 0 # Day to be determined
 3
 4       dates = [
 5         [[ 1,  3,  5,  7],
 6          [ 9, 11, 13, 15],
 7          [17, 19, 21, 23],
 8          [25, 27, 29, 31]],
 9         [[ 2,  3,  6,  7],
10          [10, 11, 14, 15],
11          [18, 19, 22, 23],
12          [26, 27, 30, 31]],
13         [[ 4,  5,  6,  7],
14          [12, 13, 14, 15],
15          [20, 21, 22, 23],
16          [28, 29, 30, 31]],
17         [[ 8,  9, 10, 11],
18          [12, 13, 14, 15],
19          [24, 25, 26, 27],
20          [28, 29, 30, 31]],
21         [[16, 17, 18, 19],
22          [20, 21, 22, 23],
23          [24, 25, 26, 27],
```

```
24              [28, 29, 30, 31]]]
25
26      for i in range(5):
27          print("Is your birthday in Set" + str(i + 1) + "?")
28          for j in range(4):
29              for k in range(4):
30                  print(format(dates[i][j][k], "4d"), end = " ")
31              print()
32
33          answer = eval(input("Enter 0 for No and 1 for Yes: "))
34
35          if answer == 1:
36              day += dates[i][0][0]
37
38      print("Your birthday is " + str(day))
39
40  main() # Call the main function
```

第 4 ～ 24 行创建了一个三维列表 dates。这个列表存储了 5 个二维数字列表，每个二维列表都是一个 4×4 的二维列表。

开始于第 26 行的循环显示每个二维列表的数字并且提示用户回答生日是否在这个二维列表当中（第 33 行）。如果生日在这个列表中，那么列表中的第一个数字（dates[i][0][0]）将被加入变量 day 中（第 36 行）。这个程序与程序清单 4-3 中的程序是相同的，除了这个程序是将五组数据集合存在一个列表。这样组织数据是更好的，因为数据可以在循环中重用和处理。

检查点

11.7　给出下面代码的输出结果。

```
def f(m):
    for i in range(len(m)):
        for j in range(len(m[i])):
            for k in range(len(m[j])):
                m[i][j][k] += 1

def printM(m):
    for i in range(len(m)):
        for j in range(len(m[i])):
            for k in range(len(m[j])):
                print(m[i][j][k], end = "")
        print()

m = [[[0, 0], [0, 1]], [[0, 0], [0, 1]]]

printM(m)
f(m)
printM(m)
```

关键术语

column index（列下标）　　　　　　　　　row index（行下标）

multidimensional list（多维列表）　　　　two-dimensional list（二维列表）

nested list（嵌套列表）

本章总结

1. 二维列表能用来存储二维数据，例如：一张表和一个矩阵。

2. 二维列表也是列表。二维列表中的元素是一个列表。

3. 二维列表中的元素可以使用下面的语法来访问。

```
listName[rowIndex][columnIndex].
```

4. 可以利用一个列表的列表来形成多维列表以存储多维数据。

测试题

本章的在线测试题位于 www.cs.armstrong.edu/liang/py/test.html。

编程题

第 11.2 ～ 11.3 节

*11.1 （按列求和）编写一个函数，使用下面的函数头返回矩阵里特定某一列所有元素的和。

```
def sumColumn(m, columnIndex):
```

编写一个测试程序，程序读入一个 3×4 的矩阵，然后显示每一列的和值。下面是一个示例运行。

```
Enter a 3-by-4 matrix row for row 0: 1.5 2 3 4    ↵Enter
Enter a 3-by-4 matrix row for row 1: 5.5 6 7 8    ↵Enter
Enter a 3-by-4 matrix row for row 2: 9.5 1 3 1    ↵Enter
Sum of the elements for column 0 is 16.5
Sum of the elements for column 1 is 9.0
Sum of the elements for column 2 is 13.0
Sum of the elements for column 3 is 13.0
```

*11.2 （矩阵的主对角线元素求和）使用下面的函数头编写一个函数对一个 n×n 的整数矩阵的主对角线上的所有元素求和。

```
def sumMajorDiagonal(m):
```

主对角线是一条从方阵左上角到右下角的对角线。编写一个测试程序，读入一个 4×4 矩阵然后显示矩阵主对角线所有元素的和。下面是一个示例运行。

```
Enter a 4-by-4 matrix row for row 1: 1 2 3 4       ↵Enter
Enter a 4-by-4 matrix row for row 2: 5 6.5 7 8     ↵Enter
Enter a 4-by-4 matrix row for row 3: 9 10 11 12    ↵Enter
Enter a 4-by-4 matrix row for row 4: 13 14 15 16   ↵Enter

Sum of the elements in the major diagonal is 34.5
```

*11.3 （按分数对学生排序）改写程序清单 11-2 按正确答案个数的升序显示学生。

**11.4 （计算员工的一周工作时间）假设所有员工每周的工作时间被存在一张表中。每一行有 7 列记录一位员工每周 7 天每天的工作时间。例如：下面这张表存储了 8 位员工每周的工作时间。编写一个程序显示员工和他们每周总的工作时间，按总工作时间降序排列员工。

11.5 （代数：矩阵相加）编写一个函数，实现矩阵相加。函数头如下所示。

	Su	M	T	W	Th	F	Sa
Employee 0	2	4	3	4	5	8	8
Employee 1	7	3	4	3	3	4	4
Employee 2	3	3	4	3	3	2	2
Employee 3	9	3	4	7	3	4	1
Employee 4	3	5	4	3	6	3	8
Employee 5	3	4	4	6	3	4	4
Employee 6	3	7	4	8	3	8	4
Employee 7	6	3	5	9	2	7	9

```
def addMatrix(a, b):
```

两个相加矩阵的维数必须相同且它们元素的类型必须一致。假设 c 是相加之后的矩阵。那么每个元素 C_{ij} 是 $a_{ij} + b_{ij}$。例如，对两个 3×3 矩阵 a 和 b 相加，c 是

$$\begin{pmatrix} a_{11} & a_{12} & a_{13} \\ a_{21} & a_{22} & a_{23} \\ a_{31} & a_{32} & a_{33} \end{pmatrix} + \begin{pmatrix} b_{11} & b_{12} & b_{13} \\ b_{21} & b_{22} & b_{23} \\ b_{31} & b_{32} & b_{33} \end{pmatrix} = \begin{pmatrix} a_{11} + b_{11} & a_{12} + b_{12} & a_{13} + b_{13} \\ a_{21} + b_{21} & a_{22} + b_{22} & a_{23} + b_{23} \\ a_{31} + b_{31} & a_{32} + b_{32} & a_{33} + b_{33} \end{pmatrix}$$

编写一个测试程序提示用户输入两个 3×3 矩阵，然后显示它们相加的结果。下面是一个示例运行。

```
Enter matrix1: 1 2 3 4 5 6 7 8 9 ↵Enter
Enter matrix2: 0 2 4 1 4.5 2.2 1.1 4.3 5.2 ↵Enter
The matrices are added as follows:
 1.0 2.0 3.0        0.0 2.0 4.0        1.0 4.0 11.0
 4.0 5.0 6.0    +   1.0 4.5 2.2    =   5.0 11.5 8.2
 11.0 8.0 11.0      1.1 4.3 5.2        8.1 12.3 14.2
```

**11.6 （代数：矩阵相乘）编写一个函数实现矩阵相乘。函数头如下所示。

```
def multiplyMatrix(a, b)
```

为了实现矩阵 a 乘以 b，矩阵 a 的列数必须等于矩阵 b 的行数且两个矩阵的元素类型必须相同或者兼容。假设 c 是矩阵相乘的结果，矩阵 a 的列数为 n。每个元素 C_{ij} 是 $a_{i1} \times b_{1j} + a_{i2} \times b_{2j} + \cdots + a_{in} \times b_{nj}$。例如，对于两个 3×3 矩阵 a 和 b，c 是

$$\begin{pmatrix} a_{11} & a_{12} & a_{13} \\ a_{21} & a_{22} & a_{23} \\ a_{31} & a_{32} & a_{33} \end{pmatrix} \times \begin{pmatrix} b_{11} & b_{12} & b_{13} \\ b_{21} & b_{22} & b_{23} \\ b_{31} & b_{32} & b_{33} \end{pmatrix} = \begin{pmatrix} c_{11} & c_{12} & c_{13} \\ c_{21} & c_{22} & c_{23} \\ c_{31} & c_{32} & c_{33} \end{pmatrix}$$

其中 $c_{ij} = a_{i1} \times b_{1j} + a_{i2} \times b_{2j} + a_{i3} \times b_{3j}$。

编写一个测试程序提示用户输入两个 3×3 矩阵，然后显示它们相乘的结果。下面是一个示例运行。

```
Enter matrix1: 1 2 3 4 5 6 7 8 9 ↵Enter
Enter matrix2: 0 2 4 1 4.5 2.2 1.1 4.3 5.2 ↵Enter
The multiplication of the matrices is
 1 2 3        0 2.0 4.0        5.3 23.9 24
 4 5 6    *   1 4.5 2.2    =   11.6 56.3 58.2
 7 8 9        1.1 4.3 5.2      111.9 88.7 92.4
```

*11.7 （距离最近的两点）程序清单 11-3 中的程序找出二维空间里距离最近的两点。修改这个程序使得它能找出三维空间里距离最近的两点。使用一个二维列表来表示这些点。使用下面的点来测试程序。

```
points = [[-1, 0, 3], [-1, -1, -1], [4, 1, 1],
    [2, 0.5, 9], [3.5, 2, -1], [3, 1.5, 3], [-1.5, 4, 2],
    [5.5, 4, -0.5]]
```

计算三维空间两点（x1,y1,z1）和（x2,y2,z2）之间距离的公式是 $\sqrt{(x_2 - x_1)^2 + (y_2 - y_1)^2 + (z_2 - z_1)^2}$。

**11.8 （所有距离最近的对点）修改程序清单 11-4，找出所有距离都取最小值的点对。

***11.9 （游戏：井字游戏）在井字游戏中，两位玩家依次在一个 3×3 的网格中的单元格使用他们对应的符号（X 或 O）做出标记。当有一位玩家将 3 个他对应的标记在一条对角线、一行、一列中成功连接时，游戏以这名玩家获胜结束。当两位玩家都没有成功连接且网格中的单元格全部填满时，双方平局。编写一个井字游戏程序。

程序提示两位玩家依次输入 X 符号和 O 符号。每当符号被输入时，程序在控制台上重新显示棋盘并且判定游戏的状态（一方获取、平局或者继续游戏）。下面是一个示例运行。

```
-------------
|   |   |   |
-------------
|   |   |   |
-------------
|   |   |   |
-------------
Enter a row (0, 1, or 2) for player X: 1 ↵Enter
Enter a column (0, 1, or 2) for player X: 1 ↵Enter

-------------
|   |   |   |
-------------
|   | X |   |
-------------
|   |   |   |
-------------
Enter a row (0, 1, or 2) for player O: 1 ↵Enter
Enter a column (0, 1, or 2) for player O: 2 ↵Enter
-------------
|   |   |   |
-------------
|   | X | O |
-------------
|   |   |   |
-------------
Enter a row (0, 1, or 2) for player X:

...

-------------
| X |   |   |
-------------
| O | X | O |
-------------
|   |   | X |
-------------
X player won
```

*11.10 （最大的行和列）编写一个程序将 0 和 1 随机填入一个 4×4 的矩阵中，打印这个矩阵然后找出含有 1 最多的行和列。下面是这个程序的一个示例运行。

```
0011
0011
1101
1010
The largest row index: 2
The largest column index: 2, 3
```

**11.11 （游戏：九个正反面）9 个硬币放在 3×3 的矩阵中，这些硬币要么是正面向上要么就是反面向上。可以用值 0（正面朝上）和值 1（反面朝上）来反映硬币相应的状态。下面是一些例子。

```
0 0 0     1 0 1     1 1 0     1 0 1     1 0 0
0 1 0     0 0 1     1 0 0     1 1 0     1 1 1
0 0 0     1 0 0     0 0 1     1 0 0     1 1 0
```

每种状态也都可以用一个二进制数表示。例如，上面各个矩阵的状态对应的二进制数是：

0000 10000 1010 01100 1101 00001 1011 10100 1001 11110

这里会有 512 种可能性。因此，可以使用十进制数 0、1、2、3、…、511 来表示矩阵所有的状态。编写一个程序提示用户输入一个 0 到 511 之间的整数，然后用字符 H 和 T 来显示矩阵对应的状态。下面是一个示例运行。

```
Enter a number between 0 and 511: 7 ↵Enter
H H H
H H H
T T T
```

用户输入 7，它对应的二进制数是 0000 00111。又因为 0 代表 H，1 代表 O，因此输出是正确的。

**11.12 （经济学应用：计算税款）使用列表重写程序清单 4-7。对于每种报税情况，都有 6 种相应税率。每种税率都对应相应的应纳税收入总额。例如：对应纳税收入总额为 400 000 的单身而言，8350 按 10% 纳税，（33 950-8350）按 15% 纳税，（82 250-33 950）按 25% 纳税，（171 550-82 250）按 28% 纳税，（372 950-171 550）按 33% 纳税，（400 000-372 950）按 35% 纳税。这六种税率对所有纳税人都是相同的，可以用下面的列表表示。

```
rates = [0.10, 0.15, 0.25, 0.28, 0.33, 0.35]
```

所有纳税人的不同税率的门限可以用一个如下的二维列表表示。

```
brackets = [
  [8350, 33950, 82250, 171550, 372950],   # Single filer
  [16700, 67900, 137050, 208850, 372950], # Married jointly
  [8350, 33950, 68525, 104425, 186475],   # Married separately
  [11950, 45500, 117450, 190200, 372950]  # Head of household
]
```

假设单身纳税人的应纳税收入总额为 400 000 美元。他的税率可以按如下方法计算。

```
tax = brackets[0][0] * rates[0] +
  (brackets[0][1] - brackets[0][0]) * rates[1] +
  (brackets[0][2] - brackets[0][1]) * rates[2] +
  (brackets[0][3] - brackets[0][2]) * rates[3] +
  (brackets[0][4] - brackets[0][3]) * rates[4] +
  (400000 - brackets[0][4]) * rates[5]
```

*11.13 （定位最大元素）编写下面的函数返回一个二维列表中最大元素的位置。

```
def locateLargest(a):
```

函数的返回值是一个含有两个元素的一维列表。这两个元素指出了二维列表中最大元素的行下标和列下标。编写一个测试程序，提示用户输入一个二维列表，并显示该列表中最大元素的位置。下面是一个示例运行。

```
Enter the number of rows in the list: 3 ↵Enter
Enter a row: 23.5 35 2 10 ↵Enter
Enter a row: 4.5 3 45 3.5 ↵Enter
Enter a row: 35 44 5.5 11.6 ↵Enter
The location of the largest element is at (1, 2)
```

**11.14 （探究矩阵）编写一个程序提示用户输入一个方阵的长度，将 0 和 1 随机填入方阵，打印这个矩阵，并找出由全 0 或全 1 组成的行、列和主对角线。下面是该程序的一个示例运行。

```
Enter the size for the matrix: 4 ↵Enter
0111
```

```
0000
0100
1111
All 0s on row 1
All 1s on row 3
No same numbers in a column
No same numbers in the major diagonal
```

第 11.4 ～ 11.9 节

*11.15 （几何学：共线？）编程题 6.19 给出一个用于测试三点是否共线的函数。编写下面的函数来测试是否 points 列表中的所有点都共线。

def sameLine(points):

编写一个程序提示用户输入五个点，然后显示它们是否共线。下面是示例运行。

```
Enter five points: 3.4 2 6.5 11.5 2.3 2.3 5.5 5 -5 4  ↵Enter
The five points are not on the same line
```

```
Enter five points: 1 1 2 2 3 3 4 4 5 5  ↵Enter
The five points are on the same line
```

*11.16 （按 y 坐标对一个点列表排序）编写下面的函数来将列表中的点按 y 坐标排序。每个点都是由 x 和 y 坐标这两个值组成的列表。

```
# Returns a new list of points sorted on the y-coordinates
def sort(points):
```

例如：点集 [[4，2]，[1，7]，[4，5]，[1，2]，[1，1]，[4，1]] 将会被排序为 [[1，1]，[4，1]，[1，2]，[4，2]，[4，5]，[1，7]]。编写一个测试程序，使用 print(list) 显示点集 [[4，34]，[1，7.5]，[4，8.5]，[1，−4.5]，[1，4.5]，[4，6.6]] 的排序结果。

**11.17 （金融风暴）银行间会相互借贷。在经济艰难时期，如果一家银行宣告破产，它可能无法偿还贷款。一家银行的资产总额是它现有的余额加上它给其他银行的贷款。图 11-9 显示了五家银行之间的借贷关系和自身资产余额。各银行的现有余额分别是 25、125、175、75 和 181 百万美元。结点 1 到结点 2 的有向边表明银行 1 将 40 百万美元借给银行 2。

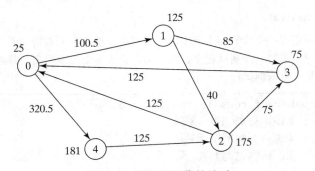

图 11-9　银行间的贷款关系

如果一家银行的资产总额低于一定的界限，这家银行就身处险境了。此时该银行将无法给其他银行偿还它的贷款，因此贷方银行无法将这些贷款计入它的资产总额。因此，该贷方银行的资产总额同样可能低于这个界限，它也就可能会变得危险。编写一个程序找出所有不安全的银行。程序应读入如下所示的输入值。它首先读入两个整数 n 和 limit，其中 n 表明银行的数量，limit 是维持银行安全的最低资产总额。接着读入 n 行信息，它们以 0 到 n-1 标识这 n 家银行。行中的第一个数是银行的余额，第二个数指明从银行贷款的银行数量，其余数字都是由两个数组成的数对。每对数描述一个借方。每对数中的第一个数是借方银行的标识，第二个数是所借的金额。例如，图 11-9 中的五家银行的输入值如下所示（注意界限是 201）。

```
5 201
25 2 1 100.5 4 320.5
125 2 2 40 3 85
175 2 0 125 3 75
75 1 0 125
181 1 2 125
```

银行 3 的资产总额是（75 + 125），低于 201，因此银行 3 是不安全的。在银行 3 不再安全之后，银行 1 的资产总额下降到低于界限（125 + 40），因此银行 1 也变成不安全的。程序的输出应该是：

```
Unsafe banks are 3 1
```

（提示：使用二维列表 borrowers 来表示贷款，borrowers[i][j] 表示银行 i 贷款给银行 j 的总额。一旦银行 j 不再安全，borrowers[i][j] 应当置为 0。）

*11.18 （按行打乱）使用下面的函数头编写一个函数对一个二维列表按行打乱。

```
def shuffle(m):
```

编写一个测试程序打乱下面的矩阵。

```
m = [[1, 2], [3, 4], [5, 6], [7, 8], [9, 10]]
```

**11.19 （模式识别：四个连续的相同数字）编写下面的函数来检测一个二维列表中是否有四个连续的相同数字，不管这四个数字是在水平方向、垂直方向还是对角线方向。

```
def isConsecutiveFour(values):
```

编写一个测试程序提示用户输入二维列表的行数和列数，然后再输入二维列表的元素值。当列表中包含四个连续的相同数字时，程序显示 True；否则，程序显示 False。下面是一些具有连续相同数字的例子。

```
0 1 0 3 1 6 1      0 1 0 3 1 6 1      0 1 0 3 1 6 1      0 1 0 3 1 6 1
0 1 6 8 6 0 1      0 1 6 8 6 0 1      0 1 6 8 6 0 1      0 1 6 8 6 0 1
5 6 2 1 8 2 9      5 5 2 1 8 2 9      5 6 2 1 6 2 9      9 6 2 1 8 2 9
6 5 6 1 1 9 1      6 5 6 1 1 9 1      6 5 6 6 1 9 1      6 9 6 1 1 9 1
1 3 6 1 4 0 7      1 5 6 1 4 0 7      1 3 6 1 4 0 7      1 3 9 1 4 0 7
3 3 3 3 4 0 7      3 5 3 3 4 0 7      3 6 3 3 4 0 7      3 3 3 9 4 0 7
```

***11.20 （游戏：四点相连）四点相连游戏是一个双人游戏，两位玩家依次将不同颜色的棋子下在一个 7 列 6 行的垂直悬挂的网格上，如 cs.armstrong.edu/liang/ConnectFour/ConnectFour.html 所示。游戏的目标是在对手之前将 4 个相同颜色的棋子在一行、一列或一条斜线上连接起来。程序提示两位玩家依次下红色或黄色的棋子。每当一个棋子下完，程序就会在控制台上重新绘制棋盘并且判决当前游戏状态（一方获胜，平局或者游戏继续）。下面是一个示例运行。

```
|  |  |  |  |  |  |  |
|  |  |  |  |  |  |  |
|  |  |  |  |  |  |  |
|  |  |  |  |  |  |  |
|  |  |  |  |  |  |  |
|  |  |  |  |  |  |  |
_____
Drop a red disk at column (0-6): 0  ↵Enter

|  |  |  |  |  |  |  |
|  |  |  |  |  |  |  |
|  |  |  |  |  |  |  |
|  |  |  |  |  |  |  |
|  |  |  |  |  |  |  |
|R|  |  |  |  |  |  |
_____
Drop a yellow disk at column (0-6): 3  ↵Enter

|  |  |  |  |  |  |  |
|  |  |  |  |  |  |  |
|  |  |  |  |  |  |  |
|  |  |  |  |  |  |  |
|  |  |  |  |  |  |  |
|R|  |  |Y|  |  |  |
...
...
...
Drop a yellow disk at column (0-6): 6  ↵Enter

|  |  |  |  |  |  |  |
|  |  |  |  |  |  |  |
|  |  |  |R|  |  |  |
|  |  |  |Y|R|Y|  |
|  |  |R|Y|Y|Y|Y|
|R|Y|R|Y|R|R|R|
_____
The yellow player won
```

***11.21 （游戏：多个数独解决方案）关于数独难题的完整解法在附录Ⅲ.A中给出。一个数独问题可能有多个解决方案。修改附录Ⅲ.A中的程序 Sudoku.py，使得它能够显示该数独问题所有解决方案的个数。如果存在多个解决方案则显示其中的两个数独解决方案。

**11.22 （偶数个1）编写一个程序生成一个6×6的二维矩阵，其中的元素填入0或者1。显示这个矩阵，并且检测每一行和每一列中是否都有偶数个1。

*11.23 （游戏：翻转单元）假设有一个6×6的矩阵，矩阵中的元素不是取0就是取1。为了使所有的行和列都有偶数个1，翻转矩阵中的一个单元（即将1翻转为0将0翻转为1）使得矩阵所有行和列有偶数个1。编写一个程序找出应当翻转哪个单元。程序提示用户输入一个6×6的取0或1值的二位列表，并且找出第一个违反偶数个1准则的行号r和列号c。翻转单元就在（r,c）位置上。

*11.24 （检测独解的解决方案）程序清单11-7通过检查网格中所有数字是否合法来检测一个数独的解决方案是否有效。重写这个程序检测是否网格的每一行、每一列和每个盒子的值都有从1到9的数字。

*11.25 （马尔可夫矩阵）如果一个n×n的方阵中所有元素都是正的且每一列的和都是1，那么这个矩

阵就被称为一个正定马尔可夫矩阵。编写下面的函数来检测一个矩阵是否是马尔可夫矩阵。

def isMarkovMatrix(m):

编写一个测试程序提示用户输入一个 3×3 的数字矩阵并且测试它是否是马尔可夫矩阵。下面是示例运行。

```
Enter a 3-by-3 matrix row by row:
0.15 0.875 0.375  ↵Enter
0.55 0.005 0.225  ↵Enter
0.30 0.12 0.4  ↵Enter
It is a Markov matrix
```

```
Enter a 3-by-3 matrix row by row:
0.95 -0.875 0.375  ↵Enter
0.65 0.005 0.225  ↵Enter
0.30 0.22 -0.4  ↵Enter
It is not a Markov matrix
```

*11.26 （按行排序）实现下面函数来将一个二维列表按行排序。函数返回一个新列表而原始的列表保持不变。

def sortRows(m):

编写一个测试程序提示用户输入一个 3×3 的数字矩阵并且显示一个新的按行排序的矩阵。下面是一个示例运行。

```
Enter a 3-by-3 matrix row by row:
0.15 0.875 0.375  ↵Enter
0.55 0.005 0.225  ↵Enter
0.30 0.12 0.4  ↵Enter

The row-sorted list is
0.15 0.375 0.875
0.005 0.225 0.55
0.12 0.30 0.4
```

*11.27 （按列排序）实现下面的函数将一个二维列表按列排序。函数返回一个新列表而原始列表保持不变。

def sortColumns(m):

编写一个测试程序提示用户输入一个 3×3 的数字矩阵并且显示一个新的按列排序的矩阵。下面是一个示例运行。

```
Enter a 3-by-3 matrix row by row:
0.15 0.875 0.375  ↵Enter
0.55 0.005 0.225  ↵Enter
0.30 0.12 0.4  ↵Enter

The column-sorted list is
0.15 0.005 0.225
0.3  0.12  0.375
0.55 0.875 0.4
```

11.28 （严格相等列表）如果两个列表 m1 和 m2 中对应的元素是相等的，那么这两个列表被认为是严格相等的。使用下面的函数头编写一个函数，如果列表 m1 和 m2 是严格相等的，返回 True。

def equals(m1, m2):

编写一个测试程序，程序要求用户输入两个 3×3 整数列表并且显示着这两个列表是否是严格相等的。下面是示例运行。

```
Enter m1: 51 22 25 6 1 4 24 54 6  ↵Enter
Enter m2: 51 22 25 6 1 4 24 54 6  ↵Enter
The two lists are strictly identical
```

```
Enter m1: 51 25 22 6 1 4 24 54 6  ↵Enter
Enter m2: 51 22 25 6 1 4 24 54 6  ↵Enter
The two lists are not strictly identical
```

11.29 （相等列表）如果两个列表 m1 和 m2 含有相同的内容，那么认为这两个列表是相等的。使用下面的函数头编写一个函数，如果列表 m1 和 m2 是相等的，返回 True。

def equals(m1, m2):

编写一个测试程序提示用户输入两个 3×3 整数列表并且显示这两个列表是否相等。下面是示例运行。

```
Enter m1: 51 25 22 6 1 4 24 54 6  ↵Enter
Enter m2: 51 22 25 6 1 4 24 54 6  ↵Enter
The two lists are identical
```

```
Enter m1: 51 5 22 6 1 4 24 54 6  ↵Enter
Enter m2: 51 22 25 6 1 4 24 54 6  ↵Enter
The two lists are not identical
```

*11.30 （代数：解线性方程）编写一个函数解下面的二元一次方程组。

$$a_{00}x + a_{01}y = b_0 \qquad x = \frac{b_0 a_{11} - b_1 a_{01}}{a_{00}a_{11} - a_{01}a_{10}} \qquad y = \frac{b_1 a_{00} - b_0 a_{10}}{a_{00}a_{11} - a_{01}a_{10}}$$
$$a_{10}x + a_{11}y = b_1$$

函数头为：**def** linearEquation(a, b):

如果 $a_{00}a_{11} - a_{01}a_{10}$ 为 0，函数返回 None；否则，函数通过一个列表返回 x、y 的解。编写一个测试程序，程序提示用户输入方程组的系数 a_{00}、a_{01}、a_{10}、a_{11}、b_0 和 b_1 并且显示结果。如果 $a_{00}a_{11} - a_{01}a_{10}$ 为 0，程序输出 "The equation has no solution"。下面是示例运行。

```
Enter a00, a01, a10, a11, b0, b1: 9, 4, 3, -5, -6, -21  ↵Enter
x is -2.0 and y is 3.0
```

```
Enter a00, a01, a10, a11, b0, b1: 1, 2, 2, 4, 40, 5  ↵Enter
The equation has no solution
```

*11.31 （几何：交点）编写一个函数返回两条直线的交点。使用编程题 4.25 中的公式可以找出两条直线的交点。假设（x1,y1）和（x2,y2）是直线 1 上的两个点，而（x3,y3）和（x4,y4）是直线 2 上的两个点。函数头如下所示。

```
def getIntersectingPoint(points):
```

这四个点被存储在一个 4×2 的二维列表 points 中，其中（points[0][0],points[0][1]）是（x1,y1）。函数通过一个列表返回交点，如果这两条直线平行则返回 None。编写一个程序提示用户输入四个点并且显示交点。示例运行参见编程题 4.25。

*11.32 （几何：三角形的面积）使用下面的函数头编写一个函数返回一个三角形的面积。

```
def getTriangleArea(points):
```

三角形的顶点被存在一个 3×2 的二维列表 points 中，其中（points[0][0],points[0][1]）是点（x1,y1）。三角形的面积可以使用编程题 2.14 中的公式来计算。如果这三个点是在一条直线上则函数返回 None。编写一个程序提示用户输入三个点并且显示这三个点构成的三角形的面积。下面是一个示例运行。

```
Enter x1, y1, x2, y2, x3, y3: 2.5 2 5 -1.0 4.0 2.0  ↵Enter
The area of the triangle is 2.25
```

```
Enter x1, y1, x2, y2, x3, y3: 2 2 4.5 4.5 6 6  ↵Enter
The three points are on the same line
```

*11.33 （几何：多边形的子区域）一个凸四边形能够划分成 4 个三角形，如图 11-10 所示。

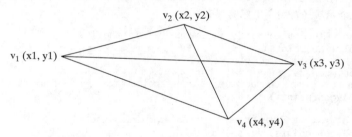

图 11-10　一个四边形通过 4 个顶点定义

编写一个程序提示用户输入四边形对应顶点的坐标并且按升序显示划分的四个三角形的面积。下面是一个示例运行。

```
Enter x1, y1, x2, y2, x3, y3, x4, y4: -2.5 2 4 4 3 -2 -2 -3.5  ↵Enter
The areas are 6.17 7.96 8.08 10.42
```

*11.34 （几何：最右最低点）在计算几何学中，通常需要在一个点集中寻找最右最低的点。编写下面的函数返回一个点集中最右最低点的点。

```
# Return a list of two values for a point
def getRightmostLowestPoint(points):
```

编写一个测试程序提示用户输入 6 个点的坐标然后显示其中最右最低点。下面是一个示例运行。

```
Enter 6 points: 1.5 2.5 -3 4.5 5.6 -7 6.5 -7 8 1 10 2.5  ↵Enter
The rightmost lowest point is (6.5, -7)
```

*11.35 （中心城市）给定一个城市的集合，中心城市是指到其他城市的距离之和最小的城市。编写一个程序提示用户输入城市的个数和所有城市的位置坐标，并且找出中心城市。

**11.36 （使用 Turtle 仿真：自我规避随机游走）在一个网格中的自我规避游走是一条从一点到另一点的路径，并且这条路径不会经过同一个点两次。自我规避游走在物理、化学和数学有很多的应用。它可以用来模拟链状实体,例如溶剂和高分子聚合物。编写一个 Turtle 程序显示一条随机路径,该路径从中心点开始在边界上的某点结束,如图 11-11a 所示,或者在死点处结束(即该点被其他已经经过的 4 个点包围),如图 11-11b 所示。假设这个网格的大小是 16×16。

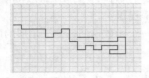

a)在边界点结束的一条路径　　　　　　　　b)在死点结束的一条路径

图 11-11

**11.37 (仿真:自我规避随机游走)编写一个仿真程序来展示随着网格大小的扩大,路径在死点结束的概率将会提高。程序模拟网格大小从 10 变化到 80。对于每一种网格大小,仿真 10 000 次自我规避随机游走然后显示在死点结束的概率,输出如下所示。

```
For a lattice of size 10, the probability of dead-end paths is 11.6%
For a lattice of size 11, the probability of dead-end paths is 14.0%
...
For a lattice of size 80, the probability of dead-end paths is 99.5%
```

**11.38 (Turtle:绘制多边形/折线)编写下面的函数绘制一个多边形或折线来连接列表中的所有点。列表中的每个元素是有两个坐标的列表。

```
# Draw a polyline to connect all the points in the list
def drawPolyline(points):

# Draw a polygon to connect all the points in the list and
# close the polygon by connecting the first point with the last point
def drawPolygon(points):

# Fill a polygon by connecting all the points in the list
def fillPolygon(points):
```

**11.39 (Tkinter:四个连续的相同数字)为编程题 11.19 编写一个图形用户界面程序,如图 11-12 所示。通过 6 行 7 列的网格的文本域输入数字。当单击"Solve"按钮时,如果网格中存在 4 个连续相同数字,将标记出这 4 个连续数字。

图 11-12　单击"Solve"按钮来标记出这四个在对角、行或列上连续的数字

**11.40 (猜首都)编写一个程序重复提示用户输入一个国家的首都。一旦收到用户的输入,程序报告用户输入答案是否正确。假设将 50 个国家和它们的首都存在一个二维列表当中,如图 11-13 所示。程序提示用户回答所有国家的首都并且显示用户答对的总个数。用户答案是不分大小写的。使用列表表示下表中的数据来实现这个程序。下面是一个示例运行。

```
Alabama       Montgomery
Alaska        Juneau
Arizona       Phoenix
...           ...
...           ...
```

图 11-13　国家和首都名称都存在一个二维列表中

```
What is the capital of Alabama? Montogomery  ↵Enter
The correct answer should be Montgomery
What is the capital of Alaska? Juneau  ↵Enter
Your answer is correct
What is the capital of Arizona? ...
...
The correct count is 35
```

***11.41　（Tkinter：数独的解决方案）数独的完整解决方案在附录Ⅲ.A 中给出。编写一个 GUI 程序让用户输入一个数独难题，然后单击"Solve"按钮时将显示一个解决方案，如图 11-14 所示。

a）用户输入一个数独难题　　　　　　　b）单击"Solve"按钮显示这个数独问题的解决方案

图　11-14

*11.42　（Tkinter：绘制正弦函数）编程题 5.52 使用 Turtle 绘制一条正弦函数曲线。使用 Tkinter 重写这个程序来绘制正弦函数曲线，如图 11-15a 所示。

　　提示：统一码中 π 的编码是 \u03c0。为了显示 -2π，使用语句 turtle.write("-2\u03c0")。对于像 sin(x) 的三角函数，x 是用弧度表示。使用下面循环将点添加到多边形 p 中。

```
p = []
for x in range(-175, 176):
    p.append([x, -50 * math.sin((x / 100.0) * 2 *
    math.pi)])
```

　　-2π 在坐标（-100，-15）处显示，坐标系的中心是（0，0），2π 在坐标（100，-15）处显示。

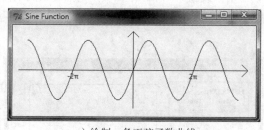 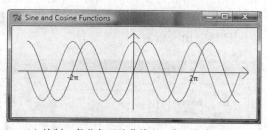

a）绘制一条正弦函数曲线　　　　　　　b）绘制一条蓝色正弦曲线和一条红色余弦曲线

图　11-15

*11.43　（Tkinter：绘制正弦函数和余弦函数）编程题 5.53 中使用 Turtle 绘制正弦和余弦函数。利用 Tkinter 重写绘制正弦和余弦函数的程序，如图 11-15b 所示。

11.44　（Tkinter：绘制多边形）编写一个程序提示用户输入六个点的坐标并且将这些点构成填充的多边形，如图 11-16a 所示。注意：可以使用语句 canvas.create_polygon(points) 绘制多边形，其中 points 为存储点的 x、y 坐标的二维列表。

*11.45 （Tkinter：绘制平方函数）编程题 5.54 绘制一条平方函数曲线。使用 Tkinter 重写这个程序，程序运行结果如图 11-16b 所示。

 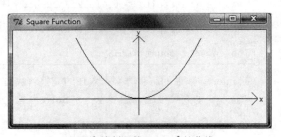

a）通过点的列表绘制一个多边形　　　　　　　b）程序绘制函数 $f(x) = x^2$ 的曲线

图　11-16

*11.46 （Tkinter：显示一个 STOP 标志）编写程序显示一个 STOP 标志，如图 11-17a 所示。这个正六边形是红色的，而文本是黑色的。

  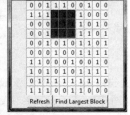

a）程序显示一个 STOP 标志　　　　b）～ c）单击"Refresh"按钮时程序显示一个随机取 0 或 1 的矩阵

图　11-17

*11.47 （Tkinter：最大方块）编写一个程序显示一个 10 × 10 的矩阵，如图 11-17b 所示。矩阵的每个元素不是 0 就是 1，单击" Refresh "按钮时程序给矩阵中的元素随机赋值为 0 或 1。在一个文本框内居中显示矩阵的元素值。允许用户修改矩阵的元素值。单击" Find Largest Block "按钮来找出矩阵中全为 1 的最大子方阵。标记出这个子方阵的数字，如图 11-17c 所示。

**11.48 （几何：寻找边界矩形）编写一个程序让用户动态增添或删除一个二维面板上的点，如图 11-18 所示。当有点被加入或删除时，能够包含这些点的最小边界矩形会自动更新。假设这些点的半径都是 10 个像素。

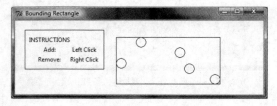 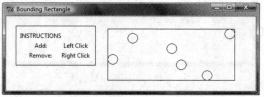

图 11-18　程序允许用户动态实时地添加和删除点并且显示边界矩形

11.49 （游戏：井字游戏）重写编程题 9.6 来显示一个下方有" Refresh "按钮的井字游戏板，如图 11-19 所示。

11.50 （几何：找出最近点）每当有一个新点加入面板时，程序清单 11-5 通过重新计算每个点对之间的距离找出距离最短的两点。这个方法虽然正确的但效率很低。一个效率更高的算法如下所示。

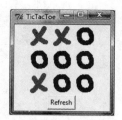

图 11-19　程序显示一个下方有 "Refresh" 按钮的井字游戏板

```
Let d be the current shortest distance between two
        nearest points p1 and p2
Let p be the new point added to the plane
For each existing point t:
    if distance(p, t) < d:
        d = distance(p, t)
        p1, p2 = p, t
```

使用这个新算法重写程序清单 11-5。

**11.51 （对学生排序）编写一个程序提示用户在同一行输入学生的名字和他们的成绩，程序按他们成绩的升序打印学生姓名。（提示：创建一个列表。列表中的每个元素含有两个元素：姓名和成绩的子列表。用 sort 方法依据成绩对列表排序。）

```
Enter students' names and scores: John 34 Jim 45 Peter 59
  Tim 45  ↵Enter
John    34
Jim     45
Tim     45
Peter   59
```

**11.52 （拉丁方阵）拉丁方阵是指一个含有 n 个不同拉丁字母的 n×n 的方阵，每个字母在方阵的每一行和每一列都只出现一次。编写一个程序，程序提示用户输入方阵的大小 n，如实例输出所示并且检测输入的列表是否是一个拉丁方阵。方阵的字母是从 A 开始的 n 个字母。

```
Enter number n: 4  ↵Enter
Enter 4 rows of letters separated by spaces:
A B C D  ↵Enter
B A D C  ↵Enter
C D B A  ↵Enter
D C A B  ↵Enter
The input list is a Latin square
```

```
Enter number n: 3  ↵Enter
Enter 3 rows of letters separated by spaces:
A F D  ↵Enter
Wrong input. The letters must be from A to C.
```

继承和多态

学习目标

- 通过继承由超类定义子类（第 12.2 节）。
- 覆盖子类中的方法（第 12.3 节）。
- 探究 Object 类和它的方法（第 12.4 节）。
- 理解多态和动态绑定（第 12.5 节）。
- 使用 isinstance 函数来判定一个对象是否是类的一个实例（第 12.6 节）。
- 设计一个 GUI 类显示一个可重用的时钟（第 12.7 节）。
- 探索类之间的关系（第 12.8 节）。
- 使用组合和继承关系设计类（第 12.9 ～ 12.11 节）。

12.1 引言

🖊 **关键点**：面向对象程序设计（OOP）可以从现有类定义新类，这被称为继承。

如本书之前所讨论的，面向过程范型的重点在函数的设计上，而面向对象范型的重点放在将数据和方法封装到对象上。使用面向对象范型的软件设计将重点放在对象和对对象的操作上。面向对象方法是在面向过程泛型上增加一个维度，这个维度将数据和操作都集成到对象里。

继承是面向对象泛型软件重用方面一个重要且功能强大的特征。假设要定义类来对圆、矩形和三角形建模。这些类都有很多共同的特性。设计这些类来避免冗余并使系统更易理解和更易维护的最好方式是什么？答案就是使用继承。

12.2 父类和子类

🖊 **关键点**：继承可以定义一个通用类（父类），随后将它扩展为更多特定的类（子类）。

使用类来对同一类型的对象建模。不同类可能会有一些共同的特性和行为，这些共同的特性和行动都囊括在一个类中，然后它们就可以被其他类所共享。继承可以定义一个通用类，随后将它扩展为定义更多特定的类。这些特定的类继承了通用类中的特征和方法。

考虑一下几何对象。假设要设计类建模像圆和矩形这样的集合对象。几何对象有许多共同的属性和行为；例如，它们是可以用某种特定颜色画出来，可以是填充的或者不填充的。这样，一个通用类 GeometricObject 可以被用来建模所有的几何对象。这个类包括属性 color 和 filled，以及适用于这些属性的 get 和 set 方法。假设该类还包括 dateCreated 属性以及 getDateCreated() 和 _ _srt_ _() 方法。_ _srt_ _() 方法返回代表该对象的字符串。

由于圆是一个特殊类型的几何对象，所以它和其他几何对象共享相同的属性和方法。因此，扩展 GeometricObject 类来定义 Circle 类是很有意义的。同样的，也可以定义 Rectangle 为 GeometricObject 的子类。图 12-1 显示这些类之间的关系。指向父类的三角箭头用来表示相关的两个类之间的继承关系。

☞ **注意**：在面向对象的术语中，如果类 C1 扩展自另一个类 C2，那么就将 C1 称为派生类、孩子类或子类，而将 C2 称为超类基类、父类或超类。

子类除了从它的父类中继承可访问的数据域和方法，还可以有其他数据域和方法。在我们的例子中：

- Circle 类继承了 GeometricObject 类所有的可访问数据域和方法。除此之外，它还有一个新的数据域 radius，以及与 radius 相关的 get 和 set 方法。它还包括 getArea()、getPerimeter() 和 getDiameter() 方法来返回圆的面积、周长和直径。

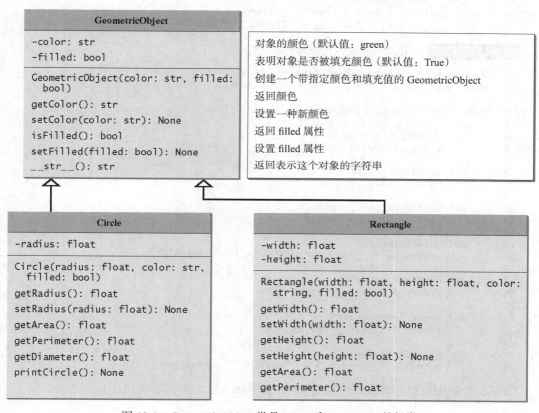

图 12-1　GeometricObject 类是 Circle 和 Rectangle 的超类

- Rectangle 类从 GeometricObject 类继承所有可访问的数据域和方法。除此之外，它还有数据域 width 和 height，以及和它们相关的 get 和 set 方法。它还包括 getArea() 和 getPerimeter() 方法来返回矩形的面积和周长。

GeometricObject 类、Circle 类和 Rectangle 类分别在程序清单 12-1、程序清单 12-2 和程序清单 12-3 中给出。

程序清单 12-1　GeometricObject.py

```
1  class GeometricObject:
2      def __init__(self, color = "green", filled = True):
3          self.__color = color
4          self.__filled = filled
5
```

```
6      def getColor(self):
7          return self.__color
8
9      def setColor(self, color):
10         self.__color = color
11
12     def isFilled(self):
13         return self.__filled
14
15     def setFilled(self, filled):
16         self.__filled = filled
17
18     def __str__(self):
19         return "color: " + self.__color + \
20             " and filled: " + str(self.__filled)
```

程序清单 12-2 CircleFromGeometricObject.py

```
1   from GeometricObject import GeometricObject
2   import math # math.pi is used in the class
3
4   class Circle(GeometricObject):
5       def __init__(self, radius):
6           super().__init__()
7           self.__radius = radius
8
9       def getRadius(self):
10          return self.__radius
11
12      def setRadius(self, radius):
13          self.__radius = radius
14
15      def getArea(self):
16          return self.__radius * self.__radius * math.pi
17
18      def getDiameter(self):
19          return 2 * self.__radius
20
21      def getPerimeter(self):
22          return 2 * self.__radius * math.pi
23
24      def printCircle(self):
25          print(self.__str__() + " radius: " + str(self.__radius))
```

Circle 类 使用下面的语法派生自 GeometricObject 类（程序清单 12-1）。

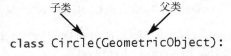

子类   父类

class Circle(GeometricObject):

这就告诉 Python：Circle 类继承了 GeometricObject 类。这样，它就继承了 getcolor、setColor、isFilled、setFilled 和 __str__ 方法。printCircle 方法调用定义在超类中的 __str__() 方法以获得属性（第 25 行）。

super().__init__() 调用父类的 __init__() 方法（第 6 行）。这在创建定义在父类中的数据域是很重要的。

☛ **注意**：也可以选择使用下面的语句调用父类 __init__() 方法：

GeometricObject.__init__(self)

这是一种 Python 现在仍然支持的较老语法，但是并不推荐这种风格。super() 指向父类。

使用 super() 来避免显式地指向父类。每当使用 super() 来调用一个方法时，不需要传递 self 参数。例如，你应该使用：

```
super().__init__()
```

而不是使用

```
super().__init__(self)
```

Rectangle 类派生自 GeometricObject 类（程序清单 12-1），它在定义程序清单 12-3 中定义。

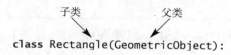

子类　　　　　父类

```
class Rectangle(GeometricObject):
```

程序清单 12-3 RectangleFromGeometricObject.py

```
 1  from GeometricObject import GeometricObject
 2
 3  class Rectangle(GeometricObject):
 4      def __init__(self, width = 1, height = 1):
 5          super().__init__()
 6          self.__width = width
 7          self.__height = height
 8
 9      def getWidth(self):
10          return self.__width
11
12      def setWidth(self, width):
13          self.__width = width
14
15      def getHeight(self):
16          return self.__height
17
18      def setHeight(self, height):
19          self.__height = self.__height
20
21      def getArea(self):
22          return self.__width * self.__height
23
24      def getPerimeter(self):
25          return 2 * (self.__width + self.__height)
```

程序清单 12-4 中的代码创建了 Circle 和 Rectangle 的对象，并调用这些对象上的方法 getArea() 和 getPerimeter()。_ _str_ _() 方法继承自 GeometricObject 类，并且从 Circle 对象（第 5 行）和 Rectangle 对象（第 11 行）上调用。

程序清单 12-4 TestCircleRectangle.py

```
 1  from CircleFromGeometricObject import Circle
 2  from RectangleFromGeometricObject import Rectangle
 3
 4  def main():
 5      circle = Circle(1.5)
 6      print("A circle", circle)
 7      print("The radius is", circle.getRadius())
 8      print("The area is", circle.getArea())
 9      print("The diameter is", circle.getDiameter())
10
11      rectangle = Rectangle(2, 4)
12      print("\nA rectangle", rectangle)
13      print("The area is", rectangle.getArea())
```

```
14        print("The perimeter is", rectangle.getPerimeter())
15
16 main() # Call the main function
```

```
A circle color: green and filled: True
The radius is 1.5
The area is 7.06858347058
The diameter is 3.0

A rectangle color: green and filled: True
The area is 8
The perimeter is 12
```

第 6 行调用 print 函数来打印一个圆。回顾第 8.5 节，它与下面语句一样。

```
print("A circle", circle.__str__())
```

_ _str_ _() 方法并没有在 Circle 类中定义，但是它在 GeometricObject 类中定义。因为 Circle 类是 GeometricObject 类的子类，所以 Circle 对象可以调用 _ _str_ _() 方法。

_ _str_ _() 方法显示一个 GeometricObject 对象的 color 和 filled 属性（程序清单 12-1 的第 18 ～ 20 行）。GeometricObject 对象的 color 属性默认为 green，filled 属性默认为 True（程序清单 12-1 的第 2 行）。因为 Circle 类继承自 GeometricObject 类，那么 Circle 对象的 color 属性默认值也为 green，filled 属性默认值也为 True。

下面是关于继承的值得注意的几点。

- 和传统的理解相反，子类并不是父类的一个子集。实际上，一个子类通常比它的父类包含更多的信息和方法。
- 继承被建模为是关系（is-a），但并不是所有的是关系都应该使用继承建模。例如：正方形是一个矩形，但是不应该从 Rectangle 类来扩展一个 Square 类，因为 width 和 height 属性并不适用于正方形。而是应该定义一个扩展自 GeometricObject 类的 Square 类，并为正方形的边定义 side 属性。
- 不要仅仅为了重用方法这个原因而盲目地扩展一个类。例如：尽管 Person 类和 Tree 类可以共享类似高度和重量这样的通用特性，但是从 Person 类扩展出 Tree 类是毫无意义的。一个父类和它的子类之间必须存在是关系。
- Python 允许从几个类派生出一个子类。这种能力被称为多重继承。使用下面的语法来定义一个从多个类派生出的类。

```
class Subclass(SuperClass1, SuperClass2, ...):
    initializer
    methods
```

☛ 检查点

12.1 如何定义一个扩展自父类的类？ super() 是什么？如何调用父类的初始化函数？

12.2 运行下面的程序时有何问题？如何修改它？

```
class A:
    def __init__(self, i = 0):
        self.i = i

class B(A):
    def __init__(self, j = 0):
        self.j = j
```

```
def main():
    b = B()
    print(b.i)
    print(b.j)

main() # Call the main function
```

12.3 对或错？子类是父类的一个子集。

12.4 Python 支持多重继承吗？如何定义一个扩展自多个类的类？

12.3 覆盖方法

🔑 **关键点**：为了覆盖父类的方法，子类中的方法必须使用与父类方法一样的方法头。

子类从父类继承方法。有时，子类需要修改定义在父类中的方法的实现。这称作方法覆盖。

GeometricObject 类中的 __str__() 方法返回表示几何对象的字符串。这个方法可以被覆盖返回表示圆的字符串。为了覆盖它，在程序清单 12-2，CircleFromGeometricObject.py 中加入下面的新方法。

```
1  class Circle(GeometricObject):
2      # Other methods are omitted
3
4      # Override the __str__ method defined in GeometricObject
5      def __str__(self):
6          return super().__str__() + " radius: " + str(radius)
```

__str__() 方法在 GeometricObject 类中定义，在 Circle 类中修改。在这两个类中定义的该方法都可以在 Circle 类中使用。要在 Circle 类中调用定义在 GeometricObject 中的 __str__() 方法，使用 super.__str__()（第 6 行）。

同样的，可以覆盖 Rectangle 类中 __str__() 方法，如下所示。

```
def __str__(self):
    return super().__str__() + " width: " + \
        str(self.__width) + " height: " + str(self.__height)
```

在本书其余内容中，我们假设 GeometricObject 类中的 __str__() 方法在 Circle 类和 Rectangle 类中已经被覆盖。

☞ **注意**：在 Python 语言中，可以通过在一个方法名前加两条下划线来定义一个私有方法（参见第 7 章）。私有方法不能被覆盖。如果子类中的方法在父类中是私有的，那么这两个方法是完全不相关的，即使这两个方法有同样的方法名。

☞ **检查点**

12.5 真或假？

（a）父类中非私有的方法能够被子类覆盖。

（b）子类能够覆盖父类的私有方法。

（c）子类能够覆盖父类的初始化方法。

（d）当创建一个类的对象时，这个类的父类的初始化方法被自动调用。

12.6 给出下面程序的输出。

```
class A:
    def __init__(self, i = 0):
        self.i = i
```

```
        def m1(self):
            self.i += 1

    class B(A):
        def __init__(self, j = 0):
            super().__init__(3)
            self.j = j

        def m1(self):
            self.i += 1

    def main():
        b = B()
        b.m1()
        print(b.i)
        print(b.j)

    main() # Call the main function
```

12.4　object 类

关键点：Python 中的所有类都派生自 object 类。

object 类在 Python 库中定义。如果一个类定义时没有指定它的父类，那么它的父类默认是 object 类。例如，下面两个类的定义是一样的。

Circle 类和 Rectangle 类都是由 GeometricObject 类派生出来的。GeometricObject 类实际上是由 object 类派生出来的。熟悉 object 类中提供的方法对在类中使用它们是十分重要的。object 类中定义的所有方法都有两条前导下划线和两条后置下划线。本节主要讨论四个方法，即 _ _new_ _()、_ _init_ _()、_ _str_ _() 和 _ _eq_ _(other)。

当创建一个对象时，_ _new_ _() 方法被自动调用。这个方法随后调用 _ _init_ _() 方法来初始化这个对象。一般你只应该覆盖 _ _init_ _() 方法来初始化新类中定义的数据域。

_ _str_ _() 方法会返回一个描述该对象的字符串。默认情况下，它返回一个由该对象所属的类名以及该对象十六进制形式的内存地址组成的字符串。例如，考虑下面这些在程序清单 7-8 中定义的 Loan 类的代码。

```
loan = Loan(1, 1, 1, "Smith")
print(loan) # Same as print(loan.__str__())
```

这些代码会显示像 <Loan.Loan object at 0x01B99C10> 这样的字符串。这个信息不是很有用，或者说没有什么信息量。通常，应该覆盖这个 _ _str_ _() 方法，这样，它可以返回一个代表该对象的描述性字符串。例如，object 类中的 _ _str_ _() 方法在 GeometricObject 类中被覆盖，如程序清单 12-1 中第 18 ～ 20 行所示。

```
def __str__(self):
    return "color: " + self.__color + \
        " and filled: " + str(self.__filled)
```

如果两个对象相等，那么 _ _eq_ _(other) 方法返回 True。因此，x. _ _eq_ _(x) 返回 True，但是 x. _ _eq_ _(y) 返回 False，虽然 x 和 y 有相同的内容，但它们还是两个不同的对象。回顾一下，x.＿＿eq＿＿(y) 与 x==y 是等价的（参见第 8.5 节）。

可以覆盖这个方法使两个对象内容相同时返回 True。Python 的许多像 int、float、bool、string 和 list 这样的内置类中，＿＿eq＿＿方法被覆盖使两个对象内容相同时返回 True。

☞ 检查点

12.7　对或错?

（a）所有对象都是 object 类的一个实例。

（b）如果一个类没有显式地扩展自某父类，那么它默认扩展自 object 类。

12.8　给出下面代码的输出。

```python
class A:
    def __init__(self, i = 0):
        self.i = i

    def m1(self):
        self.i += 1

    def __str__(self):
        return str(self.i)

x = A(8)
print(x)
```

12.9　给出下面代码的输出。

```python
class A:
    def __new__(self):
        print("A's __new__() invoked")

    def __init__(self):
        print("A's __init__() invoked")
class B(A):
    def __new__(self):
        print("B's __new__() invoked")

    def __init__(self):
        print("B's __init__() invoked")

def main():
    b = B()
    a = A()

main() # Call the main function
```

12.10　给出下面代码的输出。

```python
class A:
    def __new__(self):
        self.__init__(self)
        print("A's __new__() invoked")

    def __init__(self):
        print("A's __init__() invoked")

class B(A):
    def __new__(self):
        self.__init__(self)
        print("B's __new__() invoked")
```

```
    def __init__(self):
        print("B's __init__() invoked")

def main():
    b = B()
    a = A()

main() # Call the main function
```

12.11 给出下面代码的输出。

```
class A:
    def __init__(self):
        print("A's __init__() invoked")

class B(A):
    def __init__(self):
        print("B's __init__() invoked")

def main():
    b = B()
    a = A()

main() # Call the main function
```

12.12 给出下面代码的输出。

```
class A:
    def __init__(self, i):
        self.i = i
    def __str__(self):
        return "A"

class B(A):
    def __init__(self, i, j):
        super().__init__(i)
        self.j = j

def main():
    b = B(1, 2)
    a = A(1)
    print(a)
    print(b)

main() # Call the main function
```

12.13 给出下面代码的输出。

```
class A:
    def __init__(self, i):
        self.i = i

    def __str__(self):
        return "A"

    def __eq__(self, other):
        return self.i == other.i

def main():
    x = A(1)
    y = A(1)
    print(x == y)

main() # Call the main function
```

12.5 多态和动态绑定

🔑 **关键点**：多态是指子类的对象可以传递给需要父类类型的参数。一个方法可以被沿着继承链的几个类执行。运行时由 Python 决定调用哪个方法，这被称为动态绑定。

面向对象程序设计的三个特点是封装、继承和多态。前面已经学习了前两个特点，本节将介绍多态性。

继承关系使一个子类继承父类的特征，并且附加一些新特征。子类是它的父类的特殊化；每个子类的实例都是其父类的实例，但是反过来就不成立。例如：每个圆都是一个几何对象，但并非每个几何对象都是圆。因此，总可以将子类的实例传给需要父类类型的参数。考虑程序清单 12-5 中的代码。

程序清单 12-5 PolymorphismDemo.py

```
1   from CircleFromGeometricObject import Circle
2   from RectangleFromGeometricObject import Rectangle
3
4   def main():
5       # Display circle and rectangle properties
6       c = Circle(4)
7       r = Rectangle(1, 3)
8       displayObject(c)
9       displayObject(r)
10      print("Are the circle and rectangle the same size?",
11          isSameArea(c, r))
12
13  # Display geometric object properties
14  def displayObject(g):
15      print(g.__str__())
16
17  # Compare the areas of two geometric objects
18  def isSameArea(g1, g2):
19      return g1.getArea() == g2.getArea()
20
21  main() # Call the main function
```

```
color: green and filled: True radius: 4
color: green and filled: True width: 1 height: 3
Are the circle and rectangle the same size? False
```

方法 displayObject（第 14 行）采用 GeometricObject 类型的参数。可以通过传递任何一个 GeometricObject 的实例（例如：第 8 ～ 9 行的 Circle(4) 和 Rectangle(1,3)）来调用 displayObject。使用父类对象的地方都可以使用子类的对象。这就是通常所说的多态（它源于希腊文字，意思是"多种形式"）。

在这个例子中可以看到，c 是 Circle 类的一个对象。Circle 类是 GeometricObject 类的子类。__str__() 方法在这两个类中都有定义。因此，在 displayObject 方法中 g 应当调用哪个 __str__() 方法（第 15 行）？g 应当调用哪个 __str__() 方法由动态绑定决定。

动态绑定工作机制如下：假设对象 o 是类 C_1、C_2、$\cdots$、C_{n-1}、C_n 的实例，这里的 C_1 是 C_2 的子类，C_2 是 C_3 的子类，$\cdots$，C_{n-1} 是 C_n 的子类，如图 12-2 所示。这也就是说，C_n 是最通用的类，C_1 是最特定的类。在 Python 中，C_n 是 object 类。如果对象 o 调用一个方法 p，那么 Python 会依次在类 C_1、C_2、$\cdots$、C_{n-1}、C_n 中查找方法 p 的实现，直到找到为止。一旦找到一个实现，就停止查找然后调用这个第一次找到的实现。

如果 o 是 C_1 的一个实例，那么它也是 C_1、C_2、…、C_{n-1}、C_n 的实例

图 12-2　哪个方法将被调用是在运行时动态决定的

程序清单 12-6　DynamicBindingDemo.py

```
1  class Student:
2      def __str__(self):
3          return "Student"
4
5      def printStudent(self):
6          print(self.__str__())
7
8  class GraduateStudent(Student):
9      def __str__(self):
10         return "Graduate Student"
11
12 a = Student()
13 b = GraduateStudent()
14 a.printStudent()
15 b.printStudent()
```

```
Student
Graduate Student
```

由于 a 是 Student 的一个实例，所以在 Student 类中的 printStudent 方法采用 a.printStudent()（第 14 行）调用，这个方法将调用 Student 类中的 __str__() 方法来返回 Student。

GraduateStudent 类中没有定义 printStudent 方法。然而，因为该方法在 Student 类中定义而 GraduateStudent 是 Student 的一个子类，Student 类中的 printStudent 方法可以通过 b.printStudent() 来调用（第 15 行）。printStudent 方法调用 GraduateStudent 的 __str__() 方法来显示 Graduate Student，因为调用 printStudent 的对象 b 是 GraduateStudent（第 6 和 10 行）。

12.6　isinstance 函数

🔑 **关键点**：isinstance 函数能够用来判断一个对象是否是一个类的实例。

假设需要修改程序清单 12-5 中的 displayObject 函数来完成以下任务：

- 显示 GeometricObject 实例的面积和周长。
- 如果实例是 Circle，显示它的周长；如果是 Rectangle，显示它的长和宽。

如何可以做到这点？可以尝试如下方式编写程序。

```
def displayObject(g):
    print("Area is", g.getArea())
    print("Perimeter is", g.getPerimeter())
    print("Diameter is", g.getDiameter())
    print("Width is", g.getWidth())
    print("Height is", g.getHeight())
```

但是，这样并不会完成上述功能，因为不是所有的 GeometricObject 实例都有 getDiameter()、getWidth() 或 getHeigth() 方法。例如：调用 display(Circle(5)) 将会产生一个运行

时错误，因为 Circle 类并没有 getWidth() 和 getHeight() 方法，同样，调用 display(Rectangle (2,3)) 也会产生一个运行时错误，因为 Rectangle 类也没有 getDiameter() 方法。

可以使用 Python 内置的 isinstance 函数来解决这个问题。这个函数使用下面的语法来判断一个对象是否是一个类的实例。

```
isinstance(object, ClassName)
```

例如：isinstance("abc"，str) 将返回 True，因为 "abc" 是 str 类的一个实例，但是，isinstance(12,str) 返回 False，因为 12 并不是 str 类的实例。

使用 isinstance 函数，可以如程序清单 12-7 所示来实现 displayObject 函数。

程序清单 12-7 IsinstanceDemo.py

```
 1  from CircleFromGeometricObject import Circle
 2  from RectangleFromGeometricObject import Rectangle
 3
 4  def main():
 5      # Display circle and rectangle properties
 6      c = Circle(4)
 7      r = Rectangle(1, 3)
 8      print("Circle...")
 9      displayObject(c)
10      print("Rectangle...")
11      displayObject(r)
12
13  # Display geometric object properties
14  def displayObject(g):
15      print("Area is", g.getArea())
16      print("Perimeter is", g.getPerimeter())
17
18      if isinstance(g, Circle):
19          print("Diameter is", g.getDiameter())
20      elif isinstance(g, Rectangle):
21          print("Width is", g.getWidth())
22          print("Height is", g.getHeight())
23
24  main() # Call the main function
```

```
Circle...
Area is 50.26548245743669
Perimeter is 25.132741228718345
Diameter is 8
Rectangle...
Area is 3
Perimeter is 8
Width is 1
Height is 3
```

调用 displayObject(c) 来将 c 传递给 g（第 9 行）。g 现在是 Circle 类的一个实例（第 18 行）。程序显示圆的周长（第 19 行）。

调用 displayObject(r) 来将 r 传递给 g（第 11 行）。g 现在是 Rectangle 类的一个实例（第 20 行）。程序显示矩形的长和宽（第 21 ～ 22 行）。

检查点

12.14 解释封装、继承和多态。

12.15 给出下面代码的输出。

```
class Person:
    def getInfo(self):
        return "Person"

    def printPerson(self):
        print(self.getInfo())

class Student(Person):
    def getInfo(self):
        return "Student"

Person().printPerson()
Student().printPerson()
```
a)

```
class Person:
    def __getInfo(self):
        return "Person"

    def printPerson(self):
        print(self.__getInfo())

class Student(Person):
    def __getInfo(self):
        return "Student"

Person().printPerson()
Student().printPerson()
```
b)

12.16 假设 Fruit、Apple、Orange、GoldenDelicious 和 McIntosh 是按如下继承关系定义。

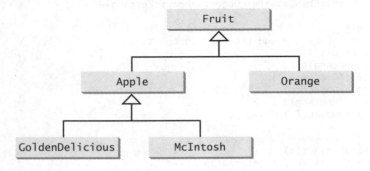

假设已经给出下面的语句：

```
goldenDelicious = GoldenDelicious()
orange = Orange()
```

回答下面的问题：

（a）goldenDelicious 是 Fruit 类的实例吗？

（b）goldenDelicious 是 Orange 类的实例吗？

（c）goldenDelicious 是 Apple 类的实例吗？

（d）goldenDelicious 是 GoldenDelicious 类的实例吗？

（e）goldenDelicious 是 McIntosh 类的实例吗？

（f）orange 是 Orange 类的实例吗？

（g）orange 是 Fruit 类的实例吗？

（h）orange 是 Apple 类的实例吗？

（i）假设 Apple 类中定义了 makeAppleCider 方法。goldenDelicious 能否调用这个方法？orange 能否调用这个方法？

（j）假设 Orange 类中定义了 makeOrangeJuice 方法。orange 能否调用这个方法？goldenDelicious 能否调用这个方法？

12.7 实例研究：可重用时钟

🔑 关键点：设计一个 GUI 类来显示一个时钟。

假设想要在一个画布内显示一个时钟而且能够在其他程序中重用这个时钟。需要定义一个时钟类来实现时钟的重用。进一步说，为了在图形上显示这个时钟，需要将它定义为一个 widget 小构件。最好的选择是定义时钟类扩展 Canvas 类，使时钟对象能够像 Canvas 对象一样使用。

这个类的合约如图 12-3 所示。

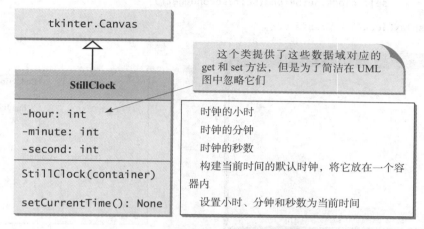

图 12-3 StillClock 显示一个模拟时钟

程序清单 12-8 是一个使用 StillClock 类来显示模拟时钟的测试程序。程序允许用户从 Entry 域中输入新的小时、分钟和秒数，如图 12-4a 所示。

程序清单 12-8 DisplayClock.py

```
1  from tkinter import * # Import all definitions from tkinter
2  from StillClock import StillClock
3
4  class DisplayClock:
5      def __init__(self):
6          window = Tk() # Create a window
7          window.title("Change Clock Time") # Set title
8
9          self.clock = StillClock(window) # Create a clock
10         self.clock.pack()
11
12         frame = Frame(window)
13         frame.pack()
14         Label(frame, text = "Hour: ").pack(side = LEFT)
15         self.hour = IntVar()
16         self.hour.set(self.clock.getHour())
17         Entry(frame, textvariable = self.hour,
18             width = 2).pack(side = LEFT)
19         Label(frame, text = "Minute: ").pack(side = LEFT)
20         self.minute = IntVar()
21         self.minute.set(self.clock.getMinute())
22         Entry(frame, textvariable = self.minute,
23             width = 2).pack(side = LEFT)
24         Label(frame, text = "Second: ").pack(side = LEFT)
25         self.second = IntVar()
26         self.second.set(self.clock.getMinute())
27         Entry(frame, textvariable = self.second,
28             width = 2).pack(side = LEFT)
29         Button(frame, text = "Set New Time",
30             command = self.setNewTime).pack(side = LEFT)
```

```
31
32          window.mainloop() # Create an event loop
33
34      def setNewTime(self):
35          self.clock.setHour(self.hour.get())
36          self.clock.setMinute(self.minute.get())
37          self.clock.setSecond(self.second.get())
38
39  DisplayClock() # Create GUI
```

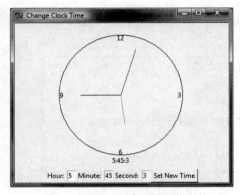
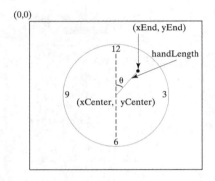

a）DisplayClock 程序显示一个时钟　　　　　　b）利用指针转过角度、指针长度

并且允许用户更改时间　　　　　　　　　　以及中心点来确定时钟指针的末端点

图　　12-4

本节剩余部分介绍如何实现 StillClock 类。因为可以使用这个类而不需要了解它是如何实现的，所以如果希望只是使用它，那么你可以跳过这一段实现部分。

如何获取当前时间？ Python 提供 datetime 类，它可以用来获取计算机的当前时间。你可以使用 now() 函数来返回当前时间 datetime 的一个实例，并使用数据域 year、month、day、hour、minute 和 second 从对象提取出日期和时间信息，代码如下所示。

```
from datetime import datetime

d = datetime.now()
print("Current year is", d.year)
print("Current month is", d.month)
print("Current day of month is", d.day)
print("Current hour is", d.hour)
print("Current minute is", d.minute)
print("Current second is", d.second)
```

为了绘制一个时钟，需要绘制一个圆和三条时钟指针代表秒、分和时。为了绘制一条指针，需要指定指针的两个端点。如图 12-4b 所示，它的一个端点是在时钟的中心位置 (xCenter, yCenter)，而另一个端点在 (xEnd, yEnd)，它们是由下面的公式决定。

```
xEnd = xCenter + handLength × sin(θ)
yEnd = yCenter - handLength × cos(θ)
```

因为一分钟有 60 秒，所以秒指针的角度 θ （见图 12-4b）是：

$$\theta = second \times (2\pi/60)$$

分针的位置是由分钟和秒数决定的。确切的分钟值为 minute+second/60。例如，如果时间是 3 分 30 秒，那么总的分钟数是 3.5。因为一个小时有 60 分钟，那么分针的角度是：

$$\theta = (minute + second/60) \times (2\pi/60)$$

因为一个圆被划分为 12 个小时，所以时指针的角度是：

$$\theta = (hour + minute/60 + second/(60 \times 60)) \times (2\pi/12)$$

为了简化分针和时针角度的计算，可以忽略秒针，因为它们基本上可以忽略不计。因此，一个秒针、分针和时针的末端点可以按如下方式计算。

```
xSecond = xCenter + secondHandLength × sin(second × (2π/60))
ySecond = yCenter - secondHandLength × cos(second × (2π/60))
xMinute = xCenter + minuteHandLength × sin(minute × (2π/60))
yMinute = yCenter - minuteHandLength × cos(minute × (2π/60))
xHour = xCenter + hourHandLength × sin((hour + minute/60) × (2π/12))
yHour = yCenter - hourHandLength × cos((hour + minute/60) × (2π/12))
```

程序清单 12-9 中实现了 StillClock 类。

程序清单 12-9　StillClock.py

```python
1  from tkinter import * # Import all definitions from tkinter
2  import math
3  from datetime import datetime
4
5  class StillClock(Canvas):
6      def __init__(self, container):
7          super().__init__(container)
8          self.setCurrentTime()
9
10     def getHour(self):
11         return self.__hour
12
13     def setHour(self, hour):
14         self.__hour = hour
15         self.delete("clock")
16         self.drawClock()
17
18     def getMinute(self):
19         return self.__minute
20
21     def setMinute(self, minute):
22         self.__minute = minute
23         self.delete("clock")
24         self.drawClock()
25
26     def getSecond(self):
27         return self.__second
28
29     def setSecond(self, second):
30         self.__second = second
31         self.delete("clock")
32         self.drawClock()
33
34     def setCurrentTime(self):
35         d = datetime.now()
36         self.__hour = d.hour
37         self.__minute = d.minute
38         self.__second = d.second
39         self.delete("clock")
40         self.drawClock()
41
42     def drawClock(self):
43         width = float(self["width"])
```

```
44              height = float(self["height"])
45              radius = min(width, height) / 2.4
46              secondHandLength = radius * 0.8
47              minuteHandLength = radius * 0.65
48              hourHandLength = radius * 0.5
49
50              self.create_oval(width / 2 - radius, height / 2 - radius,
51                  width / 2 + radius, height / 2 + radius, tags = "clock")
52              self.create_text(width / 2 - radius + 5, height / 2,
53                              text = "9", tags = "clock")
54              self.create_text(width / 2 + radius - 5, height / 2,
55                              text = "3", tags = "clock")
56              self.create_text(width / 2, height / 2 - radius + 5,
57                              text = "12", tags = "clock")
58              self.create_text(width / 2, height / 2 + radius - 5,
59                              text = "6", tags = "clock")
60
61              xCenter = width / 2
62              yCenter = height / 2
63              second = self.__second
64              xSecond = xCenter + secondHandLength \
65                  * math.sin(second * (2 * math.pi / 60))
66              ySecond = yCenter - secondHandLength \
67                  * math.cos(second * (2 * math.pi / 60))
68              self.create_line(xCenter, yCenter, xSecond, ySecond,
69                          fill = "red", tags = "clock")
70
71              minute = self.__minute
72              xMinute = xCenter + \
73                  minuteHandLength * math.sin(minute * (2 * math.pi / 60))
74              yMinute = yCenter - \
75                  minuteHandLength * math.cos(minute * (2 * math.pi / 60))
76              self.create_line(xCenter, yCenter, xMinute, yMinute,
77                          fill = "blue", tags = "clock")
78
79              hour = self.__hour % 12
80              xHour = xCenter + hourHandLength * \
81                  math.sin((hour + minute / 60) * (2 * math.pi / 12))
82              yHour = yCenter - hourHandLength * \
83                  math.cos((hour + minute / 60) * (2 * math.pi / 12))
84              self.create_line(xCenter, yCenter, xHour, yHour,
85                          fill = "green", tags = "clock")
86
87              timestr = str(hour) + ":" + str(minute) + ":" + str(second)
88              self.create_text(width / 2, height / 2 + radius + 10,
89                          text = timestr, tags = "clock")
```

StillClock 类扩展自 Canvas 小构件（第 5 行），因此，StillClock 也是一个 Canvas。可以像使用 Canvas 一样使用 StillClock。

StillClock 类的初始化方法调用 Canvas 类的初始化方法（第 7 行），随后通过调用 setCurrentTime 方法利用当前时间设置数据域 hour、minute 和 second（第 8 行）。

通过 get 和 set 方法来获取和设置数据域 hour、minute 和 second（第 10～32 行）。当给小时、分钟和秒数设置一个新的时间值时，drawClock 方法被调用来重新绘制时钟（第 16、24 和 32 行）。

setCurrentTime 方法通过调用 datetime.now() 来获取当前时间（第 35 行）的小时、分钟和秒数（第 36～38 行），然后调用 drawClock 方法来重新绘制时钟（第 40 行）。

drawClock 方法获取画布的宽度和高度（第 43～44 行）并且设置时针、分针和秒针的准确大小（45～48 行）。随后使用 Canvas 的绘制方法来绘制一个圆、线和文本字符串来显示一个时钟（第 50 ～ 89 行）。

12.8 类之间的关系

✎ **关键点**：为了设计类，我们需要探究不同类之间的关系。类之间的常见关系有关联、聚合和继承。

前面已经使用过继承来对 is-a 关系建模，现在我们来探究其他的关系。

12.8.1 关联

关联是一种常用的二进制关系，可以描述两个类之间的一个动作。例如：一个学生选一门课程就是 Student 类和 Course 类之间的一种关联，而一个教员教授一门课程就是 Faculty 类和 Course 类之间的一种关联。这些类之间的关联性可以用 UML 图形来表示，如图 12-5 所示。

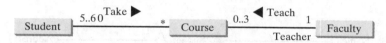

图 12-5　这个 UML 图显示一名学生可以选修任意多门课程，一名教员最多可以教授三门课，
一门课程可以有 5 到 60 名学生，且只能有一名教员教授

两个类之间的一条带可选标签的实线可以用来描述类之间的这种关系。在图 12-5 中，标签是 Take 和 Teach。每个关系可能都会有一个小的三角形，表明类之间关系的方向。在这张图上，方向表明一名学生选修一门课程（而不是一门课程选择一名学生）。

在这种关系中的每一个类都有一个角色名来描述它在这个关系所扮演的角色。在图 12-5 中，Teacher 是 Faculty 类的角色名。

在一个关联关系中的每个类可能会指定一个多样性。多样性可以是一个数字或者一个区间，它指定这个关系涉及多少个类的对象。字符 * 意味着无限个对象数量，而区间 m..n 表明对象的数目是在 m 到 n 之间，且包括 m 和 n。在图 12-5 中，每个学生可以选修任意多门课程，而每门课程有 5 到 60 名学生。每门课程只能由一名教员教授，而一名教员每学期只能教授 0 到 3 门课程。

在 Python 代码中，可以使用数据域和方法实现关联性。例如：图 12-5 的关系可以使用图 12-6 中的类来实现。关系"一名学生选修一门课程"能够使用 Student 类中的 addCourse 方法和 Course 类中的 addStudent 方法来实现。关系"一名教员教授一门课程"能够使用 Faculty 类中的 addCourse 方法和 Course 类中的 setFaculty 方法来实现。Student 类可以使用一个列表来存储该学生选修的课程，Faculty 类可以使用一个列表来存储教员教授的课程，而 Course 类可以使用一个存储登记选修该课程的学生列表和一个存储带这门课程的教员的数据域。

```
class Student:
    # Add course to a list
    def addCourse(self,
        course):
```

```
class Course:
    # Add student to a list
    def addStudent(self,
        student):
    def setFaculty(self, faculty):
```

```
class Faculty:
    # Add course to a list
    def addCourse(self,
        course):
```

图 12-6　使用类中的数据域和方法来实现类之间的关联

12.8.2 聚合和组合

聚合是关联的一种特殊形式，它反映了两个对象之间的归属关系。聚合对 has-a 关系建模。所有者对象被称为聚合对象，它的类被称为聚合类。主体对象被称为被聚合对象，它的类被称为被聚合类。

一个对象能够被几个其他聚合对象所拥有。如果一个对象是某个聚合对象专门拥有，那么这个对象和它的聚合对象之间的关系被认为是一个组件。例如，"一名学生有一个名字"是 Student 类和 Name 类的一种组合关系，但是，"一名学生有一个地址"是 Student 类和 Address 类的一种聚合关系，因为一个地址可以被多个学生所共有。在 UML 图中，一个附属到聚合类（在这个例子中是指 Student）的实心菱形表示和被聚合类（在这个例子中是指 Name）的一种组合关系，而一个附属到聚合类（在这个例子中是指 Student）的空心菱形表示和被聚合类（在这个例子中是指 Address）的一种聚合关系，如图 12-7 所示。

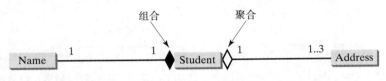

图 12-7　每名学生都有一个名字和一个地址

在图 12-7 中，每名学生都只有一种多样性（地址），每个地址能够被 3 人以上的学生共享。每名学生只能有一个名字，且一个名字只对应一名学生。

聚合关系通常在聚集类中表示为一个数据域。例如，图 12-7 中的关系可以使用图 12-8 中的类来实现。关系"一名学生有一个名字"和"一名学生有一个地址"在 Student 类中分别用数据域 Name 和 Address 实现。

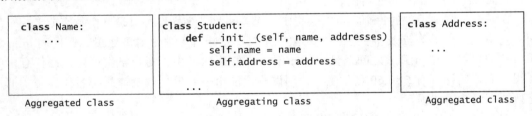

图 12-8　使用类中数据域实现聚合关系

聚合可以存在于同一类的实例之间。例如：图 12-9a 表示一个人可以有一个监督人。

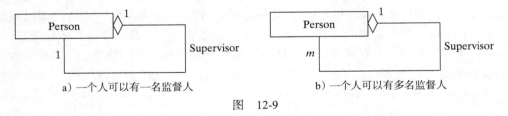

图　12-9

关系"一个人有一名监督人"可以用 Person 类的一个数据域表示，如下所示。

```
class Person:
    # The type for the data is the class itself
    def __init__(self, supervisor)
```

```
        self.supervisor = supervisor
    ...
```

如果一个人有多名监督人，如图 12-9b 所示，可以使用一个列表存储监督人。

注意：因为聚合和组合关系在类中使用同样的方式实现，为了简化，我们都将它们归为组合。

检查点

12.17　类之间通常的关系类型是什么？描述对类之间关系建模的 UML 图形符号。

12.18　什么关系适用于下面的类？使用 UML 图画出它们的关系。

- 公司和雇员
- 课程和教员
- 学生和人
- 房屋和窗户
- 账户和存钱

12.9　实例研究：设计 Course 类

关键点：设计一个类来对课程建模。

假设需要处理课程信息。每门课程都有一个名称和选修的学生。你希望能够向课程添加学生，也可以从课程删除学生。可以使用一个类对课程进行建模，如图 12-10 所示。

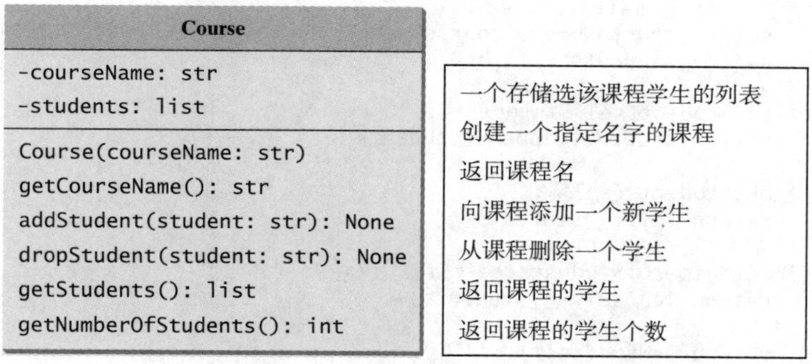

Course
-courseName: str -students: list
Course(courseName: str) getCourseName(): str addStudent(student: str): None dropStudent(student: str): None getStudents(): list getNumberOfStudents(): int

一个存储选该课程学生的列表
创建一个指定名字的课程
返回课程名
向课程添加一个新学生
从课程删除一个学生
返回课程的学生
返回课程的学生个数

图 12-10　Course 类对课程建模

通过传递课程名使用构造函数 Course(name) 来创建一个 Course 对象。可以使用方法 addStudent(student) 向课程添加一名学生，使用方法 dropStudent(student) 从课程中删除一名学生，使用方法 getStudents() 返回选修这门课程所有学生的名字。假设 Course 类可用。程序清单 12-10 给出一个测试程序来创建两门课程并将学生添加进去。

程序清单 12-10　TestCourse.py

```python
1  from Course import Course
2
3  def main():
4      course1 = Course("Data Structures")
5      course2 = Course("Database Systems")
6
7      course1.addStudent("Peter Jones")
```

```
8       course1.addStudent("Brian Smith")
9       course1.addStudent("Anne Kennedy")
10
11      course2.addStudent("Peter Jones")
12      course2.addStudent("Steve Smith")
13
14      print("Number of students in course1:",
15          course1.getNumberOfStudents())
16      students = course1.getStudents()
17      for student in students:
18          print(student, end = ", ")
19
20      print("\nNumber of students in course2:",
21          course2.getNumberOfStudents())
22
23   main() # Call the main function
```

```
Number of students in course1: 3
Peter Jones, Brian Smith, Anne Kennedy,
Number of students in course2: 2
```

Course 类在程序清单 12-11 中实现。它在第 4 行使用一个列表存储选修这门课程的学生。方法 addStudent()（第 6 行）将一个学生添加到列表中。方法 getStudents 返回这个列表（第 9 行）。方法 dropStudent 方法（第 18 行）被留下来作为一个练习题。

程序清单 12-11　Course.py

```
1   class Course:
2       def __init__(self, courseName):
3           self.__courseName = courseName
4           self.__students = []
5
6       def addStudent(self, student):
7           self.__students.append(student)
8
9       def getStudents(self):
10          return self.__students
11
12      def getNumberOfStudents(self):
13          return len(self.__students)
14
15      def getCourseName(self):
16          return self.__courseName
17
18      def dropStudent(student):
19          print("Left as an exercise")
```

当创建一个 Course 对象时，就会创建一个列表对象。一个 Course 对象包含一个列表的引用。为了简化起见，可以认为 Course 对象包含这个列表。

用户可以创建一个 Course 对象并且通过公有方法 addStudent、dropStudent、getNumberOfStudents 和 getStudents 来操作。但是，用户不需要知道如何实现这些方法。Course 类封装内部实现。这个例子使用一个列表来存储学生的姓名。可以使用不同的数据类型来存储学生的姓名。只要公共方法的合约保持不变，这个使用 Course 的程序就不需要改变。

12.10　为栈设计类

🔑 **关键点**：设计一个类来建模栈。

回顾栈（第 6 章）是以后进先出的方式保存数据的，如图 12-11 所示。

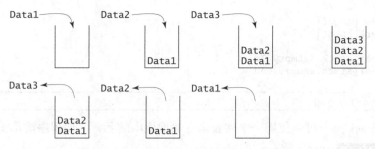

图 12-11　以 Data1、Data2 和 Data3 的顺序依次入栈，出栈顺序相反

　　栈有很多应用。例如：一台计算机使用栈来处理函数调用。当调用一个函数时，一个存储这个函数的参数和局部变量的活动记录被压入栈中。当一个函数调用另一个函数时，这个新函数的活动记录被压入栈。当一个函数结束它的工作返回它的调用者时，它的活动记录被从栈中删除。

　　可以定义一个类来对堆栈建模，并且使用列表来存储栈中的元素。下面有两种方法来设计一个堆栈类：

- 使用继承，可以定义扩展 list 类的栈类，如图 12-12a 所示。
- 使用组合，可以在 Stack 类中创建一个列表，如图 12-12b 所示。

图 12-12　可以使用继承或组合来实现 Stack 类

　　两种方法都很好，但是使用组合会更好，因为这样可以定义一个完整的新栈类而不需要继承 list 类中不需要的和不适用的方法。本节使用组合方法，在后面编程题 12.16 中实现继承方法设计栈类。Stack 类的 UML 图如图 12-13 所示。

　　假设 Stack 类是可用的。程序清单 12-12 中的测试程序使用它来创建一个堆栈（第 3 行），存储 10 个整数 0、1、2、…、和 9（第 5 ～ 6 行），并将它们倒序显示。

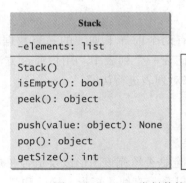

Stack
-elements: list
Stack()　　　　　　　　　　　　　存储栈中元素的列表 isEmpty(): bool　　　　　　　　　构建一个空栈 peek(): object　　　　　　　　　　如果栈为空则返回 True 　　　　　　　　　　　　　　　　返回栈顶元素且并不将它从栈中删除 push(value: object): None　　　　将一个元素存储在栈顶 pop(): object　　　　　　　　　　删除栈顶元素并返回它 getSize(): int　　　　　　　　　　返回栈中元素个数

图 12-13　Stack 类封装栈存储空间并提供操作栈的方法

程序清单 12-12　TestStack.py

```
1  from Stack import Stack
2
3  stack = Stack()
```

```
4
5  for i in range(10):
6      stack.push(i)
7
8  while not stack.isEmpty():
9      print(stack.pop(), end = " ")
```

```
9 8 7 6 5 4 3 2 1 0
```

如何实现 Stack 类？可以使用一个列表来存储堆栈中的元素，如程序清单 12-13 所示。

程序清单 12-13　Stack.py

```
1  class Stack:
2      def __init__(self):
3          self.__elements = []
4
5          # Return True if the stack is empty
6      def isEmpty(self):
7          return len(self.__elements) == 0
8
9          # Return the element at the top of the stack
10         # without removing it from the stack.
11     def peek(self):
12         if self.isEmpty():
13             return None
14         else:
15             return self.__elements[len(elements) - 1]
16
17         # Store an element at the top of the stack
18     def push(self, value):
19         self.__elements.append(value)
20
21         # Remove the element at the top of the stack and return it
22     def pop(self):
23         if self.isEmpty():
24             return None
25         else:
26             return self.__elements.pop()
27
28         # Return the size of the stack
29     def getSize(self):
30         return len(self.__elements)
```

在第 3 行中，数据域 elements 被定义为带有两个前导下划线的私有数据域。elements 是一个列表，但是用户并没有意识到元素是存储在一个列表中。用户通过方法 isEmpty()、peek()、push(element)、pop() 和 getSize() 方法来对列表进行访问。

12.11　实例研究：FigureCanvas 类

关键点：开发显示各种图形的 FigureCanvas 类。

FigureCanvas 类允许用户设置图形类型、确定是否填充该图形以及是否在画布上显示这个图形。该类的 UML 图如图 12-14 所示，它可以显示直线、矩形、椭圆和弧。显示哪个图形是由 figuretype 属性决定的。如果 filled 属性为 True，那么矩形、椭圆和弧在画布上都是填充颜色的。

这个 UML 图就是 FigureCanvas 类的合约。用户可以在不知道这个类是如何实现的情况下使用它。我们从编写程序清单 12-14 中的程序开始，它使用这个类在一个面板上显示 7 个图形面板，如图 12-15 所示。

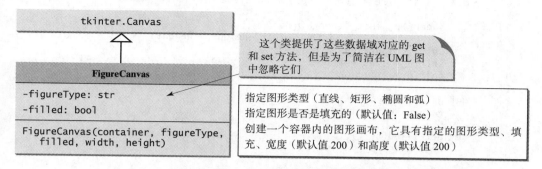

图 12-14 FigureCanvas 在面板上显示各种类型的图形

程序清单 12-14 DisplayFigures.py

```
1   from tkinter import * # Import all definitions from tkinter
2   from FigureCanvas import FigureCanvas
3
4   class DisplayFigures:
5       def __init__(self):
6           window = Tk() # Create a window
7           window.title("Display Figures") # Set title
8
9           figure1 = FigureCanvas(window, "line", width = 100, height = 100)
10          figure1.grid(row = 1, column = 1)
11          figure2 = FigureCanvas(window, "rectangle", False, 100, 100)
12          figure2.grid(row = 1, column = 2)
13          figure3 = FigureCanvas(window, "oval", False, 100, 100)
14          figure3.grid(row = 1, column = 3)
15          figure4 = FigureCanvas(window, "arc", False, 100, 100)
16          figure4.grid(row = 1, column = 4)
17          figure5 = FigureCanvas(window, "rectangle", True, 100, 100)
18          figure5.grid(row = 1, column = 5)
19          figure6 = FigureCanvas(window, "oval", True, 100, 100)
20          figure6.grid(row = 1, column = 6)
21          figure7 = FigureCanvas(window, "arc", True, 100, 100)
22          figure7.grid(row = 1, column = 7)
23
24          window.mainloop() # Create an event loop
25
26  DisplayFigures() # Create GUI
```

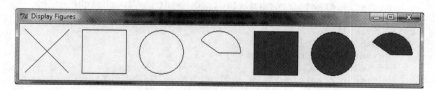

图 12-15 创建 7 个 FigureCanvas 对象显示 7 个图形

程序清单 12-15 实现 FigureCanvas 类。四种图形都是依照 figureType 属性绘制的（第 26 ～ 34 行）。

程序清单 12-15 FigureCanvas.py

```
1   from tkinter import * # Import all definitions from tkinter
2
```

```
 3   class FigureCanvas(Canvas):
 4       def __init__(self, container, figureType, filled = False,
 5                    width = 100, height = 100):
 6           super().__init__(container,
 7                            width = width, height = height)
 8           self.__figureType = figureType
 9           self.__filled = filled
10           self.drawFigure()
11
12       def getFigureType(self):
13           return self.__figureType
14
15       def getFilled(self):
16           return self.__filled
17
18       def setFigureType(self, figureType):
19           self.__figureType = figureType
20           self.drawFigure()
21
22       def setFilled(self, filled):
23           self.__filled = filled
24           self.drawFigure()
25
26       def drawFigure(self):
27           if self.__figureType == "line":
28               self.line()
29           elif self.__figureType == "rectangle":
30               self.rectangle()
31           elif self.__figureType == "oval":
32               self.oval()
33           elif self.__figureType == "arc":
34               self.arc()
35
36       def line(self):
37           width = int(self["width"])
38           height = int(self["height"])
39           self.create_line(10, 10, width - 10, height - 10)
40           self.create_line(width - 10, 10, 10, height - 10)
41
42       def rectangle(self):
43           width = int(self["width"])
44           height = int(self["height"])
45           if self.__filled:
46               self.create_rectangle(10, 10, width - 10, height - 10,
47                                     fill = "red")
48           else:
49               self.create_rectangle(10, 10, width - 10, height - 10)
50
51       def oval(self):
52           width = int(self["width"])
53           height = int(self["height"])
54           if self.__filled:
55               self.create_oval(10, 10, width - 10, height - 10,
56                                fill = "red")
57           else:
58               self.create_oval(10, 10, width - 10, height - 10)
59
60       def arc(self):
61           width = int(self["width"])
62           height = int(self["height"])
63           if self.__filled:
64               self.create_arc(10, 10, width - 10, height - 10,
65                               start = 0, extent = 145, fill = "red")
66           else:
```

```
67                    self.create_arc(10, 10, width - 10, height - 10,
68                         start = 0, extent = 145)
```

FigureCanvas 类扩展自 Canvas 小构件（第 3 行）。这样，一个 FigureCanvas 也是一个画布，可以像使用画布一样使用 FigureCanvas。可以通过指定容器、图形类型、图形是否被填充以及画布的长和宽来构建一个 FigureCanvas（第 4 ～ 5 行）。

FigureCanvas 类的初始化方法调用 Canvas 的初始化方法（第 6 ～ 7 行），设置数据域的 figureType 和 filled 属性（第 8 ～ 9 行），然后调用 drawFigure 方法（第 10 行）来绘制图形。

方法 drawFigure 利用 figureType 和 filled 属性来绘制一个图形（第 26 ～ 34 行）。

方法 line、rectangle、oval 和 arc 分别绘制直线、矩形、椭圆和弧（第 36 ～ 68 行）。

关键术语

aggregation（聚合）

association（关联）

composition（组合）

dynamic binding（动态绑定）

inheritance（继承）

is-a relationships（是关系）

multiple inheritance（多重继承）

override（覆盖）

polymorphism（多态）

本章总结

1. 可以从现有的类派生出新类。这被称为类的继承。新类被称为次类、子类或扩展类。现有类被称为超类、父类或基类。

2. 为了覆盖一个方法，必须使用与它的父类中的方法相同的方法名来定义子类中的方法。

3. object 类是所有 Python 类的基类。在 object 类中定义了 __str__() 和 __eq__() 方法。

4. 多态意味着一个子类对象可以传递给一个需要父类类型的参数。一个方法可能在一条继承链中不同的类中使用。Python 决定运行时调用哪个方法。这被称为动态绑定。

5. 可以使用 isinstance 函数测试一个对象是否是一个类的实例。

6. 类之间常见的关系是关联、聚合、组合和继承。

测试题

本章的在线测试题位于 www.cs.armstrong.edu/liang/py/test.html。

编程题

第 12.2 ～ 12.6 节

12.1 （Triangle 类）设计一个名为 Triangle 的类来扩展 GeometricObject 类。该类包括：

- 三个名为 side1、side2 和 side3 的浮点数据域分别表示这个三角形的三条边。
- 一个构造方法构建默认一个三角形，指定它的三条边 side1、side2 和 side3 的默认值是 1.0。
- 三个数据域的访问器方法。
- 一个名为 getArea() 的方法返回这个三角形的面积。
- 一个名为 getPerimeter() 的方法返回这个三角形的周长。
- 一个名为 __str__() 的方法返回对这个三角形的字符串描述。

计算三角形面积的公式参见编程题 2.14。__str__() 方法的实现如下所示。

```
return "Triangle: side1 = " + str(side1) + " side2 = " +
    str(side2) + " side3 = " + str(side3)
```

绘制 Triangle 类和 GeometricObject 类的 UML 图。实现 Triangle 类。编写一个测试程序，程序提示用户输入三角形的三个边长、颜色以及表明三角形填充属性的 1 或 0。程序应该创建创建一个 Triangle 对象，这个三角形使用输入给它的边赋值并设置颜色和填充属性。程序应该显示这个三角形的面积、周长、颜色以及表示这个三角形是否被填充的 True 或 False。

**12.2 （Location 类）设计一个名为 Location 的类来定位一个二维列表中最大值及其位置。这个类包含有公共数据域 row、column 和 maxValue 来存储最大值和它在二维列表的下标值，其中 row 和 column 是 int 型的而 maxValue 为 float 型的。

编写下面的方法返回二维列表最大元素的位置。

```
def Location locateLargest(a):
```

返回值是 Location 的一个对象。编写一个测试程序提示用户输入一个二维列表并显示列表中最大值和它的位置。下面是一个示例运行。

```
Enter the number of rows and columns in the list: 3, 4  ↵Enter
Enter row 0: 23.5 35 2 10  ↵Enter
Enter row 1: 4.5 3 45 3.5  ↵Enter
Enter row 2: 35 44 5.5 12.6  ↵Enter
The location of the largest element is 45 at (1, 2)
```

12.3 （游戏：ATM 机）使用编程题 7.3 中创建的 Account 类来模拟一台 ATM 机。创建一个有 10 个账号的列表，其 id 为 0、1、…、9，并初始化收支为 100 美元。系统提示用户输入一个 id 号。如果输入的 id 不正确，就要求用户输入一个正确的 id。一旦接受一个 id，就显示如运行实例所示的主菜单。可以输入选择 1 来查看当前的收支，选择 2 表示取钱，选择 3 表示存钱，选择 4 表示退出主菜单。一旦退出，系统就会提示再次输入 id。所以，系统一旦启动，就不会停止。

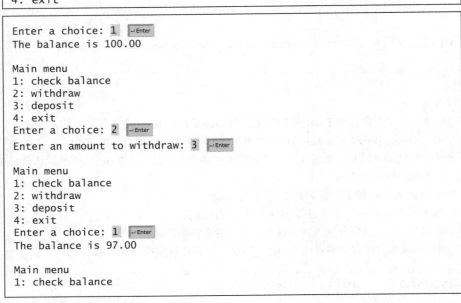

```
Enter an account id: 4  ↵Enter

Main menu
1: check balance
2: withdraw
3: deposit
4: exit
```

```
Enter a choice: 1  ↵Enter
The balance is 100.00

Main menu
1: check balance
2: withdraw
3: deposit
4: exit
Enter a choice: 2  ↵Enter
Enter an amount to withdraw: 3  ↵Enter

Main menu
1: check balance
2: withdraw
3: deposit
4: exit
Enter a choice: 1  ↵Enter
The balance is 97.00

Main menu
1: check balance
```

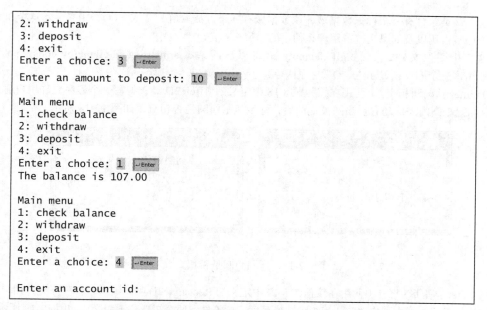

```
2: withdraw
3: deposit
4: exit
Enter a choice: 3  ↵Enter

Enter an amount to deposit: 10  ↵Enter

Main menu
1: check balance
2: withdraw
3: deposit
4: exit
Enter a choice: 1  ↵Enter
The balance is 107.00

Main menu
1: check balance
2: withdraw
3: deposit
4: exit
Enter a choice: 4  ↵Enter

Enter an account id:
```

*12.4 （几何：找出边界矩形）边界矩形是指能够包括一个二维平面上点
集中所有点的最小矩形，如图 12-16 所示。编写一个方法返回二
维平面上点集的边界矩形，如下所示。

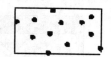

图 12-16　点都被包围在一
个矩形中

```
def getRectangle(points):
```

可以使用在编程题 8.19 中定义的 Rectangle2D 类。编写一个测试
程序提示用户在同一行输入这些点的坐标，例如：x1 y1 x2 y2 x3
y3 …，然后显示这个边界矩形的中心、宽和长。下面是一个示例运行。

第 12.7～12.11 节

**12.5 （游戏：井字游戏）编写一个井字游戏的程序。两名玩家依次单击 3×3 的网格中的一个可用单
元，将该单元标记为玩家对应的标志（X 或 O）。当一位玩家将 3 个标志放在同一行或同一列或
一条对角线上时，游戏结束，这名玩家获胜。当没有玩家将 3 个标志连成一线且网格上的单元
全都标记完时，此时平局（没有赢家）。图 12-17 给出这个例子的一个代表性的示例运行。

　　a）X 标志的玩家获胜　　　　　　　b）平局　　　　　　c）O 标志的玩家获胜

图　12-17

假设初始状态时网格中的所有单元都未被标记，第一位玩家是 X 标志而第二位玩家是 O 标志。
为了对网格中的单元标记，玩家将鼠标移至要标记单元然后单击该单元。如果该单元未被标
记，则显示标志（X 或 O）。如果单元已被标记，玩家的动作被忽略。
定义一个名为 Cell 的用户类，该类扩展自 Label 用以显示一个标志并对鼠标单击事件进行响

应。该类包含有一个标记数据域，该数据域有三个可能取值 ' '、X 和 O，用来表示这个单元是否已被占用以及如果它被占用那么使用的是哪个标记。

这三个图像文件 x.gif、o.gif 和 empty.gif 可以从网站 cs.armstrong.edu/liang/py/book.zip 获取。使用这三个图像来显示 X、O 和空白单元。

**12.6 （Tkinter：两圆相交？）使用在编程题 8.18 中定义的 Circle2D 类，编写一个程序允许用户通过将鼠标置于圆内来拖动它。当圆被拖动后，标签显示两圆是否相交，如图 12-18 所示。

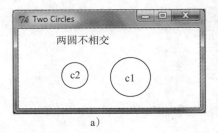 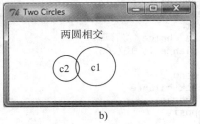

图 12-18　检测两圆是否相交

**12.7 （Tkinter：矩形相交？）使用在编程题 8.19 中定义的 Rectangle2D 类，编写一个程序允许用户通过将鼠标置于矩形内来拖动它。当矩形被拖动后，标签显示两个矩形是否相交，如图 12-19 所示。

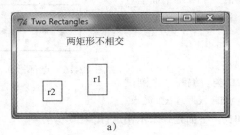 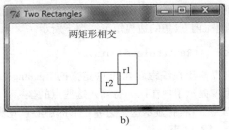

图 12-19　检测矩形是否相交

**12.8 （Tkinter：两圆相交？）使用编程题 8.18 中定义的 Circle2D 类，编写一个程序允许用户指定两个圆的位置和大小并且显示两圆是否相交，如图 12-20 所示。允许用户通过将鼠标置于圆内来拖动它。当圆被拖动后，程序将更新文本域中圆的中心坐标和它的半径。

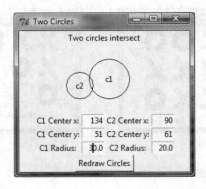 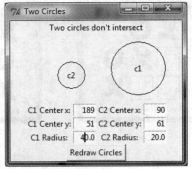

图 12-20　检测两圆是否重叠

**12.9 （TkinterL 矩形相交？）使用编程题 8.19 中定义的 Rectangle2D 类，编写一个程序允许用户指定两个矩形的位置和大小并且显示两矩形是否相交，如图 12-21 所示。允许用户通过将鼠标置于矩形内来拖动它。当矩形被拖动后，程序将更新文本域中矩形的中心坐标和它的长和宽。

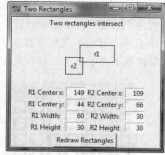

图 12-21　检测两个矩形是否重叠

**12.10　（Tkinter：四辆汽车）编写一个程序来模拟 4 辆汽车比赛，如图 12-22 所示。可以定义一个 Canvas 的子类来显示一辆汽车。

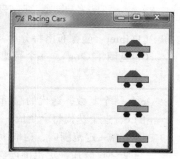

图 12-22　程序模拟四辆汽车比赛

**12.11　（Tkinter：猜生日）程序清单 4-3 给出了一个猜生日的程序。编写一个如图 12-23 所示的猜生日程序。这个程序提示用户检查生日日期是否在五个集合中某几个内。单击"Guess Birthday"按钮后，猜测的生日将在一个消息框中显示。

*12.12　（Tkinter：时钟组）编写一个程序显示四个时钟，如图 12-24 所示。

图 12-23　这个程序猜测生日日期

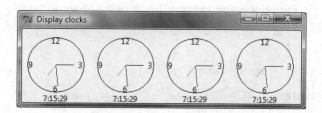

图 12-24　程序显示四个时钟

***12.13 （Tkinter：四点相连游戏）编程题 11.20 编写了一个控制台双人对战的四点相连游戏。使用 GUI 程序重写这个程序，如图 12-25 所示。这个程序允许两名玩家依次在棋盘上放置红色和黄色棋子。玩家通过单击一个可用单元来放置棋子。如果一个玩家获胜，程序将突出加亮 4 个获胜相连的棋子，如果棋盘下满了棋子却没有玩家获胜则报告平局。

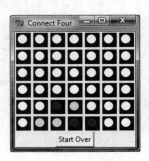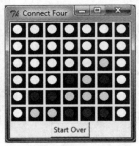

图 12-25　双人对战的四点相连游戏

**12.14 （Tkinter：曼德布洛特分形）曼德布洛特分形是由从曼德布洛特集合创造的一个非常著名的图形（参见图 12-26a）。一个曼德布洛特集合如下定义。

$$z_{n+1} = z_n^2 + c$$

c 是一个复数，迭代的起始点为 $z_0 = 0$。（有关复数更多的信息参见编程题 8.21）对于一个给定的 c，这个迭代将会生成一个复数序列：$[z_0, z_1, \cdots, z_n, \cdots]$。可以看出，这个序列要么趋于无穷，要么在一定范围内，这取决于 c 的取值。例如：如果 c 取值为 i，那么序列是 $[0, i, -1+i, i, \cdots]$，它是会收敛在一定范围内。如果 c 取值为 1+i，那么序列为 $[0, 1+i, +1+3i, \cdots]$，这个序列就是趋于无穷的。易知当序列中有绝对值大于 2 的复数时，这个序列将趋于无穷。曼德布洛特集合包括 c 值，它是收敛在一定范围内的。例如，0 和 i 就在曼德布洛特集合内。使用下面的代码可以创建一幅曼德布洛特图形。

```
1   COUNT_LIMIT = 60
2
3   # Paint a Mandelbrot image in the canvas
4   def paint():
5       x = -2.0
6       while x < 2.0:
7           y = -2.0
8           while y < 2.0:
9               c = count(complex(x, y))
10              if c == COUNT_LIMIT:
11                  color = "red" # c is in a Mandelbrot set
12              else:
13                   # get hex value RRGGBB that is dependent on c
14                  color = "#RRGGBB"
15
16                  # Fill a tiny rectangle with the specified color
17                  canvas.create_rectangle(x * 100 + 200, y * 100 + 200,
18                      x * 100 + 200 + 5, y * 100 + 200 + 5, fill = color)
19              y += 0.05
20          x += 0.05
21
22   # Return the iteration count
23   def count(c):
24       z = complex(0, 0) # z0
25
26       for i in range(COUNT_LIMIT):
27           z = z * z + c # Get z1, z2, ...
```

```
28              if abs(z) > 2: return i # The sequence is unbounded
29
30      return COUNT_LIMIT # Indicate a bounded sequence
```

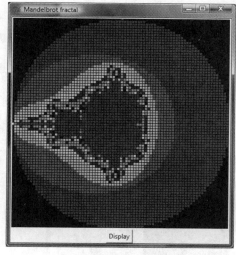

a）曼德布洛特图形

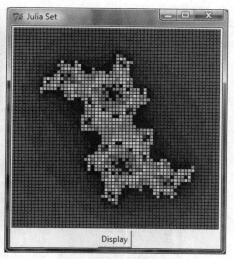

b）茱莉亚集合图形

图 12-26

count(c) 函数（第 23 ～ 28 行）计算序列 z_1, z_2, …, z_{60}。如果它们的模均小于 2，我们假设 c 属于曼德布洛特集合。当然，这可能会出错，但是 60 次迭代（COUNT_LIMIT）一般是足够的。一旦我们发现这个序列是无界的，方法就返回迭代次数（第 28 行）。如果这个序列是有界的，那么方法返回 COUNT_LIMIT 常量（第 30 行）。

第 6 ～ 20 行的循环检查对于范围 $-2<x<2$、$-2<y<2$ 中的每一点（x, y）每隔 0.01 所对应的 $c = x+yi$ 是否属于曼德布洛特集合（第 9 行）。如果属于，将这些点用红色标记（第 11 行）。如果不是，设置一个依赖于迭代次数的颜色（第 14 行）。注意将这些点绘制为一个 5×5 像素的方阵。所有的点被重新排列组合为一个 400×400 像素的网格（第 17 ～ 18 行）。

**12.15 （Tkinter：朱丽叶集合）上一题描述了曼德布洛特集合。曼德布洛特集合指复数 c 的集合，其中 c 满足序列 $z_{n+1} = z_n^2 + c$ 在 z_0 固定而 c 变化时有界这一条件。如果 c 固定，改变 z_0（$= x + yi$）的值，如果对于一个固定的复数 c，使函数 z_0 保持有界，那么点（x, y）就被称为在朱丽叶集合里。编写一个程序绘制一个朱丽叶集合，如图 12-26b 所示。注意只需要使用一个固定的 c 值（-0.3+0.6i）修改编程题 12.14 中的 count 方法即可。

*12.16 （使用继承实现 Stack）在程序清单 12-13 中，Stack 类是用组合实现的。使用继承扩展 list 创建一个新的 Stack 类。

绘制这个新类的 UML 图。实现这个类。编写一个测试程序，提示用户输入五个字符串，然后以逆序显示这些字符串。

***12.17 （Tkinter：24 点扑克牌游戏）增强编程题 10.37，如果存在一个 24 点游戏的解决方案，那么计算机能够显示这个解的表达式，如图 12-27 所示；否则，报告解决方案不存在。

**12.18 （Tkinter：BarChart 类）开发一个名为 BarChart 的类扩展 Canvas 以显示一个条形图。

```
BarChart(parent, data, width = 400, height = 300)
```

这里的 data 是一个列表，该列表中的每个元素都是一个包含一个值、值标题和条形图中条形颜色的嵌套列表。例如，对 data = [[40, "CS", "red"], [30, "IS", "blue"], [50, "IT",

"yellow"]] 而言，条形图如图 12-28 的左图所示。对 **data = [[140, "Freshman",
"red"], [130, "Sophomore", "blue"], [150, "Junior", "yellow"], [80, "Senior",
'green']]** 而言，条形图如图 12-28 的右图所示。编写一个测试程序来显示这两幅条形图，如
图 12-28 所示。

图 12-27　如果存在一个解决方案，那么程序自动寻找它

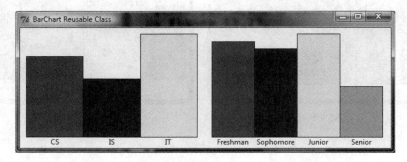

图 12-28　程序使用 BarChart 类来显示条形图

**12.19 （Tkinter：PieChart 类）使用下面的构造方法开发一个名为 PieChart 的类扩展自 Canvas 以显示
一个饼状图。

这里的 data 是一个列表，该列表中的每个元素都是一个包含一个值、值标题和饼状图中小
构件的颜色构成的嵌套列表。例如，对 ple, for **data = [[40, "CS", "red"], [30, "IS",
"blue"], [50, "IT", "yellow"]]** 而言，饼状图如图 12-29 的左图所示。对 For **data =
[[140, "Freshman", "red"], [130, "Sophomore", "blue"], [150, "Junior",
"yellow"], [80, "Senior", "green"]]** 而言，饼状图如图 12-29 的右图所示。编写一个
测试程序来显示这两幅饼状图，如图 12-29 所示。

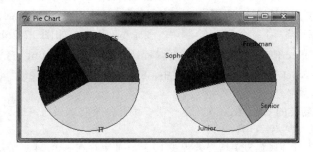

图 12-29　程序使用 PieChart 类来显示饼状图

12.20 （Tkinter：RegularPolygonCanva 类）定义一个名为 RegularPolygonCanva 的子类 Canvas，来绘
制一个 n 条边的正多边形。这个类包括名为 numberOfSides 的属性，它表示多边形的边数。多
边形被放在画布的中心位置。多边形大小和面布的大小成正比。从 RegularPolygonCanvas 创建
一个五边形、六边形、七边形、八边形、九边形和十边形，然后显示它们，如图 12-30 所示。

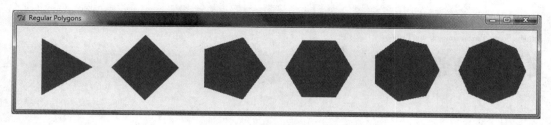

图 12-30 程序显示几个 n 边形

*12.21 （Tkinter：显示一个正 n 边形）在编程题 12.20 中创建了一个 RegularPolygonCanvas 子类来显示一个正 n 边形。编写一个程序来显示一个正多边形且使用两个名为"+1"和"-1"的按钮来增加和减少多边形的边数，如图 12-31a、12-31b 所示。同样允许用户通过单击鼠标左键和右键以及单击 UP 箭头键和 DOWN 箭头键来增加和减少多边形的边数。

a）～b）单击"+1"或"-1"按钮　　　　　　c）～d）程序允许用户单击格子来翻硬币
来增加或减少多边形的边数

图　12-31

*12.22 （翻硬币）编写一个程序，显示九个硬币的正面（H）或反面（T），如图 12-31c、12-31d 所示。当单击一个格子时，硬币就被翻面。编写一个自定制的格子类，该类扩展自 Label。在该类的初始化方法中，将 <Button-1> 事件与翻硬币的方法绑定。当程序启动时，所有的格子都被初始化为 H。

文件和异常处理

学习目标

- 为了读写一个文件需要使用 open 函数打开该文件（第 13.2.1 节）。
- 在一个文件对象中使用 write 方法来写入数据（第 13.2.2 节）。
- 使用 os.path.isfile 函数来检测一个文件是否存在（第 13.2.3 节）。
- 在一个文件对象中使用 read、readline 和 readlines 方法来从一个文件读取数据（第 13.2.4 ～ 13.2.5 节）。
- 为了给一个文件追加数据，以追加模式打开这个文件（第 13.2.6 节）。
- 读写数值数据（第 13.2.7 节）。
- 显示打开和保存对话框以获取文件名对数据进行读写（第 13.3 节）。
- 利用文件开发应用程序（第 13.4 节）。
- 从网站资源上读取数据（第 13.5 节）。
- 使用 try、except 和 finally 子句来处理异常（第 13.6 节）。
- 使用 raise 语句抛出异常（第 13.7 节）。
- 熟悉 Python 的内置异常类（第 13.8 节）。
- 访问句柄中的一个异常对象（第 13.8 节）。
- 定义自定制的异常类。（第 13.9 节）。
- 使用 pickle 模型中的 load 和 dump 函数来实现二进制 IO（第 13.10 节）。
- 使用二进制 IO 创建一个地址簿（第 13.11 节）。

13.1 引言

✎ **关键点**：可以使用一个文件来永久保存数据；可以使用异常处理使编写的程序安全可靠且鲁棒性强。

程序中使用的数据都是暂时的，当程序终止时它们就会丢失，除非这些数据被特别地保存起来。为了能够永久地保存程序中创建的数据，需要将它们存储到磁盘或光盘上的文件中。这些文件可以被传送，可以随后被其他程序读取。在本章中，我们来学习如何从（向）一个文件读（写）数据。

如果程序试图从一个并不存在的文件读取数据，将会发生什么？程序将会意外终止。下面我们将学习如何编写程序来处理这个异常以使程序继续执行。

13.2 文本输入和输出

✎ **关键点**：为了从文件读数据或向文件写数据，需要使用 open 函数创建一个文件对象并使用这个对象的 read 和 write 方法来读写数据。

在文件系统中，每个文件都存放在一个目录下。绝对文件名是由文件名和它的完整路径以及驱动器字母组成。例如：c:\pybook\Scores.txt 是文件 Scores.txt 在 Windows 操作系统上的绝对文件名。这里的 c:\pybook 是指该文件的目录路径。绝对文件名是依赖机器的。在 UNIX 平台上，绝对文件名可能会是 /home/liang/pybook/Scores.txt，其中 /home/liang/pybook 是文件 Scores.txt 的目录路径。

相对文件名是相对于文件当前的工作路径而言的。一个相对文件名的完整路径被忽略。例如，Scores.py 是一个相对文件名。如果它当前的工作路径是 c:\pybook，那么绝对文件名应该是 c:\pybook\Scores.py。

文件可以分为文本文件和二进制文件两类。在 Windows 系统中能够使用文本编辑器或 Notepad 处理（读写和创建）或者在 UNIX 系统中能够使用 vi 处理的文件被称为文本文件（text file）。所有其他文件都被称为二进制文件。例如，Python 源程序都被存在文本文件中且可以被文本编辑器处理，但是微软的 Word 文件是被存储在二进制文件且是用 Microsoft Word 程序处理的。

尽管在技术上不够严谨正确，但是可以认为一个文本文件是由一系列的字符组成而一个二进制文件是由一系列的比特组成。文本文件中的字符使用像 ASCII 和 Unicode 这样的字符编码表来编码。例如：十进制整数 199 在文本文件中被存为三个字符 1、9 和 9，而同一个整数在二进制文件中就被存为一个字节类型 C7，因为十进制 199 等于十六进制 C7（$199 = 12 \times 16^1 + 7$）。二进制文件的优势就是它们比文本文件的处理效率更高。

注意：计算机并不会区分二进制文件和文本文件。所有的文件都以二进制格式存储，因此实际上所有的文件都是二进制文件。文本 IO（输入和输出）是建立在二进制 IO 的基础上提供一定程度上抽象的字符编码和解码。

本节介绍如何从一个文本文件读取字符串和向一个文本文件写入字符串。第 13.10 节将介绍二进制文件。

13.2.1 打开一个文件

如何向（从）一个文件写（读）数据？需要创建一个和物理文件相关的文件对象。这被称为打开一个文件。打开一个文件的语法如下。

```
fileVariable = open(filename, mode)
```

open 函数为 filename 返回一个文件对象。参数 mode 是一个指定这个文件将被如何使用（只读或只写）的字符串，如表 13-1 所示。

表 13-1 文件模式

模式	描述
"r"	为了读取打开一个文件
"w"	为了写入打开一个文件，如果文件已经存在，它的就内容就被销毁
"a"	打开一个文件从文件末尾追加数据
"rb"	为读取二进制数据打开文件
"wb"	为写入二进制数据打开文件

例如，下面的语句打开当前目录下一个名为 Scores.txt 的文件来进行读操作。

```
input = open("Scores.txt", "r")
```

也可以使用绝对文件名来打开 Windows 下的文件，如下所示。

```
input = open(r"c:\pybook\Scores.txt", "r")
```

上述语句打开 c:\pybook 路径下的 Scores.txt 文件来进行读操作。绝对文件名前的 r 前缀表明这个字符串是一个行字符串，这会使 Python 解释器将文件名中的反斜线理解为字面意义上的反斜线。如果没有 r 前缀，需要使用转义序列将上述语句改写为：

```
input = open("c:\\pybook\\Scores.txt", "r")
```

13.2.2 写入数据

open 函数创建了一个文件对象，这是 _io.TextIOWrapper 类的一个实例。这个类包含了读写数据和关闭文件的方法，如图 13-1 所示。

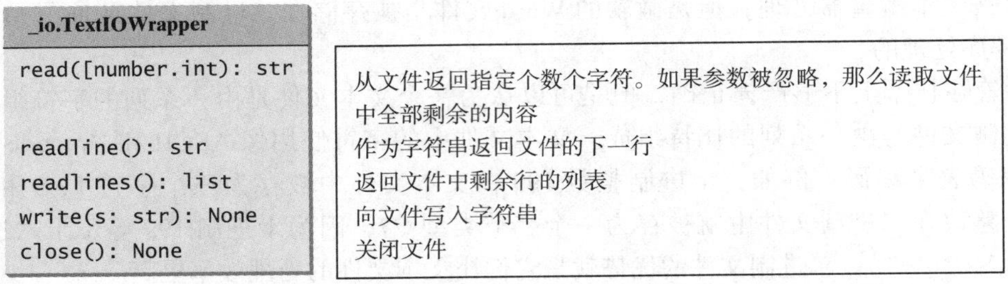

_io.TextIOWrapper	
read([number.int]): str	从文件返回指定个数个字符。如果参数被忽略，那么读取文件中全部剩余的内容
readline(): str	作为字符串返回文件的下一行
readlines(): list	返回文件中剩余行的列表
write(s: str): None	向文件写入字符串
close(): None	关闭文件

图 13-1 文件对象包含读写数据的方法

当一个文件被打开来进行写数据的操作后，可以使用 write 方法来将一个字符串写入文件。在程序清单 13-1 中，程序将三个字符串写入文件 Presidents.txt。

程序清单 13-1 WriteDemo.py

```
1  def main():
2      # Open file for output
3      outfile = open("Presidents.txt", "w")
4
5      # Write data to the file
6      outfile.write("Bill Clinton\n")
7      outfile.write("George Bush\n")
8      outfile.write("Barack Obama")
9
10     outfile.close() # Close the output file
11
12 main() # Call the main function
```

这个程序使用 w 模式打开一个名为 Presidents.txt 的文件来写入数据（第 3 行）。如果这个文件不存在，那么 open 函数就会创建一个新文件。如果该文件已经存在，那么这个文件中的内容将会被新的数据覆盖重写。现在，可以向文件中写入数据。

当一个文件被打开来进行写操作或读操作时，一个被称为文件指针的特殊标记将会被放在文件内部。读或写操作在指针位置发生。当一个文件被打开时，文件指针被放在文件的起始位置。当对文件进行读或写操作时，文件指针将会前移。

程序调用文件对象上的 write 方法写入三个字符串（第 6 ~ 8 行）。图 13-2 给出每次写操作之后文件指针的位置。

程序最后关闭文件以保证数据被写入文件（第 10 行）。当这个程序被执行后，三个姓名被写入文件。可以利用文本编辑器来查看该文件，如图 13-3 所示。

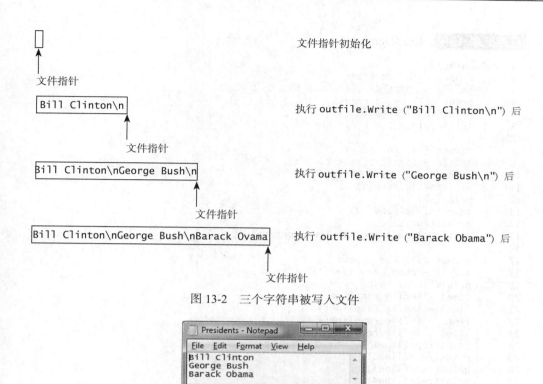

图 13-2　三个字符串被写入文件

图 13-3　一个名为 Presidents.txt 的文件包含三个姓名

➤ **注意**：当调用 print(str) 时，函数在显示字符串后将自动插入一个换行字符 \n。但是，write 函数不会自动插入一个新行字符。你必须显式地给文件写入一个换行字符。

➤ **警告**：如果打开一个已经存在的文件来进行写操作，那么该文件的原始内容将会被新的文本覆盖或销毁。

13.2.3　测试文件的存在性

为了防止已存在文件中的数据被意外消除，应该在打开一个文件进行写操作前检测该文件是否已经存在。os.path 模块中的 isfile 函数可以用来判断一个文件是否存在。例如：

```python
import os.path
if os.path.isfile("Presidents.txt"):
    print("Presidents.txt exists")
```

在这里，如果文件 Presidents.txt 文件在当前目录下存在，那么 isfile（"Presidents.txt"）返回 True。

13.2.4　读数据

当一个文件被打开来进行读操作时，可以使用 read 方法从该文件中读取特定数目的字符或全部字符并将它们作为字符串返回，readline() 方法读取下一行，而 readlines() 方法读取所有行并放入一个字符串列表中。

假设 Presidents.txt 文件包含三行，如图 13-3 所示。程序清单 13-2 中的程序从文件读取数据。

程序清单 13-2 ReadDemo.py

```
1  def main():
2      # Open file for input
3      infile = open("Presidents.txt", "r")
4      print("(1) Using read(): ")
5      print(infile.read())
6      infile.close() # Close the input file
7
8      # Open file for input
9      infile = open("Presidents.txt", "r")
10     print("\n(2) Using read(number): ")
11     s1 = infile.read(4)
12     print(s1)
13     s2 = infile.read(10)
14     print(repr(s2))
15     infile.close() # Close the input file
16
17     # Open file for input
18     infile = open("Presidents.txt", "r")
19     print("\n(3) Using readline(): ")
20     line1 = infile.readline()
21     line2 = infile.readline()
22     line3 = infile.readline()
23     line4 = infile.readline()
24     print(repr(line1))
25     print(repr(line2))
26     print(repr(line3))
27     print(repr(line4))
28     infile.close() # Close the input file
29
30     # Open file for input
31     infile = open("Presidents.txt", "r")
32     print("\n(4) Using readlines(): ")
33     print(infile.readlines())
34     infile.close() # Close the input file
35
36  main() # Call the main function
```

```
(1) Using read():
Bill Clinton
George Bush
Barack Obama

(2) Using read(number):
Bill
' Clinton\nG'

(3) Using readline():
'Bill Clinton\n'
'George Bush\n'
'Barack Obama'
''

(4) Using readlines():
['Bill Clinton\n', 'George Bush\n', 'Barack Obama']
```

程序首先使用 r 模式打开 Presidents.txt 文件来从文件对象 infile 读取数据 (第 3 行)。调用 infile.read() 方法从文件读取所有字符并将它们作为字符串返回 (第 5 行)。关闭文件 (第 6 行)。

该文件被重新打开进行读操作 (第 9 行)。程序使用 read(number) 方法从文件中读取特定数目的字符。调用 infile.read(4) 读取 4 个字符（第 11 行），而调用 infile.read(10) 读取 10 个字符（第 13 行）。repr(s) 函数返回 s 的原始字符串，这样使得转义字符也作为字面意义上的字符显示，如输出所示。

图 13-4 显示了每次读取之后文件指针的位置。

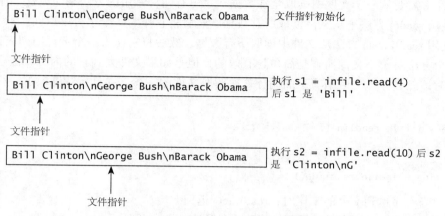

图 13-4 文件指针位置随着文件读取数据向前移动

文件关闭（第 15 行）并重新打开读取（第 18 行）。程序使用 readline() 方法来读取一行（第 20 行）。调用 infile.readline() 来读取以 \n 结束的一行。每一行的所有字符都被读取，包括 \n。当文件指针到达文件末尾时，调用 readline() 或 read() 将返回一个空字符串 ''。

图 13-5 给出每次调用完 readline() 之后文件指针的位置。

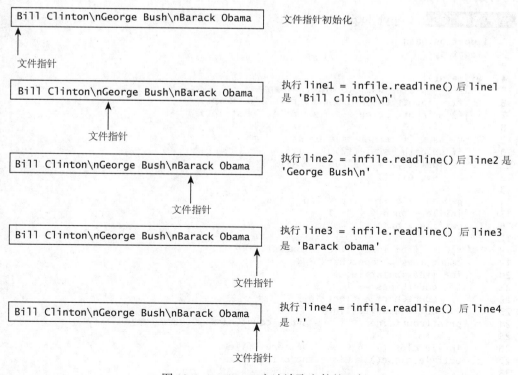

图 13-5 readline() 方法读取文件的一行

文件被关闭（第 28 行）并且重新打开读取数据（第 31 行）。程序使用 readlines() 方法来读取所有行并返回一个字符串列表。每一个字符串对应文件中的一行。

13.2.5 从文件读取所有数据

程序经常需要从一个文件中读取全部数据。这里有两种常用的方法来完成这个任务：

1）使用 read() 方法来从文件读取所有数据，然后将它作为一个字符串返回。

2）使用 readlines() 方法从文件中读取所有数据，然后将它作为一个字符串列表返回。

这两个方法对于小文件而言是简单且有效的，但是如果文件大到它的内容无法全部存在存储器中时该怎么办？可以编写下面循环每次读取文件的一行，并且持续读取下一行直到文件末端：

```
line = infile.readline() # Read a line
while line != '':
    # Process the line here ...
    # Read next line
    line = infile.readline()
```

注意：当程序达到文件的末尾时，readline() 返回 ''。

Python 同样允许你使用 for 循环来读取文件所有行，如下所示。

```
for line in infile:
    # Process the line here ...
```

这比使用 while 循环要简单多了。

程序清单 13-3 编写了一个程序，该程序将一个源文件的数据复制到目标文件，并统计文件的行数和字符数。

程序清单 13-3 CopyFile.py

```
 1  import os.path
 2  import sys
 3
 4  def main():
 5      # Prompt the user to enter filenames
 6      f1 = input("Enter a source file: ").strip()
 7      f2 = input("Enter a target file: ").strip()
 8
 9      # Check if target file exists
10      if os.path.isfile(f2):
11          print(f2 + " already exists")
12          sys.exit()
13
14      # Open files for input and output
15      infile = open(f1, "r")
16      outfile = open(f2, "w")
17
18      # Copy from input file to output file
19      countLines = countChars = 0
20      for line in infile:
21          countLines += 1
22          countChars += len(line)
23          outfile.write(line)
24      print(countLines, "lines and", countChars, "chars copied")
25
26      infile.close()  # Close the input file
27      outfile.close() # Close the output file
28
29  main() # Call the main function
```

```
Enter a source file: input.txt  ↵Enter
Enter a target file: output1.txt  ↵Enter
output1.txt already exists
```

```
Enter a source file: input.txt  ↵Enter
Enter a target file: output2.txt  ↵Enter
3 lines and 73 characters copied
```

这个程序提示用户输入一个源文件 f1 和一个目标文件 f2（第 6 ~ 7 行），然后判断 f2 文件是否已经存在（第 10 ~ 12 行）。如果存在，程序将显示一条文件已存在的消息（第 11 行）并退出（第 12 行）。如果文件不存在，程序打开文件 f1 作为输入、打开文件 f2 作为输出（第 15 ~ 16 行）。随后使用一个 for 循环来读取文件 f1 的每一行并将每一行写入文件 f2（第 20 ~ 23 行）。程序跟踪从文件读取的行数和字符数（第 21 ~ 22 行）。为了确保文件能够被正确处理，需要在处理文件之后关闭文件（第 26 ~ 27 行）。

13.2.6 追加数据

可以使用 a 模式打开一个文件来在一个已经存在的文件末尾添加数据。程序清单 13-4 给出了一个给名为 Info.txt 的文件追加两行的例子。

程序清单 13-4 AppendDemo.py

```
1  def main():
2      # Open file for appending data
3      outfile = open("Info.txt", "a")
4      outfile.write("\nPython is interpreted\n")
5      outfile.close() # Close the file
6
7  main() # Call the main function
```

程序使用 a 模式打开一个名为 Info.txt 文件来通过文件对象 outfile 向文件添加数据（第 3 行）。假设已存在的文件中包含有文本数据" Programming is fun"。图 13-6 给出当文件被打开时和每次写入后文件指针的位置。当文件被打开时，文件指针被置于文件末尾。

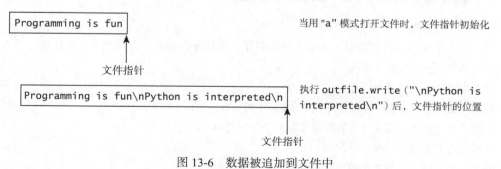

图 13-6 数据被追加到文件中

程序最后关闭文件以确保数据被正确写入文件当中（第 5 行）。

13.2.7 读写数值数据

为了向一个文件写入数字，必须首先将它们转换成字符串，然后使用 write 方法将它们写入文件。为了正确地读出文件中的数字，利用像 " " 或 \n 的空白符来分隔数字。

在程序清单 13-5 中，程序向一个文件写入 10 个随机单独的数字并且从文件读取这些数字。

程序清单 13-5 WriteReadNumbers.py

```
 1  from random import randint
 2
 3  def main():
 4      # Open file for writing data
 5      outfile = open("Numbers.txt", "w")
 6      for i in range(10):
 7          outfile.write(str(randint(0, 9)) + " ")
 8      outfile.close() # Close the file
 9
10      # Open file for reading data
11      infile = open("Numbers.txt", "r")
12      s = infile.read()
13      numbers = [eval(x) for x in s.split()]
14      for number in numbers:
15          print(number, end = " ")
16      infile.close() # Close the file
17
18  main() # Call the main function
```

```
8 1 4 1 2 5 5 1 3 2
```

程序使用 w 模式打开一个名为 Numbers.txt 的文件来向使用文件对象 outfile 的文件写入数据（第 5 行）。for 循环向文件写入 10 个数字，这些数字之间用空白符分隔（第 6 ～ 7 行）。注意：将数字转换为字符串才能将它们写入文件。

这个程序关闭了输出文件（第 8 行）并使用 r 模式重新打开文件通过文件对象 infile 来读取数据（第 11 行）。read() 方法将所有数据作为一个字符串读取（第 12 行）。因为数字间被空白符分隔，所以字符串的 split 方法能够将这个字符串分成一个列表（第 13 行）。可以从该列表中获取数字并显示出来（第 14 ～ 15 行）。

检查点

13.1 如何打开一个文件分别进行数据读取、写入和追加？

13.2 使用下面的语句创建一个文件对象会有什么问题？

    infile = open("c:\book\test.txt", "r")

13.3 当打开一个文件进行读取时，如果文件不存在会出现什么情况？当打开一个文件进行写入时，文件不存在会出现什么情况？

13.4 如何判断一个文件是否存在？

13.5 使用什么方法可以从一个文件中读取 30 个字符？

13.6 使用什么方法可以将文件所有数据读取到一个字符串中？

13.7 使用什么方法可以读取一行？

13.8 使用什么方法可以将文件的所有行读入一个列表中？

13.9 如果在文件末尾调用 read() 和 readline()，那么程序是否会出现运行时错误？

13.10 读取数据时，如何判断到了文件末尾？

13.11 使用什么函数来将数据写入文件？

13.12 如何在程序中表示一个字面意义上的原始字符串？

13.13 如何读写数值数据？

13.3 文件对话框

关键点：tkinter.filedialog 模块中包含有 askopenfilename 和 asksaveasfilename 函数来显示文件打开和保存为对话框。

Tkinter 提供了带以下两个函数的 tkinter.filedialog 模块。

```
# Display a file dialog box for opening an existing file
filename = askopenfilename()
# Display a file dialog box for specifying a file for saving data
filename = asksaveasfilename()
```

这两个函数都会返回一个文件名。如果对话框被用户取消，那么该函数返回 None。下面是使用这两个函数的一个示例。

```
1  from tkinter.filedialog import askopenfilename
2  from tkinter.filedialog import asksaveasfilename
3
4  filenameforReading = askopenfilename()
5  print("You can read from " + filenameforReading)
6
7  filenameforWriting = asksaveasfilename()
8  print("You can write data to " + filenameforWriting)
```

当运行这段代码时，askopenfilename() 函数将显示打开对话框以指明要打开的文件，如图 13-7a 所示。asksaveasfilename() 函数将显示保存为对话框来指明要保存的文件的名字和路径，如图 13-7b 所示。

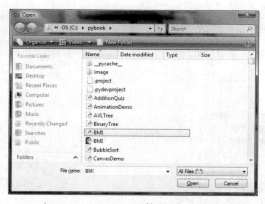
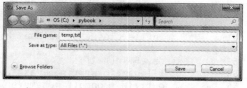

a）askopenfilename() 函数显示打开对话框   b）asksaveasfilename() 函数显示保存为对话框

图 13-7

现在创建一个简单的文本编辑器，它包括菜单栏、工具栏和文件对话框，如图 13-8 所示。这个编辑器允许用户打开并保存文本文件。程序清单 13-8 给出这个程序。

程序清单 13-6 FileEditor.py

```
1  from tkinter import *
2  from tkinter.filedialog import askopenfilename
3  from tkinter.filedialog import asksaveasfilename
4
5  class FileEditor:
6      def __init__(self):
7          window = Tk()
8          window.title("Simple Text Editor")
```

```
9
10          # Create a menu bar
11          menubar = Menu(window)
12          window.config(menu = menubar) # Display the menu bar
13
14          # Create a pull-down menu and add it to the menu bar
15          operationMenu = Menu(menubar, tearoff = 0)
16          menubar.add_cascade(label = "File", menu = operationMenu)
17          operationMenu.add_command(label = "Open",
18              command = self.openFile )
19          operationMenu.add_command(label = "Save",
20              command = self.saveFile )
21
22          # Add a tool bar frame
23          frame0 = Frame(window) # Create and add a frame to window
24          frame0.grid(row = 1, column = 1, sticky = W)
25
26          # Create images
27          openImage = PhotoImage(file = "image/open.gif")
28          saveImage = PhotoImage(file = "image/save.gif")
29
30          Button(frame0, image = openImage, command =
31              self.openFile).grid(row = 1, column = 1, sticky = W)
32          Button(frame0, image = saveImage,
33              command = self.saveFile).grid(row = 1, column = 2)
34
35          frame1 = Frame(window) # Hold editor pane
36          frame1.grid(row = 2, column = 1)
37
38          scrollbar = Scrollbar(frame1)
39          scrollbar.pack(side = RIGHT, fill = Y)
40          self.text = Text(frame1, width = 40, height = 20,
41              wrap = WORD, yscrollcommand = scrollbar.set)
42          self.text.pack()
43          scrollbar.config(command = self.text.yview)
44
45          window.mainloop() # Create an event loop
46
47      def openFile(self):
48          filenameforReading = askopenfilename()
49          infile = open(filenameforReading, "r")
50          self.text.insert(END, infile.read()) # Read all from the file
51          infile.close() # Close the input file
52
53      def saveFile(self):
54          filenameforWriting = asksaveasfilename()
55          outfile = open(filenameforWriting, "w")
56          # Write to the file
57          outfile.write(self.text.get(1.0, END))
58          outfile.close() # Close the output file
59
60  FileEditor() # Create GUI
```

程序创建 File 菜单（第 15 ~ 20 行）。File 菜单栏包括菜单命令"Open"，它是来加载一个文件的（第 18 行），而菜单命令"Save"是来保存一个文件的（第 20 行）。当单击"Open"菜单时，就会调用 openFile 方法（第 47 ~ 51 行）来显示打开对话框以便使用 askopenfilename 函数打开一个文件（第 48 行）。当用户选择一个文件之后，该文件的文件名被返回并被用来打开这个文件以读取数据（第 49 行）。这个程序从文件读取数据并将这个数据插入 Text 小构件中（第 50 行）。

当单击"Save"菜单时，saveFile 方法（第 53 ~ 58）被调用以显示保存为对话框来使用 asksavesfilename 函数保存一个文件（第 54 行）。当用户输入或选择一个文件之后，这个文件的文件名被返回来打开该文件以写入数据（第 55 行）。这个程序从 Text 小构件中读取数据并将数据写入文件中（第 57 行）。

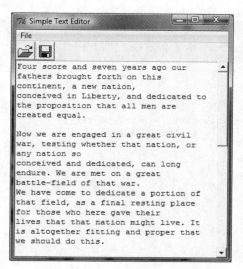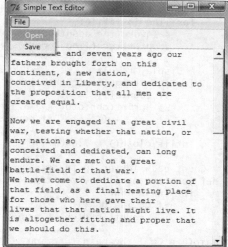

图 13-8　这个编辑器允许用户从 File 菜单或从工具栏打开和保存文件

这个程序同样也创建了工具栏按钮（第 30 ～ 33 行）并将它们放在一个框架里。这些工具栏按钮都是一些含有图标的按钮。当单击 "Open" 工具栏按钮时，调用 openFile 回调方法（第 31 行）。当单击 "Save" 工具栏按钮时，调用 save 回调 File 方法（第 33 行）。

这个程序使用有滚动栏的 Text 小构件创建一个文本域（第 38 ～ 43 行）。Text 小构件和滚动条都被放在 framel 框架里。

检查点

13.14　如何显示一个打开文件的对话框？

13.15　如何显示一个保存文件的对话框？

13.4　实例研究：统计文件中的字符个数

关键点：编写一个程序，提示用户输入一个文件名然后统计在不计大小写的情况下每个字符的出现次数。

下面是解决这个问题的步骤：

1）将文件中的每行作为一个字符串读取。

2）使用字符串的 lower() 方法来将字符串中的所有大写字母转换成小写字母。

3）创建一个含有 26 个整型值的名为 counts 的列表，每一个值是对每个字母出现次数的统计。也就是说，counts[0] 统计字母 a 的出现次数，counts[1] 统计字母 b 的出现次数，依此类推。

4）对于字符串中的每个字符，判断它是否是一个小写字母。如果是，将列表中相应的计数器加 1。

5）最后，显示统计结果。

程序清单 13-7 给出了完整的程序。

程序清单 13-7　CountEachLetter.py

```
 1  def main():
 2      filename = input("Enter a filename: ").strip()
 3      infile = open(filename, "r") # Open the file
 4
 5      counts = 26 * [0] # Create and initialize counts
 6      for line in infile:
 7          # Invoke the countLetters function to count each letter
 8          countLetters(line.lower(), counts)
 9
10      # Display results
11      for i in range(len(counts)):
12          if counts[i] != 0:
13              print(chr(ord('a') + i) + " appears " + str(counts[i])
14                  + (" time" if counts[i] == 1 else " times"))
15
16      infile.close() # Close file
17
18  # Count each letter in the string
19  def countLetters(line, counts):
20      for ch in line:
21          if ch.isalpha() :
22              counts[ord(ch) - ord('a')] += 1
23
24  main() # Call the main function
```

```
Enter a filename: input.txt  ↵Enter
a appears 3 times
b appears 3 times
x appears 1 time
```

这个主函数提示用户输入一个文件名（第 2 行）并打开这个文件（第 3 行）。程序创建一个含有 26 个元素的列表且初始化为 0（第 5 行）。for 循环（第 6～8 行）从文件中读取每一行，将字母全转换成小写，然后将它们传递来调用 countLetters。

countLetters(line，counts) 函数检查 line 中的每个字符。如果它是一个小写字母，程序将列表 counts 对应的元素加 1（第 21～22 行）。

当所有行都被处理之后，如果次数大于 0，那么程序显示文件中包含的每个字母和它们的出现次数（第 11～14 行）。

13.5　从网站上获取数据

🔑 **关键点**：使用 urlopen 函数打开一个统一资源定位器（URL）并从网站上读取数据。

可以使用 Python 编写简单的代码来从 Web 网站上读取数据。所需要做的就是通过使用 urlopen 函数打开一个 URL，如下所示。

```
infile = urllib.request.urlopen("http://www.yahoo.com")
```

urlopen 函数（在 urllib.request 模块中定义）像打开一个文件一样打开一个 URL 资源。下面是一个从给定的 URL 读取和显示网站内容的示例。

```
import urllib.request
infile = urllib.request.urlopen("http://www.yahoo.com/index.html")
print(infile.read().decode())
```

使用 infile.read() 从 URL 上读取的数据是比特形式的原始数据。调用 decode() 方法将原始数据转换为一个字符串。

让我们重写程序清单 13-7 中的程序，提示用户输入一个来自因特网上的 URL 上的文件而不是来自本地系统上的文件。这个程序在程序清单 13-8 中给出。

程序清单 13-8 CountEachLetterURL.py

```
1  import urllib.request
2
3  def main():
4      url = input("Enter a URL for a file: ").strip()
5      infile = urllib.request.urlopen(url)
6      s = infile.read().decode() # Read the content as string
7
8      counts = countLetters(s.lower())
9
10     # Display results
11     for i in range(len(counts)):
12         if counts[i] != 0:
13             print(chr(ord('a') + i) + " appears " + str(counts[i])
14                 + (" time" if counts[i] == 1 else " times"))
15
16  # Count each letter in the string
17  def countLetters(s):
18      counts = 26 * [0] # Create and initialize counts
19      for ch in s:
20          if ch.isalpha():
21              counts[ord(ch) - ord('a')] += 1
22      return counts
23
24  main() # Call the main function
```

```
Enter a filename: http://cs.armstrong.edu/liang/data/Lincoln.txt  ↵Enter
a appears 102 times
b appears 14 times
c appears 31 times
d appears 58 times
e appears 165 times
f appears 27 times
g appears 28 times
h appears 80 times
i appears 68 times
k appears 3 times
l appears 42 times
m appears 13 times
n appears 77 times
o appears 92 times
p appears 15 times
q appears 1 time
r appears 79 times
s appears 43 times
t appears 126 times
u appears 21 times
v appears 24 times
w appears 28 times
y appears 10 times
```

主函数提示用户输入一个 URL 地址（第 4 行），打开这个 URL（第 5 行），并从这个 URL 读取数据放入一个字符串中（第 6 行）。这个程序将这个字符串转换为小写字母并且调用 countLetters 函数来对字符串中出现的每个字母进行计数（第 8 行）。函数返回一个显示每个字母出现次数的列表。

countLetters(s) 函数创建一个初始值为 0 的 26 个元素构成的列表（第 18 行）。函数检测 s 中的每个字符。如果它是小写字母，程序就给相应的 counts 加 1（第 20 ~ 21 行）。

注意：为了使 urlopen 函数识别一个有效的 URL，URL 地址需要有 http:// 前缀，如果像下面输入一个 URL 是错误的。

```
cs.armstrong.edu/liang/data/Lincoln.txt
```

检查点

13.16　如何在 Python 程序中打开一个 Web 网页？

13.17　可以使用什么函数来从一个正常的字符串返回一个原始字符串？

13.6　异常处理

关键点：异常处理使程序能够处理异常然后继续它的正常执行。

当运行上一节的程序时，如果用户输入一个不存在的文件或 URL 时将会怎样？这个程序将会中断并抛出一个错误。例如，如果运行程序清单 13-7 的程序时输入一个不存在的文件名，那么程序将会报告这个 IOError。

```
c:\pybook\python CountEachLetter.py
Enter a filename: NonexistentOrIncorrectFile.txt  ↵Enter
Traceback (most recent call last):
  File "C:\pybook\CountEachLetter.py", line 23, in <module>
    main()
  File "C:\pybook\CountEachLetter.py", line 4, in main
    infile = open(filename, "r") # Open the file
IOError: [Errno 22] Invalid argument: 'NonexistentOrIncorrectFile.txt\r'
```

这些冗长的错误信息被称为堆栈回溯或回溯。回溯通过追溯到导致这条语句的函数调用来给出导致错误的这条语句的信息。在错误信息中显示函数调用的行号以便跟踪这个错误。

在运行时出现的错误被称为异常。如何处理一个异常以使程序能够捕获这个错误并提示用户输入一个正确的文件名？可以使用 Python 的异常处理语法来实现。

异常处理语法是将可能产生（抛出）异常的代码包裹在 try 子句中，如下所示。

```
try:
    <body>
except <ExceptionType>:
    <handler>
```

在这里，<body> 包含了可能抛出异常的代码。当一个异常出现时，<body> 中剩余代码被跳过。如果该异常匹配一个异常类型，那么该类型下的处理代码将会执行。<handler> 是处理异常的代码。现在，可以将异常处理的新代码插入到程序清单 13-7 的第 2 行和第 3 行，以便用户在输入不正确时重新输入文件名，如程序清单 13-9 所示。

程序清单 13-9　CountEachLetterWithExceptionHandling.py

```
1  def main():
2      while True:
3          try:
4              filename = input("Enter a filename: ").strip()
5              infile = open(filename, "r") # Open the file
6              break
7          except IOError:
8              print("File " + filename + " does not exist. Try again")
9
```

如果发生异常

```
10        counts = 26 * [0] # Create and initialize counts
11        for line in infile:
12            # Invoke the countLetters function to count each letter
13            countLetters(line.lower(), counts)
14
15        # Display results
16        for i in range(len(counts)):
17            if counts[i] != 0:
18                print(chr(ord('a') + i) + " appears " + str(counts[i])
19                    + (" time" if counts[i] == 1 else " times"))
20
21        infile.close() # Close file
22
23 # Count each letter in the string
24 def countLetters(line, counts):
25     for ch in line:
26         if ch.isalpha():
27             counts[ord(ch) - ord('a')] += 1
28
29 main()
```

```
Enter a filename: NonexistentOrIncorrectFile  ↵Enter
File NonexistentOrIncorrectFile does not exist. Try again
Enter a filename: Lincoln.dat  ↵Enter
File Lincoln.dat does not exist. Try again
Enter a filename: Lincoln.txt  ↵Enter
a appears 102 times
b appears 14 times
...
...
w appears 28 times
y appears 10 times
```

这个程序使用一个 while 循环来重复提示用户输入一个文件名（第 2 ~ 8 行）。如果输入的名字正确，那么程序将退出循环（第 6 行）。如果调用 open 函数时抛出一个 IOError 异常（第 5 行），那么 except 子句被执行来处理这个异常（第 7 ~ 8 行），随后循环继续。

try/except 块按如下方式工作：

- 首先，try 和 except 之间的语句被执行。
- 如果没有异常出现，跳过 except 子句。在这种情况下，执行 break 语句退出 while 循环。
- 如果在执行 try 子句时出现异常，子句的剩余部分将会被跳过。在这种情况下，如果文件不存在，那么 open 函数将会抛出一个异常，break 语句被跳过。
- 当一个异常出现时，如果异常类型匹配关键字 except 之后的异常名，那么这个 except 子句被执行，然后继续执行 try 语句之后的语句。
- 如果一个异常出现但是异常类型不匹配 except 子句中的异常名，那么这个异常被传递给这个函数的调用者；如果没有找到处理该异常的处理器，那么这是一个未处理异常且终止程序显示错误信息。

一个 try 语句可以有多个 except 子句来处理不同的异常。这个语句也可以选择 else 或 finally 语句，语法如下所示。

```
1 try:
2     <body>
3 except <ExceptionType1>:
4     <handler1>
```

```
5   ...
6   except <ExceptionTypeN>:
7       <handlerN>
8   except:
9       <handlerExcept>
10  else:
11      <process_else>
12  finally:
13      <process_finally>
```

多个 except 语句与 elif 语句类似。当一个异常出现时，它会被顺序检查是否匹配 try 子句后的 except 子句中的异常。如果找到一个匹配，那么匹配该异常的处理器将被执行，而 except 子句的其他部分将会忽略。注意：在 except 子句最后的 <ExceptionType> 可能会被忽略。如果异常在最后一个 except 子句之前不匹配任何一个异常类型（第 8 行），那么执行最后一个 except 子句的 <handlerExcept>（第 9 行）。

一个 try 语句可以有一个可选择的 else 子句，如果 try 块中没有异常抛出，将会执行 else 块。

一个 try 语句可以有一个可选择的 finally 块，这用来定义收尾动作，无论何种情况都会执行这个块。程序清单 13-10 给出一个使用异常处理的例子。

程序清单 13-10　TestException.py

```
1   def main():
2       try:
3           number1, number2 = eval(
4               input("Enter two numbers, separated by a comma: "))
5           result = number1 / number2
6           print("Result is", result)
7       except ZeroDivisionError:
8           print("Division by zero!")
9       except SyntaxError:
10          print("A comma may be missing in the input")
11      except:
12          print("Something wrong in the input")
13      else:
14          print("No exceptions")
15      finally:
16          print("The finally clause is executed")
17
18  main() # Call the main function
```

```
Enter two numbers, separated by a comma: 3, 4  ↵Enter
Result is 0.75
No exceptions
The finally clause is executed
```

```
Enter two numbers, separated by a comma: 2, 0  ↵Enter
Division by zero!
The finally clause is executed
```

```
Enter two numbers, separated by a comma: 2 3  ↵Enter
A comma may be missing in the input
The finally clause is executed
```

```
Enter two numbers, separated by a comma: a, v  ↵Enter
Something wrong in the input
The finally clause is executed
```

当输入 3、4 时，程序会计算这个除法并显示结果，然后执行 else 子句，并且最后执行 finally 块。

当输入 2、0 时，执行除法时会抛出一个 ZeroDivisionError 异常（第 5 行）。第 7 行的 except 子句将会捕获这个异常并处理它，然后执行 finally 块。

当输入 2 3 时，就会抛出一个 SyntaxError 异常。第 9 行的 except 子句将会捕获这个异常并处理它，之后执行 finally 块。

当输入 a、v 时，会抛出一个异常。这个异常被第 11 行的 except 子句处理，然后执行 finally 块。

13.7 抛出异常

✐ **关键点**：异常被包裹在对象中，而对象由类创建。一个函数抛出一个异常。

在之前的小节中已经学习了如何编写处理异常的代码。那么异常是来自哪？一个异常是如何产生的？附属在异常上的信息包裹在一个对象中。异常产生自一个函数。当函数检测到一个错误时，它将使用下面语法从一个正确的异常类创建一个对象并把这个异常抛给这个函数的调用者。

```
raise ExceptionClass("Something is wrong")
```

下面介绍异常是如何工作的。假设程序检测到传递给函数的一个参数与这个函数的合约冲突；例如，这个参数必须是非负的，但是传递的参数是一个负数。这个程序将创建一个 RuntimeError 类的实例并将它抛出，如下所示。

```
ex = RuntimeError("Wrong argument")
raise ex
```

或者，如果你更喜欢，可以将前面两条语句合并成一条语句。

```
raise RuntimeError("Wrong argument")
```

现在，可以修改程序清单 12-2 中 Circle 类的 setRadius 方法，当半径是负数时抛出一个 RuntimeError 异常。修改后的 Circle 类在程序清单 13-11 中给出。

程序清单 13-11 CircleWithException.py

```
1   from GeometricObject import GeometricObject
2   import math
3
4   class Circle(GeometricObject):
5       def __init__(self, radius):
6           super().__init__()
7           self.setRadius(radius)
8
9       def getRadius(self):
10          return self.__radius
11
12      def setRadius(self, radius):
13          if radius < 0:
14              raise RuntimeError("Negative radius")
15          else:
16              self.__radius = radius
17
18      def getArea(self):
19          return self.__radius * self.__radius * math.pi
20
```

```
21        def getDiameter(self):
22            return 2 * self.__radius
23
24        def getPerimeter(self):
25            return 2 * self.__radius * math.pi
26
27        def printCircle(self):
28            print(self.__str__() + " radius: " + str(self.__radius))
```

程序清单 13-12 中的测试程序是使用程序清单 13-11 中的新 Circle 类来创建一个圆对象的。

程序清单 13-12 TestCircleWithException.py

```
1   from CircleWithException import Circle
2
3   try:
4       c1 = Circle(5)
5       print("c1's area is", c1.getArea())
6       c2 = Circle(-5)
7       print("c2's area is", c2.getArea())
8       c3 = Circle(0)
9       print("c3's area is", c3.getArea())
10  except RuntimeException:
11      print("Invalid radius")
```

```
c1's area is 78.53981633974483
Invalid radius
```

当试图用一个负数半径来创建一个 Circle 对象时（第 6 行），一个 RuntimeError 异常被抛出。这个异常被第 10 ～ 11 行的 except 子句捕获。

现在你知道了如何抛出和处理异常。那么使用异常处理的好处是什么？使用异常处理能够使函数给它的调用者抛出一个异常。调用者能够处理这个异常。如果没有这种能力，被调用函数必须自己处理这个异常或者终止这个程序。通常被调用函数不知道如何处理一个错误。这对库函数而言是典型情况。库函数可以检测到错误，但是只有调用者知道在错误出现时如何处理它。异常处理的最重要优势就是将错误检测（在被调用函数中完成）和错误处理（在调用函数中完成）分隔开来。

许多库函数能抛出多种异常，像 ZeroDivisionError、TypeError 和 IndexError 异常。可以使用 try-except 语法来捕获和处理这些异常。

函数可能会在一个函数调用链上调用其他函数。考虑多个函数调用的例子。假设 main 函数调用函数 function1，函数 function1 调用函数 function2，函数 function2 调用函数 function3，而函数 function3 抛出一个异常，如图 13-9 所示。考虑下面的方案：

- 如果异常类型是 Exception3，那么这个异常将被函数 function2 中处理这个异常的 except 块所捕获。statement5 将会被跳过，而 statement6 将被执行。
- 如果异常类型是 Exception2，函数 function2 被中止，控制权返回给函数 function1，而这个异常将被函数 function1 中的处理 Exception2 的 except 块所捕获。statement3 将会被跳过，而 statement4 将被执行。
- 如果异常类型是 Exception1，函数 function1 被中止，控制权返回给 main 函数，这个异常将被主函数 main 中处理 Exception1 的 except 块所捕获。statement1 将会被跳过，而 statement2 将被执行。

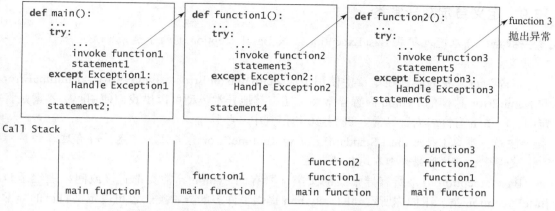

图 13-9　如果当前函数没有捕获一个异常，这个异常将被传递给它的调用者，
这个过程一直重复直到这个异常被捕获或传递给主函数 main

13.8　使用对象处理异常

🖋 **关键点**：在 except 子句中访问一个异常对象。

如前所述，一个异常被包裹在一个对象中。为了抛出一个异常，需要首先创建一个异常对象，然后使用 raise 关键字将它抛出。这个异常对象能够从 except 子句访问吗？答案是肯定的。可以使用下面的语法将 exception 对象赋给一个变量。

```
try
    <body>
except ExceptionType as ex:
    <handler>
```

有了这个语法，当 except 子句捕获到异常时，这个异常对象就被赋给一个名为 ex 的变量。现在，可以在处理器中使用这个对象。

程序清单 13-13 给出了一个例子，它提示用户输入一个数字，如果输入正确时显示这个数字。否则，这个程序显示一条错误信息。

程序清单 13-13　ProcessExceptionObject.py

```
1  try:
2      number = eval(input("Enter a number: "))
3      print("The number entered is", number)
4  except NameError as ex:
5      print("Exception:", ex)
```

```
Enter a number: 34  ↵Enter
The number entered is 34
```

```
Enter a number: one  ↵Enter
Exception: name 'one' is not defined
```

当输入一个非数字值时，就会从第 2 行抛出一个 NameError 对象。这个对象被赋给变量 ex。因此，可以访问它去处理这个异常。ex 中的 _ _str_ _() 方法被调用来返回一个描述该异常的字符串。在这种情况下，字符串是“name 'one' is not defined”。

13.9 定义自定制异常类

🔑 **关键点**：可以通过扩展 BaseException 类或 BaseException 类的子类来定义一个自定制异常类。

目前为止，我们已经在本章中使用了像 ZeroDivisionError、SyntaxError、RuntimeError 和 NameError 这样的 Python 内置异常类。还有其他异常类型可以供我们使用吗？答案是肯定的，Python 有许多内置异常。图 13-10 给出其中一些异常。

📝 **注意**：类名 Exception、StandardError 和 RuntimeError 有点让人迷惑。所有这三种类都是异常，且这些错误都在运行时出现。

BaseException 类是所有异常类的父类。所有的 Python 异常类都直接或间接地继承自 BaseException 类。正如你所看到的，Python 提供了许多的异常类。也可以定义自己的异常类，它们都继承自 BaseException 类或 BaseException 类的子类，例如：RuntimeError。

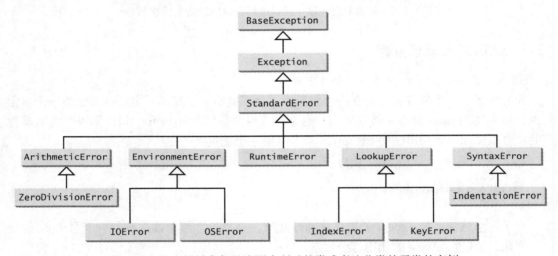

图 13-10　抛出的异常都是该图表所示的类或者这些类的子类的实例

程序清单 13-11 中的 Circle 类的 setRadius 方法在半径是负数的情况下抛出一个 RuntimeError 异常。调用者可以捕获这个异常，但是调用者并不知道什么半径会导致这个异常。为了修复这个问题，可以定义一个自定制异常类来存储半径，如程序清单 13-14 所示。

程序清单 13-14 InvalidRadiusException.py

```
1  class InvalidRadiusException(RuntimeError):
2      def __init__(self, radius):
3          super().__init__()
4          self.radius = radius
```

这个自定制异常类扩展自 RuntimeError（第 1 行）。初始化方法只是调用父类的初始化方法（第 3 行）并设置数据域中的半径（第 4 行）。

现在，修改 Circle 类中的 setRadius(radius) 方法在半径是负数的情况下抛出一个 InvalidRadiusException 异常，如程序清单 13-15 所示。

程序清单 13-15 CircleWithCustomException.py

```
1  from GeometricObject import GeometricObject
2  from InvalidRadiusException import InvalidRadiusException
```

```
3   import math
4
5   class Circle(GeometricObject):
6       def __init__(self, radius):
7           super().__init__()
8           self.setRadius(radius)
9
10      def getRadius(self):
11          return self.__radius
12
13      def setRadius(self, radius):
14          if radius >= 0:
15              self.__radius = radius
16          else:
17              raise InvalidRadiusException(radius)
18
19      def getArea(self):
20          return self.__radius * self.__radius * math.pi
21
22      def getDiameter(self):
23          return 2 * self.__radius
24
25      def getPerimeter(self):
26          return 2 * self.__radius * math.pi
27
28      def printCircle(self):
29          print(self.__str__(), "radius:", self.__radius)
```

如果半径是负数，setRadius 方法抛出一个 InvalidRadiusException 异常（第 17 行）。程序清单 13-16 给出了一个使用程序清单 13-15 中的新 Circle 类创建圆对象的测试程序。

程序清单 13-16 TestCircleWithCustomException.py

```
1   from CircleWithCustomException import Circle
2   from InvalidRadiusException import InvalidRadiusException
3
4   try:
5       c1 = Circle(5)
6       print("c1's area is", c1.getArea())
7       c2 = Circle(-5)
8       print("c2's area is", c2.getArea())
9       c3 = Circle(0)
10      print("c3's area is", c3.getArea())
11  except InvalidRadiusException as ex:
12      print("The radius", ex.radius, "is invalid")
13  except Exception:
14      print("Something is wrong")
```

```
c1's area is 78.53981633974483
The radius -5 is invalid
```

当使用一个负数半径来创建一个 Circle 对象时（第 7 行），一个 InvalidRadiusException 异常就被抛出。这个异常被第 11 ～ 12 行的 except 子句捕获。

except 块中异常顺序的指定是很重要的，因为 Python 是按这个顺序来寻找异常处理器的。如果一个父类类型异常的 except 块出现在子类类型异常的 except 块之前，那么这个子类类型异常的 except 块将永远不会被执行。例如，如下编写代码是错误的。

```
try:
    ....
except Exception:
```

```
    print("Something is wrong")
except InvalidRadiusException:
    print("Invalid radius")
```

☞ 检查点

13.18 假设下面 try-except 块中的 statement2 子句出现一个异常：

```
try:
    statement1
    statement2
    statement3
except Exception1:
    # Handle exception 1
except Exception2:
    # Handle exception 2

statement4
```

回答下面的问题：

* statement3 会被执行吗？

* 如果异常未被捕获，那么 statement4 会被执行吗？

* 如果异常在 except 块中被捕获，那么 statement4 会被执行吗？

13.19 运行下面的程序时显示什么？

```
try:
    list = 10 * [0]
    x = list[10]
    print("Done ")
except IndexError:
    print("Index out of bound")
```

13.20 运行下面的程序时显示什么？

```
def main():
    try:
        f()
        print("After the function call")
    except ZeroDivisionError:
        print("Divided by zero!")
    except:
        print("Exception")

def f():
    print(1 / 0)

main() # Call the main function
```

13.21 运行下面的程序时显示什么？

```
def main():
    try:
        f()
        print("After the function call")
    except IndexError:
        print("Index out of bound")
    except:
        print("Exception in main")

def f():
    try:
        s ="abc"
        print(s[3])
```

```
    except ZeroDivisionError:
        print("Divided by zero!")

main() # Call the main function
```

13.22 假设下面的语句中 statement2 子句引起了一个异常：

```
try:
    statement1
    statement2
    statement3
except Exception1:
    # Handle exception
except Exception2:
    # Handle exception
except Exception3:
    # Handle exception
finally:
    statement4

statement5
```

回答下面的问题：

- 如果异常未被捕获，那么 statement5 会被执行吗？
- 如果异常类型是 Exception3，那么 statement4 和 statement5 会被执行吗？

13.23 如何在函数中抛出一个异常？

13.24 使用异常处理的优势是什么？

13.25 运行下面的程序时显示什么？

```
try:
    lst = 10 * [0]
    x = lst[9]
    print("Done")
except IndexError:
    print("Index out of bound")
else:
    print("Nothing is wrong")
finally:
    print("Finally we are here")

print("Continue")
```

13.26 运行下面的程序时显示什么？

```
try:
    lst = 10 * [0]
    x = lst[10]
    print("Done ")
except IndexError:
    print("Index out of bound")
else:
    print("Nothing is wrong")
finally:
    print("Finally we are here")

print("Continue")
```

13.27 下面代码错在哪里？

```
try:
    # Some code here
    ...
```

```
except ArithmeticError:
    print("ArithmeticError")
except ZeroDivisionError:
    print("ZeroDivisionError")

print("Continue")
```

13.28　如何定义一个自定制异常类？

13.10　使用 Pickling 进行二进制 IO

✒ **关键点**：为了使用 Pickling 进行二进制 IO，使用模式 rb 和 wb 打开一个文件以进行二进制读写并调用 pickle 模块中的 dump 和 load 函数来读写数据。

可以向一个文件写入字符串和数字。可以向文件直接写入像列表这样的任何一个对象吗？答案是肯定的。这需要二进制 IO。Python 中有很多方法进行二进制 IO。本节介绍如何使用 pickle 模块中的 dump 和 load 函数进行二进制 IO。

Python 的 pickle 模块使用强大且有效的算法来序列化和反序列化对象。序列化是指将一个对象转换为一个能够存储在一个文件中或在网络上进行传输的字节流的过程。反序列化指的是相反的过程，它是从字节流中提取出对象的过程。序列化 / 反序列化在 Python 中也称为浸渍 / 去渍或卸载 / 加载对象。

13.10.1　卸载和加载对象

众所周知，Python 中的所有数据都是对象。pickle 模块使我们能够通过使用 dump 和 load 函数来写入 / 读取任何数据。程序清单 13-17 演示这些函数。

程序清单 13-17　BinaryIODemo.py

```
1  import pickle
2
3  def main():
4      # Open file for writing binary
5      outfile = open("pickle.dat", "wb")
6      pickle.dump(45, outfile)
7      pickle.dump(56.6, outfile)
8      pickle.dump("Programming is fun", outfile)
9      pickle.dump([1, 2, 3, 4], outfile)
10     outfile.close() # Close the output file
11
12     # Open file for reading binary
13     infile = open("pickle.dat", "rb")
14     print(pickle.load(infile))
15     print(pickle.load(infile))
16     print(pickle.load(infile))
17     print(pickle.load(infile))
18     infile.close() # Close the input file
19
20  main() # Call the main function
```

```
45
56.6
Programming is fun
[1, 2, 3, 4]
```

为了使用 pickle，需要导入 pickle 模块（第 1 行）。为了向一个文件写入对象，使用 wb 模式打开这个文件以进行二进制写入（第 5 行），使用 dump(object) 方法将对象写入到文件中（第 6 ～ 9 行）。这个方法将对象序列化为一个字节流并将它们存入文件中。

这个程序关闭文件（第 10 行）并打开它来读取二进制数据（第 13 行）。使用 load 方法来读取对象（第 14 ～ 17 行）。这个方法读取一个字节流并将它们反序列化为一个对象。

13.10.2 检测文件末尾

如果不知道文件中有多少对象，那么如何读取文件的所有对象？可以通过使用 load 函数重复读取一个对象直到函数抛出一个 EOFError 异常（文件末尾）。当抛出这个异常时，捕获并处理它以结束文件读取过程。

程序清单 13-18 中的程序通过使用对象 IO 将未指定数目的整数对象存入一个文件，然后将它们从文件中读取出来。

程序清单 13-18 DetectEndOfFile.py

```python
1  import pickle
2
3  def main():
4      # Open file for writing binary
5      outfile = open("numbers.dat", "wb")
6
7      data = eval(input("Enter an integer (the input exits " +
8          "if the input is 0): "))
9      while data != 0:
10         pickle.dump(data, outfile)
11         data = eval(input("Enter an integer (the input exits " +
12             "if the input is 0): "))
13
14     outfile.close() # Close the output file
15
16     # Open file for reading binary
17     infile = open("numbers.dat", "rb")
18
19     end_of_file = False
20     while not end_of_file:
21         try:
22             print(pickle.load(infile), end = " ")
23         except EOFError:
24             end_of_file = True
25
26     infile.close() # Close the input file
27
28     print("\nAll objects are read")
29
30 main() # Call the main function
```

```
Enter an integer (the input exits if the input is 0): 4 ↵Enter
Enter an integer (the input exits if the input is 0): 5 ↵Enter
Enter an integer (the input exits if the input is 0): 7 ↵Enter
Enter an integer (the input exits if the input is 0): 9 ↵Enter
Enter an integer (the input exits if the input is 0): 0 ↵Enter
4 5 7 9
All objects are read
```

这个程序打开文件以写入二进制数据（第 5 行），并且不断提示用户输入一个整数并使用 dump 函数将它存入文件（第 10 行）直到输入的整数为 0。

关闭这个文件（第 14 行）并重新打开它以读取二进制数据（第 17 行）。程序利用 while 循环中的 load 函数重复读取一个对象直到出现一个 EOFError 异常。当 EOFError 异常出现时，end_of_file 被设置为 True 以终止 while 循环（第 20 行）。

如实例输出所示，用户输入四个整数并存入文件，然后从文件中重新读取它们并在控制台上显示。

检查点

13.29 如何打开一个文件进行对象的写入和读取？

13.30 如何调用函数来读写一个对象？

13.31 如果将程序清单 13-18 中的第 20 ～ 24 行的代码用下面的代码替换，将会出现什么错误？

```
while not end_of_file:
    try:
        print(pickle.load(infile), end = " ")
    except EOFError:
        end_of_file = True
    finally:
        infile.close() # Close the input file
```

13.32 能否用下面代码替换程序清单 13-18 中的第 20 ～ 24 行代码？

```
try:
    while not end_of_file:
        print(pickle.load(infile), end = " ")
except EOFError:
    print("\nAll objects are read")
finally:
    infile.close() # Close the input file
```

13.11   实例研究：地址簿

关键点：这个例子的问题是用二进制 IO 创建一个地址簿。

现在，让我们使用对象 IO 来创建一个有用的工程来存储和查看地址簿。

程序的用户接口如图 13-11 所示。"Add"按钮将存储一个新地址到文件末尾。"First"、"Next"、"Previous"和"Last"按钮分别用来获取文件的第一个、下一个、上一个和最后一个地址。

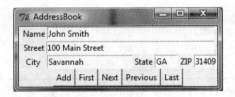

图 13-11   AddressBook 通过一个文件存储和获取地址

我们将定义一个名为 Address 的类来代表一个地址，使用一个列表来存储所有地址。当单击"Add"按钮时，程序创建一个 Address 对象，通过用户输入它的姓名、街区、城市、国家和邮编给这个对象赋值，将这个对象追加到列表中，并且使用二进制 IO 将这个列表存储到文件中。假设文件名为 address.dat。

当运行程序时，首先将从文件中读取这个列表并在用户接口上显示列表的第一个地址。如果文件为空，那么显示空输入框。这个程序在程序清单 13-19 中给出。

程序清单 13-19 AddressBook.py

```python
1    import pickle
2    import os.path
3    from tkinter import * # Import all definitions from tkinter
4    import tkinter.messagebox
5
6    class Address:
7        def __init__(self, name, street, city, state, zip):
8            self.name = name
9            self.street = street
10           self.city = city
11           self.state = state
12           self.zip = zip
13
14   class AddressBook:
15       def __init__(self):
16           window = Tk() # Create a window
17           window.title("AddressBook") # Set title
18
19           self.nameVar = StringVar()
20           self.streetVar = StringVar()
21           self.cityVar = StringVar()
22           self.stateVar = StringVar()
23           self.zipVar = StringVar()
24
25           frame1 = Frame(window)
26           frame1.pack()
27           Label(frame1, text = "Name").grid(row = 1,
28               column = 1, sticky = W)
29           Entry(frame1, textvariable = self.nameVar,
30               width = 40).grid(row = 1, column = 2)
31
32           frame2 = Frame(window)
33           frame2.pack()
34           Label(frame2, text = "Street").grid(row = 1,
35               column = 1, sticky = W)
36           Entry(frame2, textvariable = self.streetVar,
37               width = 40).grid(row = 1, column = 2)
38
39           frame3 = Frame(window)
40           frame3.pack()
41           Label(frame3, text = "City", width = 5).grid(row = 1,
42               column = 1, sticky = W)
43           Entry(frame3,
44               textvariable = self.cityVar).grid(row = 1, column = 2)
45           Label(frame3, text = "State").grid(row = 1,
46               column = 3, sticky = W)
47           Entry(frame3, textvariable = self.stateVar,
48               width = 5).grid(row = 1, column = 4)
49           Label(frame3, text = "ZIP").grid(row = 1,
50               column = 5, sticky = W)
51           Entry(frame3, textvariable = self.zipVar,
52               width = 5).grid(row = 1, column = 6)
53
54           frame4 = Frame(window)
55           frame4.pack()
56           Button(frame4, text = "Add",
57               command = self.processAdd).grid(row = 1, column = 1)
58           btFirst = Button(frame4, text = "First",
59               command = self.processFirst).grid(row = 1, column = 2)
60           btNext = Button(frame4, text = "Next",
61               command = self.processNext).grid(row = 1, column = 3)
62           btPrevious = Button(frame4, text = "Previous", command =
```

```
63                    self.processPrevious).grid(row = 1, column = 4)
64            btLast = Button(frame4, text = "Last",
65                command = self.processLast).grid(row = 1, column = 5)
66
67        self.addressList = self.loadAddress()
68        self.current = 0
69
70        if len(self.addressList) > 0:
71            self.setAddress()
72
73        window.mainloop() # Create an event loop
74
75    def saveAddress(self):
76        outfile = open("address.dat", "wb")
77        pickle.dump(self.addressList, outfile)
78        tkinter.messagebox.showinfo(
79            "Address saved", "A new address is saved")
80        outfile.close()
81
82    def loadAddress(self):
83        if not os.path.isfile("address.dat"):
84            return [] # Return an empty list
85
86        try:
87            infile = open("address.dat", "rb")
88            addressList = pickle.load(infile)
89        except EOFError:
90            addressList = []
91
92        infile.close()
93        return addressList
94
95    def processAdd(self):
96        address = Address(self.nameVar.get(),
97            self.streetVar.get(), self.cityVar.get(),
98            self.stateVar.get(), self.zipVar.get())
99        self.addressList.append(address)
100        self.saveAddress()
101
102    def processFirst(self):
103        self.current = 0
104        self.setAddress()
105
106    def processNext(self):
107        if self.current < len(self.addressList) - 1:
108            self.current += 1
109            self.setAddress()
110
111    def processPrevious(self):
112        print("Left as exercise")
113
114    def processLast(self):
115        print("Left as exercise")
116
117    def setAddress(self):
118        self.nameVar.set(self.addressList[self.current].name)
119        self.streetVar.set(self.addressList[self.current].street)
120        self.cityVar.set(self.addressList[self.current].city)
121        self.stateVar.set(self.addressList[self.current].state)
122        self.zipVar.set(self.addressList[self.current].zip)
123
124  AddressBook() # Create GUI
```

Address 类中定义了 __init__ 方法来创建一个带有名字、街区、城市、国家和邮编的

Address 对象（第 6 ～ 12 行）。

　　AddressBook 中的 _ _init_ _ 方法创建用来显示和处理地址的用户接口（第 25 ～ 65 行）。它从文件读取地址列表（第 67 行），并且将当前列表的地址索引号下表设置为 0（第 68 行）。如果地址列表不为空，程序将显示第一个地址（第 70 ～ 71 行）。

　　saveAddress 方法向文件写入地址列表（第 77 行），然后显示一个消息框来提醒用户已经添加了新地址（第 78 ～ 79 行）。

　　loadAddress 方法从文件中读取地址列表（第 88 行）。如果文件不存在，程序将返回一个空列表（第 83 ～ 84 行）。

　　processAdd 方法使用输入框的值创建一个 Address 对象。它将这个对象追加到列表当中（第 99 行）并调用 saveAddress 方法来将最新更新的列表存到文件中（第 100 行）。

　　processFirst 方法将 current 重置为 0，它指向地址列表的第一个地址（第 103 行）。然后通过调用 setAddress 方法来将地址输出到输入框内（第 104 行）。

　　如果 current 不是指向列表中的最后一个地址的话（第 107 行），processNext 方法将 current 移动到指向列表中的下一个地址（第 108 行），并且重置输入框中的地址（第 109 行）。

　　setAddress 方法为输入框设置地址域（第 117 ～ 122 行）。方法 processPrevious 和 processLast 被留作一个练习题。

关键术语

absolute filename（绝对文件名）

binary file（二进制文件）

deserializing（反序列化）

directory path（目录路径）

file pointer（文件指针）

raw string（原始字符串）

relative filename（相对文件名）

serializing（序列化）

text file（文本文件）

traceback（回溯）

本章总结

1. 可以使用文件对象来从（向）文件读（写）数据。可以打开文件，用 r 模式进行读取，用 w 模式进行写入，用 a 模式进行追加。

2. 可以使用 os.path.isfile(f) 函数来检测一个文件是否存在。

3. Python 中有一个文件类，该类包含了读写数据和关闭文件的方法。

4. 可以使用 read()、readline() 和 readlines() 方法从文件读取数据。

5. 可以使用 write(s) 方法来将一个字符串写入文件。

6. 在文件处理结束后关闭该文件以确保数据被正确保存。

7. 可以像从一个文件中读取数据一样从网页上读取资源。

8. 使用异常处理来捕获和处理运行时错误。将会抛出异常的代码放在 try 子句中，在 except 子句中罗列出异常，并且在 except 子句中处理异常。

9. Python 提供有像 ZeroDivisionError、SyntaxError 和 RuntimeError 这样的内置异常类。所有的 Python 异常类都直接或间接继承自 BaseException 类。也可以定义用户自己的异常类，自定义异常类扩展自 BaseException 类或它的子类，像 RuntimeError。

10. 可以使用 Python 的 pickle 模块将对象存入一个文件。dump 函数将对象写入文件而 load 函数将对象从文件中读出。

测试题

本章的在线测试题位于 www.cs.armstrong.edu/liang/py/test.html。

编程题

第 13.2 ～ 13.5 节

**13.1 （文本删除）编写一个程序将某个指定字符串从一个文本文件中所有出现的地方删除。程序应该提示用户输入一个文件名和要删除的字符串。下面是一个运行实例。

```
Enter a filename: test.txt  ↵Enter
Enter the string to be removed: morning  ↵Enter
Done
```

*13.2 （统计一个文件中的字符数、单词数和行数）编写程序统计一个文件中的字符数、单词数以及行数。单词由空格分隔。程序应当提示用户输入一个文件名。下面是一个运行实例。

```
Enter a filename: test.txt  ↵Enter
1777 characters
210 words
71 lines
```

*13.3 （处理文本文件中的分数）假定一个文本文件中包含未指定个数的分数。编写一个程序，从文件读入分数，然后显示它们的和以及平均值。分数之间用空格分开。程序应当提示用户输入一个文件名。下面是一个运行实例。

```
Enter a filename: scores.txt  ↵Enter
There are 70 scores
The total is 800
The average is 33.33
```

*13.4 （写 / 读数据）编写一个程序，将随机产生的 100 个整数写入一个文件。文件中的整数由空格分开。从文件中读回数据，然后显示排好序的数据。程序应当要求提示用户输入一个文件名。如果文件已经存在，不能覆盖它。下面是一个运行实例。

```
Enter a filename: test.txt  ↵Enter
The file already exists
```

```
Enter a filename: test1.txt  ↵Enter
20 34 43 ... 50
```

**13.5 （替换文本）编写一个程序替换一个文件中的文本。程序应当提示用户输入一个文件名、一个旧的字符串和一个新字符串。下面是一个运行实例。

```
Enter a filename: test.txt  ↵Enter
Enter the old string to be replaced: morning  ↵Enter
Enter the new string to replace the old string: afternoon  ↵Enter
Done
```

*13.6 （统计单词数）编写一个程序来统计来自 http://cs.armstrong.edu/liang/data/Lincoln.txt 的美国总统亚伯拉罕·林肯的葛底斯堡地址中单词的个数。

**13.7 （游戏：刽子手）改写编程题 10.29。程序读取存储在一个名为 hangman.txt 的文本文件中的单词。这些单词用空格分隔。

13.8 （文件加密）通过对文件中的每比特加 5 来给文件加密。编写一个程序提示用户输入一个输入文件名和一个输出文件名并且将加密后的输入文件版本存储在输出文件中。

13.9 （文件解密）假设一个文件已经使用编程题 13.8 中的方案进行了加密。编写一个程序来对这个加密文件解密。程序应当提示用户输出一个输入文件名和一个输出文件名并将解密后的输入文件版本存储在输出文件当中。

第 13.6 ~ 13.9 节

13.10 （Rational 类）修改程序清单 8-4 中的 Rational 类（Rational.py）来使程序在分母为 0 时抛出一个 RuntimeError 异常。

13.11 （Triangle 类）修改编程题 12.1 中的 Triangle 类来使程序在给定的三条边不能形成一个三角形时抛出一个 RuntimeError 异常。

13.12 （TriangleError 类）定义一个名为 TriangleError 的异常类，该类扩展自 RuntimeError。TriangleError 类包含三角形三条边的私有数据域 side1、side2 和 side3 以及对它们的访问方法。修改编程题 12.1 中的 Triangle 类来在给定的三条边不能形成一个三角形时抛出一个 TriangleError 异常。

第 13.10 ~ 13.11 节

**13.13 （Tkinter：显示一个图形）一个图形包括一些端点以及连接这些点的线。编写程序从文件中读取一个图形，然后在面板上显示它。文件的第一行包括表明端点个数的数字（n）。这些端点都被标记上 0、1、…、n-1。每一个连接线的形式都是 u x y v1，v2，…，这种形式描述点 u 的位置在（x,y）处并且又和它相连的两条线是（u,v1）、（u,v2），依此类推。图 13-12a 给出一个图形对应文件的例子。程序提示用户输入文件名，从文件读取数据，然后在面板上显示这个图形，如图 13-12b。

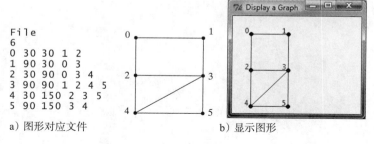

a）图形对应文件　　　　　　　　b）显示图形

图　　13-12

**13.14 （Tkinter：显示一个图形）重写编程题 13.13 中的程序，从一个像 http://cs.armstrong.edu/liang/data/graph.txt 这样的网页 URL 来读取数据。程序提示用户输入文件所在的 URL 地址。

**13.15 （Tkinter：地址簿）重写第 13.11 节的地址簿实例研究，对它进行以下的改进，如图 13-13 所示。

a）添加一个新的名为"Update"的按钮。单击它可以让用户更新当前显示的地址。

b）在按钮下面添加一个标签来显示当前地址位置和列表中总的地址数。

c）实现程序清单 13-19 中未完成的 processPrevious 和 processLast 方法。

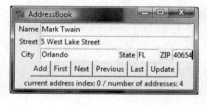 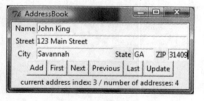

图 13-13　在地址簿 UI 上添加新的 Update 按钮和状态标签

**13.16 （创建大数据集）创建一个有 1000 行的数据文件。文件中的每一行都是由教师的姓、名、职称和工资组成。第 i 行教师的姓和名假设为 FirstNamei 和 LastNamei。职称随机生成为助教、副教授和教授。他们的工资也是随机生成的一个小数点后保留两位的数字。助教的工资应该在 50 000 到 80 000 之间，副教授的工资在 60 000 到 110 000 之间，而教授的工资在 75 000 到 130 000 之间。将文件存入 Salary.txt 中。下面是一些实例数据。

```
FirstName1 LastName1 assistant 60055.95
FirstName2 LastName2 associate 81112.45
...
FirstName1000 LastName1000 full 92255.21
```

*13.17 （处理大数据集）某大学将它的职工工资放在 http://cs.armstrong.edu/liang/data/Salary.txt 网站上。文件中的每一行都由教师的姓、名、职称和工资组成（参见编程题 13.16）。编写一个程序分别显示所有助教、所有副教授、所有教授以及所有教师的总工资，然后分别显示所有助教、所有副教授、所有教授以及所有教师他们各自的平均工资。

数据结构和算法

元组、集合和字典

学习目标

- 创建元组（第 14.2 节）。
- 使用元组作为固定列表来防止添加、删除或替换元素（第 14.2 节）。
- 将常见的序列运算应用于元组（第 14.2 节）。
- 创建集合（第 14.3.1 节）。
- 使用 add 和 remove 方法对集合进行元素的添加和删除（第 14.3.2 节）。
- 使用 len、min、max 和 sum 函数对集合进行操作（第 14.3.2 节）。
- 使用 in 和 not in 运算符判断一个元素是否在一个集合中（第 14.3.2 节）。
- 使用 for 循环遍历集合中的元素（第 14.3.2 节）。
- 使用 issubset 或 issuperset 方法检测一个集合是否是另一个集合的子集或父集（第 14.3.3 节）。
- 使用 == 运算符检测两个集合是否具有相同的内容（第 14.3.4 节）。
- 使用运算符 |、&、− 和 ^ 实现集合求并、交、差和对称差（第 14.3.5 节）。
- 比较集合和列表的性能区别（第 14.4 节）。
- 使用集合开发一个统计 Python 源文件中关键字个数的程序（第 14.5 节）。
- 创建字典（第 14.6.1 节）。
- 使用语法 dictionaryName[key] 对字典添加、修改和获取元素（第 14.6.2 节）。
- 使用 del 关键字删除字典中的条目（第 14.6.3 节）。
- 使用 for 循环遍历字典中的关键字（第 14.6.4 节）。
- 使用 len 函数获取字典的大小（第 14.6.5 节）。
- 使用 in 或 not in 运算符检测一个关键字是否在字典中（第 14.6.6 节）。
- 使用 == 运算符检测两个字典是否有相同的内容（第 14.6.7 节）。
- 在字典上使用 keys、values、items、clean、get、pop 和 popitem 方法（第 14.6.8 节）。
- 使用字典开发应用程序（第 14.7 节）。

14.1 引言

关键点：可以使用元组存储一个固定的元素列表，使用集合存储和快速访问不重复的元素，使用字典存储键值对并使用这些关键字来快速访问元素。

"No-Fly"是一个列表，它是由美国政府恐怖分子筛查中心（Terrorist Screening Center）维护的不准登上商务飞机飞进和飞离美国的人员名单。假设我们需要编写一个程序来检测一个人是否在 No-Fly 列表上。可以使用一个 Python 列表来存储 No-Fly 列表上的名字。但是，对这个应用而言效率更高的数据结构是集合。在计算机科学中，数据结构（data structure）是用来在计算机上存储和组织数据的一种特殊方式，以便它可以有效地应用于特定的场合。

本章除了介绍集合，还介绍了两个其他有用的数据结构——元组和字典。

14.2 元组

🖋 **关键点**：*元组跟列表类似，但是元组中的元素是固定的；也就是说，一旦一个元组被创建，就无法对元组中的元素进行添加、删除、替换或重新排序。*

如果在应用中不应该对列表中的内容进行修改，那么就可以使用元组来防止元素被意外添加、删除或替换。除了元组的元素是固定的以外，元组与列表很像。进一步讲，由于Python 的实现，元组比列表的效率更高。

可以通过将元素用一对括号括起来来创建一个元组。这些元素用逗号分隔。可以创建一个空元组或从一个列表创建一个元组，如下面的例子所示。

```
t1 = () # Create an empty tuple

t2 = (1, 3, 5) # Create a tuple with three elements

# Create a tuple from a list
t3 = tuple([2 * x for x in range(1, 5)])
```

也可以从一个字符串创建一个元组。字符串中的每个字就变成了元组的一个元素。例如：

```
# Create a tuple from a string
t4 = tuple("abac") # t4 is ['a', 'b', 'a', 'c']
```

元组是序列。在表 10-1 中针对序列的常见操作也可以用在元组上。可以在元组上使用len、min、max 和 sum 函数。可以使用一个 for 循环遍历一个元组的所有元素，并使用一个下标运算符来访问元组中对应的元素或元素段。可以使用 in 和 not in 运算符来判断一个元素是否在元组中，并使用比较运算符来对元组中的元素进行比较。

程序清单 14-1 给出了一个使用元组的例子。

程序清单 14-1 TupleDemo.py

```
 1  tuple1 = ("green", "red", "blue") # Create a tuple
 2  print(tuple1)
 3
 4  tuple2 = tuple([7, 1, 2, 23, 4, 5]) # Create a tuple from a list
 5  print(tuple2)
 6
 7  print("length is", len(tuple2)) # Use function len
 8  print("max is", max(tuple2)) # Use max
 9  print("min is", min(tuple2)) # Use min
10  print("sum is", sum(tuple2)) # Use sum
11
12  print("The first element is", tuple2[0]) # Use index operator
13
14  tuple3 = tuple1 + tuple2 # Combine two tuples
15  print(tuple3)
16
17  tuple3 = 2 * tuple1 # Duplicate a tuple
18  print(tuple3)
19
20  print(tuple2[2 : 4]) # Slicing operator
21  print(tuple1[-1])
22
23  print(2 in tuple2) # in operator
24
25  for v in tuple1:
```

```
26        print(v, end = ' ')
27  print()
28
29  list1 = list(tuple2) # Obtain a list from a tuple
30  list1.sort()
31  tuple4 = tuple(list1)
32  tuple5 = tuple(list1)
33  print(tuple4)
34  print(tuple4 == tuple5) # Compare two tuples
```

```
('green', 'red', 'blue')
(7, 1, 2, 23, 4, 5)
length is 6
max is 23
min is 1
sum is 42
The first element is 7
('green', 'red', 'blue', 7, 1, 2, 23, 4, 5)
('green', 'red', 'blue', 'green', 'red', 'blue')
(2, 23)
blue
True
green red blue
(1, 2, 4, 5, 7, 23)
True
```

程序利用一些字符串创建元组 tuple1（第 1 行），利用一个列表创建元组 tuple2（第 4 行）。程序对 tuple2 使用了 len、max、min 和 sum 函数（第 7 ～ 10 行）。可以使用下标运算符来访问一个元组中的元素（第 12 行），+ 运算符被用来合并两个元组（第 14 行），* 运算符被用来复制一个元组（第 17 行），而切片运算符用来获取元组的一部分（第 20 ～ 21 行）。可以使用 in 运算符来判断某个指定元素是否在一个元组中（第 23 行）。可以使用一个 for 循环来遍历一个元组中的元素（第 25 ～ 26 行）。

程序创建了一个列表（第 29 行），对这个列表进行分类（第 30 行），然后从这个列表创建两个元组（第 31 ～ 32 行）。使用比较操作符 == 对元组进行比较（第 34 行）。

元组的元素是固定的。那么第 17 行的语句不会因为 tuple3 已经在第 14 行定义而抛出一个错误吗？但是，第 17 行的语句没有错误，因为重新分配了一个新元组给变量 tuple3。现在，tuple3 指向新元组。"元组的元素是固定的"是指不能给一个元组添加、删除和替换元素以及打乱元组中的元素。

注意：一个元组包含了一个固定的元素列表。一个元组里的一个个体元素可能是易变的。例如，下面的代码创建了一个圆的元组（第 2 行），并改变第一个圆的半径为 30（第 3 行）。

```
1  >>> from CircleFromGeometricObject import Circle
2  >>> circles = (Circle(2), Circle(4), Circle(7))
3  >>> circles[0].setRadius(30)
4  >>> circles[0].getRadius()
5  >>> 30
6  >>>
```

在这个例子中，元组中每一个元素都是一个圆对象。尽管不能添加、删除或替换元组中的圆对象，但是可以改变一个圆的半径，因为一个圆对象是可变的。如果一个元组包含不可变的对象，那么这个元组被称为不可变的。例如，一个数字元组或一个字符串元组是不可变的。

检查点

14.1 列表和元组的区别是什么？如何从列表创建元组？如何从元组创建列表？

14.2 下面代码的错误是什么？

```
t = (1, 2, 3)
t.append(4)
t.remove(0)
t[0] = 1
```

14.3 下面的代码正确吗？

```
t1 = (1, 2, 3, 7, 9, 0, 5)
t2 = (1, 2, 5)
t1 = t2
```

14.4 给出下面代码的输出。

```
t = (1, 2, 3, 7, 9, 0, 5)
print(t)
print(t[0])
print(t[1: 3])
print(t[-1])
print(t[ : -1])
print(t[1 : -1])
```

14.5 给出下面代码的输出？

```
t = (1, 2, 3, 7, 9, 0, 5)
print(max(t))
print(min(t))
print(sum(t))
print(len(t))
```

14.6 给出下面代码的输出？

```
t1 = (1, 2, 3, 7, 9, 0, 5)
t2 = (1, 3, 22, 7, 9, 0, 5)
print(t1 == t2)
print(t1 != t2)
print(t1 > t2)
print(t1 < t2)
```

14.3 集合

关键点：集合与列表类似，可以使用它们存储一个元素集合。但是，不同于列表，集合中的元素是不重复且不是按任何特定顺序放置的。

如果你的应用程序不关心元素的顺序，使用一个集合来存储元素比使用列表效率更高。本节介绍如何使用集合。

14.3.1 创建集合

可以通过将元素用一对花括号（{}）括起来以创建一个元素集合。集合中的元素用逗号分隔。可以创建一个空集，或者从一个列表或一个元组创建一个集合，如下面的例子所示。

```
s1 = set() # Create an empty set
s2 = {1, 3, 5} # Create a set with three elements
s3 = set((1, 3, 5)) # Create a set from a tuple

# Create a set from a list
s4 = set([x * 2 for x in range(1, 10)])
```

同样的，可以通过使用语法 list(set) 或 tuple(set) 从集合创建一个列表或一个元组。

也可以从一个字符串创建一个集合。字符串中的每个字符就成为集合中的一个元素。例如：

```
# Create a set from a string
s5 = set("abac") # s5 is {'a', 'b', 'c'}
```

注意：尽管字符 a 在字符串中出现了两次，但在集合中只出现了一次，因为一个集合中不存储重复的元素。

一个集合可以包含类型相同或不同的元素。例如：s = {1,2,3,"one","two","three"} 是一个包含数字和字符串的集合。集合中的每个元素必须是哈希的（hashable）。Python 中的每一个对象都有一个哈希值，而且如果在对象的生命周期里对象的哈希值从未改变，那么这个对象是哈希的。目前所介绍的所有类型对象除了列表之外都是哈希的。为什么集合元素必须是哈希的这个问题将在本书对应网站的第 21 章 "哈希：实现集合和字典" 中解释。

14.3.2   操作和访问集合

可以通过使用 add(e) 或 remove(e) 方法来对一个集合添加或删除元素。可以使用函数 len、min、max 和 sum 对集合操作，可以使用 for 循环遍历一个集合中的所有元素。

可以使用 in 或 not in 运算符来判断一个元素是否在一个集合当中。例如：

```
>>> s1 = {1, 2, 4}
>>> s1.add(6)
>>> s1
{1, 2, 4, 6}
>>> len(s1)
4
>>> max(s1)
6
>>> min(s1)
1
>>> sum(s1)
13
>>> 3 in s1
False
>>> s1.remove(4)
>>> s1
{1, 2, 6}
>>>
```

☞ **注意**：如果删除一个集合中不存在的元素，remove(e) 方法将抛出一个 KeyError 异常。

14.3.3   子集和超集

如果集合 s1 中的每个元素都在集合 s2 中，则称 s1 是 s2 的子集。可以使用 s1.issubset(s2) 方法来判断 s1 是否是 s2 的子集，如下面代码所示。

```
>>> s1 = {1, 2, 4}
>>> s2 = {1, 4, 5, 2, 6}
>>> s1.issubset(s2) # s1 is a subset of s2
True
>>>
```

如果一个集合 s2 中的元素同样都在集合 s1 中，则称集合 s1 是集合 s2 的超集。可以使用 s1.issuperset(s2) 方法来判断 s1 是否是 s2 的超集，如下面代码所示。

```
>>> s1 = {1, 2, 4}
>>> s2 = {1, 4, 5, 2, 6}
>>> s2.issuperset(s1) # s2 is a superset of s1
True
>>>
```

14.3.4 相等性测试

可以使用运算符 == 和 != 来检测两个集合是否包含相同的元素。例如：

```
>>> s1 = {1, 2, 4}
>>> s2 = {1, 4, 2}
>>> s1 == s2
True
>>> s1 != s2
False
>>>
```

在这个例子中，尽管 s1 和 s2 的元素顺序不同，但是这两个集合包含相同的元素。

注意：使用传统的比较运算符（>、>=、<= 和 <）来比较集合毫无意义，因为集合中的元素并没有排序。但是，当这些操作符用在集合上时有着特殊的含义：

- 如果 s1 是 s2 的一个真子集，则 s1<s2 返回 True。
- 如果 s1 是 s2 的一个子集，则 s1<=s2 返回 True。
- 如果 s1 是 s2 的一个真超集，则 s1>s2 返回 True。
- 如果 s1 是 s2 的一个超集，则 s1>=s2 返回 True。

☞ **注意**：如果 s1 是 s2 的一个真子集，那么 s1 的每个元素同样也都在 s2 中，但是 s2 中至少存在一个不在 s1 中的元素。如果 s1 是 s2 的一个真子集，那么 s2 是 s1 的一个真超集。

14.3.5 集合运算

Python 提供了求并集、交集、差集和对称差集合的运算方法。

两个集合的并集是一个包含这两个集合所有元素的集合。可以使用 union 方法或者 | 运算符来实现这个操作。例如：

```
>>> s1 = {1, 2, 4}
>>> s2 = {1, 3, 5}
>>> s1.union(s2)
{1, 2, 3, 4, 5}
>>>
>>> s1 | s2
{1, 2, 3, 4, 5}
>>>
```

两个集合的交集是一个包含了两个集合共同的元素的集合。可以使用 intersection 方法或者 & 运算符来实现这个操作。例如：

```
>>> s1 = {1, 2, 4}
>>> s2 = {1, 3, 5}
>>> s1.intersection(s2)
{1}
>>>
>>> s1 & s2
{1}
>>>
```

set1 和 set2 之间的差集是一个包含了出现在 set1 但不出现在 set2 的元素的集合。可以使用 difference 方法或 – 运算符来实现这个操作。例如:

```
>>> s1 = {1, 2, 4}
>>> s2 = {1, 3, 5}
>>> s1.difference(s2)
{2, 4}
>>>
>>> s1 - s2
{2, 4}
>>>
```

两个集合之间的对称差(或者称为异或)集合是一个包含了除它们共同元素之外所有在这两个集合之中的元素。可以使用 symmertric_difference 方法或 ^ 运算符来实现这个操作。例如:

```
>>> s1 = {1, 2, 4}
>>> s2 = {1, 3, 5}
>>> s1.symmetric_difference(s2)
{2, 3, 4, 5}
>>>
>>> s1 ^ s2
{2, 3, 4, 5}
>>>
```

注意到这些 set 方法都返回一个结果集合,但是它们并不会改变这些集合中的元素。

程序清单 14-2 列举了使用集合的程序。

程序清单 14-2 SetDemo.py

```
 1  set1 = {"green", "red", "blue", "red"} # Create a set
 2  print(set1)
 3
 4  set2 = set([7, 1, 2, 23, 2, 4, 5]) # Create a set from a list
 5  print(set2)
 6
 7  print("Is red in set1?", "red" in set1)
 8
 9  print("length is", len(set2)) # Use function len
10  print("max is", max(set2)) # Use max
11  print("min is", min(set2)) # Use min
12  print("sum is", sum(set2)) # Use sum
13
14  set3 = set1 | {"green", "yellow"} # Set union
15  print(set3)
16
17  set3 = set1 - {"green", "yellow"} # Set difference
18  print(set3)
19
20  set3 = set1 & {"green", "yellow"} # Set intersection
21  print(set3)
22
23  set3 = set1 ^ {"green", "yellow"} # Set exclusive or
24  print(set3)
25
26  list1 = list(set2) # Obtain a list from a set
27  print(set1 == {"green", "red", "blue"}) # Compare two sets
28
29  set1.add("yellow")
30  print(set1)
31
```

```
32  set1.remove("yellow")
33  print(set1)
```

```
{'blue', 'green', 'red'}
{1, 2, 4, 5, 7, 23}
Is red in set1? True
length is 6
max is 23
min is 1
sum is 42
{'blue', 'green', 'yellow', 'red'}
{'blue', 'red'}
{'green'}
{'blue', 'red', 'yellow'}
True
{'blue', 'green', 'yellow', 'red'}
{'blue', 'green', 'red'}
```

这个程序创建集合 set1 为 {"green","red","blue","red"}（第 1 行）。因为一个集合中的元素都不重复，因此只有一个 red 元素被存储在集合 set1 中。这个程序使用 set 函数从一个列表创建集合 set2（第 4 行）。

这个程序对集合应用函数 len、max、min 和 sum（第 9 ～ 12 行）。注意：不能使用下标运算符来访问一个集合中的元素，因为这些元素并没有特定的顺序。

程序在第 14 ～ 24 行实现求并集、差集、交集和对称差集的操作。

```
Set union:  {"green", "red", "blue"} | {"green", "yellow"})
            => {"green", "red", "blue", "yellow"} (line 14)

Set difference:  {"green", "red", "blue"} - {"green", "yellow"})
                 => {"red", "blue"} (line 17)

Set intersection:  {"green", "red", "blue"} & {"green", "yellow"})
                   => {"green"} (line 20)

Set symmetric_difference:  {"green", "red", "blue"} ^ {"green", "yellow"})
                           => {"red", "blue", "yellow"} (line 23)
```

程序使用 == 来判断两个集合是否具有相同的元素（第 27 行）。

使用 add 和 remove 方法来对一个集合进行元素进行添加和删除（第 29、32 行）。

检查点

14.7 如何创建一个空集合？

14.8 列表、集合或元组能有不同类型的元素吗？

14.9 下面哪个集合是被正确创建的？

```
s = {1, 3, 4}
s = {{1, 2}, {4, 5}}
s = {[1, 2], [4, 5]}
s = {(1, 2), (4, 5)}
```

14.10 列表和集合的区别是什么？如何从列表创建集合？如何从集合创建列表？如何从集合创建元组？

14.11 给出下面代码的输出。

```
students = {"peter", "john"}
print(students)
students.add("john")
print(students)
students.add("peterson")
```

```
print(students)
students.remove("peter")
print(students)
```

14.12　下面的代码会出现运行时错误吗？

```
students = {"peter", "john"}
students.remove("johnson")
print(students)
```

14.13　给出下面代码的输出。

```
student1 = {"peter", "john", "tim"}
student2 = {"peter", "johnson", "tim"}
print(student1.issuperset({"john"}))
print(student1.issubset(student2))
print({1, 2, 3} > {1, 2, 4})
print({1, 2, 3} < {1, 2, 4})
print({1, 2} < {1, 2, 4})
print({1, 2} <= {1, 2, 4})
```

14.14　给出下面代码的输出。

```
numbers = {1, 4, 5, 6}
print(len(numbers))
print(max(numbers))
print(min(numbers))
print(sum(numbers))
```

14.15　给出下面代码的输出。

```
s1 = {1, 4, 5, 6}
s2 = {1, 3, 6, 7}
print(s1.union(s2))
print(s1 | s2)
print(s1.intersection(s2))
print(s1 & s2)
print(s1.difference(s2))
print(s1 - s2)
print(s1.symmetric_difference(s2))
print(s1 ^ s2)
```

14.16　给出下面代码的输出。

```
set1 = {2, 3, 7, 11}
print(4 in set1)
print(3 in set1)
print(len(set1))
print(max(set1))
print(min(set1))
print(sum(set1))
print(set1.issubset({2, 3, 6, 7, 11}))
print(set1.issuperset({2,3, 7, 11}))
```

14.17　给出下面代码的输出。

```
set1 = {1, 2, 3}
set2 = {3, 4, 5}

set3 = set1 | set2

print(set1, set2, set3)

set3 = set1 - set2
print(set1, set2, set3)
```

```
set3 = set1 & set2
print(set1, set2, set3)

set3 = set1 ^ set2
print(set1, set2, set3)
```

14.4 比较集合和列表的性能

关键点：对于 in 和 not in 运算符和 remove 方法，集合比列表的效率更高。

列表中的元素可以使用下标运算符来访问。但是，集合并不支持下标运算符，因为集合中的元素是无序的。使用 for 循环遍历集合中的所有元素。现在，我们进行一个有趣的实验来测试集合和列表的性能。程序清单 14-3 中的程序给出①检测一个元素是否在集合和列表中的各自的执行时间；②从集合和列表删除元素时各自的执行时间。

程序清单 14-3 SetListPerformanceTest.py

```
 1  import random
 2  import time
 3
 4  NUMBER_OF_ELEMENTS = 10000
 5
 6  # Create a list
 7  lst = list(range(NUMBER_OF_ELEMENTS))
 8  random.shuffle(lst)
 9
10  # Create a set from the list
11  s = set(lst)
12
13  # Test if an element is in the set
14  startTime = time.time() # Get start time
15  for i in range(NUMBER_OF_ELEMENTS):
16      i in s
17  endTime = time.time() # Get end time
18  runTime = int((endTime - startTime) * 1000) # Get test time
19  print("To test if", NUMBER_OF_ELEMENTS,
20      "elements are in the set\n",
21      "The runtime is", runTime, "milliseconds")
22
23  # Test if an element is in the list
24  startTime = time.time() # Get start time
25  for i in range(NUMBER_OF_ELEMENTS):
26      i in lst
27  endTime = time.time() # Get end time
28  runTime = int((endTime - startTime) * 1000) # Get test time
29  print("\nTo test if", NUMBER_OF_ELEMENTS,
30      "elements are in the list\n",
31      "The runtime is", runTime, "milliseconds")
32
33  # Remove elements from a set one at a time
34  startTime = time.time() # Get start time
35  for i in range(NUMBER_OF_ELEMENTS):
36      s.remove(i)
37  endTime = time.time() # Get end time
38  runTime = int((endTime - startTime) * 1000) # Get test time
39  print("\nTo remove", NUMBER_OF_ELEMENTS,
40      "elements from the set\n",
41      "The runtime is", runTime, "milliseconds")
42
43  # Remove elements from a list one at a time
44  startTime = time.time() # Get start time
```

```
45  for i in range(NUMBER_OF_ELEMENTS):
46      lst.remove(i)
47  endTime = time.time() # Get end time
48  runTime = int((endTime - startTime) * 1000) # Get test time
49  print("\nTo remove", NUMBER_OF_ELEMENTS,
50      "elements from the list\n",
51      "The runtime is", runTime, "milliseconds")
```

```
To test if 10000 elements are in the set
The runtime is 5 milliseconds

To test if 10000 elements are in the list
The runtime is 4274 milliseconds

To remove 10000 elements from the set
The runtime is 7 milliseconds

To remove 10000 elements from the list
The runtime is 1853 milliseconds
```

在第 7 行，range(NUMBER_OF_ELEMENTS) 函数返回从 0 到 NUMBER_OF_ELEMENTS−1 的数字序列。因此，list(range(NUMBER_OF_ELEMENTS)) 返回一个从 0 到 NUMBER_OF_ ELEMENTS−1 的整数列表（第 7 行）。程序将这个列表打乱（第 8 行），并通过这个列表创建一个集合（第 11 行）。现在，这个集合和列表都包含有相同的元素。

程序获取测试元素 0 到 NUMBER_OF_ELEMENTS−1 是否在集合中（第 14 ~ 21 行）和是否在列表中（第 24 ~ 31 行）的执行时间。如在输出中所看到的，集合对应的执行时间是 5 毫秒而列表对应的执行时间是 4274 毫秒。

程序获取删除集合和列表中的元素 0 ~ NUMBER_OF_ELEMENTS−1 各自的运行时间。同样的，如输出所示，集合对应的执行时间是 7 毫秒而列表对应的执行时间是 1853 毫秒。

正如上面的运行时间所示，检测一个元素是在一个集合中还是在一个列表中时，集合的效率比列表更高些。因此，本章开头提到的 "No-Fly" 列表应当使用一个集合而非一个列表来实现，因为为检测元素是否存在时集合的速度更快。

你可能会想知道集合为什么比列表的效率高。为了得到这个答案，阅读配套网站上关于开发高效算法、链表和哈希的章节。

14.5　实例研究：统计关键字

🔖**关键点**：本节列出了一个统计 Python 源文件中关键字个数的应用程序。

对于 Python 源文件中的每个单词，需要判断这个单词是否是一个关键字。为了有效处理这个问题，将所有关键字存入一个集合当中并使用 in 运算符来检测一个单词是否在这个关键字集合中。程序如程序清单 14-4 所示。

程序清单 14-4　CountKeywords.py

```
1  import os.path
2  import sys
3
4  def main():
5      keyWords = {"and", "as", "assert", "break", "class",
6                  "continue", "def", "del", "elif", "else",
7                  "except", "False", "finally", "for", "from",
8                  "global", "if", "import", "in", "is", "lambda",
9                  "None", "nonlocal", "not", "or", "pass", "raise",
10                 "return", "True", "try", "while", "with", "yield"}
11
```

```
12        filename = input("Enter a Python source code filename: ").strip()
13
14        if not os.path.isfile(filename): # Check if file exists
15            print("File", filename, "does not exist")
16            sys.exit()
17
18        infile = open(filename, "r") # Open files for input
19
20        text = infile.read().split() # Read and split words from the file
21
22        count = 0
23        for word in text:
24            if word in keyWords:
25                count += 1
26
27        print("The number of keywords in", filename, "is", count)
28
29    main()
```

```
Enter a Python source code filename: GuessNumber.py  ↵Enter
The number of keywords in GuessNumber.py is 7
```

```
Enter a Python source file: TTT.py  ↵Enter
File TTT.py does not exist
```

程序创建了一个关键字集合（第 5 ～ 10 行）并提示用户输入一个 Python 源文件名（第 12 行）。它检测这个文件是否存在（第 14 行）。如果不存在，退出这个程序（第 16 行）。

程序打开这个文件并从这个文本中提取出所有单词（第 20 行）。对于每一个单词，程序将检测这个单词是否是一个关键字（第 24 行）。如果是，将计数器加 1（第 25 行）。

14.6 字典

✏️ **关键点**：一个字典是一个存储键值对集合的容器对象。它通过使用关键字实现快速获取、删除和更新值。

假设程序需要存储 "No-Fly" 表中有关恐怖分子的详细信息。字典就是这个任务的一种有效的数据结构。一个字典是按照关键字存储值的集合。这些关键字很像下标运算符。在一个列表中，下标是整数。在一个字典中，关键字必须是一个可哈希对象。一个字典不能包含有重复的关键字。每个关键字都对应着一个值。一个关键字和它对应的值形成存储在字典中的一个条目（输入域），如图 14-1a 所示。这种数据结构被称为 "字典"，因为它与词典很类似，在这里，单词就相当于关键字而这些单词的详细定义就是相应的值。一个字典也被认为是一张图，它将每个关键字和一个值相匹配。

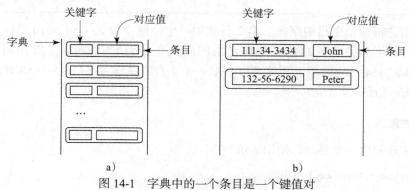

图 14-1　字典中的一个条目是一个键值对

14.6.1 创建一个字典

可以通过一对花括号（{}）将这些条目括起来以创建一个字典。每一个条目都由一个关键字，然后跟着一个冒号，再跟着一个值组成。每一个条目都用逗号分隔。例如，下面语句：

```
students = {"111-34-3434":"John", "132-56-6290":"Peter"}
```

创建一个具有两个条目的字典，如图 14-1b 所示。字典中的每一个条目的形式都是 key ： value。第一个条目的关键字是 111-34-3434，它对应的值是 John。关键字必须是可哈希类型，例如：数字和字符串。而值可以是任意类型。

可以使用下面的语法来创建一个空字典。

```
students = {} # Create an empty dictionary
```

注意：Python 使用花括号创建集合和字典。语法 {} 被用来表示一个空字典。为了创建一个空集合，使用 set()。

14.6.2 添加、修改和获取值

为了添加一个条目到字典中，使用语法：

```
dictionaryName[key] = value
```

例如：

```
students["234-56-9010"] = "Susan"
```

如果这个关键字已经在字典中存在，前面的语法将替换该关键字对应的值。

为了获取一个值，只要使用 dictionaryName[key] 编写一个表达式即可。如果该关键字在字典中，那么返回这个关键字对应的值。否则，抛出一个 KeyError 异常。

例如：

```
1  >>> students = {"111-34-3434":"John", "132-56-6290":"Peter"}
2  >>> students["234-56-9010"] = "Susan" # Add a new item
3  >>> students["234-56-9010"]
4  "Susan"
5  >>> students["111-34-3434"] = "John Smith"
6  >>> students["111-34-3434"]
7  "John Smith"
8  >>> student["343-45-5455"]
9  Traceback (most recent call last):
10   File "<stdin>", line 1, in <module>
11 KeyError: '343-45-5455'
12 >>>
```

第 1 行创建带两个条目的字典。第 2 行添加一个关键字为 234-56-9010 且值为 Susan 的条目。第 3 行返回和关键字 234-56-9010 相关的值。第 5 行使用新的数据值 John Smith 修改关键字 111-34-3434 对应的值，而第 8 行获取一个不存在关键字 343-45-5455 对应的值，这会抛出一个 KeyError 异常。

14.6.3 删除条目

为了从字典删除一个条目，使用语法：

```
del dictionaryName[key]
```

例如：

```
del students["234-56-9010"]
```

这条语句从字典中删除关键字为 234-56-9010 的对应条目。如果字典中不存在该关键字，那么抛出一个 KeyError 异常。

14.6.4 循环条目

可以使用一个 for 循环来遍历字典中所有的关键字。例如：

```
1  >>> students = {"111-34-3434":"John", "132-56-6290":"Peter"}
2  >>> for key in students:
3  ...        print(key + ":" + str(students[key]))
4  ...
5  "111-34-3434":"John"
6  "132-56-6290":"Peter"
7  >>>
```

for 循环对字典 students 中的关键字进行迭代（第 2 行）。students[key] 返回关键字 key 对应的值（第 3 行）。

14.6.5 len 函数

可以使用 len(dictionary) 来获得一个字典中条目的数目。例如：

```
1  >>> students = {"111-34-3434":"John", "132-56-6290":"Peter"}
2  >>> len(students)
3  2
4  >>>
```

在第 2 行，len(students) 返回字典 students 中条目的数目。

14.6.6 检测一个关键字是否在字典中

可以使用 in 或 not in 运算符来判断一个关键字是否在一个字典当中。例如：

```
1  >>> students = {"111-34-3434":"John", "132-56-6290":"Peter"}
2  >>> "111-34-3434" in students
3  True
4  >>> "999-34-3434" in students
5  False
6  >>>
```

在第 2 行，"111-34-3434" in students 将检测关键字 111-34-3434 是否在字典 students 中。

14.6.7 相等性检测

可以使用运算符 == 和 != 来检测两个字典是否包含同样的条目。例如：

```
>>> d1 = {"red":41, "blue":3}
>>> d2 = {"blue":3, "red":41}
>>> d1 == d2
True
>>> d1 != d2
False
>>>
```

在这个例子中，不管这些条目在字典中的顺序，d1 和 d2 包含有相同的条目。

> **注意**：不能使用比较运算符（>、>=、<= 和 <）对字典进行比较，因为字典中的条目是没有顺序的。

14.6.8　字典方法

Python 中的字典类是 dict。图 14-2 罗列出能够被一个字典对象调用的方法。

dict	
keys(): tuple	返回一个关键字序列
values(): tuple	返回一个值序列
items(): tuple	返回一个元组序列，每个元组都是一个条目的（键，值）
clear(): None	删除所有条目
get(key): value	返回这个关键字对应的值
pop(key): value	删除这个关键字对应的条目并返回它的值
popitem(): tuple	返回一个随机选择的键值对作为元组并删除这个被选择的条目

图 14-2　dict 类提供了操作一个字典对象的方法

get(key) 方法除了当关键字 key 不在字典中时返回 None 而不是抛出一个异常，其他都与 dictionaryName[key] 类似。pop(key) 方法与 del dictionaryName[key] 类似。

下面是使用这些方法的一些例子。

```
 1  >>> students = {"111-34-3434":"John", "132-56-6290":"Peter"}
 2  >>> tuple(students.keys())
 3  ("111-34-3434", "132-56-6290")
 4  >>> tuple(students.values())
 5  ("John", "Peter")
 6  >>> tuple(students.items())
 7  (("111-34-3434", "John"), ("132-56-6290", "Peter"))
 8  >>> students.get("111-34-3434")
 9  "John"
10  >>> print(students.get("999-34-3434"))
11  None
12  >>> students.pop("111-34-3434")
13  "John"
14  >>> students
15  {"132-56-6290":"Peter"}
16  >>> students.clear()
17  >>> students
18  {}
19  >>>
```

字典 students 在第 1 行被创建，而第 2 行的 students.keys() 将返回字典中的关键值。在第 4 行，students.values() 返回字典中的值，而第 6 行的 students.items() 将字典中的条目作为元组返回。在第 10 行，调用 students.get（"999-34-3434"）返回关键字 999-34-3434 对应的学生姓名。第 12 行调用 students.pop（"111-34-3434"）来删除关键字 111-34-3434 对应的字典中的条目。在第 16 行，调用 studens.clear() 来删除字典中的所有条目。

检查点

14.18　如何创建一个空字典？

14.19　下面哪个字典是被正确创建的？

```
d = {1:[1, 2], 3:[3, 4]}
d = {[1, 2]:1, [3, 4]:3}
```

```
d = {(1, 2):1, (3, 4):3}
d = {1:"john", 3:"peter"}
d = {"john":1, "peter":3}
```

14.20 字典中每个条目都有两部分。它们被称作是什么？

14.21 假设一个名为 students 的字典是 {"john":3,"peter":2}。下面的语句实现什么功能？

(a) `students["susan"] = 5`

(b) `students["peter"] = 5`

(c) `students["peter"] += 5`

(d) `del students["peter"]`

14.22 假设一个名为 students 的字典是 {"john":3,"peter":2}。下面的语句实现什么功能？

(a) `print(len(students))`

(b) `print(students.keys())`

(c) `print(students.values())`

(d) `print(students.items())`

14.23 给出下面代码的输出。

```
def main():
    d = {"red":4, "blue":1, "green":14, "yellow":2}
    print(d["red"])
    print(list(d.keys()))
    print(list(d.values()))
    print("blue" in d)
    print("purple" in d)
    d["blue"] += 10
    print(d["blue"])

main() # Call the main function
```

14.24 给出下面代码的输出。

```
def main():
    d = {}
    d["susan"] = 50
    d["jim"] = 45
    d["joan"] = 54
    d["susan"] = 51
    d["john"] = 53
    print(len(d))

main() # Call the main function
```

14.25 对于一个字典 d，你可以使用 d[key] 或 d.get(key) 来返回这个关键字对应的值。它们之间的区别是什么？

14.7 实例研究：单词的出现次数

✒ **关键点**：编写程序统计一个文本文件中单词的出现次数，并将出现次数最多的单词和它们的出现次数按降序显示。

这个实例研究中的程序使用一个字典来存储包含了单词和它的次数的条目。程序判断文件中的每个单词是否已经是字典中的一个关键字。如果不是，程序将添加一个条目，将这个单词作为该条目的关键字，并将它对应的值设置为 1。否则，程序将该单词（关键字）对应的值加 1。假设这些单词是不考虑大小写的（例如：认为 Good 与 good 是一样的）。这个程序将出现次数最多的单词和它们的出现次数按降序显示。

程序清单 14-5 给出了这个问题的解决方法。

程序清单 14-5 CountOccurrenceOfWords.py

```python
1  def main():
2      # Prompt the user to enter a file
3      filename = input("Enter a filename: ").strip()
4      infile = open(filename, "r") # Open the file
5
6      wordCounts = {} # Create an empty dictionary to count words
7      for line in infile:
8          processLine(line.lower(), wordCounts)
9
10     pairs = list(wordCounts.items()) # Get pairs from the dictionary
11
12     items = [[x, y] for (y, x) in pairs] # Reverse pairs in the list
13
14     items.sort() # Sort pairs in items
15
16     for i in range(len(items) - 1, len(items) - 11, -1):
17         print(items[i][1] + "\t" + str(items[i][0]))
18
19 # Count each word in the line
20 def processLine(line, wordCounts):
21     line = replacePunctuations(line) # Replace punctuation with space
22     words = line.split() # Get words from each line
23     for word in words:
24         if word in wordCounts:
25             wordCounts[word] += 1
26         else:
27             wordCounts[word] = 1
28
29 # Replace punctuation in the line with a space
30 def replacePunctuations(line):
31     for ch in line:
32         if ch in "~@#$%^&*()_-+=~<>?/,.;:!{}[]|'\"":
33             line = line.replace(ch, " ")
34
35     return line
36
37 main() # Call the main function
```

```
Enter a filename: Lincoln.txt  ⏎Enter
that       13
the        11
we         10
to         8
here       8
a          7
and        6
of         5
nation     5
it         5
```

程序提示用户输入一个文件名（第 3 行）并打开这个文件（第 4 行）。创建一个字典 wordCounts（第 6 行）来存储由单词和它们的出现次数构成的对。单词是字典的关键字。

程序从文件读取每一行并调用 processLine(line,wordCounts) 来统计这一行每个单词的出现次数（第 7 ~ 8 行）。假设字典 wordCounts 是 {"red":7,"blue":5,"green":2}。那么如何对它排序？字典对象没有 sort 方法。但是，list 对象有，因此，可以将字典的每一个对放入一个列表中，然后对这个列表排序。这个程序在第 10 行获取到这个列表。如果使用 sort 方法对这个列表排序，程序将按每对的第一个元素进行排序，但是我们需要对出现次数进行排序（每对的第二个元素）。我们该怎么办呢？秘诀是可以将每对倒置。程序利用倒置每一对来创建一个新列表（第 12 行），然后应用 sort 方法（第 14 行）。现在，将对列表进行如下排序：[[2,"green"],[5,"blue"],[7,"red"]]。

这个程序显示出现次数最多的 10 组单词和它们的统计次数（第 16 ～ 17 行）。

processLine(line,wordCounts) 函数调用 replacePunctuations(line) 将所有的标点符号用空格替换（第 21 行），然后使用 split 方法提取单词（第 22 行）。如果一个单词已经存在字典中，那么程序将对它的计数器加 1(第 25 行); 否则，程序将给字典增加一个条目（第 27 行）。

replacePunctuations(line) 方法检测每一行的每个字符。如果它是一个标点符号，程序将用空格替换（第 32 ～ 33 行）。

现在坐下来思考一下，如果不使用字典该如何编写这个程序。可以使用像 [[key1,value1],[key2,value2],…] 这样的一个嵌套列表，但是新程序将会更长且更复杂。你将会发现，在解决类似这种问题时，字典是一种非常高效且功能强大的数据结构。

关键术语

data structure（数据结构）	map（图）
dictionary（字典）	set（集合）
dictionary entry（字典输入域）	set difference（集合的差）
dictionary item（字典条目）	set intersection（集合的交）
hashable（可哈希的）	set union（集合的并）
immutable tuple（不可变元组）	set symmetric difference（集合的对称差）
key/value pair（键值对）	tuple（元组）

本章总结

1. 一个元组是一个固定列表。不能对元组中的元素进行添加、删除或替换。

2. 由于元组是一个序列，所以序列的常用操作也可以用于元组。

3. 尽管不能对元组进行元素的添加、删除或者替换，但是如果该元素是可变的话你可以改变这个单独元素的内容。

4. 如果元组的所有元素都是不可变的，那么这个元组是不可变的。

5. 集合就像是用来存储元素集的列表。但是，不同于列表，集合中的元素是不可重复的而且是没有以特定顺序放置的。

6. 可以使用 add 方法向一个集合添加元素，使用 remove 方法从一个集合删除元素。

7. 函数 len、min、max 和 sum 都可用在集合上。

8. 可以使用一个 for 循环来遍历集合中的元素。

9. 可以使用 issubset 或 issuperset 方法来检测一个集合是否是另一个集合的子集或父集，并使用 |、&、– 和 ^ 运算符来实现求集合的并集、交集、差集和对称差集。

10. 在判断一个元素是否存在于集合或列表中，以及从集合或列表删除元素时，集合都比列表的效率更高。

11. 字典可用于存储键值对。可以使用一个关键字来获取一个值。这些关键字就像是一个下标操作符。在一个列表中，这些下标都是整数。在一个字典中，这些关键字可以是任意的可哈希对象，例如：数字和字符串。

12. 可以使用 dictionaryName[key] 来获取字典中某个给定关键字对应的值，并使用 dictionaryName[key]=value 来添加或修改字典中的一个条目。

13. 可以使用 del dictionaryName[key] 删除给定关键字对应的条目。

14. 可以使用一个 for 循环来遍历一个字典中的所有关键字。

15. 可以使用 len 函数返回字典的所有条目数。

16. 可以使用 in 和 not in 运算符来确定一个关键字是否在字典当中，使用 == 和 != 操作符来检测两个字典是否相同。

17. 可以对字典使用 keys()、values()、items()、clear()、get(key)、pop(key) 和 popitem() 方法。

测试题

本章的在线测试题位于 www.cs.armstrong.edu/liang/py/test.html。

编程题

第 14.2 ～ 14.6 节

*14.1 （显示关键字）修改程序清单 14-4，显示一个 Python 源文件中的关键字以及这些关键字的出现次数。

*14.2 （数字的出现次数）编写一个程序读取未指定个数的整数，并找出出现次数最多的整数。例如：如果输入 2 3 40 3 5 4 -3 3 3 2 0，那么数字 3 出现的次数最多。在同一行里输入所有数字。如果不止一个数字的出现次数最多，那么这些数字都得显示。例如：数字 9 和 3 在列表 9 30 3 9 3 2 4 都出现了 2 次，那么应当把它们都显示出来。

*14.3 （统计每个关键字的出现次数）编写一个程序读入一个 Python 源代码文件并统计文件中每个关键字的出现次数。程序应当提示用户输入 Python 源代码文件名。

*14.4 （Tkinter：统计每个字母的出现次数）重写程序清单 14-5 中的程序，使用一个 GUI 程序让用户从一个输入域中输入文件名，如图 14-3a 所示。也可以通过单击"Browse"按钮显示一个打开文件对话框来选择一个文件，如图 14-3b 所示。然后所选择的文件显示在输入域上。单击"Show Result"按钮在一个文本小构件上显示结果。如果文件不存在，需要在一个消息框中显示一条消息。

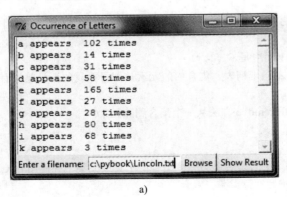
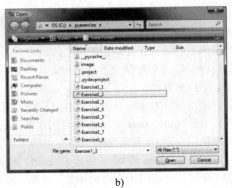

a)   b)

图 14-3   程序让用户选择一个文件并显示文件中每个字母的出现次数

*14.5 （Tkinter：统计每个字母的出现次数）修改上一题显示结果的直方图，如图 14-4 所示。如果文件不存在，需要在一个消息框中显示一条消息。

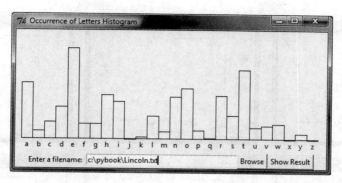

图 14-4　程序要求用户选择一个文件并将文件中每个字母的出现次数用直方图显示

*14.6 （Tkinter：统计每个字母的出现次数）重写程序清单 14-5 中的程序，使用一个 GUI 程序要求用户从一个输入域上输入 URL 地址，如图 14-5 所示。单击"Show Result"按钮在一个文本小构件上显示统计结果。如果这个 URL 地址不存在，需要在一个消息框中显示一条消息。

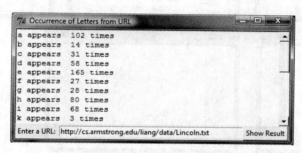

图 14-5　程序要求用户输入一个文件的 URL 地址并显示文件中每个字母的出现次数

*14.7 （Tkinter：统计每个字母的出现次数）修改上题的程序来显示结果的直方图，如图 14-6 所示。如果 URL 地址不存在，需要在一个消息框中显示一条消息。

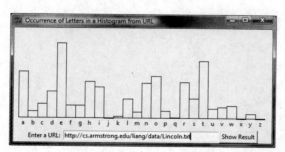

图 14-6　程序要求用户输入一个文件的 URL 地址并在
一个直方图上显示文件中每个字母的出现次数

14.8 （按升序显示不重复的单词）编写一个程序提示用户输入一个文本文件，从文件中读取单词，按升序显示所有不重复的单词。

***14.9 （游戏：刽子手）编写一个刽子手游戏，使用图形进行显示，如图 14-7 所示。用户猜完七次后，程序显示这个单词。用户可以单击"Enter"键继续猜另一个单词。

*14.10 （猜首都）使用一个字典存储国家和首都对来重写编程题 11.40，这样可以随机显示问题。

*14.11 （统计辅音和元音字母）编写一个程序提示用户输入一个文本文件名并显示文件中元音字母和辅音字母的个数。使用一个集合来存储元音字母 A、E、I、O 和 U。

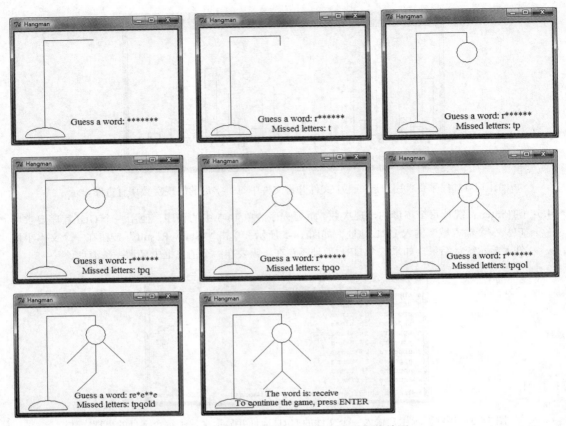

图 14-7   刽子手游戏让用户输入字母来猜单词

递 归

学习目标

- 解释什么是递归函数并描述使用递归的好处（第 15.1 节）。
- 为递归数学函数开发递归程序（第 15.2 ～ 15.3 节）。
- 解释在调用栈中如何处理递归函数的调用（第 15.1 ～ 15.3 节）。
- 使用递归解决问题（第 15.4 节）。
- 使用辅助函数设计一个递归函数（第 15.5 节）。
- 使用递归实现选择排序（第 15.5.1 节）。
- 使用递归实现二分查找（第 15.5.2 节）。
- 使用递归获取一个目录的大小（第 15.6 节）。
- 使用递归解决汉诺塔问题（第 15.7 节）。
- 使用递归绘制分形（第 15.8 节）。
- 使用递归解决八皇后问题（第 15.9 节）。
- 了解递归和迭代之间的关联与区别（第 15.10 节）。
- 了解尾递归函数并解释为什么需要它（第 15.11 节）。

15.1 引言

🔑 **关键点**：递归是一种能以优雅的解决方案来解决那些利用循环很难编程的问题的技术。

假设希望找出某个目录下所有包含某个特定单词的文件。该如何解决这个问题呢？这里有几种方式可以解决这个问题。一个直观且有效的解决方案是使用递归在每个子目录下递归地搜索所有文件。

如图 15-1 所示的 H- 树用在超大规模集成电路（VLSI）设计上，作为一个时钟分布网络来将定时信号以相同的传播时延路由到芯片的所有部分。如何编写一个程序显示 H- 树？一个好的函数就是通过探究递归模式来使用递归。

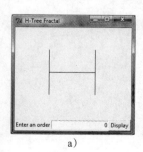 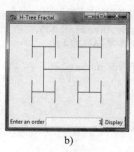 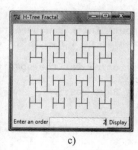 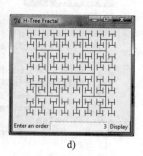

a)　　　　　　　　b)　　　　　　　　c)　　　　　　　　d)

图 15-1　使用递归显示 H- 树

使用递归就是使用递归函数编程，递归函数就是直接或间接调用自身的函数。递归是一种非常有用的程序设计技术。在某些情况下，对于用其他方法很难解决的问题，使用递归就能给出一个很自然、直观、简单的解决方案。本章介绍递归程序设计的概念和技术，并给出例子来演示如何"递归地思考"。

15.2　实例研究：计算阶乘

关键点：递归函数就是一个调用自己的函数。

许多数学函数都是使用递归来定义的。我们从一个简单的例子开始。数字 n 的阶乘可以按递归方式进行如下定义。

```
0! = 1;
n! = n × (n - 1)!; n > 0
```

对给定的 n 如何求 n! 呢？因为已经知道 0!=1，而 1!=1×0!，所以很容易求得 1!。假设已知 (n-1)!，使用 n!=n×(n-1)! 就可以立即得到 n!。这样，计算 n! 的问题就简化为计算 (n-1)!。当计算 (n-1)! 时，你可以递归地应用这个思路直到 n 递减为 0。

假定计算 n! 的函数是 factorial(n)。如果用 n=0 调用这个函数，立即就能返回它的结果。函数知道如何处理这个最简单的情况，这种最简单的情况被称为基础情况或终止条件。如果用 n>0 调用这个函数，它会把这个问题简化为计算 n-1 的阶乘的子问题。这个子问题在本质上和原始问题是一样的，但是它比原始问题更简单也更小。因为子问题和原始问题具有相同的性质，所以可以用不同的参数来调用这个函数，这被称作递归调用。

计算 factorial(n) 的递归算法可以简单地描述为如下方式。

```
if n == 0:
    return 1
else:
    return n * factorial(n - 1)
```

一个递归调用可能导致更多的递归调用，因为这个函数会持续地把每个子问题分解为新的子问题。要终止一个递归函数，问题必须最终递减到满足一个终止条件。当问题达到这个终止条件时，就将结果返回给调用者。然后调用者进行计算并将结果返回给它自己的调用者。这个过程持续进行，直到结果被传回原始的调用者为止。现在，原始问题就可以由factorial(n-1) 的结果乘以 n 得到。

程序清单 15-1 是一个完整的程序，它提示用户输入一个非负整数，然后显示这个数的阶乘。

程序清单 15-1　ComputeFactorial.py

```
 1  def main():
 2      n = eval(input("Enter a nonnegative integer: "))
 3      print("Factorial of", n, "is", factorial(n))
 4
 5  # Return the factorial for the specified number
 6  def factorial(n):
 7      if n == 0: # Base case
 8          return 1
 9      else:
10          return n * factorial(n - 1) # Recursive call
11
12  main() # Call the main function
```

```
Enter a nonnegative integer: 4 ↵Enter
Factorial of 4 is 24
```

```
Enter a nonnegative integer: 10 ↵ Enter
Factorial of 10 is 3628800
```

本质上讲，factorial 函数（第 6～10 行）是把阶乘在数学上的递归定义直接转换为 Python 代码。因为对 factorial 的调用是调用它自己，所以这个调用是递归的。传递到 factorial 的参数一直递减，直到达到它的基础情况 0。

现在已经了解如何编写一个递归函数，下面让我们看看递归是如何工作的。图 15-2 描述了从 n = 4 开始执行的递归调用。递归调用对堆栈空间的使用如图 15-3 所示。

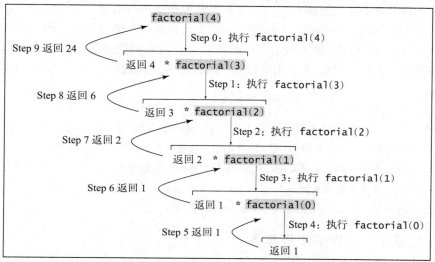

图 15-2　调用 factorial(4) 会引起对 factorial 的递归调用

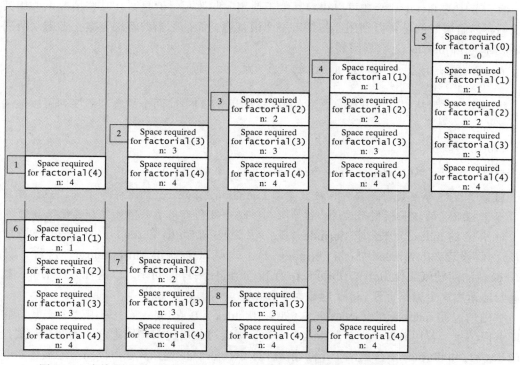

图 15-3　当执行 factorial(4) 时，factorial 函数会被递归调用，导致内存空间动态变化

🐟 **教学建议**：使用循环来实现 factorial 函数是一种比较简单且更加高效的方法。然而，这里使用递归的 factorial 函数是演示递归概念的一个很好的例子。在本章后续内容中，还将给出一些本质是递归且不使用递归很难解决的问题。

如果递归不能使问题简化并使之最终收敛到基础情况，就有可能出现无限递归。例如，假设错误地将 factorial 函数写成如下形式。

```
def factorial(n):
    return n * factorial(n - 1)
```

那么这个函数就会无限地运行下去，并且导致一个运行时错误。

目前讨论的例子给出一个调用自己的递归函数。这被称为直接递归。也可以创建一个间接递归。这发生在函数 A 调用函数 B，而函数 B 又反过来调用函数 A 的时候。这个递归中会涉及多个函数。例如，函数 A 调用函数 B，函数 B 调用函数 C，函数 C 调用函数 A。

🐟 **检查点**

15.1　递归函数是什么？

15.2　程序清单 15-1 中，如果调用 factorial(6)，那么 factorial 函数将会调用多少次？

15.3　编写一个递归的数学定义来计算 2^n，其中 n 为正整数。

15.4　编写一个递归的数学定义来计算 x^n，其中 n 为正整数，x 为实数。

15.5　编写一个递归的数学定义来计算 $1 + 2 + 3 + \cdots + n$，其中 n 为正整数。

15.6　什么是无限递归？什么是直接递归？什么是间接递归？

15.3　实例研究：计算斐波那契数

🔑 **关键点**：在某些情况下，递归可以给出一个自然、直接、简单的问题的解。

前一节中的 factorial 函数可以很容易地不使用递归改写。但是，在某些情况下，用其他方法不容易解决的问题可以利用递归给出一个很直观、简洁了当的解决方案。考虑众所周知的斐波那契（Fibonacci）数列问题：

```
The series: 0  1  1  2  3  5  8  13  21  34  55  89 . . .
   indexes: 0  1  2  3  4  5  6   7   8   9  10  11
```

斐波那契数列从 0 和 1 开始，之后的每个数都是序列中前两个数之和。序列可以被递归地定义为：

```
fib(0) = 0
fib(1) = 1
fib(index) = fib(index - 2) + fib(index - 1); index >= 2
```

🐟 **注意**：斐波那契数列是以中世纪数学家 Leonardo Fibonacci 的名字命名的，他为建立兔子繁殖数量的增长模型而构造出这个数列。这个数列可用于数值优化和其他很多领域。

对给定的 index，怎么求 fib(index) 呢？因为已知 fib(0) 和 fib(1)，所以很容易求得 fib(2)。假设已知 fib(index−2) 和 fib(index−1)，就可以立即得到 fib(index)。这样，计算 fib(index) 的问题就简化为计算 fib(index−2) 和 fib(index−1) 的问题。以这种方式求解，就可以递归地运用这个思路直到 index 递减为 0 和 1。

基础情况是 index = 0 或 index = 1。如果用 index = 0 或 index = 1 调用这个函数，它会立即返回结果。若用 index >= 2 调用这个函数，则通过使用递归调用把这个问题分解成计算 fib(index−2) 和 fib(index−1) 的两个子问题。计算 fib(index) 的递归算法可以简单地描述如下。

```
    if index == 0:
        return 0
    elif index == 1:
        return 1
    else:
        return fib(index - 1) + fib(index - 2)
```

程序清单 15-2 给出一个完整的程序, 提示用户输入一个下标, 然后计算这个下标值相应的斐波那契数。

程序清单 15-2 ComputeFibonacci.py

```
1   def main():
2       index = eval(input("Enter an index for a Fibonacci number: "))
3       # Find and display the Fibonacci number
4       print("The Fibonacci number at index", index, "is", fib(index))
5
6   # The function for finding the Fibonacci number
7   def fib(index):
8       if index == 0: # Base case
9           return 0
10      elif index == 1: # Base case
11          return 1
12      else:  # Reduction and recursive calls
13          return fib(index - 1) + fib(index - 2)
14
15  main() # Call the main function
```

```
Enter an index for a Fibonacci number: 1  ↵Enter
The Fibonacci number at index 1 is 1
```

```
Enter an index for a Fibonacci number: 6  ↵Enter
The Fibonacci number at index 6 is 8
```

```
Enter an index for a Fibonacci number: 7  ↵Enter
The Fibonacci number at index 7 is 13
```

程序并没有给出计算机在后台所做的大量工作。但是, 图 15-4 给出为计算 fib(4) 所进行的连续递归调用。原始函数 fib(4) 产生两个递归调用: fib(3) 和 fib(2), 然后返回 fib(3)+fib(2) 的值。但是, 按怎样的顺序调用这些函数呢? 在 Python 中, 操作数是从左到右计算的, 所以在完全计算完 fib(3) 之后才会调用 fib(2)。图 15-4 中的标签表示了函数被调用的顺序。

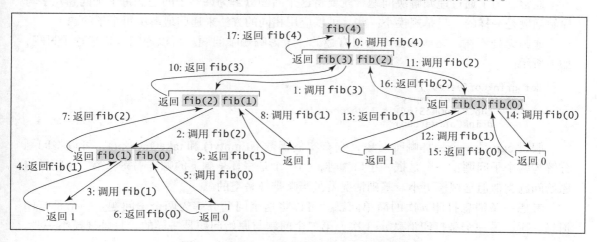

图 15-4　调用 fib(4) 会引起对 fib 的递归调用

如图 15-4 所示，这里会出现很多重复的递归调用。例如：fib(2) 被调用了 2 次，fib(1) 被调用了 3 次，fib(0) 也被调用了 2 次。通常，计算 fib(index) 所需的递归调用次数大致是计算 fib(index−1) 所需次数的 2 倍。随着尝试更大的下标值，相应的调用次数会急剧增加，如表 15-1 所示。

表 15-1 fib(n) 中的递归调用次数

n	2	3	4	10	20	30	40	50
# of calls	3	5	9	177	21 891	2 692 537	331 160 281	2 075 316 483

🖎 **教学建议**：fib 函数的递归实现非常简单、直接，但是并不高效。编程题 15.2 是一个使用循环的高效方案。尽管递归的 fib 函数并不实用，但它是一个演示如何编写递归函数的很好的例子。

🖎 **检查点**

15.7 函数 fib(6) 会调用程序清单 15-2 中的 fib 函数多少次？

15.8 给出下面程序的输出并确定它们的基础情况和递归调用。

```python
def f(n):
    if n == 1:
        return 1
    else:
        return n + f(n - 1)

print("Sum is", f(5))
```

```python
def f(n):
    if n > 0:
        print(n % 10)
        f(n // 10)

f(1234567)
```

15.4 使用递归解决问题

🔑 **关键点**：如果递归地考虑问题，许多问题都是可以使用递归来解决的。

前几节给出了两个经典的递归例子。所有的递归函数都具有以下特点：

● 函数使用 if-else 或 switch 语句会导致不同的情况。

● 一个或多个基础情况（最简单的情况）被用来停止递归。

● 每次递归调用都会简化原始问题，让它不断地接近基础情况，直到它变成基础情况为止。

通常，为了通过递归解决问题，就要将这个问题分解为许多子问题。每个子问题几乎与原始问题是一样的，只是规模小一些。可以应用相同的方法来递归地解决每个子问题。

递归无处不在。递归地思考是很有趣的。考虑喝咖啡问题。可以递归地描述这个过程，如下所示。

```python
def drinkCoffee(cup):
    if cup is not empty:
        cup.takeOneSip() # Take one sip
        drinkCoffee(cup)
```

假设 cup 是一个一杯咖啡对象，它有实例函数 isEmpty() 和 takeOneSip()。可以将问题分解为两个子问题：一个是抿一小口咖啡，另一个是将杯子剩下的咖啡喝完。第二个问题与原始问题类似但是规模更小。基础情况就是当咖啡杯是空的。

考虑一条消息打印 n 次的简单问题。可以将这个问题分解为两个子问题：一个是打印消息一次，另一个是打印消息 n−1 次。第二个问题与原始问题是一样的，只是规模小一些。

这个问题的基础情况是 n==0。可以使用递归来解决这个问题，如下所示。

```
def nPrintln(message, n):
    if n >= 1:
        print(message)
        nPrintln(message, n - 1)
    # The base case is n == 0
```

需要注意的是，前面一节中的 fib 函数向其调用者返回一个数值，但是 nPrintln 方法的返回类型是 void，并不向其调用者返回一个数值。

如果递归地思考问题，那么，本书前面章节中的许多问题都可以用递归来解决。考虑程序清单 8-1 中的回文问题。回想一下，如果一个字符串从左读和从右读是一样的，那么它就是一个回文串。例如，mom 和 dad 都是回文串，但是 uncle 和 aunt 不是回文串。确定一个字符串是否是回文串的问题可以分解为两个子问题：

- 检查字符串中的第一个字符和最后一个字符是否相等。
- 忽略两端的字符之后检查子串的其余部分是否是回文。

第二个子问题与原始问题是一样的，但是规模小一些。基础情况有两个：①两端的字符不同；②字符串大小是 0 或 1。在第一种情况下，字符串不是回文串；而在第二种情况下，字符串是回文串。这个问题的递归函数可以在程序清单 15-3 中实现。

程序清单 15-3 RecursivePalindromeUsingSubstring.py

```
1  def isPalindrome(s):
2      if len(s) <= 1: # Base case
3          return True
4      elif s[0] != s[len(s) - 1]: # Base case
5          return False
6      else:
7          return isPalindrome(s[1 : len(s) - 1])
8
9  def main():
10     print("Is moon a palindrome?", isPalindrome("moon"))
11     print("Is noon a palindrome?", isPalindrome("noon"))
12     print("Is a a palindrome?", isPalindrome("a"))
13     print("Is aba a palindrome?", isPalindrome("aba"))
14     print("Is ab a palindrome?", isPalindrome("ab"))
15
16 main() # Call the main function
```

```
Is moon a palindrome? False
Is noon a palindrome? True
Is a a palindrome? True
Is aba a palindrome? True
Is ab a palindrome? False
```

第 7 行的字符串切片运算符创建了一个新字符串，它除了没有原始字符串中的第一个和最后一个字符，其余都和原始字符串一样。如果原始字符串两端字符相同，那么检查一个字符串是否是回文与检查子串是否是回文的函数是一样的。

检查点

15.9 描述递归函数的特点？

15.10 使用程序清单 15-3 中定义的函数给出 isPalinedrome("abcba") 的调用栈。

15.11 给出下面两个程序的输出。

```
def f(n):
    if n > 0:
        print(n, end = ' ')
        f(n - 1)

f(5)
```

```
def f(n):
    if n > 0:
        f(n - 1)
        print(n, end = ' ')

f(5)
```

15.12 下面函数中哪里有错误?

```
def f(n):
    if n != 0:
        print(n, end = ' ')
        f(n / 10)

f(1234567)
```

15.5 递归辅助函数

✎ **关键点**: 有时可以通过轻微地改变原始问题找出一个递归的解决方案。这个新函数被称为递归辅助函数。可以调用递归辅助函数来解原始问题。

因为前面递归的 isPalindrome 函数要为每次递归调用创建一个新字符串,因此它不够高效。为避免创建新字符串,可以使用 low 和 high 下标来表明子串的范围。这两个下标必须传递给递归函数。由于原始函数是 isPalindrome(String s),因此,必须创建一个新函数 isPalindrome Helper (String s,int low,int high) 来接收字符串的附加信息,如程序清单 15-4 所示。

程序清单 15-4 RecursivePalindrome.py

```
1  def isPalindrome(s):
2      return isPalindromeHelper(s, 0, len(s) - 1)
3
4  def isPalindromeHelper(s, low, high):
5      if high <= low: # Base case
6          return True
7      elif s[low] != s[high]: # Base case
8          return False
9      else:
10         return isPalindromeHelper(s, low + 1, high - 1)
11
12 def main():
13     print("Is moon a palindrome?", isPalindrome("moon"))
14     print("Is noon a palindrome?", isPalindrome("noon"))
15     print("Is a a palindrome?", isPalindrome("a"))
16     print("Is aba a palindrome?", isPalindrome("aba"))
17     print("Is ab a palindrome?", isPalindrome("ab"))
18
19 main() # Call the main function
```

函数 isPalindrome(s) 检查一个字符串 s 是否是一个回文串,而函数 isPalindrome-Helper(s, low, high) 检查一个子串 s[low:high+1] 是否是一个回文串。函数 isPalindrome(s) 将 low = 0 和 high = len(s)−1 的字符串 s 传递给函数 isPalindromeHelper。函数 isPalindrome-Helper 可以被递归地调用,以检查不断缩减的子串是否是回文串。在递归程序设计中定义第二个函数来接收附加参数是一个常用的设计技巧。这样的函数被称为递归辅助函数。

辅助函数在设计关于字符串和数组问题的递归解决方案上是非常有用的。下面几节将给出两个以上的例子。

15.5.1 选择排序

选择排序在第 10.11.1 节中已经介绍过。回顾一下，选择排序法是指先找出列表中的最小元素，并将它和第一个元素互换。然后，在剩余的元素中找出最小数，再将它和剩余列表中的第一个元素互换，这样的过程一直进行下去，直到列表中仅剩一个元素为止。这个问题可以被分解为两个子问题：

- 找出列表中的最小元素，然后将它与第一个元素交换。
- 忽略第一个元素，对剩余的较小列表进行递归排序。

基础情况是该列表只包含一个元素。程序清单 15-5 给出了递归的排序函数。

程序清单 15-5 RecursiveSelectionSort.py

```
 1  def sort(lst):
 2      sortHelper(lst, 0, len(lst) - 1) # Sort the entire list
 3
 4  def sortHelper(lst, low, high):
 5      if low < high:
 6          # Find the smallest element and its index in lst[low .. high]
 7          indexOfMin = low
 8          min = lst[low]
 9          for i in range(low + 1, high + 1):
10              if lst[i] < min:
11                  min = lst[i]
12                  indexOfMin = i
13
14          # Swap the smallest in lst[low .. high] with lst[low]
15          lst[indexOfMin] = lst[low]
16          lst[low] = min
17
18          # Sort the remaining lst[low+1 .. high]
19          sortHelper(lst, low + 1, high)
20
21  def main():
22      lst = [3, 2, 1, 5, 9, 0]
23      sort(lst)
24      print(lst)
25
26  main() # Call the main function
```

函数 sort(lst) 对列表 lst[0..len(lst)-1] 进行排序，而函数 sortHelper(lst，low，high) 是对子列表 lst[low..high] 进行排序。第二个函数被递归地调用，以对不断缩小的子列表进行排序。

15.5.2 二分查找

二分查找已经在第 10.10.2 节中介绍过。使用二分查找法的前提条件是数组元素必须已经排好序。二分查找法首先将关键字与数组的中间元素进行比较。考虑下面三种情况。

- 情况 1：如果关键字比中间元素小，那么程序只需在列表的前半段中进行递归查找。
- 情况 2：如果关键字和中间元素相等，则匹配成功，查找结束。
- 情况 3：如果关键字比中间元素大，那么程序只需在列表的后半段中进行递归查找。

情况 1 和情况 3 都将查找范围降为一个更小的数列。当匹配成功时，情况 2 就是一个基础情况。另一个基础情况是查找完毕而没有一个成功的匹配。程序清单 15-6 使用递归给二分查找问题提供一个清晰、简单的解决方案。

程序清单 15-6　RecursiveBinarySearch.py

```
1   def recursiveBinarySearch(lst, key):
2       low = 0
3       high = len(lst) - 1
4       return recursiveBinarySearchHelper(lst, key, low, high)
5
6   def recursiveBinarySearchHelper(lst, key, low, high):
7       if low > high:  # The list has been exhausted without a match
8           return -low - 1
9
10      mid = (low + high) // 2
11      if key < lst[mid]:
12          return recursiveBinarySearchHelper(lst, key, low, mid - 1)
13      elif key == lst[mid]:
14          return mid
15      else:
16          return recursiveBinarySearchHelper(lst, key, mid + 1, high)
17
18  def main():
19      lst = [3, 5, 6, 8, 9, 12, 34, 36]
20      print(recursiveBinarySearch(lst, 3))
21      print(recursiveBinarySearch(lst, 4))
22
23  main() # Call the main function
```

函数 recursiveBinarySearch 是在整个列表中查找关键字（第 1～4 行）。而函数 recursiveBinarySearchHelper 是在列表中从下标 low 到 high 中查找关键字（第 6～16 行）。

函数 recursiveBinarySearch 将 low=0（第 2 行）和 high=len(lst)−1（第 3 行）的初始列表传递给函数 recursiveBinarySearchHelper。函数 recursiveBinarySearchHelper 被递归地调用，在一个不断缩小的子列表中查找关键字。

检查点

15.13　什么是一个递归辅助函数？

15.14　使用程序清单 15-5 中定义的函数，给出 sort([2，3，5，1]) 的调用栈。

15.6　实例研究：求出目录的大小

关键点：递归函数可以使用递归结构高效地解决这个问题。

前面的例子可以不用递归很容易地解决。本节给出的这个问题，要是不使用递归是很难解决的。这里的问题是求出一个目录的大小。一个目录的大小是指该目录下所有文件大小之和。目录 d 可能会包含子目录。假设一个目录包含文件 f_1, f_2, …, f_m 以及子目录 d_1, d_2, …, d_n，如图 15-5 所示。

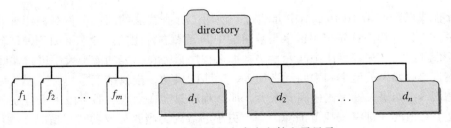

图 15-5　一个目录包含多个文件和子目录

目录的大小可以按如下方式递归地定义。

$$size(d) = size(f_1) + size(f_2) + \ldots + size(f_m) + size(d_1) + size(d_2) + \ldots + size(d_n)$$

为了实现这个程序，需要 os 模块中的以下三个函数：

- os.path.isfile(f)，如果 s 是一个文件名则返回 True。回顾一下，在第 13.2.3 节中介绍这个函数来检测一个文件是否存在。
- os.path.getsize(filename) 返回这个文件的大小。
- os.listdir(directory) 返回一个子目录列表以及目录下的文件。

程序清单 15-7 中的程序提示用户输入一个目录或一个文件，然后显示它的大小。

程序清单 15-7 DirectorySize.py

```
1  import os
2
3  def main():
4      # Prompt the user to enter a directory or a file
5      path = input("Enter a directory or a file: ").strip()
6
7      # Display the size
8      try:
9          print(getSize(path), "bytes")
10     except:
11         print("Directory or file does not exist")
12
13 def getSize(path):
14     size = 0 # Store the total size of all files
15
16     if not os.path.isfile(path):
17         lst = os.listdir(path) # All files and subdirectories
18         for subdirectory in lst:
19             size += getSize(path + "\\" + subdirectory)
20     else: # Base case, it is a file
21         size += os.path.getsize(path) # Accumulate file size
22
23     return size
24
25 main() # Call the main function
```

```
Enter a directory or a file: c:\pybook  ↵Enter
619631 bytes
```

```
Enter a directory or a file: c:\pybook\Welcome.py  ↵Enter
76 bytes
```

```
Enter a directory or a file: c:\book\NonExistentFile  ↵Enter
Directory or file does not exist
```

如果 path 是一个目录（第 16 行），那么该目录下的每个子条目（文件或子目录）都被递归地调用以获取它的大小（第 19 行）。如果 path 是一个文件（第 20 行），获取的就是该文件的大小（第 21 行）。

如果用户输入的是一个错误的目录或者不存在的目录，程序将会抛出一个异常（第 11 行）。

提示：为了避免错误，测试基础情况是一个很好的办法。例如：应该输入一个文件、一个空目录、一个不存在的目录以及一个不存在的文件来测试这个程序。

检查点

15.15 使用什么函数测试一个文件是否存在？使用什么函数返回一个文件的大小？使用什么函数返回一个目录下的所有文件和子目录？

15.7　实例研究：汉诺塔

✐ **关键点**：汉诺塔问题是一个经典的问题，它可以使用递归很容易地解决，但是，不使用递归则非常难解决。

汉诺塔问题是一个几乎每一个计算机科学家都知道的经典的递归问题。这个问题是将指定个数而大小互不相同的盘子从一个塔上移到另一个塔上，移动要遵从下面的规则：

- n 个标记 1、2、3、…、n 的盘子，以及三个标记 A、B、C 的塔。
- 任何时候盘子都不能放在比它小的盘子的上方。
- 初始状态时，所有的盘子都被放在塔 A 上。
- 每次只能移动一个盘子，并且这个盘子必须在塔顶位置。

这个问题的目标是借助塔 C 把所有的盘子从塔 A 移到塔 B。例如：如果有三个盘子，将所有的盘子从塔 A 移到塔 B 的步骤如图 15-6 所示。

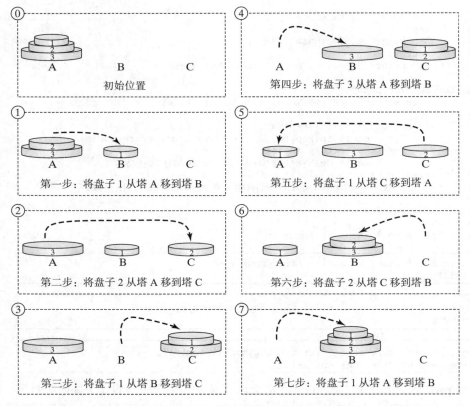

图 15-6　汉诺塔问题的目的是在遵从规则的条件下把盘子从塔 A 移到塔 B

☞ **注意**：汉诺塔是一个经典的计算机科学问题。许多网站都有关于该问题的解法。其中一个很值得一看的网站是 www.cut-the-knot.com/recurrence/hanoi.shtml。

在三个盘子的情况下，可以手动地找出解决方案。然而，当盘子数量较大时，即使是 4 个，这个问题还是非常复杂的。幸运的是，这个问题本身就具有递归性质，可以直接得到直观的递归解决方案。

这个问题的基础情况是 n = 1。若 n = 1，你就可以简单地把盘子从塔 A 移到塔 B。当

n>1 时，可以将原始问题拆分成下面的三个子问题，然后依次解决，如下所示：

1）借助塔 B 将前 n–1 个盘子从 A 移到 C，如图 15-7 中的步骤 1 所示。

2）将盘子 n 从塔 A 移到塔 B，如图 15-7 中的步骤 2 所示。

3）借助塔 A 将 n–1 个盘子从塔 C 移到塔 B，如图 15-7 中的步骤 3 所示。

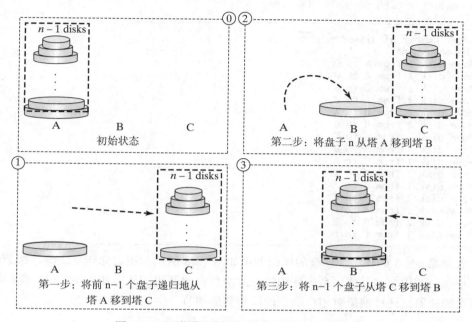

图 15-7　汉诺塔问题可以被分解成三个子问题

下面的函数借助辅助塔 auxTower 将 n 个盘子从原始塔 fromTower 移到目标塔 toTower：

```
def moveDisks(n, fromTower, toTower, auxTower):
```

这个函数的算法可以如下描述。

```
if n == 1: # Stopping condition
    Move disk 1 from the fromTower to the toTower
else:
    moveDisks(n - 1, fromTower, auxTower, toTower)
    Move disk n from the fromTower to the toTower
    moveDisks(n - 1, auxTower, toTower, fromTower)
```

程序清单 15-8 中的程序提示用户输入盘子个数，然后调用递归函数 moveDisks 来显示移动盘子的解决方案。

程序清单 15-8　TowersOfHanoi.py

```
 1  def main():
 2      n = eval(input("Enter number of disks: "))
 3
 4      # Find the solution recursively
 5      print("The moves are:")
 6      moveDisks(n, 'A', 'B', 'C')
 7
 8  # The function for finding the solution to move n disks
 9  #   from fromTower to toTower with auxTower
10  def moveDisks(n, fromTower, toTower, auxTower):
11      if n == 1: # Stopping condition
```

```
12              print("Move disk", n, "from", fromTower, "to", toTower)
13          else:
14              moveDisks(n - 1, fromTower, auxTower, toTower)
15              print("Move disk", n, "from", fromTower, "to", toTower)
16              moveDisks(n - 1, auxTower, toTower, fromTower)
17
18  main() # Call the main function
```

```
Enter number of disks: 4 ⏎Enter
The moves are:
Move disk 1 from A to C
Move disk 2 from A to B
Move disk 1 from C to B
Move disk 3 from A to C
Move disk 1 from B to A
Move disk 2 from B to C
Move disk 1 from A to C
Move disk 4 from A to B
Move disk 1 from C to B
Move disk 2 from C to A
Move disk 1 from B to A
Move disk 3 from C to A
Move disk 1 from A to C
Move disk 2 from A to B
Move disk 1 from C to B
```

考虑跟踪 n = 3 的程序。连续的递归调用如图 15-8 所示。正如你所见，编写这个程序比跟踪这个递归调用要容易些。系统使用栈来跟踪后台的调用。从某种程度上讲，递归提供了某种层次的抽象，这种抽象对用户隐藏迭代和其他细节。

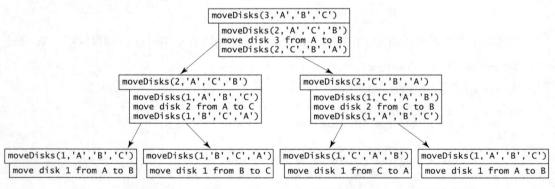

图 15-8　调用 moveDisks（3, 'A', 'B', 'C'）会引起对 moveDisks 的递归调用

☞检查点

15.16　为了调用 moveDisks（5, 'A', 'B', 'C'），会调用多少次程序清单 15-8 中的 moveDisks 函数？

15.8　实例研究：分形

✎关键点：递归是显示分形的理想方法，因为分形本质上就是递归。

　　分形是一个几何图形，但是它不像三角形、圆形和矩形。分形可以被分为几个部分，每部分都是整体的一个缩小版本。分形有许多有趣的例子。本节介绍一个被称为谢尔宾斯基三角形（sierpinski triangle）的简单分形，它是以一位著名的波兰数学家的名字来命名的。

　　谢尔宾斯基三角形是按如下方式创建的：

- 从一个等边三角形开始，将它作为 0 阶（或 0 级）的谢尔宾斯基分形，如图 15-9a 所示。
- 将 0 阶三角形的各边中点连接起来产生 1 阶谢尔宾斯基三角形（图 15-9b）。
- 保持中间的三角形不变，将另外三个三角形各边的中点连接起来产生 2 阶谢尔宾斯基分形（图 15-9c）。
- 可以递归地重复同样的步骤产生 3 阶、4 阶、……、n 阶的谢尔宾斯基三角形（图 15-9d）。

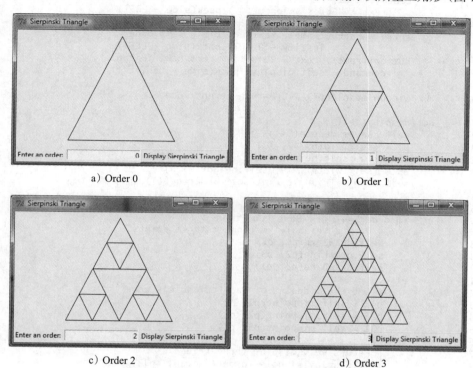

a）Order 0   b）Order 1

c）Order 2   d）Order 3

图 15-9　谢尔宾斯基三角形是一种递归三角形的图形

这个问题本质上是递归的。那么，该如何开发针对该问题的递归方案呢？考虑阶数为 0 的基础情况。绘制出 0 阶谢尔宾斯基三角形是很容易的。那么如何绘制出 1 阶谢尔宾斯基三角形呢？这个问题可以被简化为绘制三个 0 阶谢尔宾斯基三角形。如何绘制 2 阶谢尔宾斯基三角形呢？这个问题可以被简化为绘制三个 1 阶谢尔宾斯基三角形。因此，绘制 n 阶谢尔宾斯基三角形可以简化为绘制三个 n−1 阶谢尔宾斯基三角形。

程序清单 15-9 给出显示任意阶谢尔宾斯基三角形的程序，如图 15-9 所示。可以在文本域输入阶数，然后显示这个指定阶数的谢尔宾斯基三角形。

程序清单 15-9　SierpinskiTriangle.py

```
1  from tkinter import * # Import all definition from tkinter
2
3  class SierpinskiTriangle:
4      def __init__(self):
5          window = Tk() # Create a window
6          window.title("Sierpinski Triangle") # Set a title
7
8          self.width = 200
9          self.height = 200
10         self.canvas = Canvas(window,
```

```
11                width = self.width, height = self.height)
12            self.canvas.pack()
13
14            # Add a label, an entry, and a button to frame1
15            frame1 = Frame(window) # Create and add a frame to window
16            frame1.pack()
17
18            Label(frame1,
19                text = "Enter an order: ").pack(side = LEFT)
20            self.order = StringVar()
21            entry = Entry(frame1, textvariable = self.order,
22                        justify = RIGHT).pack(side = LEFT)
23            Button(frame1, text = "Display Sierpinski Triangle",
24                command = self.display).pack(side = LEFT)
25
26            window.mainloop() # Create an event loop
27
28        def display(self):
29            self.canvas.delete("line")
30            p1 = [self.width / 2, 10]
31            p2 = [10, self.height - 10]
32            p3 = [self.width - 10, self.height - 10]
33            self.displayTriangles(int(self.order.get()), p1, p2, p3)
34
35        def displayTriangles(self, order, p1, p2, p3):
36            if order == 0: # Base condition
37                # Draw a triangle to connect three points
38                self.drawLine(p1, p2)
39                self.drawLine(p2, p3)
40                self.drawLine(p3, p1)
41            else:
42                # Get the midpoint of each triangle's edge
43                p12 = self.midpoint(p1, p2)
44                p23 = self.midpoint(p2, p3)
45                p31 = self.midpoint(p3, p1)
46
47                # Recursively display three triangles
48                self.displayTriangles(order - 1, p1, p12, p31)
49                self.displayTriangles(order - 1, p12, p2, p23)
50                self.displayTriangles(order - 1, p31, p23, p3)
51
52        def drawLine(self, p1, p2):
53            self.canvas.create_line(
54                p1[0], p1[1], p2[0], p2[1], tags = "line")
55
56        # Return the midpoint between two points
57        def midpoint(self, p1, p2):
58            p = 2 * [0]
59            p[0] = (p1[0] + p2[0]) / 2
60            p[1] = (p1[1] + p2[1]) / 2
61            return p
62
63 SierpinskiTriangle() # Create GUI
```

当在文本域中输入一个阶数然后单击"Display Sierpinski Triangle"按钮后，回调函数 display 被调用来创建三个点并显示这个三角形（第 30 ～ 33 行）。

三角形的这三个点被传递以调用 displayTriangles 函数（第 35 行）。如果阶数 order==0，那么 displayTriangles（order, p1, p2, p3）函数将显示一个连接三点 p1、p2 和 p3 的三角形（第 38 ～ 40 行），如图 15-10a 所示。否则，完成下面的任务。

1）获取 p1 和 p2 的中点（第 43 行），p2 和 p3 的中点（第 44 行）以及 p3 和 p1 的中点

（第 45 行），如图 15-10b 所示。

2）使用递减的阶数递归地调用 displayTriangles，显示三个更小的谢尔宾斯基三角形（第 48 ～ 50 行）。注意：每个小的谢尔宾斯基三角形除了阶数会少一个之外，其结构和原始的大谢尔宾斯基三角形是一样的，如图 15-10b 所示。

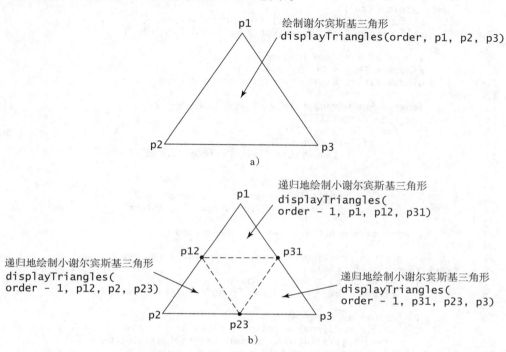

图 15-10　绘制一个谢尔宾斯基三角形会引起对绘制三个小谢尔宾斯基三角形的调用

15.9　实例研究：八皇后

🖉 **关键点**：八皇后问题是找出在棋盘上每行放一个皇后且不出现两个皇后互相攻击的解决方案。

本实例创建一个程序来安排棋盘上的八皇后。棋盘上的每一行只能放一个皇后，且必须放置在不出现两个皇后互相攻击的位置。需要使用一个二维列表来表示一个棋盘，但是，因为每行都只能有一个皇后，所以，使用一个一维列表来表示皇后在行上的位置就足够了。因此，如下创建名为 queens 的列表：

```
queens = 8 * [-1]
```

将 j 赋值给 queens[i] 表示皇后被放置在第 i 行第 j 列。图 15-11a 给出图 15-11b 中所示棋盘对应的列表 queens 的内容。初始状态时，queens[i] = −1 表示第 i 行没有被占用。

程序清单 15-10 中的程序显示了八皇后问题的一个解法。

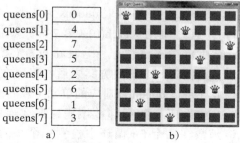

图 15-11　queens[i] 表示第 i 行皇后的位置

程序清单 15-10   EightQueens.py

```
1   from tkinter import * # Import all definitions from tkinter
2
3   SIZE = 8 # The size of the chessboard
4   class EightQueens:
5       def __init__(self):
6           self.queens = SIZE * [-1] # Queen positions
7           self.search(0) # Search for a solution from row 0
8
9           # Display solution in queens
10          window = Tk() # Create a window
11          window.title("Eight Queens") # Set a title
12
13          image = PhotoImage(file = "image/queen.gif")
14          for i in range(SIZE):
15              for j in range(SIZE):
16                  if self.queens[i] == j:
17                      Label(window, image = image).grid(
18                          row = i, column = j)
19                  else:
20                      Label(window, width = 5, height = 2,
21                          bg = "red").grid(row = i, column = j)
22
23          window.mainloop() # Create an event loop
24
25      # Search for a solution starting from a specified row
26      def search(self, row):
27          if row == SIZE: # Stopping condition
28              return True # A solution found to place 8 queens
29
30          for column in range(SIZE):
31              self.queens[row] = column # Place it at (row, column)
32              if self.isValid(row, column) and self.search(row + 1):
33                  return True # Found and exit for loop
34
35          # No solution for a queen placed at any column of this row
36          return False
37
38      # Check if a queen can be placed at row i and column j
39      def isValid(self, row, column):
40          for i in range(1, row + 1):
41              if (self.queens[row - i] == column # Check column
42                  or self.queens[row - i] == column - i
43                  or self.queens[row - i] == column + i):
44                  return False # There is a conflict
45          return True # No conflict
46
47  EightQueens() # Create GUI
```

　　程序初始化列表 queens 为 8 个 −1 值来表明此时没有皇后被放置在棋盘上（第 6 行）。程序调用 search(0)（第 7 行）来启动一个从第 0 行开始的解决方案，它递归地调用 search(1)、search(2)、……、search(7)（第 32 行）。

　　在找到一个解决方案之后，程序在窗口中显示 64 个标签（每行 8 个）并将一个皇后图像放在每行 queen[i] 对应的单元（第 17 行）。

　　如果所有的行都被填满，那么递归的 search(row) 函数会返回 True（第 27 ～ 28 行）。该函数在一个 for 循环中检测一个皇后是否放置在第 0 列、第 1 列、第 2 列、……、第 7 列中（第 30 行）。将一个皇后放置在某一列中（第 31 行）。如果这种放法是合法的，那么调用 search(row+1) 递归地查找下一行（第 32 行）。如果查找是成功的，返回 True 并退出这个 for

循环（第 33 行）。在这种情况下，无须查找这行的下一列。如果没有将一个皇后放置在这一行的任意一列的解决方案，这个方法返回 False（第 36 行）。

假设调用行 row 为 3 的 search(row)，如图 15-12a 所示。这个函数会以第 0 列、第 1 列、第 2 列、……这样的顺序填充一个皇后。对于每次尝试，调用 isValid(row, column) 函数（第 32 行）来检测将一个皇后放在指定的位置是否会引起和之前放置的皇后的冲突。它确保没有皇后被放在同一列（第 41 行），没有皇后被放置在左上对角线上（第 42 行），没有皇后被放置在右上对角线上（第 43 行），如图 15-12b 所示。如果 isValid(row, column) 返回 False，程序就检查下一列，如图 15-12c 所示。如果 isValid(row, column) 返回 True，程序就递归地调用 search(row+1)，如图 15-12d 所示。如果 search(row+1) 返回 False，程序就检查前一行的下一列，如图 15-12c 所示。

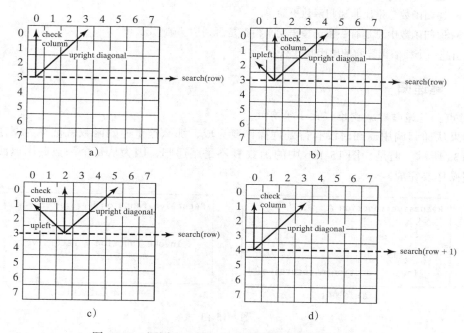

图 15-12　调用 search(row) 在某行的一列上填充皇后

15.10　递归和迭代

🔑**关键点**：递归是程序控制的一种可替代方式，它实质上就是不用循环控制的重复。

使用循环时，指定一个循环体。循环体的重复是被循环控制结构所控制的。在递归中，函数重复地调用它自己。必须使用一条选择语句来控制是否继续递归调用该函数。

递归会产生相当大的开销。程序每调用一个函数，系统就必须给函数所有的局部变量和参数分配空间。这就要占用大量的内存，还需要额外的时间来管理这些附加的内存空间。

任何使用递归解决的问题都可以用迭代非递归地解决。递归至少会有一个副作用：它耗费了太多的时间并占用了太多的内存。那么，为什么还要用它呢？因为在某些情况下，本质上有递归特性的问题很难用其他方法解决，而递归可以给出一个清晰、简单的解决方案。例如：目录大小问题、汉诺塔问题和分形问题都是不使用递归就很难解决的问题。

应该根据要解决的问题的本质和我们对这个问题的理解来决定是用递归还是用迭代。根据经验，选择使用递归还是迭代的原则，就是看它能否给出一个反映问题本质的直观解法。如果迭代的解决方案是显而易见的，那就使用迭代。迭代通常比选择递归效率更高。

☞ **注意**：递归的程序可能会用完内存，引起一个栈溢出错误。

☞ **提示**：如果关注程序的性能，就要避免使用递归，因为它会比迭代占用更多的时间且消耗更多的内存。通常，递归可以用来解决本质上是递归的问题，例如：汉诺塔、目录大小以及谢尔宾斯基三角形。

☞ **检查点**

15.17 下面哪个陈述是正确的？

- 任何一个递归函数都可以被转换为非递归函数。
- 递归函数会比非递归函数占用更多的时间和内存。
- 递归函数总是比非递归函数更简单。
- 递归函数中总是有一条选择语句来检查是否到达基础情况。

15.18 引起一个栈溢出异常的原因是什么？

15.11 尾递归

✐ **关键点**：尾递归对减少堆栈大小很有效。

如果从递归调用返回时没有待处理操作要完成，那么这个递归函数就被称为尾递归，如图 15-13a 所示。但是，图 15-13b 中的函数 B 不是尾递归，因为从每个函数调用返回时都有待处理操作要完成。

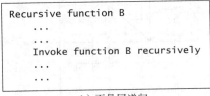

Recursive function A ... ... Invoke function A recursively	Recursive function B ... ... Invoke function B recursively ... ...
a）尾递归	b）不是尾递归

图 15-13

例如，因为在程序清单 15-4 中的第 10 行递归调用 isPalindromeHelper 之后没有待处理的操作，所以，递归的 isPalindrome Helper 函数（第 4 ～ 10 行）就是尾递归的。但是，在程序清单 15-1 中，因为从每个递归调用返回时都有一个待处理的操作，即乘法要完成，所以，递归的 factorial 函数（第 6 ～ 10 行）就不是尾递归的。

尾递归是很必要的：因为最后一个递归调用结束时，函数也结束了，因此，无须将中间调用存储在栈中。

通常，可以使用辅助参数将非尾递归函数转换为递归函数。使用这些参数来放置结果，思路是将待处理的操作和辅助参数以一种递归调用不再有待处理操作的形式相结合。可能会定义一个带辅助参数的新的辅助递归函数。例如：程序清单 15-1 中的 factorial 函数可以被改写成尾递归形式，如下所示。

```
1  # Return the factorial for a specified number
2  def factorial(n):
3      return factorialHelper(n, 1) # Call auxiliary function
4
```

```
5    # Auxiliary tail-recursive function for factorial
6    def factorialHelper(n, result):
7        if n == 0:
8            return result
9        else:
10           return factorialHelper(n - 1, n * result)
```

第一个 factorial 函数只是简单调用了辅助函数（第 3 行）。在第 6 行，辅助函数包括了辅助参数 result，它存储了 n 的阶乘的结果。这个函数在第 10 行被递归地调用。在调用返回之后，就没有了待处理的操作。最终的结果在第 8 行返回，它也是在第 3 行调用 factorial(n, 1) 的返回值。

检查点

15.19　什么是尾递归？

15.20　为什么尾递归是可描述的？

15.21　程序清单 15-5 中的递归选择函数是尾递归吗？

15.22　使用尾递归重写程序清单 15-2 中的 fib 函数。

关键术语

base case（基础情况）

direct recursion（直接递归）

indirect recursion（间接递归）

infinite recursion 无限递归

recursive function（递归函数）

recursive helper function（递归辅助函数）

stopping condition（终止条件）

tail recursive（尾递归）

本章总结

1. 递归函数是一个直接或间接调用它自己的函数。要终止一个递归函数，必须有一个或多个基础情况。

2. 递归是程序控制的另外一种可选择形式。本质上它是没有循环控制的重复。对于用其他方法很难解决而本质上是递归的问题，使用递归可以给出一个简单、清楚的解决方案。

3. 为了进行递归调用，有时候需要修改原始函数使其接收附加的参数。为达到这个目的，可以定义递归辅助函数。

4. 递归会产生相当大的系统开销。程序每调用一次函数，系统就必须给函数中所有的局部变量和参数分配空间。这就要消耗大量的计算机内存，并且需要额外的时间来管理这些附加的空间。

5. 如果从递归调用返回时没有待处理的操作要完成，那么这个递归的函数就被称为尾递归。尾递归是高效的。

测试题

本章的在线测试题位于 www.cs.armstrong.edu/liang/py/test.html。

编程题

第 15.2 ~ 15.3 节

*15.1　（使用递归对一个整数的数字求和）编写一个递归函数来计算一个整数中的数字之和。使用下面函数头：

```
def sumDigits(n):
```

例如：sumDigits(234) 返回 2+3+4 = 9。编写一个测试程序提示用户输入一个整数并显示它的和。

*15.2 （斐波那契数）使用迭代改写程序清单 15-2 中的 fib 函数。（提示：不使用递归来计算 fib(n)，你首先要获取 fib(n−2) 和 fib(n−1)。）设 f0 和 f1 表示前面的两个斐波那契数，那么当前的斐波那契数就是 f0+f1。这个算法的描述如下。

```
f0 = 0 # For fibs(0)
f1 = 1 # For fib(1)

for i in range(2, n + 1):
    currentFib = f0 + f1
    f0 = f1
    f1 = currentFib

# After the loop, currentFib is fib(n)
```

编写一个测试程序提示用户输入一个序号并显示它的斐波那契数。

*15.3 （使用递归求最大公约数）求最大公约数的 gcd(m, n) 也可以如下递归地定义：

- 如果 m%n 为 0，那么 gcd(m , n) 的值为 n。
- 否则，gcd(m , n) 就是 gcd(n , m%n)。

15.4 （数列求和）编写一个递归函数来计算下面的级数。

$$m(i) = 1 + \frac{1}{2} + \frac{1}{3} + \cdots + \frac{1}{i}$$

编写一个测试程序显示 m (i)，i = 1、2、…、10。

15.5 （数列求和）编写一个递归函数来计算下面的级数。

$$m(i) = \frac{1}{3} + \frac{2}{5} + \frac{3}{7} + \frac{4}{9} + \frac{5}{11} + \frac{6}{13} + \cdots + \frac{i}{2i+1}$$

编写一个测试程序显示 m (i)，i = 1、2、…、10。

15.6 （数列求和）编写一个递归函数来计算下面的级数。

$$m(i) = \frac{1}{2} + \frac{2}{3} + \cdots + \frac{i}{i+1}$$

编写一个测试程序，程序要求用户输入一个整数 i，并显示 m (i)。

*15.7 （斐波那契数列）修改程序清单 15-2，使程序可以找出调用 fib 函数的次数。（提示：使用一个全局变量，每当调用这个函数时，该变量就加 1。）

第 15.4 节

*15.8 （以逆序输出一个整数中的数字）编写一个递归函数，使用下面的函数头在控制台上以逆序显示一个整型值。

```
def reverseDisplay(value):
```

例如：调用 reverseDisplay(12345) 显示的是 54321。编写一个测试程序，提示用户输入一个整数然后逆序输出这个整数的数字。

*15.9 （以逆序输出一个字符串中的字符）编写一个递归函数，使用下面的函数头在控制台上以逆序显示一个字符串。

```
def reverseDisplay(value):
```

例如：reverseDisplay("abcd") 显示的是 dcba。编写一个测试程序提示用户输入一个字符串然后逆序输出这个字符串。

*15.10 （字符串中某个指定字符出现的次数）编写一个递归函数，使用下面的函数头求一个指定字符在字符串中的出现次数。

```
def count(s, a):
```

例如：count（"Welcome"，'e'）返回 2。编写一个测试程序，提示用户输入一个字符串和一个字符，然后显示这个字符在这个字符串中出现的次数。

第 15.5 节

**15.11 （以逆序打印字符串中的字符）使用辅助函数改写编程题 15.9，将子串的 high 下标传递给这个函数。辅助函数头为：

```
def reverseDisplayHelper(s, high):
```

*15.12 （找出列表中的最大数）编写一个递归函数，返回一个列表中的最大数。编写一个测试程序提示用户输入一个整数列表并显示其中最大的元素。

*15.13 （求字符串中大写字母的个数）编写一个递归函数，返回一个字符串中大写字母的个数，函数头如下所示。

```
def countUppercase(s):
def countUppercaseHelper(s, high):
```

编写一个测试程序提示用户输入一个字符串并显示字符串中大写字母的个数。

*15.14 （字符串中某个指定字符出现的次数）使用一个辅助函数重写编程题 15.10，将子串的 high 下标传递给这个函数。这个辅助函数头如下所示。

```
def countHelper(s, a, high):
```

*15.15 （求列表中大写字母的个数）编写一个递归函数，返回一个字符列表中大写字母的个数。需要定义下面两个函数，第二个函数是一个递归辅助函数。

```
def count(chars):
def countHelper(chars, high):
```

编写一个测试程序，提示用户在一行输入一个字符列表并显示该列表中大写字母的个数。

*15.16 （列表中某个指定字符出现的次数）编写一个递归函数，求出列表中某个指定字符出现的次数。需要定义下面两个函数，第二个函数是一个递归辅助函数。

```
def count(chars, ch):
def countHelper(chars, ch, high):
```

编写一个测试程序提示用户在一行里输入一个字符列表和一个字符，然后显示这个列表中该字符的出现次数。

第 15.6 ～ 15.11 节

*15.17 （Tkinter：谢尔宾斯基三角形）修改程序清单 15-9，让用户使用单击鼠标左键或右键将当前阶数增 1 或减 1。初始阶数为 0。

*15.18 （汉诺塔）修改程序清单 15-8，使程序可以求得将 n 个盘子从塔 A 移到塔 B 所需的移动次数。（提示：使用一个全局变量，每当移动一次，该变量就加 1。）

*15.19 （将十进制数转换为二进制数）编写一个递归的函数，将一个十进制数转换为一个二进制数。函数头如下；

```
def decimalToBinary(value):
```

编写一个测试程序提示用户输入一个十进制数，然后显示它的二进制形式。

*15.20 （将十进制数转换为十六进制数）编写一个递归函数，将一个十进制数转换为对应的十六进制数。函数头如下；

```
def decimalToHex(value):
```

编写一个测试程序提示用户输入一个十进制数，然后显示它的十六进制形式。

*15.21 （将二进制数转换为十进制数）编写一个递归函数，将一个二进制数的字符串转换为一个十进制数。函数头如下；

```
def binaryToDecimal(binaryString):
```

编写一个测试程序提示用户输入一个二进制数的字符串，然后显示它的十进制数。

15.22 （将十六进制数转换为十进制数）编写一个递归函数，将一个十六进制数的字符串转换为一个十进制数。函数头如下；

```
def hexToDecimal(hexString):
```

编写一个测试程序提示用户输入一个十六进制数的字符串，然后显示它的十进制数。

**15.23 （字符串排列）编写一个递归函数，输出一个字符串的所有排列。例如，对于字符串 abc，输出为：

```
abc
acb
bac
bca
cab
cba
```

（提示：定义下面两个函数，第二个函数是一个辅助函数。

```
def displayPermuation(s):
def displayPermuationHelper(s1, s2):
```

第一个函数简单地调用 dispalyPermuation(" ",s)。第二个函数使用循环，将一个字符从 s2 移到 s1，并使用新的 s1 和 s2 递归地调用该函数。基础情况是 s2 为空，将 s1 打印到控制台。）

编写一个测试程序提示用户输入一个字符串并显示它所有的排列。

*15.24 （某个目录下的文件数目）编写一个程序，提示用户输入一个目录，然后显示该目录下的文件数。

**15.25 （Tkinter：科赫雪花分形）第 15.8 小节给出了谢尔宾斯基三角形分形。在本题中，编写一个程序显示另一个被称为科赫雪花的分形，它是根据一位著名的瑞典数学家的名字命名的。科赫雪花按如下方式产生：

1）从一个等边三角形开始，将其作为 0 阶（或 0 级）科赫分形，如图 15-14a 所示。

2）将图形中的每条边分成三个相等的线段，以中间的线段作为底边向外画一个等边三角形，产生 1 阶科赫分形，如图 15-14b 所示。

3）重复步骤 2）产生 2 阶科赫分形、3 阶科赫分形、……，如图 15-14c、图 15-14d 所示。

  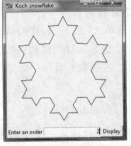 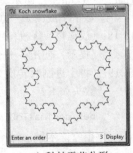

a) 0 阶科赫分形　　b) 1 阶科赫分形　　c) 2 阶科赫分形　　d) 科赫雪花分形

图　15-14

**15.26 （Turtle：科赫雪花分形）使用 Turtle 重写编程题 15.25 中的科赫雪花程序，如图 15-15 所示。程序提示用户输入阶数并显示对应的分形。

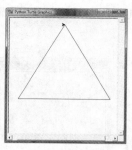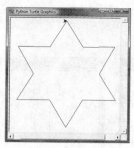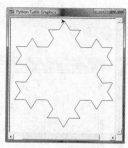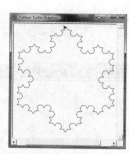

a）0 阶科赫分形　　　b）1 阶科赫分形　　　c）2 阶科赫分形　　　d）科赫雪花分形

图　15-15

**15.27 （所有的八皇后）修改程序清单 15-10，找出八皇后问题的所有可能的解决方案。

**15.28 （找出单词）编写一个程序，递归地找出某个目录下的所有文件中某个单词出现的次数。程序应当提示用户输入一个目录名。

**15.29 （Tkinter：H 树分形）一个 H 树分形定义如下：

　　　1）从字母 H 开始。H 的三条线长度一样，如图 15-1a 所示。

　　　2）字母 H（以它的 sans-serif 形式，H）有四个端点。以这四个端点为中心位置绘制一个 1 阶 H 树，如图 15-1b 所示。这些 H 的大小是包括这四个端点的 H 的一半。

　　　3）重复步骤 2）来创建 2 阶、3 阶、……H 树，如图 15-1c、15-1d 所示。

编写一个绘制 H 树的 Python 程序，如图 15-1 所示。

**15.30 （Turtle：H 树分形）使用 Turtle 重写编程题 15.29 中的 H 树分形程序，如图 15-16 所示。程序提示用户输入阶数并显示相应阶数的分形。

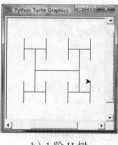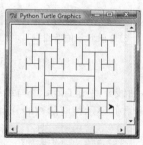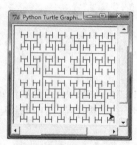

a）0 阶 H 树　　　b）1 阶 H 树　　　c）2 阶 H 树　　　d）3 阶 H 树

图　15-16

**15.31 （Tkinter：递归树）编写一个程序来显示一个递归树，如图 15-17 所示。

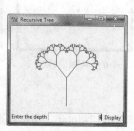

a）0 阶递归树　　　b）1 阶递归树　　　c）2 阶递归树　　　d）9 阶递归树

图 15-17　一个带特定深度的递归树

**15.32 （Turtle：递归树）使用 Turtle 重写编程题 15.31 中的程序，如图 15-18 所示。程序提示用户输入阶数并显示相应阶数的分形。

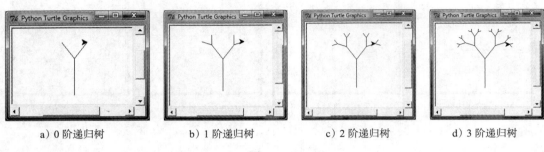

a）0 阶递归树　　　　b）1 阶递归树　　　　c）2 阶递归树　　　　d）3 阶递归树

图　15-18

**15.33 （Tkinter：希尔伯特曲线）希尔伯特曲线，是由德国数学家 David Hilbert 于 1891 年首先提出的，它是一个访问一个正方网格所有点的空间填充曲线，这个网格的大小可以是 2×2、4×4、8×8、16×16 或其他 2 的幂次。编写一个程序显示一个指定阶数的希尔伯特曲线，如图 15-19 所示。

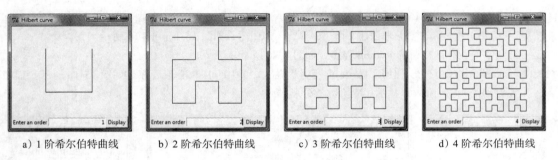

a）1 阶希尔伯特曲线　　b）2 阶希尔伯特曲线　　c）3 阶希尔伯特曲线　　d）4 阶希尔伯特曲线

图　15-19

**15.34 （Turtle：希尔伯特曲线）使用 Turtle 重写编程题 15.33 中的希尔伯特曲线，如图 15-20 所示。程序提示用户输入阶数并显示相应阶数的分形。

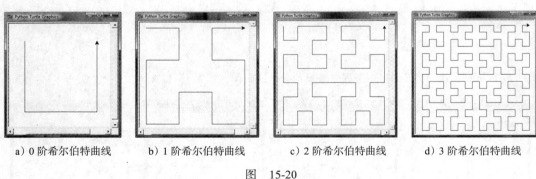

a）0 阶希尔伯特曲线　　b）1 阶希尔伯特曲线　　c）2 阶希尔伯特曲线　　d）3 阶希尔伯特曲线

图　15-20

15.35 （Tkinter：谢尔宾斯基三角形）修改程序清单 15-9，显示填充的谢尔宾斯基三角形，如图 15-21 所示。

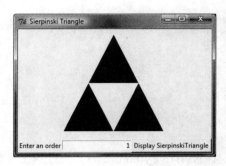 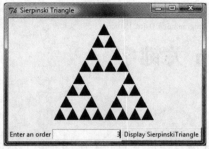

图 15-21　显示被填充的谢尔宾斯基三角形

15.36 （Turtle：谢尔宾斯基三角形）使用 Turtle 重写程序清单 15-9。

Python 关键字

Python 语言保留下面的关键字。它们不应该被用在 Python 预定义的目的之外的其他任何地方。

and	else	in	return
as	except	is	True
assert	False	lambda	try
break	finally	None	while
class	for	nonlocal	with
continue	from	not	yield
def	global	or	
del	if	pass	
elif	import	raise	

ASCII 字符集

表 B-1 和表 B-2 给出 ASCII 字符以及它们各自的十进制和十六进制码。一个字符的十进制码或十六进制码是它的行索引和列索引的组合。例如：在表 B-1 中，字母 A 在第 6 行第 5 列，所以它对应的十进制数是 65；在表 B-2 中，字母 A 在第 4 行第 1 列，所以它等价的十六进制数是 41。

表 B-1　十进制索引表示的 ASCII 码字符集

	0	1	2	3	4	5	6	7	8	9
0	nul	soh	stx	etx	eot	enq	ack	bel	bs	ht
1	nl	vt	ff	cr	so	si	dle	dcl	dc2	dc3
2	dc4	nak	syn	etb	can	em	sub	esc	fs	gs
3	rs	us	sp	!	"	#	$	%	&	,
4	(	)	*	+	,	−	.	/	0	1
5	2	3	4	5	6	7	8	9	:	;
6	<	=	>	?	@	A	B	C	D	E
7	F	G	H	I	J	K	L	M	N	O
8	P	Q	R	S	T	U	V	W	X	Y
9	Z	[	\	]	∧	_	'	a	b	c
10	d	e	f	g	h	i	j	k	l	m
11	n	o	p	q	r	s	t	u	v	w
12	x	y	z	{			}	~	del		

表 B-2　十六进制索引表示的 ASCII 码字符集

	0	1	2	3	4	5	6	7	8	9	A	B	C	D	E	F
0	nul	soh	stx	etx	eot	enq	ack	bel	bs	ht	nl	vt	ff	cr	so	si
1	dle	dcl	dc2	dc3	dc4	nak	syn	etb	can	em	sub	esc	fs	gs	rs	us
2	sp	!	"	#	$	%	&	,	(	)	*	+	,	−	.	/
3	0	1	2	3	4	5	6	7	8	9	:	;	<	=	>	?
4	@	A	B	C	D	E	F	G	H	I	J	K	L	M	N	O
5	P	Q	R	S	T	U	V	W	X	Y	Z	[	\	]	∧	−
6	'	a	b	c	d	e	f	g	h	i	j	k	l	m	n	o
7	p	q	r	s	t	u	v	w	x	y	z	{			}	~	del

数 制 系 统

C.1 简介

计算机内部使用二进制数，因为计算机很自然地就是存储和处理 0 和 1 的。二进制数系有两个数字：0 和 1。数字和字符都被存储为由 0 和 1 组成的序列。每个 0 或 1 都被称为一个比特（二进制数）。

在日常生活中，我们使用的是十进制数。当在程序中写出一个像 20 这样的数字时，它被认为是一个十进制数。计算机内部会使用软件将十进制数都转换成二进制数，反之亦然。

我们使用十进制数编写计算机程序。但是为了便于操作系统处理它们，我们需要到达使用二进制数的"机器层"。二进制数通常都很长而且很繁琐。经常会使用十六进制数来简化它们，每个十六进制数代表四个二进制数。十六进制数系有 16 个数字：0 ～ 9 和 A ～ F。字母 A、B、C、D、E 和 F 分别对应十进制数 10、11、12、13、14 和 15。

十进制数系中的数字是 0、1、2、3、4、5、6、7、8 和 9。一个十进制数是用由一个或多个这样的数字组成的序列来表示的。每个数字所代表的值依赖于它所处的位置，它的位置表示 10 的整数幂。例如：十进制数 7423 中的数字 7、4、2 和 3 分别表示 7000、400、20 和 3，如下所示。

$$\boxed{7\;4\;2\;3} = 7 \times 10^3 + 4 \times 10^2 + 2 \times 10^1 + 3 \times 10^0$$
$$10^3 10^2 10^1 10^0 = 7000 + 400 + 20 + 3 = 7423$$

十进制数系有十个数字，而它的位置值是 10 的整数幂。我们可以说 10 是十进制数系的基数。同样，由于二进制数系有两个数字，那它的基数是 2，而十六进制数系有 16 个数字，那它的基数是 16。

如果 1101 是一个二进制数，那么数字 1、1、0 和 1 分别表示 1×2^3、1×2^2、0×2^1 和 1×2^0。

$$\boxed{1\;1\;0\;1} = 1 \times 2^3 + 1 \times 2^2 + 0 \times 2^1 + 1 \times 2^0$$
$$2^3 2^2 2^1 2^0 = 8 + 4 + 0 + 1 = 13$$

如果 7423 是一个十六进制数，那么 7、4、2 和 3 分别表示 7×16^3，4×16^2，2×16^1 和 3×16^0。

$$\boxed{7\;4\;2\;3} = 7 \times 16^3 + 4 \times 16^2 + 2 \times 16^1 + 3 \times 16^0$$
$$16^3 16^2 16^1 16^0 = 28\,672 + 1024 + 32 + 3 = 29\,731$$

C.2 二进制和十进制数之间的转换

假设有一个二进制数 $b_n b_{n-1} b_{n-2} \cdots b_2 b_1 b_0$，那么它等价的十进制值是

$$b_n \times 2^n + b_{n-1} \times 2^{n-1} + b_{n-2} \times 2^{n-2} + \ldots + b_2 \times 2^2 + b_1 \times 2^1 + b_0 \times 2^0$$

下面是一些将二进制数转换为十进制的例子：

二进制数	转换公式	十进制数
10	$1 \times 2^1 + 0 \times 2^0$	2
1000	$1 \times 2^3 + 0 \times 2^2 + 0 \times 2^1 + 0 \times 2^0$	8
10101011	$1 \times 2^7 + 0 \times 2^6 + 1 \times 2^5 + 0 \times 2^4 + 1 \times 2^3 + 0 \times 2^2 + 1 \times 2^1 + 1 \times 2^0$	171

将十进制数 d 转换为二进制数就是找出比特 $b_n b_{n-1}, b_{n-2}, \cdots, b_2, b_1$ 和 b_0 满足

$$d = b_n \times 2^n + b_{n-1} \times 2^{n-1} + b_{n-2} \times 2^{n-2} + \ldots + b_2 \times 2^2 + b_1 \times 2^1 + b_0 \times 2^0$$

这些比特可以通过 d 不断地除以 2，直到商为 0 来找出。余数就是 b_0，b_1，$b2$，$\cdots$ b_{n-2}，b_{n-1} 和 b_n。

例如：十进制数 123 是二进制数 1111011。转换过程如下所示。

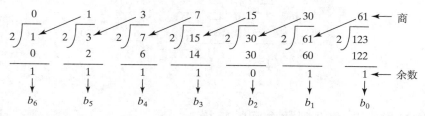

提示：Windows 中的计算器，如图 C-1 所示，是实现数字转换的一个很有用的工具。为了运行它，在开始按钮中搜索到 "Calculator"，然后单击 "View" → "Scientific" 按钮。

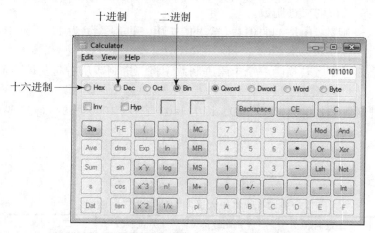

图 C-1 你可以使用 Windows 的计算器实现数制转换

C.3 十六进制和十进制数之间的转换

假设有一个十六进制数 $h_n h_{n-1} h_{n-2} \cdots h_2 h_1 h_0$，它等价的十进制值就是

$$h_n \times 16^n + h_{n-1} \times 16^{n-1} + h_{n-2} \times 16^{n-2} + \ldots + h_2 \times 16^2 + h_1 \times 16^1 + h_0 \times 16^0$$

下面是一些将十六进制数转换为十进制数的例子。

十六进制数	转换公式	十进制数
7F	$7 \times 16^1 + 15 \times 16^0$	127

（续）

十六进制数	转换公式	十进制数
FFFF	$15 \times 16^3 + 15 \times 16^2 + 15 \times 16^1 + 15 \times 16^0$	65 535
431	$4 \times 16^2 + 3 \times 16^1 + 1 \times 16^0$	1073

为了将一个十进制数 d 转换成一个十六进制数，就是要找到 h_n, h_{n-1}, h_{n-2}, $\cdots h_2$, h_1 和 h。满足

$$d = h_n \times 16^n + h_{n-1} \times 16^{n-1} + h_{n-2} \times 16^{n-2} + \ldots + h_2 \times 16^2 + h_1 \times 16^1 + h_0 \times 16^0$$

这些数字可以通过将 d 不断地除以 16 直到商为零。依次得到的余数就是 h_0, h_1, h_2, $\cdots$ h_{n-2}, h_{n-1} 和 h_n。

例如：十进制数 123 就是十六进制数 7B。转换如下所示：

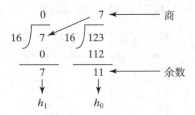

C.4　二进制数和十六进制数之间的转换

为了将一个十六进制数转换为一个二进制数，只要使用表 C-1 就可以将十六进制数中的每个数字转为一个四位的二进制数。

例如：十六进制数 7B 是 1111011，这里的 7 用二进制表示为 111，而 B 用二进制表示为 1011。

为了将一个二进制数转换为一个十六进制数，将二进制数从右向左每四个数转换为一个十六进制数。

例如：二进制数 1110001101 是 38D，因为 1101 是 D，1000 是 8，而 11 是 3，如下所示。

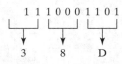

表 C-1　将十六进制数转换为二进制数

十六进制数	二进制数	十进制数	十六进制数	二进制数	十进制数
0	0000	0	8	1000	8
1	0001	1	9	1001	9
2	0010	2	A	1010	10
3	0011	3	B	1011	11
4	0100	4	C	1100	12
5	0101	5	D	1101	13
6	0110	6	E	1110	14
7	0111	7	F	1111	15

注意：八进制数也非常有用。八进制数系有 8 个数字：0 到 7。十进制数 8 在八进制数

系中用 10 表示。

下面是练习数制转换的一些很好的在线资源。

- http://forums.cisco.com/CertCom/game/binary_game_page.htm
- http://people.sinclair.edu/nickreeder/Flash/binDec.htm
- http://people.sinclair.edu/nickreeder/Flash/binHex.htm

复习题

1. 将下面的十进制数转为十六进制数和二进制数。

100; 4340; 2000

2. 将下面的二进制数转换为十六进制数和十进制数。

1000011001; 100000000; 100111

3. 将下面的十六进制数转换为二进制数和十进制数。

FEFA9; 93; 2000

推荐阅读

深入理解计算机系统（原书第3版）

作者：[美] 兰德尔 E. 布莱恩特 等　译者：龚奕利 等　书号：978-7-111-54493-7　定价：139.00元

理解计算机系统首选书目，10余万程序员的共同选择
卡内基-梅隆大学、北京大学、清华大学、上海交通大学等国内外众多知名高校选用指定教材
从程序员视角全面剖析的实现细节，使读者深刻理解程序的行为，将所有计算机系统的相关知识融会贯通
新版本全面基于X86-64位处理器

　　基于该教材的北大"计算机系统导论"课程实施已有五年，得到了学生的广泛赞誉，学生们通过这门课程的学习建立了完整的计算机系统的知识体系和整体知识框架，养成了良好的编程习惯并获得了编写高性能、可移植和健壮的程序的能力，奠定了后续学习操作系统、编译、计算机体系结构等专业课程的基础。北大的教学实践表明，这是一本值得推荐采用的好教材。本书第3版采用最新x86-64架构来贯穿各部分知识。我相信，该书的出版将有助于国内计算机系统教学的进一步改进，为培养从事系统级创新的计算机人才奠定很好的基础。

—— 梅宏　中国科学院院士/发展中国家科学院院士

　　以低年级开设"深入理解计算机系统"课程为基础，我先后在复旦大学和上海交通大学软件学院主导了激进的教学改革……现在我课题组的青年教师全部是首批经历此教学改革的学生。本科的扎实基础为他们从事系统软件的研究打下了良好的基础……师资力量的补充又为推进更加激进的教学改革创造了条件。

—— 臧斌宇　上海交通大学软件学院院长

Java语言程序设计与数据结构（基础篇）（原书第11版）

作者：[美] 梁勇（Y. Daniel Liang）著 ISBN：978-7-111-60074-9 定价：99.00元

Java语言程序设计与数据结构（进阶篇）（原书第11版）

作者：[美] 梁勇（Y. Daniel Liang）著 ISBN：978-7-111-61003-8 定价：99.00元

　　本书是Java语言的经典教材，多年来畅销不衰。本书全面整合了Java 8的特性，采用"基础优先，问题驱动"的教学方式，循序渐进地介绍了程序设计基础、解决问题的方法、面向对象程序设计、图形用户界面设计、异常处理、I/O和递归等内容。此外，本书还全面且深入地覆盖了一些高级主题，包括算法和数据结构、多线程、网络、国际化、高级GUI等内容。

　　本书中文版由《Java语言程序设计与数据结构 基础篇》和《Java语言程序设计与数据结构 进阶篇》组成。基础篇对应原书的第1～18章，进阶篇对应原书的第19～30章。

推荐阅读

数据结构与算法分析：C语言描述（原书第2版）典藏版

作者：Mark Allen Weiss ISBN：978-7-111-62195-9 定价：79.00元

数据结构与算法分析：Java语言描述（原书第3版）

作者：Mark Allen Weiss ISBN：978-7-111-52839-5 定价：69.00元

数据结构与算法分析——Java语言描述（英文版·第3版）

作者：Mark Allen Weiss ISBN：978-7-111-41236-6 定价：79.00元